Die Dampfturbinen

mit einem Anhange über die

Aussichten der Wärmekraftmaschinen

und über die

Gasturbine.

Von

Dr. A. Stodola,

Professor am Eidgenössischen Polytechnikum in Zürich.

Zweite, bedeutend erweiterte Auflage.

Mit 241 Textfiguren und 2 lithogr. Tafeln.

Berlin.

Verlag von Julius Springer.

1904.

ISBN-13: 978-3-642-90436-3 e-ISBN-13: 978-3-642-92293-0
DOI: 10.1007/978-3-642-92293-0

Softcover reprint of the hardcover 2nd edition 1904

Vorwort zur ersten Auflage.

Auf Anregung einiger Freunde aus der Praxis wird hiermit die gleichnamige Studie des Verfassers in der Zeitschrift des Vereins deutscher Ingenieure, Jahrgang 1903, mit erläuternden Zusätzen versehen, als Sonderabdruck der Öffentlichkeit übergeben. Dank dem Entgegenkommen mehrerer Turbinenbaufirmen ist der Verfasser in der Lage, eine weitere Reihe wichtiger konstruktiver Einzelheiten, die zum großen Teil unbekannt sein dürften, mitzuteilen, und hofft so seinem Ziele, eine Konstruktionslehre der Dampfturbinen zu schaffen, einen Schritt näher gekommen zu sein.

Im gegenwärtigen Stadium des Dampfturbinenbaues muß indessen das Hauptgewicht auf die Erörterung der wissenschaftlichen Grundlagen dieser hohe Bedeutung erlangenden Motorenart gelegt werden. Wir Ingenieure wissen ja sehr wohl, daß der Maschinenbau durch das groß angelegte praktische Experiment vielfach mit spielender Leichtigkeit Aufgaben gelöst hat, welchen die Forschung jahrelang ratlos gegenüberstand. Allein das „Probieren", wie der Ingenieur das Experiment ironisch-gemütlich gerne nennt, ist häufig über alle Maßen kostspielig, und einer der obersten Gesichtspunkte aller technischen Tätigkeit, das wirtschaftliche Moment, sollte uns dazu führen, auch die Ergebnisse der wissenschaftlichen technischen Arbeit nicht zu unterschätzen, vor allem auf so neuen Gebieten wie das vorliegende.

Hin und wieder tauchen Stimmungen auf, die unverkennbar darauf hinzielen, den Maschinenbau ganz auf die durch das Großexperiment unterstützte Empirie zu begründen. Unmöglich wäre ein solches Beginnen nicht, aber auch nicht wirtschaftlich, mithin nicht technisch. Die Industrie kann die wissenschaftliche Mitarbeit nie entbehren, nicht aus Idealismus, sondern weil diese unter gewissen Umständen das „billigere Verfahren" bildet, ans Ziel zu gelangen. Gegenüber der erwähnten sehr einseitigen Auffassung darf wieder einmal daran erinnert werden, welche bedeutenden Opfer schon Ingenieure und Maschinenbauanstalten fruchtlos dargebracht haben, weil zufolge mangelnder Einsicht in die wissenschaftlichen Grundlagen der unternommenen Aufgabe ein von Anfang an grundfalscher Weg eingeschlagen wurde. Die Gesamtheit mag ruhig zusehen, wie der Einzelne an einem aussichtslosen Experiment ökonomisch verblutet, die Einsichtigen werden den Vorgang, der sich leider so häufig wiederholt, als volkswirtschaftlichen Schaden empfinden, abgesehen davon, daß niemand sich gerne in der Lage der Betreffenden befinden möchte. Der Dampfturbinenbau bietet besonders zahlreiche Beispiele für die Notwendigkeit, die konstruktive Tätigkeit mit wissenschaftlichen Gesichtspunkten zu verknüpfen. So darf darauf hingewiesen werden, wie wichtig es ist, die Dimensionen der Laufräder, deren Umfänge fast die Geschwindigkeit eines Geschosses erreichen, genau vorher zu bestimmen, damit die herrschende Materialbeanspruchung an keiner Stelle die zulässige Grenze überschreitet. Oder wie unvorteilhaft es wäre, bei den neuerdings in Aufnahme kommenden horizontal rotierenden Scheibenrädern, die bedeutende Durchmesser erhalten, etwa erst nach der Ausführung experimentell ermitteln zu wollen, wie stark sich die Scheiben unter ihrem Eigengewicht durchbiegen, und um wieviel sie durch die Fliehkraft wieder gerade gerichtet werden, was mit Rücksicht auf das Streifen im engen Spiel zwischen den Schaufeln von Wichtigkeit ist. Welchen Gefahren geht ein Konstrukteur entgegen, der sich an den Bau von Dampfturbinen heranwagt, ohne genaue Kenntnis von den Erscheinungen der sogenannten kritischen Geschwindigkeit zu haben! Schließlich kann man fragen, ob es „wirtschaftlich" ist, auch nur die Patentgebühr für gewisse Turbinensysteme zu erlegen, bei welchen die größere Hälfte des erzielbaren Arbeitsgewinnes vernichtet wird, bevor noch der Dampf das Laufrad erreicht hat?

Selbstverständlich darf anderseits dem im praktischen Leben stehenden vielbeschäftigten Ingenieur nicht zugemutet werden, daß er der wissenschaftlichen Arbeit in ihre verwickelten Einzelheiten folge. Auch für Studierende technischer Hochschulen ist es ratsam, sich erst in die Grundbegriffe nach Möglichkeit einzuleben, bevor sie zur Behandlung schwierigerer Aufgaben schreiten. Hingegen von den Ergebnissen der Forschung Kenntnis zu nehmen, hierzu darf wohl jeder Beteiligte eingeladen werden, und diesem Zwecke möchte vorliegendes Werklein ebenfalls dienen. Es ist stets darauf Bedacht genommen worden, die Ergebnisse durch den Versuch nach Möglichkeit zu kontrollieren und sicher zu stellen. So darf angeführt werden, daß außer den schon veröffentlichten Versuchen weitere über die Ausströmung durch Düsen ins Freie, über die Widerstände der Turbinenschaufeln, und eine Reihe von Versuchen über die kritischen Umlaufzahlen mehrfach belasteter Wellen angestellt worden sind.

Unter den Zusätzen wird vielleicht Interesse erwecken das Auffinden der bisher unbekannt gewesenen kritischen Geschwindigkeit „zweiter Art"; die Wirkung der „Resonanz" der Umlaufzahl mit der Fundamentschwingung; die Verbiegung horizontaler Scheiben und die Wirkung ihrer Fliehkräfte; die strenge Lösung der Frage nach der Druckverteilung bei der Strömung einer elastischen Flüssigkeit, u. a.

Die Darstellung mußte äußerst knapp gehalten werden und beschränkt sich vielfach auf bloße Andeutungen in der Entwicklung; doch dürfte dem sich näher interessierenden Leser auch die Begründung überall klar werden.

Um die Übersicht zu erhöhen, erfolgte eine Trennung in drei Teile; im ersten ist das eigentliche Turbinenthema behandelt, im zweiten finden sich einige weitergehende, mehr mathematische Vorbereitung erheischende Untersuchungen vereinigt. Der dritte Teil ist stark erweitert und bietet einen kurzen Abriß der Wärmemechanik, denn es ist unzweifelhaft, daß ein tieferes Verständnis der Energieumwandlung in der Dampfturbine nur auf thermodynamischer Grundlage gewonnen werden kann. Die theoretische Abstraktion widerstandsloser Strömungen muß aufgegeben werden, wenn es sich um die Wirklichkeit handelt; dieser zu folgen gibt es aber nur ein anschauliches Hilfsmittel: den Begriff der Entropie, welche mit Hilfe unserer Entropietafel alle Wärmerechnungen leicht zu erledigen gestattet. Um dem praktischen Ingenieur Anregung zu bieten, die vielleicht etwas verblaßten Grundlehren der Thermodynamik aufzufrischen, sind die beiden Hauptsätze dieser eigentlichen Wissenschaft der Wärmemotoren kurz entwickelt. Für den tiefer eindringenden Leser müßte mithin die Lektüre dieses Abschnittes als Einleitung empfohlen werden. Ich benutzte die Gelegenheit, den zweiten Hauptsatz in einer den modernen Anschauungen entsprechenden Form wiederzugeben, vom perpetuum mobile zweiter Art ausgehend. Die Plancksche Herleitung, der bei näherem Zusehen noch einige Unklarheiten anhaften, wurde durch eine, wie ich hoffe, befriedigende Fassung ersetzt. Je mehr der zweite Hauptsatz angefochten wurde, um so gefestigter ging er jedesmal aus dem Streite hervor, und so durfte den Erfindern bei diesem Anlaß zugerufen werden, daß sie ihren aussichtslosen Feldzug gegen dieses Fundament unserer Wissenschaft einstellen möchten. Den Schluß bildet eine kurze Übersicht neuerer Vorschläge für Arbeitsverfahren von Wärmekraftmaschinen, unter welche es mir bei den Fortschritten der Kohlenvergaser zeitgemäß schien, auch die Gasturbine aufzunehmen.

Zürich, August 1903.

Der Verfasser.

Vorwort zur zweiten Auflage.

Die zweite Auflage unterscheidet sich von der ersten durch folgende Einzelheiten:

Zunächst wurde im Interesse der Leser aus der Praxis eine elementare Einleitung in die Theorie der Dampfturbine aufgenommen, welche von der Verfolgung des Wärmezustandes absieht, indessen trotzdem mit Hilfe empirischer Ansätze einen guten Teil der Reibungsvorgänge zu berücksichtigen gestattet.

Den Hauptteil der mir zur Verfügung stehenden Zeit verwendete ich auf die Durchführung einer Versuchsreihe über den Reibungswiderstand von Turbinenrädern in Luft, aus welchen mit ziemlicher Sicherheit auch auf den Widerstand in Dampf geschlossen werden kann. Durch diese Versuche wird die fühlbarste Lücke in der Theorie der Dampfturbine wenigstens zum Teile ausgefüllt, und für zukünftige Analysen von Versuchsergebnissen eine zuverlässigere Grundlage geschaffen.

Mit Genehmigung des Herrn Prof. Mollier-Dresden durfte seine für Turbinenrechnungen vorzüglich geeignete Tafel der „Wärmeinhalte“ des Wasserdampfes dem Buche beigegeben werden.

Eine weitere Zutat, die dem Konstrukteur gerade im gegenwärtigen Zeitmoment ebenfalls gelegen kommen dürfte, besteht in der Wiedergabe von recht ausgedehnten Versuchen mit den vielstufigen Aktionsturbinen von Zölly und Rateau, welche Verfasser durchzuführen Gelegenheit hatte. Da ihm hierbei in dankenswerter Weise volle Freiheit in der Aufstellung des Versuchsprogrammes gewährt wurde, konnten auch Versuche wissenschaftlichen Charakters angestellt werden, und man darf behaupten, daß wir über das Verhalten dieser Turbinenart unter verschiedenen Betriebsumständen besser unterrichtet sind, als über dasjenige irgend eines anderen Systemes.

Die intensive Fortentwickelung der Dampfturbine durch die Maschinenindustrie ermöglichte dem Verfasser, außer der schon erwähnten Zölly-Turbine, Mitteilungen über die zur Zeit neuen Turbinen von Riedler-Stumpf, Lindmark, Gelpke, Schulz zu bringen, während einige in allerletzter Zeit auftauchende Ausführungen nicht mehr aufgenommen werden konnten.

Der Text ist im ganzen, soweit die Kürze der Zeit es gestattete, durchgesehen und mit zahlreichen Erweiterungen versehen. So wurde eine Untersuchung des Einflusses, welchen ungleiche Erwärmung auf die Beanspruchung der Scheibenräder ausübt, weil von besonderer praktischer Wichtigkeit, eingefügt. Einige Mitteilungen über die Schiffsturbine und ihre gyroskopische Wirkung schienen unerläßlich. Die kritische Umlaufszahl „zweiter Art“ wurde auf vereinfachte Weise abgeleitet, und die schönen Untersuchungen von Dunkerley über die kritische Umlaufszahl von Wellen aufgenommen.

Das Konstruktive erfuhr eine größere Betonung und der Verfasser freut sich, bereits eine Anzahl von Werkzeichnungen dem Büchlein einverleiben zu können. Es sei den freisinnigen Firmen, die sich so vorurteilsfrei über die vielfach zu weit gehende Geheimhaltung hinwegsetzten, an dieser Stelle verbindlichster Dank ausgesprochen.

Die Dampfturbine zeitigt auch auf dem Gebiete des wirtschaftlichen Lebens denkwürdige Ereignisse, da sie Veranlassung geworden ist zur Gründung der bekannten „Interessengemeinschaften“, von einer Ausdehnung, die man in den Kreisen der europäischen Maschinenindustrie für unerreichbar gehalten hätte. Der zu erwartende mächtige Wettbewerb der verschiedenen Systeme berechtigt uns zur Folgerung, daß der Konstrukteur sich durch die Macht der Umstände veranlaßt sehen wird, für seine Werke die höchste Stufe praktischer und wissenschaftlicher Vollendung anzustreben, um sich jede Bürgschaft des Erfolges zu sichern. Möge sich auch die zweite Auflage dieses Buches seinen Zwecken als dienlich erweisen.

Zürich, Ende April 1904.

Der Verfasser.

Inhaltsübersicht.

III.

Konstruktion der wichtigsten Turbinenelemente.

IV.

Die Dampfturbinensysteme.

V.

Einige Sonderprobleme der Dampfturbinen-Theorie und Konstruktion.

Anhang.

Die Aussichten der Wärmekraftmaschinen.

Häufiger gebrauchte Bezeichnungen.

q Flüssigkeitswärme pro kg
r Verdampfungswärme pro kg
x spezifische Dampfmenge
T absolute Temperatur
T_s absolute Temperatur an der Grenzkurve der Sättigung
$\lambda = q + xr$ bezw. $= q + r + c_p (T - T_s)$ „Wärmeinhalt“
p absoluter Druck kg/qm
v spezifisches Volumen m/kg
u innere Energie pro kg (in Wärmerechnungen) / Umfangsgeschwindigkeit (in Geschwindigkeitsplänen)
$A = {}^1/_{424}$ Wärmeäquivalent der Arbeitseinheit
c absolute Dampfgeschwindigkeit
w relative (oder auch absolute) Dampfgeschwindigkeit
Q Wärmemenge
R Reibungsarbeit (in Wärmemaß)
Z Verlust an kinetischer Energie (in Wärmemaß)
S Entropie (in Wärmemaß) / Schubkraft (in Festigkeitsrechnungen)
f, F Querschnitte
G sekundlich durchströmendes Dampfgewicht
M sekundlich durchströmende Dampfmasse
$\gamma = 1 : v$ spezifisches Gewicht
$\mu = \gamma : g$ spezifische Masse
ζ Widerstandskoeffizient
σ_r, σ_t radiale bezw. tangentiale Spannung in einer rotierenden Scheibe
ω Winkelgeschwindigkeit
ω_k kritische Winkelgeschwindigkeit
m Verhältnis der elastischen Längendehnung zur Querkontraktion
$\nu = 1 : m$
E Elastizitätsmodul
ξ radiale Ausdehnung einer rotierenden Scheibe
J Flächen-Trägheitsmoment bezogen auf die neutrale Achse
Θ Massenträgheitsmoment
t die Zeit / Temperatur in ^{0}C. bei Wärmerechnungen
η Wirkungsgrad
h, H „Wärmegefälle“
L mechanische Arbeit
N Leistung in PS.

I.

Elementare Theorie der Dampfturbine.

1. Die Adiabaten des Wasserdampfes.

Wenn Dampf in wärmedichter Leitung mit verschwindend kleinen Reibungs- und Wirbelungsverlusten strömt, so führt er eine sogenannte „adiabatische“ umkehrbare Zustandsänderung aus, von welcher Zeuner nachgewiesen hat, daß sofern wir vom gesättigten oder wenig feuchten Zustand ausgehen die Beziehung

$$p v^k = Konst. \quad (1)$$

gilt. Hier bedeutet:

p den Druck (kg/qm)

v das Volumen der Gewichtseinheit oder das spezifische Volumen (cbm/kg)

k eine Konstante, für gesättigten Anfangszustand $= 1{,}135$.

Für überhitzten Dampf ist allgemein $k = 1{,}3$.

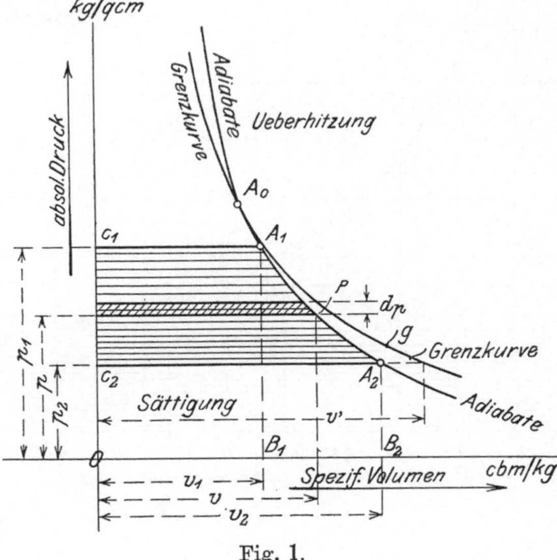

Fig. 1.

Tragen wir v als Abszisse, p als Ordinate in einem rechtwinkligen Achsensystem auf, so entsteht die hyperbelähnliche Zustandskurve (Adiabate), Fig. 1, welche beim Übergang von der Überhitzung zur Sättigung einen Knick (A_0) aufweist. Das Volumen v' des „trocken“ — gesättigten Dampfes beim Drucke p finden wir nach Zeuner aus der Gleichung

$$p(v')^{\mu} = K' \quad . \quad . \quad . \quad . \quad . \quad . \quad . \quad (2)$$

mit $\mu = 1{,}0646$ $K' = 1{,}7617$, wenn p in kg/qcm eingesetzt wird.

Die durch Gl. 2 dargestellte Kurve g (Fig. 1) wird Grenzkurve genannt. Unterhalb von g befindet sich das Sättigungs-, oberhalb das Überhitzungsgebiet. In letzterem finden wir zum Drucke p und dem Volumen v die absolute Temperatur T durch die Zustandsgleichung von Battelli-Tumlirz

$$p\,(v + \alpha) = RT \quad . \quad . \quad . \quad (3)$$

worin

$$\alpha = 0{,}0084$$
$$R = 46{,}70$$

wenn p in kg/qm eingesetzt wird, und T die absolute Temperatur bedeutet (Temperatur in Celsiusgraden + 273). Im Sättigungsgebiet haben

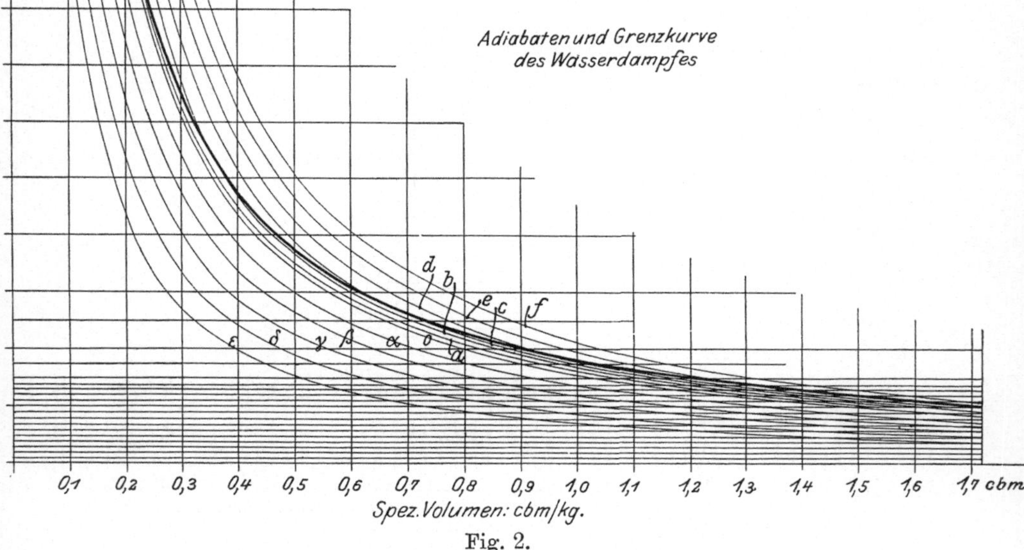

Fig. 2.

wir es mit einem Gemisch von trocken gesättigtem Dampf und Wasser zu tun. Das Volumen von 1 kg Wasser sei σ_0; die Zunahme bei vollständiger Verdampfung unter dem Drucke p ist der Unterschied der Werte v' und σ_0 und werde mit σ bezeichnet,[1]) d. h.

[1]) In dem bekannten „Taschenbuch des Ingenieurs Hütte" als $\mathfrak{w}$ angeführt.

$$\sigma = v' - \sigma_0 \quad . \quad . \quad . \quad . \quad . \quad . \quad . \quad . \quad (4)$$

gesetzt. In 1 kg des Gemisches sei der Gewichtsanteil x dampfförmig, $(1 - x)$ tropfbar flüssig. Man nennt x die spezifische Dampfmenge.

Das Volumen von 1 kg des Gemisches ist dann

$$v = x v' + (1 - x)\sigma_0 = x(v' - \sigma_0) + \sigma_0 = x\sigma + \sigma_0 \quad . \quad (5)$$

Wenn auf einer beliebigen Adiabate ein Punkt durch den Druck p und das Volumen v gegeben ist, so findet man die spezifische Dampfmenge indem man das zum gleichen Drucke gehörende „Grenzvolumen" v' in Diagramme abgreift, und Gl. 5 nach x auflöst. Fast immer ist $x\sigma$ so groß gegen σ_0, daß man letzteres vernachlässigen kann und die Näherungsgleichung

$$v = x\sigma \quad \text{und} \quad x = \frac{v}{\sigma} \quad \text{oder} = \frac{v}{v'} \quad . \quad . \quad . \quad . \quad (6)$$

erhält. In Fig. 2 sind mehrere Adiabaten und die Grenzkurve des Wasserdampfes maßstäblich aufgezeichnet, so daß aus gegebenem p, v leicht x berechnet werden kann.

2. Die Formel von de Saint-Vénant.

Es finde im wärmedichten Kanale K Fig. 3 eine reibungsfreie stationäre Strömung statt. Die Dampfteilchen beschreiben regelmäßige Bahnen, die sogenannten Stromlinien, durch welche wir den Elementarkanal K' abgegrenzt denken. Im Querschnitt A_1 dieses Kanales sei der Zustand durch den Druck p_1 das Volumen v_1, im Querschnitt A_2 durch p_2 v_2 gegeben. Die Geschwindigkeit an beiden Orten sei w_1 bezw. w_2. Zwischen diesen Größen besteht die zuerst von de Saint-Vénant abgeleitete Beziehung

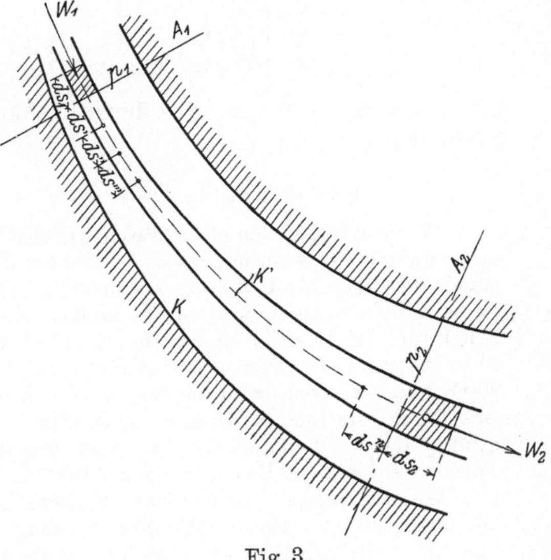

Fig. 3.

$$\frac{w_2^{\,2} - w_1^{\,2}}{2g} = \int_{p_2}^{p_1} v\,dp = \text{Arbeitsfläche } A_1 A_2 C_2 C_1 \text{ in Fig. 1} \quad . \quad (7)$$

Das Integral ist nichts anderes als die Summe der unendlich kleinen Elementararbeiten, die bei der Zunahme des Druckes um dp von 1 kg Dampf aufgenommen (bez. bei Druckabnahme abgegeben) werden, und wird in Fig. 1 durch Fläche $A_1 A_2 C_2 C_1$ dargestellt. Diese Fläche kann mittels des Planimeters ermittelt und zur Berechnung von w_2 benutzt werden. Der Druck in einem bestimmten Querschnitt des Kanales wird naturgemäß auf der konkaven Seite des Kanales größer wie auf der konvexen sein; allein bei nicht zu scharfer Krümmung kann man von dieser Verschiedenheit absehen und unter p_1 v_1 w_1 bez. p_2 v_2 w_2 die Mittelwerte für den ganzen Querschnitt A_1 bez. A_2 verstehen.

Die „Kontinuitätsgleichung“ besagt, daß im Beharrungszustande durch irgend einen Querschnitt in der Zeiteinheit die gleiche Menge Dampf hindurchströmt. Bezeichnet man das sekundliche Gewicht mit G_{sk} und die Querschnittsinhalte mit F_1 und F_2, so erhält man

$$G_{sk} v_1 = F_1 w_1 \qquad G_{sk} v_2 = F_2 w_2$$

und hieraus

$$\frac{F_1 w_1}{v_1} = \frac{F_2 w_2}{v_2} \quad \ldots\ldots\ldots \quad (8)$$

woraus $w_1 = \frac{F_2 v_1}{F_1 v_2} w_2$ in (7) eingesetzt werden kann, so daß Gleichung

$$\frac{w_2^2}{2g}\left[\left(\frac{F_2 v_1}{F_1 v_2}\right)^2 - 1\right] = \text{Fläche } A_1 A_2 C_2 C_1$$

zur Berechnung von w_2 aus dem als bekannt vorausgesetzten Dampfzustand dienen kann.

Herleitung der Formel von de Saint-Vénant.

Wir betrachten den elementaren Kanal K', in welchem bei A_1 das elementare Gewicht dG während des Zeitelementes dt eintritt, um nach dem Durchlaufen der Bahn $A_1 A_2$ bei A_2 auszutreten. Um die Geschwindigkeitszunahme zu berechnen, wenden wir auf das eintretende Massenelement das Prinzip der Erhaltung der Energie an, indem wir ausdrücken, daß die auf das Element übertragene äußere Arbeit der Zunahme der Gesamtenergie des Teilchens zwischen dem End- und dem Anfangszustande gleich ist. Die äußere Energie, d. h. die lebendige Kraft allein in Betracht zu ziehen, genügt hier nicht, da wir es mit einer elastischen Flüssigkeit zu tun haben, welche während der Bewegung expandiert, d. h. aus Eigenem Arbeit leistet.

Was die Arbeit der äußeren Kräfte anbelangt, so wird von der Schwere ein für allemal abgesehen, da ihre Wirkung bei den Problemen der Dampfturbinen verschwindend klein ist. Die Arbeit der Dampfpressungen, die auf die Mantelfläche des betrachteten Stromfadens einwirken, ist Null, denn die Kräfte stehen senkrecht zur Bewegungsrichtung der Dampfteilchen. Es bleibt also nur die Arbeit auf die Stirnflächen übrig. Teilen wir den Weg des Elementes in die unendlich kleinen Abschnitte ds_1, ds', ds'' ds''' ... $ds^{(n)}$, ds_2, wobei ds_1, ds_2 die Längen des Elementes im Anfangs- und Endzustand bedeuten, und bezeichnen wir die in den Teilpunkten herrschenden Drucke mit p_1, p', p'', p''' und die entsprechenden Querschnitte mit f_1, f', f'' ..., so ist die auf die obere Stirnfläche übertragene Arbeit

$$p_1 f_1 ds_1 + p' f' ds' + p'' f'' ds'' + p''' f''' ds''' + \cdots + p^n f^n ds^n.$$

Die untere Stirnfläche leistet die negative Arbeit

$$p' f_1' ds' + p'' f_1'' ds'' + p''' f_1''' ds''' + \cdots + p_2 f_2 ds_2,$$

weil sie Gegendruck überwindet, und bei der Summation heben sich die Zwischenglieder weg; es bleibt im ganzen als aufgenommene Arbeit

$$dO = p_1 f_1 ds_1 - p_2 f_2 ds_2.$$

Da aber $ds_1 = w_1 dt$, $ds_2 = w_2 dt$, so folgt

$$dO = [p_1 f_1 w_1 - p_2 f_2 w_2]\, dt \quad \text{. . . . .} \quad (9)$$

Es sei G das Gewicht der pro Sekunde durch den Stromfaden hindurchgehenden Dampfmenge; mithin $dG = G dt$ das Gewicht des Elementes.

Wegen der Kontinuitätsgleichung ist

$$G = \frac{f_1 w_1}{v_1} = \frac{f_2 w_2}{v_2} \quad \text{. . . . .} \quad (10)$$

und dies liefert für Gl. (9)

$$dO = G[p_1 v_1 - p_2 v_2]\, dt \quad \text{. . . . . . .} \quad (11)$$

Die Gesamtenergie setzt sich zusammen aus der lebendigen Kraft (oder kinetischen Energie) und der sogen. „inneren Arbeitsfähigkeit“. Erstere erfährt eine Zunahme

$$dK = \frac{1}{2}\delta m (w_2^2 - w_1^2) = \frac{1}{2}\frac{G}{g} dt (w_2^2 - w_1^2) \quad \text{. . . .} \quad (12)$$

Die innere Energie des Elementes erfährt eine Abnahme um den Arbeitsbetrag, den dieses durch sein Expandieren an die Nachbarschaft abgibt. Das Volumen des Elementes $G dt$ ist $= G dt v$ und erfährt während eines unendlich kleinen Weges die Vergrößerung $G dt dv$; ist hierbei der Druck $= p$, so wird eine Arbeit $G dt p dv$ geleistet. Im ganzen besitzt also die Expansionsarbeit den Wert

$$dE = G dt \int_{v_1}^{v_2} p\, dv.$$

In Fig. 1 wird das Integral durch den Inhalt der Fläche $A_1 A_2 B_2 B_1$ dargestellt.

Die Gleichung, welche unseren Energiesatz darstellt, lautet nun

$$dO = dK - dE,$$

woraus nach Division durch $G dt$

$$\frac{w_2^2 - w_1^2}{2g} = p_1 v_1 - p_2 v_2 + \int_{v_1}^{v_2} p\, dv \quad \text{. . . . . .} \quad (13)$$

Diese Gleichung bezieht sich auf 1 kg der durchströmenden Dampfmenge und kann graphisch leicht dargestellt werden.

Addieren wir in Fig. 1 zur Expansionsarbeit, d. h. zur Fläche $A_1 A_2 B_2 B_1$, das Produkt $p_1 v_1 =$ Fläche $A_1 B_1 O C_1$ und zählen wir $p_2 v_2 =$ Fläche $A_2 B_2 O C_2$

ab, so bleibt Fläche $A_1 A_2 C_2 C_1$ übrig. Diese ist aber auch als die Summe der Elemente $v\,dp$ darstellbar; man kann also Gl. 13 in der Form

$$\frac{w_2^2 - w_1^2}{2g} = \int_{p_2}^{p_1} v\,dp = \text{Fläche } A_1 A_2 C_1 C_2 \quad . \quad . \quad . \quad . \quad . \quad (14)$$

schreiben, wobei auf die Richtung der Integration zu achten ist, da ein negatives Vorzeichen vorgesetzt werden müßte, wenn wir die Grenzen des Integrales vertauschen würden.

Aus dem Gesetze

$$p v^k = C \quad \text{oder} \quad p^{\frac{1}{k}} v = C^{\frac{1}{k}} \quad . \quad . \quad . \quad . \quad . \quad . \quad . \quad (15)$$

folgt der Wert des Integrales auf dem Wege der Rechnung, wenn wir v aus Gl. (15) auflösen

$$\frac{w_2^2 - w_1^2}{2g} = \int_{p_2}^{p_1} v\,dp = \frac{k C^{\frac{1}{k}}}{k-1}\left[p_1^{\frac{k-1}{k}} - p_2^{\frac{k-1}{k}}\right] = \frac{k}{k-1} p_1 v_1 \left[1 - \left(\frac{p_2}{p_1}\right)^{\frac{k-1}{k}}\right] \quad (16)$$

oder wenn wir mit $C^{\frac{1}{k}}$ hinein multiplizieren und diesen Faktor im ersten Gliede durch $p_2^{\frac{1}{k}} v_2$, im zweiten durch $p_1^{\frac{1}{k}} v_1$ ersetzen

$$\frac{w_2^2 - w_1^2}{2g} = \frac{k}{k-1}\left[p_1 v_1 - p_2 v_2\right] \quad . \quad . \quad . \quad . \quad . \quad . \quad (16\text{a})$$

Gl. 16 und 16a sind die Formeln von de Saint-Vénant und Wantzel (1839).

Wenn wir aus dem Überhitzungsgebiet in das gesättigte übergehen, müßte die Integration in zwei Stufen zerlegt werden; hier wird die graphische Bestimmung der Fläche $A_1 A_2 C_1 C_2$ das einfachste sein. In jedem Falle ist der Inhalt dieser Arbeitsfläche diejenige Arbeit, welche bei der Strömung zur Beschleunigung von 1 kg Dampf aufgewendet werden kann.

3. Das Druckgefälle.

Die Ähnlichkeit des Integralausdruckes in Formel 7 mit der „Gefällshöhe" der Hydraulik veranlaßt uns die

$$\text{Arbeitsfläche } A_1 A_2 C_2 C_1 = L_0 \quad . \quad . \quad . \quad . \quad (17)$$

als das „Druckgefälle" zwischen den Pressungen p_1 und p_2 zu bezeichnen. War die anfängliche Geschwindigkeit w_1 ganz oder näherungsweise vernachlässigbar (z. B. beim Ausfluß aus einem sehr weiten Gefäß), so erhalten wir wie in der Hydraulik die einfache Formel

$$w = \sqrt{2 g L_0} \quad . \quad . \quad . \quad . \quad . \quad . \quad . \quad . \quad (18)$$

Da bei diesen Herleitungen von allen Verlusten abgesehen wurde, ist es angemessen, L_0, genauer das „theoretische Gefälle" zu nennen.

4. Die Lavalsche Düse.

Strömt der Dampf (oder eine elastische Flüssigkeit überhaupt) durch eine einfache „Mündung aus einem Raum höherer in einen solchen mit niederer Spannung, so sinkt der Druck in der Mündung, wie weiter unten nachgewiesen wird, nur auf etwa die Hälfte des Anfangsdruckes herab, und es stellen sich von der Mündung ab im Strahle heftige Schallschwingungen ein. Diese Schwingungen bedeuten einen Verlust; man wird sie mithin zu vermeiden suchen. Dies gelang de Laval, indem er an die Mündung eine konisch erweiterte Ansatzröhre anschloß, in welcher der Dampf bis auf den Betrag des Gegendruckes stetig expandieren kann. Die Lavalsche Düse ist nichts anderes als ein Rohr mit veränderlichem Querschnitt, auf welches die Formel von de Saint-Vénant ohne weiteres Anwendung findet, und zwar werden die Abmessungen der Düse für den gegebenen Anfangsdruck p_1, den Enddruck p_2 und das sekundliche Dampfquantum von G_{sk} kg am besten graphisch ermittelt wie folgt. Wir bestimmen von p_1 ausgehend für einen beliebigen Zwischendruck p_x das „Gefälle" L_x und mit der zulässigen Annahme $w_1 = 0$ die zugehörige Geschwindigkeit

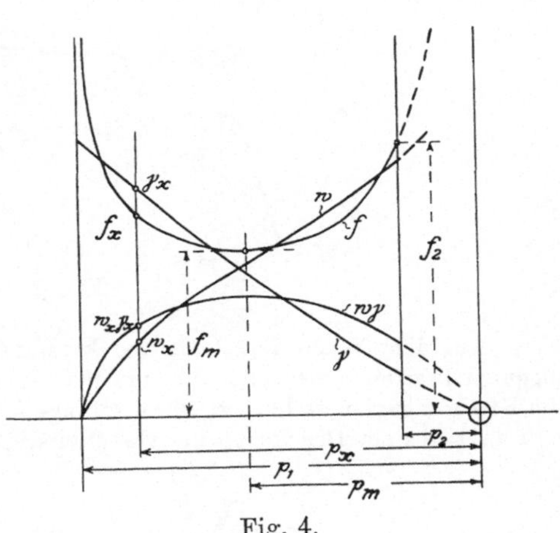

Fig. 4.

$$w_x = \sqrt{2 g L_x}$$

Aus der graphischen Darstellung des Expansionsadiabate (oder durch Rechnung) finden wir das spezifische Volumen v_x, hieraus das spezifische Gewicht

$$\gamma_x = \frac{1}{v_x}$$

woraus die Kontinuitätsgleichung in der Form

$$G_{sk} = f_x w_x \gamma_x \text{ hieraus } f_x = \frac{G_{sk}}{w_x \gamma_x} \quad . \quad . \quad . \quad . \quad (19)$$

folgt. Tragen wir den Düsenquerschnitt f_x als Funktion des Druckes p_x, Fig. 4 auf, so läßt die Figur erkennen, daß derselbe ein Minimum f_m besitzt, welches wie auch der zugehörige Druck graphisch abgegriffen wird. Bei $p = p_1$ ist f_x wegen $w_1 = 0$ unendlich, d. h. praktisch sehr groß (w_1 sehr klein). Die Düse (Fig. 5) wird bis an den Querschnitt f_m recht kurz gemacht, um an Reibung zu sparen. Von f_m ab bleibt das Profil meist geradlinig, mit einem Kegelwinkel von etwa 10^0, da bei schärferer Divergenz der Dampfstrahl sich von der Wandung trennen könnte. Man führt den Konus so lang aus, bis der Querschnitt f_2 gerade erreicht wird. Zu einem Zwischendurchmesser d_x ergibt das zugehörige f_x in Fig. 4 indes auf der rechten Seite von f_m den zugehörigen Druk p_x.

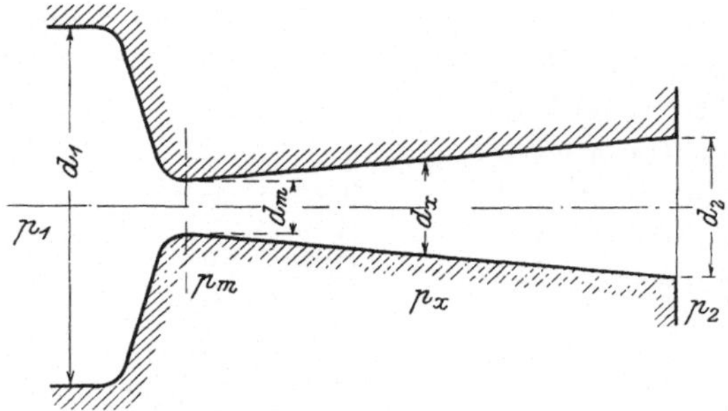

Fig. 5.

Auf dem Wege der Rechnung kann nach Zeuners Vorgang[1]) die Düse bequem bestimmt werden, so lange man sich nur im Überhitzungs- oder nur im Sättigungsgebiete bewegt, d. h. solange k konstant bleibt. Formel 16 liefert mit $w_1 = 0$ zum Drucke p_x die Geschwindigkeit

$$w_x = \sqrt{2g \frac{k}{k-1} p_1 v_1 \left[1 - \left(\frac{p_x}{p_1}\right)^{\frac{k-1}{k}}\right]} \quad \ldots \ldots (20)$$

Aus der Zustandsgleichung erhält man

$$v_x = v_1 \left(\frac{p_1}{p_x}\right)^{\frac{1}{k}} \quad \ldots \ldots \ldots \ldots (21)$$

und hiermit die Kontinuitätsgleichung

$$G_{sk} = \frac{f_x w_x}{v_x} = f_x \sqrt{\frac{2gk}{k-1} \frac{p_1}{v_1} \left[\left(\frac{p_x}{p_1}\right)^{\frac{2}{k}} - \left(\frac{p_x}{p_1}\right)^{\frac{k+1}{k}}\right]} \quad \ldots (22)$$

Bestimmt man nach den Regeln der Analysis den Wert von p_x, der den Ausdruck $w_x : v_x$ zu einem Maximum, also f_x zu einem Minimum macht, so erhält man

$$\frac{p_m}{p_1} = \left(\frac{2}{k+1}\right)^{\frac{k}{k-1}} \quad \ldots \ldots \ldots \ldots \ldots (28)$$

[1]) Zeuner, Theorie der Turbinen. Leipzig 1899. S. 268 u. f.

und hieraus
$$w_m = \sqrt{2g\frac{k}{k+1}p_1 v_1} \quad \ldots \ldots \ldots \quad (29)$$

$$G_{sk} = f_m\sqrt{2g\frac{k}{k+1}\left(\frac{p_m}{p_1}\right)\left(\frac{p_1}{v_1}\right)} \quad \ldots \ldots \quad (30)$$

oder für anfänglich gesättigten Dampf mit $k = 1{,}135$ nach Zeuner

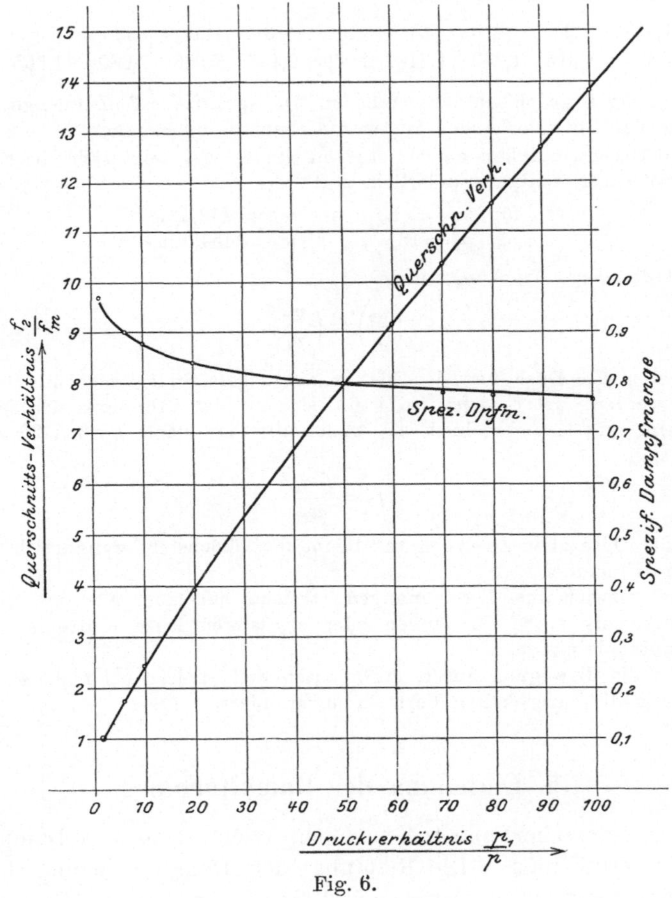

Fig. 6.

$$\left.\begin{aligned} p_m &= 0{,}5744\, p_1 \\ w_m &= 323\sqrt{p_1 v_1} \\ G_{sk} &= 199\, f_m\sqrt{\frac{p_1}{v_1}} \end{aligned}\right\} \quad \ldots \ldots \ldots \quad (31)$$

wobei p in kg/qcm, v_1 in cbm/kg, f_m in qm einzusetzen sind.

Den Endquerschnitt f_2 erhält man aus der Gleichung

$$G_{sk}=\frac{f_2 w_2}{v_2}; \qquad f_2=\frac{G_{sk} v_2}{w_2}$$

oder aus dem Verhältnis zu $f_m=\dfrac{G_{sk}\,v_m}{w_m}$

$$\frac{f_2}{f_m}=\frac{v_2}{v_m}\cdot\frac{w_m}{w_2}$$

nachdem w_2 und v_2 aus Gl. 20 und 21 ermittelt worden sind. Zeuner berechnet am a. O. folgende Tabelle

$p_1/p=$	1,732	2	4	6	8	10	20	50	70	100
$f/f_m=$	1	1,015	1,349	1,716	2,069	2,436	3,966	7,980	11,555	13,802

welche in Fig. 6 graphisch dargestellt ist. Die spezifische Dampfmenge, welche am Ende der Düse vorhanden ist, wurde ebenfalls eingetragen.

Die Geschwindigkeit an der engsten Stelle, w_m, zeigt sich mit dem Anfangsdrucke nur wenig veränderlich, z. B.

für $p_1=5$ kg/qcm $\quad w_m=442,4$ m
„ $p_1=12$ „ $\quad w_m=454,3$ m.

Ist der Gegendruck p_2 gerade $=p_m$, d. h.

$$\left(\frac{p_2}{p_1}\right)=\left(\frac{p_m}{p_1}\right)$$

so darf von der Düse nur der bis an die engste Stelle reichende Teil ausgeführt werden. Ist $p_2>p_m$, so stellt sich in der Mündung der Druck p_2 selbst ein, und man rechnet w_2, v_2 unmittelbar nach Formel 20 und 21, worauf sich

$$f_2=\frac{G\,v_2}{w_2}$$

ergibt, die Düse aber konvergent bleibt, bez. höchstens zylindrisch mit gerundetem Einlauf.

Die verwickelten Erscheinungen, welche bei einer für das gegebene Druckverhältnis $p_1:p_2$ zu kurzen oder zu langen Düse auftreten, werden weiter unten besprochen.

Für die Bewegung durch Turbinenschaufeln gelten bei nicht zu starker Krümmung die entwickelten Formeln unverändert.

5. Einteilung der Dampfturbinen.

Wir unterscheiden zunächst ebensoviele Arten von Dampf- wie von Wasserturbinen. Die Richtung der Dampfbewegung bedingt die Unterscheidung in Axial- und Radialturbinen. Bei ersteren besitzt die Geschwindigkeit der Dampfteilchen neben der Umfangskomponente bloß eine Komponente in der Achsenrichtung, bei letzteren ist bloß eine Umfangs- und eine Radialkomponente vorhanden. Wichtiger ist die Unterscheidung auf Grund des Druckes, welcher im „Spalt" zwischen Leit- und Laufrad herrscht. Ist dieser Druck größer als derjenige, welchen der Dampf beim Austritt aus dem Laufrade besitzt, so haben wir eine Überdruck- oder Reaktionsturbine vor uns; sind die beiden Drucke gleich, eine Druck- oder Aktionsturbine[1]). Wird eine Schaufel vom Dampfstrahle nicht ganz ausgefüllt so könnte man von „Freistrahlturbinen" sprechen, als deren Grenzfall für gerade volle Ausfüllung, ohne Überdruck, die „Grenzturbine" anzusehen wäre. Findet die Einströmung am ganzen Umfange eines Laufrades statt, so haben wir volle, im anderen Falle partielle Beaufschlagung.

Im Dampfturbinenbau kommen nun abweichend von den Gepflogenheiten des hydraulischen Gebietes Kombinationen von zwei oder mehreren hintereinander geschalteten Turbinen vor, welche wir bei wenigen Rädern als mehrstufige, bei sehr vielen Rädern als vielstufige bezeichnen wollen. Obwohl eine feste Grenze zwischen den beiden nicht zu ziehen ist, so rechtfertigt sich die doppelte Bezeichnung deshalb, weil die Turbine bei sehr vielen Rädern wesentlich anders zu berechnen ist, als bei wenigen Rädern. Durch die mehrstufige Turbine wird entweder der Druck in einzelnen Stufen ausgenützt, oder man expandiert sofort auf den Enddruck und nützt die erzeugte totale kinetische Energie des Dampfes in mehreren aufeinanderfolgenden Turbinen aus, weshalb für letztere Art von Riedler die Bezeichnung „Geschwindigkeitsstufe" als Gegensatz der „Druckstufe" vorgeschlagen worden ist.

A. Axiale Turbinen.

6. Die ideale einstufige Druckturbine.

Die Form der Düse wird nach dem oben entwickelten Verfahren bestimmt und ergibt als absolute Austrittsgeschwindigkeit c_1 in Fig. 7. Zerlegen wir c_1 in die Komponenten w_1 und u, wobei letzteres die Umfangsgeschwindigkeit des Rades bedeutet, so bildet w_1 die „relative" Eintrittsgeschwindigkeit in das Laufrad. Wir erhalten w_1 auch als Resultierende aus c_1 und der negativen Geschwindigkeit $-u$. Die Richtung von w_1 bestimmt die Neigung α_1 des ersten Schaufelelementes, damit stoßfreier Ein-

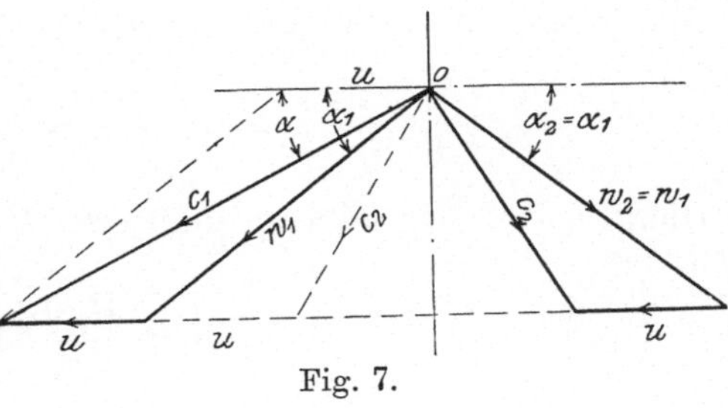

Fig. 7.

[1]) Prof. Escher (Zürich) hat hierfür die bequemen Bezeichnungen Stau- und Freilaufturbinen vorgeschlagen.

tritt vorhanden sei. Der Winkel α_1 wird meist auf die Neigung des Schaufelrückens bezogen, da ein Stoß auf die Rückseite der Schaufel unmittelbar hemmend wirkt, also mehr Verluste bedingt als ein Stoß auf die Vorderseite. Bei reibungsloser Bewegung bleibt w_1 im Rade unverändert und erscheint als relative Austrittsgeschwindigkeit w_2 aus dem Laufrade; die Resultierende aus w_2 und u ergibt die absolute Austrittsgeschwindigkeit c_2. Die Neigungswinkel von c_1, w_1, w_2 seien α, α_1, α_2. Gewöhnlich findet man $\alpha_2 = \alpha_1$, wodurch der Querschnitt beim Ein- und Austritt des Laufrades von selbst gleich ausfällt, indessen der Winkel α_2 etwas zu große Werte erhält. Macht man α_2 kleiner als α_1, so muß die Schaufel gegen den Austritt hin (wie bei Girardturbinen) in radialer Richtung mit stets gleichbleibendem Normalquerschnitt erweitert werden, um einem Staue vorzubeugen. Der Wert des Winkels α beträgt etwa 17 bis 20^0; für α_2 dürfte der gleiche Betrag angemessen sein. Bei de Laval treffen wir in der Regel $\alpha_1 = \alpha_2 = 30^0$.

Die verfügbare Arbeitsfähigkeit in mkg pro 1 kg Dampf ist

$$L_0 = \frac{c_1^2}{2g} \quad \ldots \ldots \ldots \quad (1)$$

Wenn G_{sk} das sekundlich aufgebrauchte Dampfgewicht bedeutet, so erhält man die verfügbare Leistung in PS

$$N_0 = \frac{G_{sk} L_0}{75}.$$

Von L_0 geht verloren der Auslaßverlust

$$L_z = \frac{c_2^2}{2g}.$$

Gewonnen wird als sogen. indizierte Dampfarbeit pro kg Dampf

$$L_i = L_0 - L_z = \frac{c_1^2 - c_2^2}{2g} \quad \ldots \ldots \quad (2)$$

Hieraus die sekundliche indizierte Arbeit, d. h. die „Leistung“ in PS

$$N_i = \frac{G_{sk} L_i}{75} \text{ PS} \quad \ldots \ldots \ldots \quad (3)$$

Den Dampfverbrauch pro Stunde und ind. PS $= D_i$ findet man $= 3600\ G_{sk} : N_i$, oder wenn man Formel 3 benutzt

$$D_i = \frac{270000}{L_i}.$$

Der Wirkungsgrad der indizierten Arbeit ist

$$\eta_i = \frac{L_i}{L_0} = \frac{c_1^2 - c_2^2}{c_1^2}.$$

War $\alpha_1 = \alpha_2$, so findet man durch Umklappung von w_2 um die Vertikale gemäß Fig. 7

$$c_2^2 = c_1^2 + (2u)^2 - 2c_1(2u)\cos\alpha,$$

hieraus

$$\eta_i = 4\frac{u}{c_1}\left[\cos\alpha - \frac{u}{c_1}\right].$$

Wenn α festgelegt ist, so hängt η_i nur vom Verhältnisse $u:c_1$ ab, sofern wir voraussetzen, daß der Winkel α_1 stets so verändert wird, daß der Dampf ohne Stoß eintritt. Mit wachsendem u nimmt η_i zunächst zu bis zum Maximalwerte

$$\eta_i = \cos^2\alpha,$$

welcher bei $\frac{u}{c_1} = \frac{1}{2}\cos\alpha$ erhalten wird. Dann nimmt η_i ab, um bei $u = c_1\cos\alpha$ den Wert Null zu erreichen. Als Funktion von $u:c_1$ wird η_i bekanntlich durch eine Parabel dargestellt.

War beispielsweise $\alpha = 17^0$, so ist $\eta_{max} = 0{,}914$ bei $u/c_1 = 0{,}478$. Bei $c_1 = 1200$ m müßte hiernach $u = 574$ m sein, was als nahezu unausführbar bezeichnet werden kann. Beschränken wir u auf den praktisch erprobten Betrag von 400 m, d. h. machen wir $u:c_1 = 0{,}333$, so wird $\eta_i = 0{,}836$, d. h. um 8,5 vH schlechter wie im vorigen Fall. Da aber mit der Verringerung der Umfangsgeschwindigkeit die Leerlaufarbeit des Rades abnimmt, so wird von obigem Verlust ein Teil wiedergewonnen; man darf mithin etwas unter dem theoretisch günstigsten Wert von u/c_1 bleiben, ohne die Ökonomie stark zu schädigen.

7. Die einstufige Druckturbine mit Berücksichtigung der Reibung.

Die Reibung in der Düse bewirkt, daß die Austrittsgeschwindigkeit auf den Betrag

$$c_1 = \varphi c_0 \quad \ldots \ldots \ldots \quad (1)$$

sinkt, wenn wir mit c_0 den theoretischen Wert

$$c_0 = \sqrt{2gL_0} \quad \ldots \ldots \ldots \quad (2)$$

bezeichnen. Der Koeffizient φ kann bei langen Düsen für Kondensation 0,95 bis 0,90, bei kurzen Düsen für freien Auspuff $= 0{,}95$ bis 0,975 gesetzt werden.[1]) Die Zusammensetzung von

[1]) Siehe Abschnitt 16.

c_1 mit $-u$ ergibt wieder w_1, dieses wird aber durch Reibung (und Wirbelung beim Austritt auf den kleineren Wert

$$w_2 = \psi w_1 \quad . \quad . \quad . \quad . \quad . \quad . \quad . \quad . \quad . \quad (3)$$

herabgesetzt, wobei ψ von der Geschwindigkeit w_1, von der Schaufelform und anderen Faktoren abhängt. Der kleinste Wert von ψ scheint $= 0{,}7$ zu sein; bei kleineren Werten von w_1 nimmt ψ zu und darf vielleicht bei $w_1 = 250$ m auf 0,85 bis 0,9 eingeschätzt werden. Schließlich ergibt w_2 und $+u$ die Abflußgeschwindigkeit c_2. (Fig. 8.)

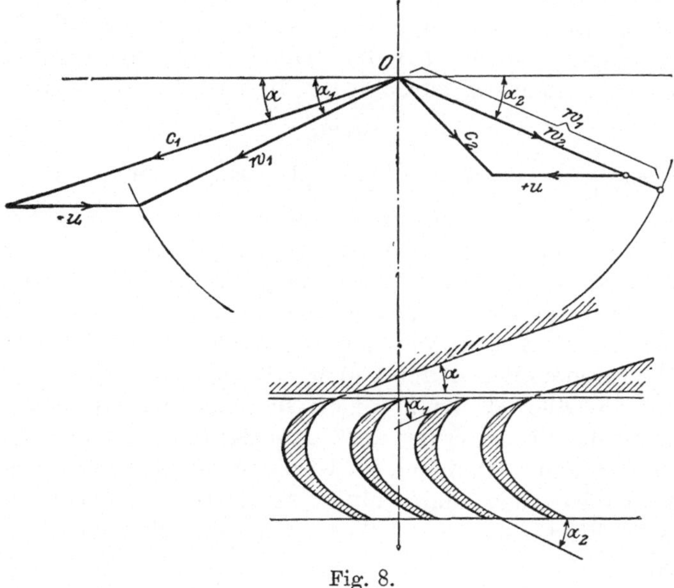

Fig. 8.

Diesen Reibungen entsprechen als Arbeitsverluste

$$\text{in der Düse} \quad \frac{c_0^2 - c_1^2}{2g} = (1 - \varphi^2) \frac{c_0^2}{2g}$$

$$\text{in der Schaufel} \quad \frac{w_1^2 - w_2^2}{2g} = (1 - \psi^2) \frac{w_1^2}{2g}$$

Die „indizierte“ Arbeit pro kg Dampf ist

$$L_i = \frac{c_0^2}{2g} - \frac{c_0^2 - c_1^2}{2g} - \frac{w_1^2 - w_2^2}{2g} - \frac{c_2^2}{2g} \quad . \quad . \quad . \quad (4)$$

Der „indizierte“ Wirkungsgrad

$$\eta_i = \frac{L_i}{L_0} \quad . \quad . \quad . \quad . \quad . \quad . \quad . \quad . \quad . \quad (5)$$

Die indizierte Leistung in PS

$$N_i = \frac{G_{sk} L_i}{75} \quad . \quad . \quad . \quad . \quad . \quad . \quad . \quad . \quad (6)$$

Ziehen wir von N_i die Rad- und Lagerreibung[1]) ab, so erhalten wir die effektive Leistung an der Turbinenwelle:

$$N_e = N_i - N_r$$

und den effektiven Wirkungsgrad

$$\eta_e = \frac{N_e}{N_0}.$$

7a. Bestimmung der Querschnittsabmessungen für die einstufige Druckturbine.

Als gegeben sind anzusehen Leistung, Dampfdruck, Vakuum. Angenommen wird die Umfangsgeschwindigkeit so nahe gleich der günstigsten als möglich. Aus der Umlaufzahl, die durch mannigfache Umstände, wie Antrieb, erreichte Vollkommenheit der Herstellung u. s. w. bedingt ist, ergibt sich der Radhalbmesser. Nach den im Abschn. 33 und 53 mitgeteilten Formeln kann die Rad- und Lagerreibung veranschlagt werden, so daß

$$N_i = N_e + N_r$$

auch gegeben ist. Der Entwurf des Geschwindigkeitsplanes liefert die pro kg Dampf erhältliche Arbeit L_i, somit aus Gl. 6 vor. Abschn.

$$G_{sk} = \frac{75 N_i}{L_i}$$

Man teilt G_{sk} auf eine passend große Zahl von Düsen auf, welche wie oben erläutert zu ermitteln sind

Die Länge der Schaufeln ist so zu bemessen, daß der Strahl auch an den breitesten Stellen (z. B. bei runden Düsen) ohne Behinderung in das Rad eintreten kann. Am Eintritte sind die Schaufelränder scharf geschliffen; im weiteren Verlauf erhält der Schaufelkanal gewöhnlich konstante lichte Weite.

8. Die einstufige Überdruckturbine.

Bei vorgeschriebenem Anfangs- und Enddrucke p_1 bezw. p_2 herrscht im Spalte zwischen Leit- und Laufrad ein frei zu wählender Zwischendruck p. Aus der Adiabate finden wir die zu p_1, p, p_2 zugehörigen spezifischen Volumina v_1, v, v_2.

---

[1]) Siehe Abschnitt 33 und 53.

Die Höhe von p ist theoretisch für die Ökonomie ohne Belang, praktisch beeinflußt sie einerseits die Undichtheitsverluste, anderseits die Umfangsgeschwindigkeit in hohem Maße.

Übersteigt bei gesättigtem Dampfe das Verhältnis $p_1 : p$ oder $p : p_2$ den Grenzwert 1,7, so muß der entsprechende Turbinenkanal wie die konische Düse auf einen Minimalquerschnitt eingeschnürt und von da ab wieder erweitert werden.

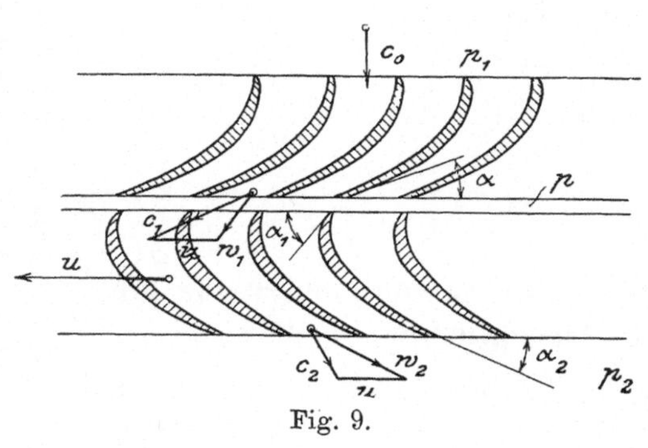

Fig. 9.

Die Überdruckturbine kommt übrigens fast nur als vielstufige Turbine vor, bei welcher diese Einschnürung nicht notwendig ist.

Wir teilen die Arbeitsfläche dem Drucke p entsprechend in zwei Teile L_1 uno L_2; mit den in die Figur 9 eingeschriebenen Bezeichnungen ergibt sich dann für das Leitrad die Gleichung

$$\frac{c_1^2 - c_0^2}{2g} = L_1, \quad (1)$$

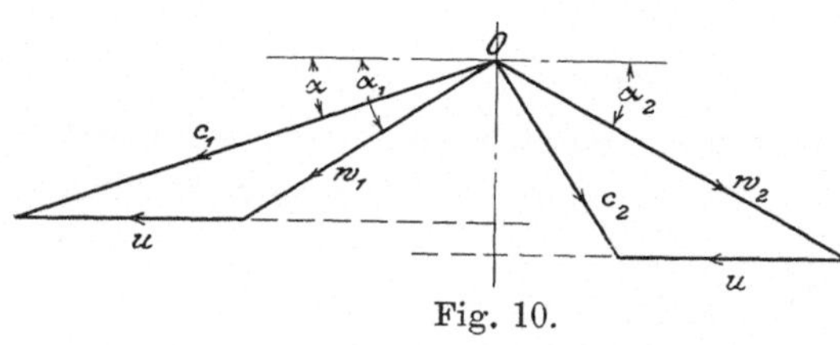

Fig. 10.

wobei streng genommen c_0 auch der Arbeit L_1 zur Last gelegt werden, also eigentlich mit $c_0 = 0$ gerechnet werden sollte.

Aus c_1 und $-u$ entsteht w_1 (s. Fig. 10), welches im Laufrade auf w_2 beschleunigt wird gemäß Gleichung

$$\frac{w_2^2 - w_1^2}{2g} = L_2 \quad . \; . \; . \; . \; . \; . \; . \; . \quad (2)$$

und es ist

$$L_0 = L_1 + L_2 .$$

Das Verhältnis $\frac{L_2}{L_0}$ wird wohl auch der Reaktionsgrad genannt.

Die Resultierende aus w_2 und $+u$ bildet die Abflußgeschwindigkeit c_2 Fig. 10. Der Arbeitsverlust der reibungslosen Turbine ist $c_2^2 : 2g$. — Die theoretische Nutzarbeit

$$L_i = L_1 + L_2 - \frac{c_2^2}{2g} \quad . \; . \; . \; . \; . \; . \; . \quad (3)$$

die indizierte Leistung in PS: $N_i = \frac{G_{sk} L_i}{75}$ . . . . (4)

und der indizierte Wirkungsgrad

$$\eta_i = \frac{L_i}{L_1 + L_2} = \frac{L_i}{L_0} \quad \ldots \ldots \quad (5)$$

Um zu ermitteln, wie der Wirkungsgrad mit der Umfangsgeschwindigkeit variiert, werden wir die vereinfachende Annahme einführen, daß die axiale Komponente der Geschwindigkeiten c_1, c_2, w_1, w_2, gleich groß $= c_0$ ist und unter den Winkeln die Beziehung

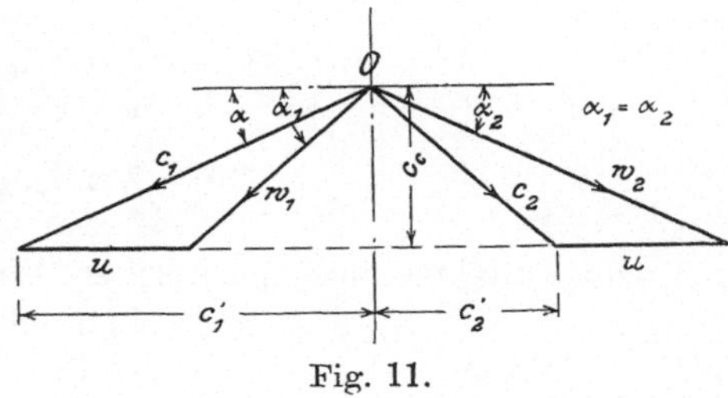

Fig. 11.

$$\alpha = \alpha_2, \qquad \alpha_1 = \alpha_2$$

besteht. Nach dem unten entwickelten Prinzip des Antriebes ist die indizierte Leistung mit den Bezeichnungen der Fig. 11

$$L_i = \frac{1}{g}(c_1' + c_2')\,u = (2\,c_1 \cos\alpha - u)\frac{u}{g} \quad \ldots \quad (6)$$

und der indizierte Wirkungsgrad

$$\eta_i = \frac{1}{g L_0}(2\,c_1 \cos\alpha - u)\,u \quad \ldots \ldots \quad (7)$$

Auch hier wird also, wenn wir α_1 stets auf stoßfreien Eintritt eingestellt voraussetzen und den Reaktionsgrad konstant erhalten, sowohl der Wirkungsgrad wie die indizierte Leistung mit der Umfangsgeschwindigkeit wie die Ordinaten einer Parabel zunehmen. Beide erreichen den Höchstwert, wenn

$$u = c_1 \cos\alpha \quad \ldots \ldots \ldots \quad (8)$$

8a. Ermittelung der Querschnitte für die einstufige Überdruckturbine.

Aus der effektiven Leistung muß wie bei der Aktionsturbine die indizierte Leistung N_i eingeschätzt werden, worauf aus Gl. 4 die sekundliche Dampfmenge G_{sk} berechnet wird.

Bei unendlich dünnen Schaufeln ist der Ausflußquerschnitt eines voll beaufschlagenden Leitrades mit D als mittleren Durchmesser, a radialer Schaufellänge, α als Schaufelwinkel

$$F = \pi D a \sin\alpha \quad \ldots \ldots \ldots \quad (9)$$

Ist hingegen bei endlicher Schaufeldicke e die lichte Weite des Kanals, e' der Abstand gleichartiger Schaufelflächen am Auslauf, Fig. 12, mithin $e' - e = s$ die Schaufeldicke, so finden wir

$$F = \frac{e}{e'} \pi D a \sin \alpha \quad . \quad . \quad . \quad . \quad . \quad . \quad . \quad (10)$$

Ebenso gilt für Ein- und Austritt am Laufrad

$$F_1 = \frac{e_1}{e_1'} \pi D_1 a_1 \sin \alpha_1 \quad . \quad . \quad . \quad . \quad . \quad . \quad (11)$$

$$F_2 = \frac{e_2}{e_2'} \pi D_2 a_2 \sin \alpha_2 \quad . \quad . \quad . \quad . \quad . \quad . \quad (12)$$

Die Zunahme des spezifischen Volumens des Dampfes bewirkt hier eine bedeutend größere Änderung der Querschnitte wie bei hydraulischen Turbinen. Aus der Kontinuitätsgleichung folgt nämlich die dreifache Gleichung

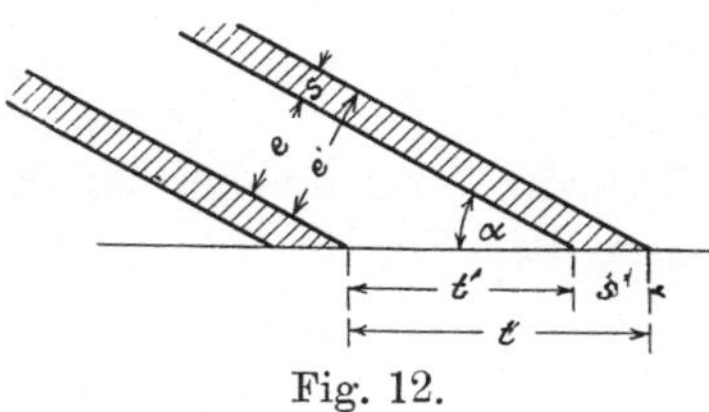

Fig. 12.

$$G_{sk} = \frac{F c_1}{v} = \frac{F_1 w_1}{v} = \frac{F_2 w_2}{v_2}$$

welche zur Berechnung von F, F_1, F_2 dient.

Wir erhalten z. B. für $\alpha = \alpha_2$ $D = D_2$; $e = e_2$; $e' = e_2'$ und $c_1 = w_2$

$$\frac{F_2}{F} = \frac{v_2}{v} = \frac{a_2}{a} \quad . \quad . \quad . \quad . \quad . \quad . \quad . \quad . \quad (13)$$

Dies Verhältnis kann bedeutend werden bei den Niederdruckrädern der Reaktionsturbinen, bei welchen z. B. von 0,3 auf 0,2 oder 0,2 auf 0,15 Atm. expandiert wird, und das Volumen nahezu im umgekehrten Verhältnis zunimmt. Ist aus Gründen der Herstellung eine so starke Verschiedenheit der radialen Längen untunlich, indem umgekehrt etwa $a = a_2$ vorgeschrieben wird, dann muß unter den gemachten Annahmen, wegen

$$\frac{F_2}{F} = \frac{a_2 \sin \alpha_2}{a \sin \alpha} = \frac{\sin \alpha_2}{\sin \alpha} = \frac{v_2}{v} \quad . \quad . \quad . \quad . \quad (14)$$

durch die Winkel der Kontinuität genügt werden. Es kann alsdann für α_2 ein erheblich größerer Wert erforderlich werden als für α, wodurch der Geschwindigkeitsplan eine Änderung erleidet. Die Größe von w_1 w_2 bleibt zwar bestehen, allein c_2 d. h. der Anlaßverlust nimmt stark zu.

Anschaulich wird die Rechnung, wenn man den sog. axialen Reinquerschnitt und die axialen Komponenten der Geschwindigkeit benutzt. Bezeichnen wir letztere durch Hinzufügen des

Zeichens n als c_{1n} w_{1n} w_{2n} c_{2n} und setzen wir eine Turbine mit unendlich dünnen Schaufeln voraus, so lautet die Kontinuitätsgleichung wie folgt

$$G_{sk} = \frac{\pi D_1 a' \sin \alpha c_1}{v} = \frac{\pi D_1 a_1' \sin \alpha_1 w_1}{v} = \frac{\pi D_2 a_2' \sin \alpha_2 w_2}{v_2};$$

hiermit ist aber

$$c_1 \sin \alpha = c_n; \qquad w_1 \sin \alpha_1 = w_{1n}; \qquad w_2 \sin \alpha_2 = w_{2n} \quad . \quad (15)$$

und wir verstehen unter axialen Reinquerschnitten die Größen

$$F_n = \pi D a'; \qquad F_{1n} = \pi \mathrm{D}_1 a_1'; \qquad F_{2n} = \pi D_2 a_2' \quad . \quad . \quad (16)$$

Man erhält mithin

$$G_{sk} = \frac{F_n c_{1n}}{v} = \frac{F_{1n} w_{1n}}{v} = \frac{F_{2n} w_{2n}}{v_2} \quad . \quad . \quad . \quad . \quad . \quad (17)$$

d. h. die Kontinuitätsgleichung gilt unverändert auch für die axialen Geschwindigkeiten und Querschnitte.

Wenn aus Gl. 17 die ideellen Schaufellängen a', a_1', a_2' gerechnet worden sind, erhält man die effektiven durch die Formeln

$$a = \frac{e'}{e} a'; \qquad a_1 = \frac{e_1'}{e_1} a_1'; \qquad a_2 = \frac{e_2'}{e_2} a_2' \quad . \quad . \quad (18)$$

9. Bestimmung der Leistung und des Wirkungsgrades durch das Prinzip des „Antriebes".

Da bei der Axialturbine, wie wir vorausgesetzt haben, der Dampf so geführt wird, daß eine radiale Geschwindigkeit nirgends auftreten kann, findet die Kraftübertragung auf das Rad nur durch die Änderung der Umfangskomponente c_u der absoluten Geschwindigkeit statt, wie aus folgendem hervorgeht:

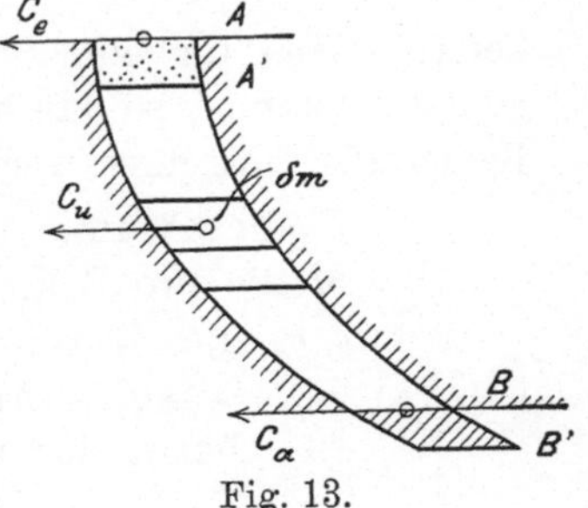

Fig. 13.

Wir teilen den Inhalt eines Schaufelkanales durch zur Achse senkrechte Schnittebenen in eine Anzahl unendlich kleiner Teile und bezeichnen die Masse eines davon mit δm. (Fig. 13.) Die auf dies Element wirkende Umfangskomponente des Schaufeldruckes bezeichnen wir mit δP und wenden auf die Beschleunigung (bezw. Verzögerung) desselben die Grundgleichung der Mechanik, d. h. die Formel

$$\delta m \frac{d c_u}{d t} = \delta P \quad . \quad . \quad . \quad . \quad . \quad . \quad (1)$$

oder

$$\delta m \cdot d c_u = \delta P \cdot d t \quad . \quad . \quad . \quad . \quad . \quad . \quad . \quad (2)$$

an. Summieren wir die gleichgeformten Ausdrücke über den Inhalt des ganzen Kanales, so kann dt als gemeinsamer Faktor heraustreten und die $\Sigma\delta P$ ist $= P =$ dem ganzen Umfangsdrucke der Schaufel, d. h. das negative der treibenden Umfangskraft

$$Pdt = \Sigma\delta m dc_u \quad \ldots \ldots \quad (3)$$

Es sei nun c_u' der Wert, den c_u nach Verlauf der Zeit dt annimmt, so daß $dc_u = c_u' - c_u$ ist und Gl. 2 die Form

$$Pdt = \Sigma\delta m c_u' - \Sigma\delta m c_u \quad \ldots \ldots \quad (4)$$

erhält.

Auf der linken Seite steht der sog. „Antrieb“ der Kraft P während der Zeit dt; auf der rechten Seite der Wert, um welchen die sog. Bewegungsgröße des Schaufelinhaltes während dt zugenommen hat. Während der Zeit dt verschiebt sich dieser Inhalt von AB nach $A'B'$ (Fig. 13). Die Bewegungsgröße der zwischen A' und B enthaltenen Masse ist unverändert, eine Zunahme bedeutet das Element BB' und zwar um den Betrag dmc_a, wenn c_a der Wert von c_u beim Austritt ist. Eine Abnahme aber bedeutet das verschwundene Element AA' um den Betrag dmc_e, wenn c_e den Wert von c_u beim Eintritt bezeichnet. Man hat also

$$\Sigma\delta m c_u' - \Sigma\delta m c_u = dm\,(c_a - c_e) \quad \ldots \ldots \quad (5)$$

Ist aber M die pro Zeiteinheit durchströmende Dampfmasse, so haben wir

$$dm = Mdt \quad \ldots \ldots \quad (6)$$

welches in Gl. 5 eingesetzt schließlich

$$P = M\,(c_a - c_e) \quad \ldots \ldots \quad (7)$$

liefert. Was für eine Schaufel gilt, kann auch auf sämtliche ausgedehnt werden, so daß in Formel 7 den Buchstaben-Größen folgende Bedeutung beigelegt werden kann:

P die gesamte Umfangskraft,
M die pro Sek. durchströmende Dampfmasse,
$c_e\,c_a$ die Werte der Umfangskomponente der absoluten Geschwindigkeit beim Ein- und Austritt in das bezw. aus dem Laufrad.

Sind $c_a\,c_e$ entgegengesetzt gerichtet (was die Regel bildet), so ist in der Klammer die Summe der Absolutbeträge zu nehmen, d. h. zu setzen

$$P = M\,([c_a] + [c_e]) \quad \ldots \ldots \quad (7a)$$

Die sekundliche Leistung in mkg erhalten wir als Produkt der Umfangskraft und Umfangsgeschwindigkeit

$$Pu = M\,(c_a - c_e)\,u \quad \ldots \ldots \quad (8)$$

Betrachten wir die Wirkung auf 1 kg, so ist

$$M = \frac{1}{g}$$

und *Pu* wird identisch mit der indizierten Arbeit pro kg, d. h. man erhält

$$L_i = \frac{1}{g}(c_a - c_e)\, u \quad \ldots\ldots \quad (9)$$

welcher Ausdruck, z. B. für die einstufige Druckturbine, identische Werte liefern muß, wie Formel 4, Abschnitt 7.

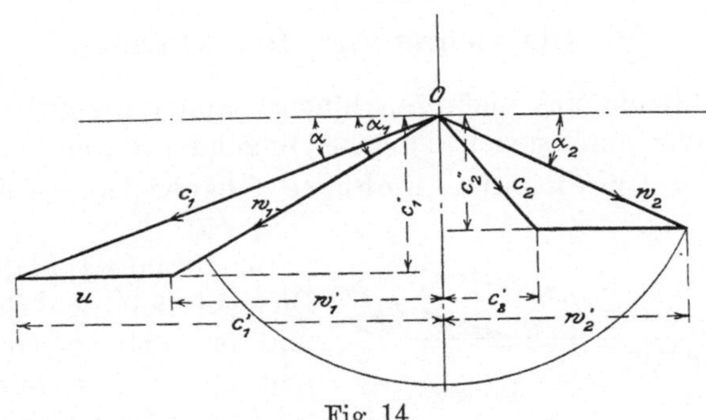

Fig. 14.

Der Beweis, daß dies der Fall ist, gelingt leicht durch folgende Umformung: nach Formel 4 Abschn. 7 ist

$$L_i = \frac{1}{2g}\left[(c_1^2 - w_1^2) + (w_2^2 - c_2^2)\right],$$

wenn man mit c_1', w_1', w_2', c_2' die horizontalen, mit c_1'', c_2'' die vertikalen Projektionen dieser Geschwindigkeiten bezeichnet, so hat man nach Fig. 14

$$c_1^2 = c_1'^2 + c_1''^2; \qquad w_1^2 = w_1'^2 + c_1''^2,$$

mithin

$$c_1^2 - w_1^2 = c_1'^2 - w_1'^2,$$

ebenso

$$w_2^2 - c_2^2 = w_2'^2 - c_2'^2$$

und

$$L_i = \frac{1}{2g}\left[(c_1'^2 - w_1'^2) + (w_2'^2 - c_2'^2)\right]$$

$$= \frac{1}{2g}\left[(c_1' + w_1')(c_1' - w_1') + (w_2' + c_2')(w_2' - c_2')\right].$$

Hierin ist

$$c_1' - w_1' = u; \qquad w_2' - c_2' = u$$

$$c_1' + w_1' = 2c_1' - u; \qquad w_2' + c_2' = 2c_2' + u,$$

somit

$$L_i = \frac{1}{g}\left[c_1' + c_2'\right] u \quad \ldots\ldots\ldots \quad (10)$$

in Übereinstimmung mit Gl. 7a.

Die Mechanik weist nach, daß im allgemeinen Fall das treibende Drehungsmoment $\mathfrak{M}$ pro kg Dampf durch die Formel

$$\mathfrak{M} = (a_a c_a' - a_e c_e')\frac{1}{g}$$

wiedergegeben wird, worin c_a', c_e' die algebraisch genommenen Umfangskomponenten der absoluten Aus- und Eintrittsgeschwindigkeiten; a_a, a_e, ihre Hebelarme mit Bezug auf die Welle bedeuten. Wenn ω die Winkelgeschwindigkeit der Welle ist, so erhält man die Arbeit vermöge der Formel

$$L_i = \mathfrak{M}\,\omega = (a_a c_a' - a_e c_e')\,\frac{\omega}{g}.$$

Die verfügbare Arbeit pro kg nannten wir L_0 und so ist der indizierte Wirkungsgrad

$$\eta_i = \frac{L_i}{L_0} = \frac{\omega}{g\,L_0}\,(a_a c_a' - a_e c_e'),$$

welche Formel man mit Nutzen bei Radialturbinen verwenden kann.

10. Die mehrstufige Druckturbine.

Diese besteht aus mehreren hintereinander geschalteten Druckturbinen. Wir untersuchen zunächst folgenden durchsichtigen Fall:

a) Eine Druckstufe, mehrere Geschwindigkeitsstufen (Fig. 15).

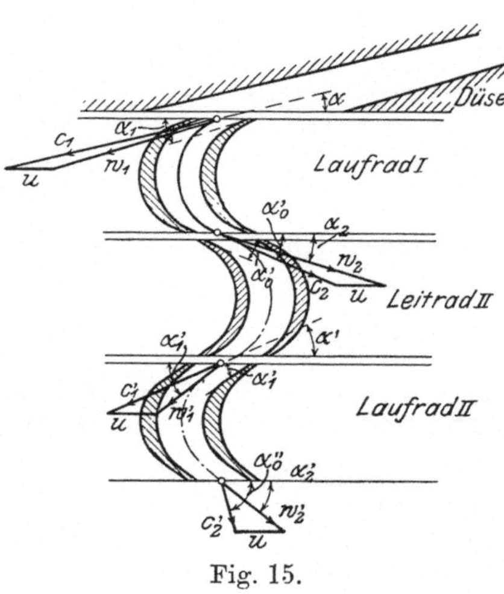

Fig. 15.

Der Strahl expandiert in der Düse bis auf den Gegendruck, und erreicht die Geschwindigkeit c_1, welche mit $-u$ die relative Geschwindigkeit w_1 ergibt. Für die Idealturbine ist $w_2 = w_1$ und angenommen werde $\alpha_2 = \alpha_1$. Aus w_2 und $+u$ wird die absolute Geschwindigkeit c_2 gewonnen. Mit dieser Geschwindigkeit tritt der Dampf in einen zweiten Leitapparat ein und wird in die Richtung der Geschwindigkeit c_1' umgelenkt, so indes, daß (theoretisch) der Druck konstant bleibt, also $c_1' = c_2$ sein muß. Der Winkel α_0', den c_2 mit dem Radumfang einschließt, wird auch für c_1' als Neigungswinkel beibehalten. Die Geschwindigkeiten w_1', w_2', c_2' haben für das zweite Laufrad Giltigkeit, und es werde in einem dritten Leitrad c_2' in c_1'' umgelenkt, welches im dritten Laufrad w_1'', w_2'', und die schließliche Austrittgeschwindigkeit c_2'' liefert. Auch die Neigungswinkel von w_1' w_2' bezw. c_2', c_1'' und w_1'' w_2'' seien wechselweise gleich. Der „Geschwindigkeitsplan" hat die in Fig. 16 dargestellte Beschaffenheit, und kann durch Umklappen der auf der rechten Seite der Vertikalen befindlichen Geschwindigkeiten auf die Form der Fig. 17 gebracht werden. Der kleinste Wert, den c_2'' erhalten kann, wäre c; hierbei wäre die Umfangsgeschwindigkeit

$$u = \frac{c_1 \cos \alpha}{6}$$

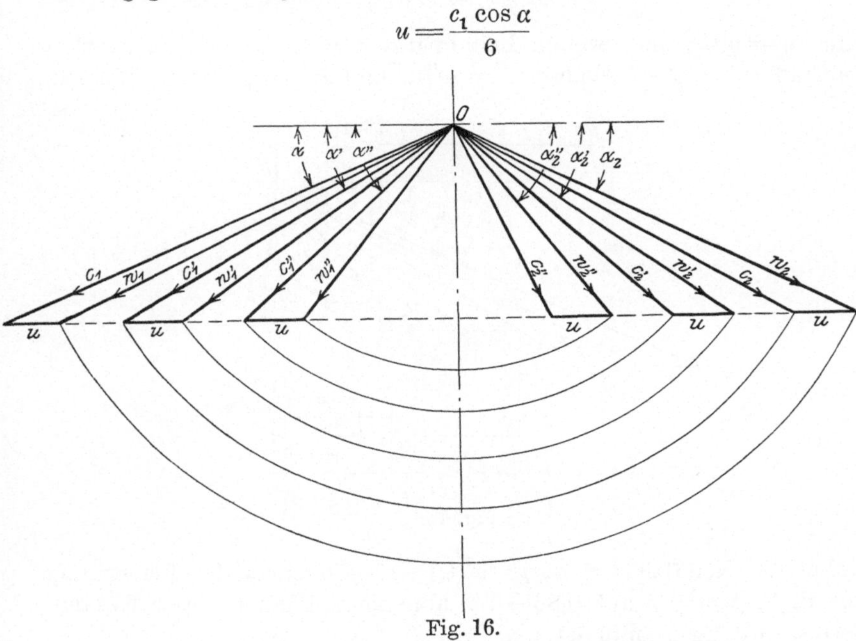

Fig. 16.

Es bietet mithin die Teilung in mehrere Geschwindigkeitsstufen die Möglichkeit, die Umfangsgeschwindigkeit bedeutend herabzusetzen.

Die auf die Einzelräder übertragenen Arbeiten sind pro kg Dampf:

$$\left.\begin{array}{l} \dfrac{c_1^{\,2} - c_2^{\,2}}{2g} \\[2ex] \dfrac{c_1'^{\,2} - c_2'^{\,2}}{2g} \\[2ex] \dfrac{c_1''^{\,2} - c_2''^{\,2}}{2g} \end{array}\right\} \quad (1)$$

oder auch

$$\frac{2}{g}\,(c_1 \cos \alpha - u)\, u$$

$$\frac{2}{g}\,(c_1' \cos \alpha' - u)\, u$$

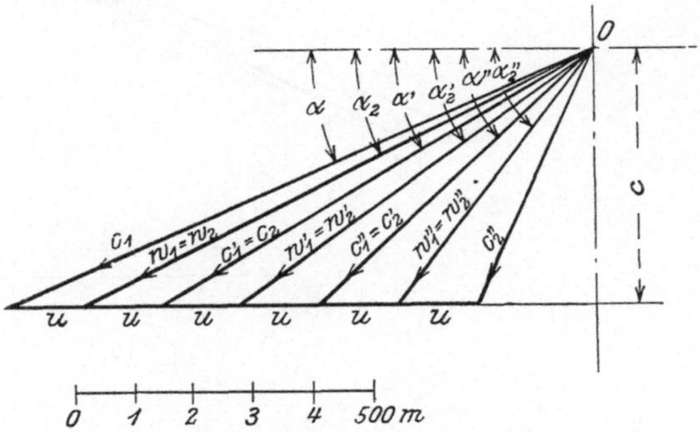

$$\frac{2}{g}\,(c_1'' \cos \alpha'' - u)\, u,$$

Fig. 17.

woraus hervorgeht, daß diese Arbeiten rasch abnehmen.

Berücksichtigt man die **Reibung**, so wird zunächst

$$c_1 = \varphi c_0 = \varphi \sqrt{2 g L_0}$$

und $w_2 = \psi w_1$; im zweiten Leitapparat $c_1' = \varphi' c_2$ und im zweiten Laufrad $w_2' = \psi' w_1'$ ebenso $c_1'' = \varphi'' c_2'$ und $w_2'' = \psi'' w_1''$ (s. Fig. 18),

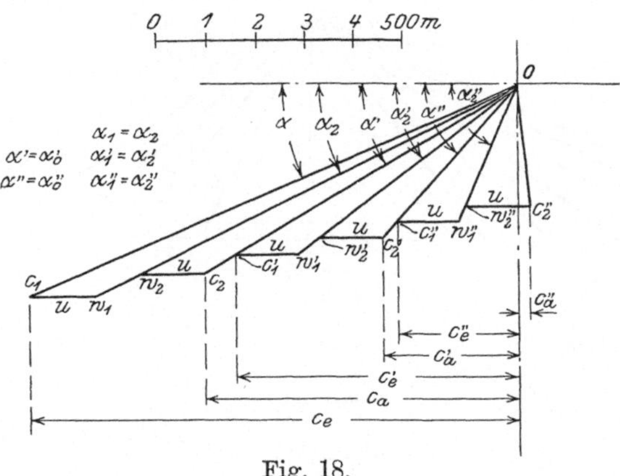

Fig. 18.

wobei die Koeffizienten φ, ψ; $\varphi' \psi'$; $\varphi'' \psi''$ gemäß der Bemerkung auf S. 13 von 0,7 auf 0,85—0,9 abnehmen können. Der Gesamtverlust pro kg Dampf ist nun

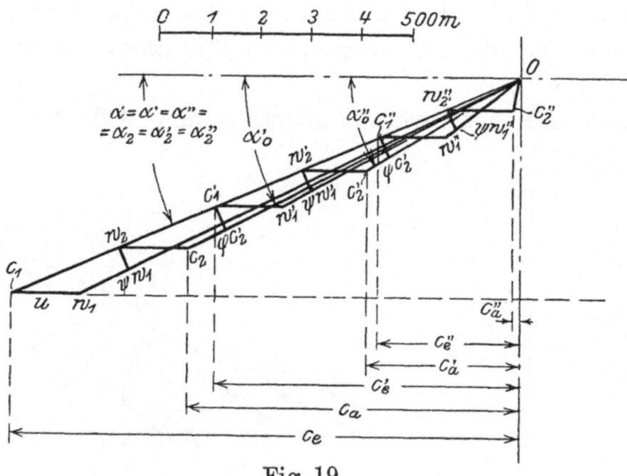

Fig. 19.

$$L_z = \frac{1}{2g} [c_1^2 - c_0^2) + (w_1^2 - w_2^2) + (c_2^2 - c_1'^2) + (w_1'^2 - w_2'^2) + (c_2'^2 - c_1''^2) + (w_1''^2 - w_2''^2) + c_2''^2] \quad . \quad . \quad (2)$$

und die indizierte Leistung

$$L_i = L_o - L_z \quad . \quad . \quad . \quad . \quad . \quad . \quad . \quad (3)$$

Die Leistung kann auf bequemere Weise mit Hilfe der Formel 9 Abschn. 9 bestimmt werden, indem man für jedes Laufrad die Umfangskomponente der absoluten Ein- und Austrittsgeschwindigkeit ausmißt und wie in Fig. 18 mit c_e, c_a bez. c_e', c_a' und c_e'', c_a'' bezeichnet. Da c_e, c_a in Wirklichkeit entgegengesetzt sind, findet man für das erste Laufrad

$$L_i' = \frac{1}{g}(c_a + c_e)\,u$$

und für alle drei

$$L_i = \frac{1}{g}[c_a + c_e + c_a' + c_e' + c_a'' + c_e'']\,u \quad . \quad . \quad . \quad (4)$$

In Fig. 18 ist die Annahme jeweilen gleicher Ein- und Austrittswinkel sowohl in den Leit- wie in den Laufrädern gemacht, wodurch indes die Winkel für die letzten Räder groß ausfallen. Um diesem Mangel abzuhelfen wurde Fig. 19 unter der Voraussetzung entworfen, daß der Austrittswinkel aus allen Rädern denselben Wert $= \alpha$ besitze, während die Eintrittsneigung durch die Geschwindigkeiten w_1, w_1', w_1'' bez. c_2, c_2' bestimmt ist. Die Erwartung, daß durch die wesentlich kleineren Winkel die Leistung erheblich vergrößert wird, erfüllt sich indessen nicht, da die Verbesserung des Wirkungsgrades nach Fig. 19 bloß etwa 5 vH beträgt. In beiden Fällen ist es fraglich, ob die im letzten Laufrad gewonnene Leistung nicht durch die vermehrte Ventilationsarbeit aufgezehrt wird.

Die Ermittelung der Querschnitte

erfolge unter der Annahme, daß in den Rädern das spezifische Volumen v unverändert bleibt. Durch die Düsenweite ist die Länge der ersten Laufschaufel bestimmt. Für die übrigen gilt die Kontinuitätsgleichung, am besten für die axialen Querschnitte aufgestellt und zwar, als ob wir Vollbeaufschlagung hätten. Wenn wir das konstante v und den für alle Räder gleichen Durchmesser weglassen, so erhält Gl. 17 Abschn. 8a die Form

$$a_1 w_{1n} = a_2 w_{2n} = a_0' c_{2n}' = a' c_{1n}' = a_1' w_{1n}' = a_2' w_{2n}' =$$
$$= a_0'' c_{2n}' = a'' c_{1n}'' = a_1'' w_{1n}'' = a_2'' w_{2n}''.$$

Hierbei beziehen sich die a_0, a auf den Ein- und Austritt der Leiträder; a_1, a_2 desgl. der Laufräder, und sind als ideelle Längen für unendlich dünne Schaufeln gedacht. Nun ist stets

$$c_{1n} = w_{1n} \qquad c_{1n}' = w_{1n}' \ \ldots$$
$$w_{2n} = c_{2n} \qquad w_{2n}' = c_{2n}' \ \ldots$$

also erhalten wir

$$a' = a_1' \qquad a'' = a_1''$$
$$a_0' = a_2 \qquad a_0'' = a_2'$$

Die starken Abnahmen, welche die axialen Geschwindigkeiten durch die Reibung erfahren, erfordern eine ebenso starke Erweiterung der Schaufeln. Insbesondere wird sich dieser Umstand beim Geschwindigkeitsplan Fig. 19 geltend machen.

b. Mehrere Druckstufen mit je einer Geschwindigkeitsstufe.

Der aus dem ersten Laufrad tretende Dampf wird in den Leitapparat des nächstfolgenden Laufrades geleitet, wo er weiter expandiert. Je nach der Beaufschlagungsart (partiell oder voll) und nach der Führung des Dampfweges wird die Austrittsgeschwindigkeit aus dem ersten Laufrad in Wirbeln umgesetzt d. h. vernichtet oder aber für den zweiten Leitapparat nutzbar gemacht.

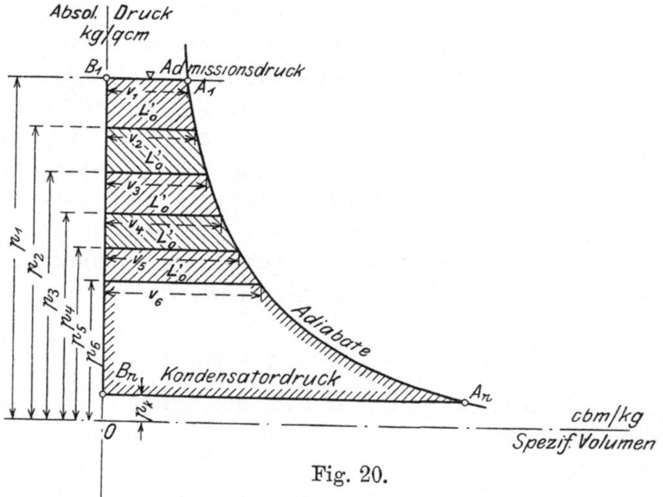

Fig. 20.

α. Voraussetzung, daß die Austrittsgeschwindigkeit jeweilen ganz verloren geht.

Vernachlässigen wir an dieser Stelle auch die Änderung im Wärmezustande des Dampfes, welche durch den Verlust der Geschwindigkeit c_2 bedingt ist. Wir dürfen die Druckstufen willkürlich wählen und zwar für eine Idealturbine am besten wohl so, daß jedes Rad gleich viel Arbeit leistet. Zu diesem Behufe wird die Arbeitsfläche (Fig. 20) in soviel gleiche Teile geteilt, als man Stufen haben will. Für jedes Rad ist nun der Anfangs- und Enddruck vorgeschrieben, woraus mit der frei zu wählenden Umfangsgeschwindigkeit alle Dimensionen wie für die einfache Druckturbine gerechnet werden können. In Wirklichkeit muß untersucht werden, ob durch eine Abänderung der Druckstufen nicht die gesamte Reibungsarbeit so erheblich herabgesetzt werden könnte, daß man trotz schlechterem indizierten Wirkungsgrade an effektiver Arbeit gewinnen würde. Diese Aufgabe behandeln wir weiter unten.

Nehmen wir an, daß bei der einstufigen Turbine mit einer Umfangsgeschwindigkeit u ein indizierter Wirkungsgrad η_i erreicht worden wäre, und sei L_0 die gesamte verfügbare Arbeit, d. h. der Inhalt der Fläche A_1, A_n, B_n, B_1 in Fig. 20. Die theoretische Dampfgeschwindigkeit beim Austritt aus der Düse und einstufiger Expansion finden wir wie früher

$$c_1 = \sqrt{2\,g\,L_0} \quad \ldots \ldots \quad (5)$$

Wenn nun L_0 in z gleiche Teile geteilt wird, so ist für ein Einzelrad

$$L_0' = \frac{L_0}{z}$$

verfügbar und die entsprechende Geschwindigkeit

$$c_1' = \sqrt{2\,g\,L_0'} = \sqrt{2\,g\frac{L_0}{z}} = \frac{c_1}{\sqrt{z}} \quad \ldots \quad (5\,\mathrm{a})$$

d. h. die entsprechenden Geschwindigkeiten sind der Quadratwurzel der Stufenzahl umgekehrt proportional.

Wollen wir für jedes Einzelrad der vielstufigen Turbine denselben Wirkungsgrad erreichen wie für die einstufige Expansion, so darf auch die Umfangsgeschwindigkeit im gleichen Verhältnisse abnehmen, d. h.

$$u' = \frac{u}{\sqrt{z}} \quad \ldots \ldots \quad (6)$$

gesetzt werden.

Der Arbeitsverlust der einstufigen Turbine war theoretisch

$$L_z = \frac{c_2^2}{2\,g} \quad \ldots \ldots \quad (7)$$

Derjenige der Einzelturbine bei z Stufen ist

$$L_{z\,1}' = \frac{c_2'^2}{2g} = \frac{1}{2\,g}\left(\frac{c_2^2}{z}\right) \quad \ldots \ldots \quad (7\,\mathrm{a})$$

der Gesamtverlust ist z-mal so groß, d. h.

$$L_z' = \frac{c_2^2}{2\,g} \quad \ldots \ldots \quad (7\,\mathrm{b})$$

mithin identisch mit L_z. Wenn man auf die Änderung des Wärmeverbrauchs und die Reibung der Einzelräder Rücksicht nimmt, ändern sich die Verhältnisse freilich nicht unwesentlich. Die in Fig. 20

eingetragenen spezifischen Volumina dienen zur Berechnung der Querschnitte für die einzelnen Stufen der idealen Turbine, und zwar empfiehlt es sich, zunächst volle Beaufschlagung vorauszuseten. Wünscht man dann die etwa zu kurzen Schaufeln irgend eines Rades z. B. doppelt so lang zu erhalten, so muß bei diesem Rade halbe Beaufschlagung gewählt werden u. s. f.

β. Annahme, daß Leit- und Laufräder in unmittelbarer Nähe unmittelbar aufeinander folgen, sodaß die Austrittsgeschwindigkeit c_2 aus einem Laufrade (A') dem vollen Betrage nach im nächsten Leitrade (B) nutzbar verwendet werden kann, Fig. 21. Zahl und Einteilung der Druckstufen sei zunächst dieselbe wie vorhin. Hier gilt für die Berechnung der Geschwindigkeit c_1' am Austritte aus dem Leitrade B die Gleichung

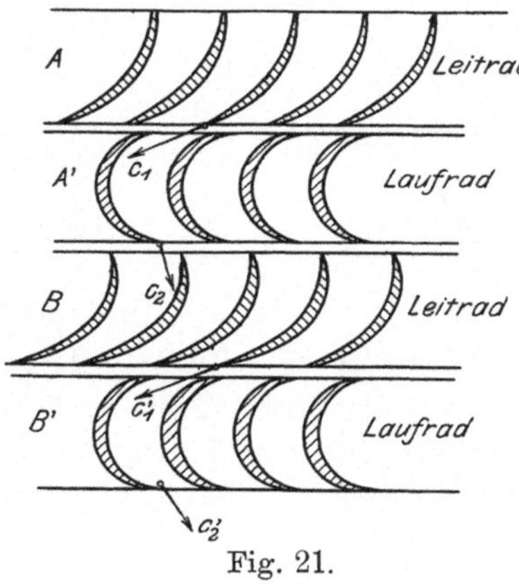

Fig. 21.

$$\frac{c_1'^2 - c_2^2}{2\,g} = L_0' = \frac{L_0}{z} \quad (8)$$

es wird also

$$c_1' = \sqrt{c_2^2 + 2\,g\,\frac{L_0}{z}} \quad (9)$$

größer wie im vorigen Fall. Aus c_1' und u ergäbe sich w_1', w_2' und c_2', welches zur Berechnung des nächstfolgenden c_1'' analog wie vorhin verwendet werden könnte, und so fort für übrigen Räder. Dieses Verfahren ist indessen umständlich, und man kommt rascher zum Ziele, indem man im einfachsten Fall für alle Turbinen dieselben Geschwindigkeiten c_1, w_1, w_2, c_2, u vorschreibt. Hierbei ist für das erste Leitrad ein etwas größeres Druckgefälle notwendig, um den Dampf sofort auf die gewünschte Geschwindigkeit zu beschleunigen. Als Geschwindigkeitsplan können wir Fig. 7 verwenden. In das Leitrad irgend einer Zwischenturbine strömt der Dampf mit der im vorhergehenden Laufrad erhaltenen Abflußgeschwindigkeit c_2 und wird auf c_1 beschleunigt, was einen Arbeitsaufwand

$$L' = \frac{c_1^2 - c_2^2}{2g} \quad . \quad . \quad . \quad . \quad . \quad . \quad . \quad (10)$$

bedingt. Im Laufrade der Idealturbine findet kein Verlust statt, der Dampf strömt wieder mit der Geschwindigkeit c_2 ab. Dem ersten Laufrad strömt der Dampf indessen mit einer vernachlässigbaren Geschwindigkeit zu. Die Beschleunigung auf c_1 absorbiert mithin die Arbeit

$$L'' = \frac{c_1^2}{2g} \text{ oder } = \frac{c_1^2 - c_2^2}{2g} + \frac{c_2^2}{2g} = L' + \frac{c_2^2}{2g} \quad . \quad . \quad (11)$$

Sind im ganzen z Turbinen vorhanden, so hat man

$$L_0 = L'' + L'(z-1) = zL' + \frac{c_2^2}{2g} \quad . \quad . \quad . \quad (12)$$

woraus z zu rechnen ist. Die Geschwindigkeiten sind gegebenenfalls abzuändern, damit z ganzzahlig wird. Zieht man von L_0 den Betrag $c_2^2 : 2g$ ab, und teilt man den Rest in z gleiche Teile, so ergeben die Teilungslinien die Pressungen und die spezifischen Volumina, die zur Berechnung der Querschnitte notwendig sind. Diese erfolgt wie oben.

Als verlorene Arbeit haben wir bei der reibungslosen Turbine bloß die kinetische Energie des vom letzten Rade abfließenden Dampfes, d. h. den Betrag

$$l_0 = \frac{c_2^2}{2g} \quad . \quad . \quad . \quad . \quad . \quad . \quad . \quad . \quad (13)$$

einzusetzen, der wesentlich kleiner ist wie im Falle α (bei vielen Stufen im allgemeinen nahezu das $1/z$-fache des früheren). Hiernach ist theoretisch die beschriebene Ausnützung der Abflußgeschwindigkeit c_2 vorteilhaft; doch ist zu erwägen, daß im Falle (β) die Strömungsgeschwindigkeiten durchweg größere sind wie bei (α), daß also die Reibungsverluste in den Schaufeln ebenfalls zunehmen werden und den theoretischen Gewinn herabsetzen. Dieser Einfluß kann indessen nur im Zusammenhange mit der Änderung des Wärmezustandes genau verfolgt werden.

Die Dampfreibung in den Schaufelkanälen könnte näherungsweise dadurch berücksichtigt werden, daß man von der ganzen Arbeitsfläche L_0 den Betrag ζL_0 mit dem Widerstandskoeffizienten $\zeta =$ etwa 0,25 bis 0,40 von Anfang an verloren gibt. Die Annahme der Geschwindigkeiten liefert wie vorhin L', allein an Stelle der Gl. 12 tritt nun

$$(1-\zeta) L_0 = zL' + l_0 \quad . \quad . \quad . \quad . \quad . \quad (14)$$

woraus bei gleichem L_0 ein kleineres z hervorgeht. Man würde, nachdem l_0 von L_0 abgezogen würde, den ganzen Rest der Arbeitsfläche wieder in z Teile zu teilen haben, um die Pressungen und Dampfvolumina der einzelnen Stufen zu erhalten. Doch ist dies Verfahren unzulänglich, da durch die Widerstände der Wärmezustand, also auch das spezifische Volumen des Dampfes geändert wird.

Auf gleiche Art kann man vorgehen, wenn die Turbine in mehrere Gruppen mit je konstanter Umfangsgeschwindigkeit geteilt wird.

c. Mehrere Druck- mit je einigen Geschwindigkeitsstufen.

Diese Turbinenart ist als Kombination der unter (a) und (b) erläuterten Fälle durch das dort Gesagte als erledigt anzusehen. Bekanntlich arbeitet Curtis mit solch wiederholter Abstufung, und zwar im allgemeinen mit 2 bis 3 Druck- und je 2 (früher auch 3) Geschwindigkeitsstufen.

11. Die vielstufige Überdruckturbine.

Diese Turbine wird nur mit Vollbeaufschlagung und unmittelbar aufeinanderfolgenden Leit- und Laufrädern gebaut, so daß die Geschwindigkeit c_2 dem vollen Betrage nach für die nächstfolgende Gefällstufe nutzbar gemacht wird.

Der einfachste Fall ist eine Turbine mit durchweg gleichem Durchmesser, d. h. für alle Räder konstanter Umfangsgeschwindigkeit. Die Vorausberechnung einer solchen wird am übersichtlichsten, wenn wir auch c_1, w_1, w_2, c_2 für alle Räder gleich groß vorschreiben, z. B. nach Fig. 10, und im übrigen gleichartig vorgehen wie bei der vielstufigen Druckturbine. Für irgend ein aus Leit- und Laufrad bestehendes System erhalten wir:

Im Leitrad zur Beschleunigung der Geschwindigkeit vom Betrage c_2 (Austritt aus dem vorhergehenden Laufrade) auf den Betrag c_1 die Arbeit

$$L_1' = \frac{c_1^2 - c_2^2}{2g} \quad \ldots \ldots \ldots (1)$$

im Laufrade zur Beschleunigung von w_1 auf w_2 den Arbeitsaufwand

$$L_2' = \frac{w_2^2 - w_1^2}{2g} \quad \ldots \ldots \ldots (2)$$

Insgesamt pro Zwischensystem

$$L' = L_1' + L_2' \quad \ldots \ldots \ldots (3)$$

Für das erste Leitrad ist die Geschwindigkeit von dem in der Vorkammer herrschenden kleinen Betrage auf c_1 zu erhöhen und wir müssen

$$L_1'' = \frac{c_1^2}{2g} \quad \ldots \ldots \ldots (4)$$

aufwenden; im ersten Laufrad bleibt L_2' erforderlich, in beiden zusammen also

$$L'' = L_1'' + L_2' = \frac{c_1^2}{2g} - \frac{c_2^2}{2g} + \frac{c_2^2}{2g} + L_2' = L_1' + L_2' + \frac{c_2^2}{2g} = L' + \frac{c_2^2}{2g} \quad (5)$$

Die ganze Turbine zehrt bei z Stufen die Arbeit

$$L_0 = L'' + (z-1)\,L' = zL' + \frac{c_2^2}{2g} \quad . \quad . \quad . \quad . \quad (6)$$

auf, aus welcher Gleichung z zu berechnen ist. Man wird wieder

$$l_0 = c_2^2/2g$$

von L_0 abziehen und den Rest in z gleiche Teile teilen, um die Pressungen und die spezifischen Volumina zur Berechnung der Querschnitte zu erhalten.

Die indizierte Arbeit der idealen Turbine pro kg Dampf ist

$$L_i = L_0 - l_0 \quad . \quad . \quad . \quad . \quad . \quad . \quad . \quad . \quad (7)$$

Die Reibung könnte näherungsweise wie bei der Aktionsturbine berücksichtigt werden.

Der Entwurf der Turbine in ihrer wirklichen Ausführungsform mit vielfach abgestufter Umfangs- und Dampfgeschwindigkeit wird in Abschn. 29 erläutert.

12. Vergleich der Geschwindigkeiten und der Stufenzahlen bei Aktions- und bei Reaktionsturbinen.

Für die einstufige Aktionsturbine hatten wir

$$c_1 = \sqrt{2gL_0} \quad . \quad . \quad . \quad . \quad . \quad . \quad . \quad . \quad (1)$$

und bei normalem Austritt aus dem Laufrade

$$u = \frac{1}{2} c_1 \cos\alpha \quad . \quad . \quad . \quad . \quad . \quad . \quad . \quad . \quad (2)$$

Für die einstufige Reaktionsturbine bei halbem Reaktionsgrad $\left(L_1 = \frac{1}{2} L_0\right)$ und $c_0 = 0$ unter gleichen Umständen

$$c_1' = \sqrt{2g\frac{L_0}{2}} = \frac{c_1}{\sqrt{2}} \quad . \quad . \quad . \quad . \quad . \quad . \quad . \quad (3)$$

$$u' = c_1' \cos\alpha = u\sqrt{2} \quad . \quad . \quad . \quad . \quad . \quad . \quad (4)$$

d. h. die einstufige Reaktionsturbine arbeitet mit einer rund 1,4 mal so großen Umfangsgeschwindigkeit wie die Aktionsturbine.

Für die vielstufige Aktionsturbine nach dem System (β) und Vernachlässigung von $\frac{c_2^2}{2g}$ ist

$$z = \frac{L_0}{L'} \quad \ldots \ldots \ldots \quad (5)$$

Wir setzen der Einfachheit halber auch hier normalen Austritt aus dem Laufrad voraus, was für Fig. 7 die Bedingung

$$2u = c_1 \cos \alpha \quad \ldots \ldots \ldots \quad (6)$$

mit sich bringt. Alsdann ist $c_1^2 - c_2^2 = 4u^2$ und Formel 10 Abschn. 10b liefert

$$L' = \frac{c_1^2 - c_2^2}{2g} = \frac{2u^2}{g}; \qquad z = \frac{g}{2}\frac{L_0}{u^2} \quad \ldots \quad (7)$$

Bei ebenfalls axialem Austritt ist für die vielstufige Reaktionsturbine (alle Geschwindigkeiten durch Striche unterscheidend) unter der weiteren Vereinfachung, daß

$$\alpha = \alpha_2, \qquad c_1' = w_2', \qquad w_1' = c_2' \text{ sei,}$$

$$u' = c_1' \cos \alpha \quad \ldots \ldots \ldots \quad (8)$$

also $c_2'^2 = c_1'^2 - u'^2$ und nach Formel 1 und 2 Abschn. 8

$$A_1' = \frac{c_1'^2 - c_2'^2}{2g} = \frac{u'^2}{2g}; \qquad L_2'' = \frac{w_2'^2 - w_1'^2}{2g} = \frac{u'^2}{2g}$$

also

$$L' = L_1' = L_2' = \frac{u'^2}{2g}$$

woraus

$$z' = \frac{L_0}{L'} = g' \frac{L_0}{u'^2} \quad \ldots \ldots \ldots \quad (9)$$

Machen wir $u = u'$, so wird

$$z = \frac{z'}{2} \quad \ldots \ldots \ldots \quad (10)$$

zugleich aber liefert (6) und (8) bei gleichem α:

$$\frac{c_1}{c_1'} = 2$$

d. h. bei gleicher Umfangsgeschwindigkeit besitzt die Aktionsturbine nur halb so viel Stufen wie der Reaktionsmotor, doch sind die Dampfgeschwindigkeiten etwa zweimal so groß.

Sei ein anderes Mal $z = z'$, so folgt aus (7) und (9)

$$u = \frac{u'}{\sqrt{2}} \qquad \text{und } c_1 = c_1' \sqrt{2},$$

d. h. bei gleicher Stufenzahl ist die Umfangsgeschwindigkeit der Aktionsturbine 1,4 mal geringer, die Dampfgeschwindigkeit 1,4 mal so groß wie bei Anwendung des halben Reaktionsgrades.

B. Die Radialturbinen

können in erster Näherung nach den Formeln der axialen Beaufschlagung beurteilt werden, da die Wirkung der Fliehkräfte bei den im allgemeinen sehr kurzen Schaufeln vernachlässigbar ist. Nur bei vielstufigen Turbinen kann diese Wirkung als eine nicht erhebliche Korrektur in Frage kommen, worüber später Näheres mitgeteilt wird.

II.

Theorie der Dampfturbine auf wärmemechanischer Grundlage.

A. Die stationäre Strömung des Dampfes.

13. Bezeichnungen und Definitionen.

Die spezifische Wärme ist nach Regnault

$$c = 1 + 0{,}00004\, t + 0{,}0000009\, t^2 \quad . \quad . \quad . \quad . \quad (1)$$

worin t die Temperatur in Celsiusgraden bedeutet.

Um 1 kg Wasser von 0^0 auf t^0 zu erwärmen, bedarf es der „Flüssigkeitswärme"

$$q = \int_0^t c\,dt \quad . \quad . \quad . \quad . \quad . \quad . \quad . \quad . \quad (2)$$

Erreicht das Wasser den Siedepunkt beim Drucke p und die Temperatur t, so ist zur vollständigen Verdampfung bei konstantem Drucke die „äußere Verdampfungswärme" notwendig, deren Wert angenähert aus

$$r = 607 - 0{,}708\, t \quad . \quad . \quad . \quad . \quad . \quad . \quad (3)$$

berechnet wird. Die Umwandlung von 1 kg Wasser von 0^0 Temperatur in ein Gemisch von x kg Dampf und $(1-x)$ kg Wasser von der Temperatur t erheischt bei konstant erhaltenem Druck die Zuführung der Wärme

$$\lambda_x = q + xr \quad . \quad . \quad . \quad . \quad . \quad . \quad . \quad . \quad (4)$$

Für $x = 1$ ist $\lambda = 606{,}5 + 0{,}305\, t$ . . . . (5)

Bei vollständiger Verdampfung bei konstantem Druck leistet 1 kg Dampf durch die Zunahme seines Volumens von σ_0 auf $v' = \sigma + \sigma_0$ die Arbeit

$$p\,(v' - \sigma_0) = p\sigma \quad . \quad . \quad . \quad . \quad . \quad . \quad . \quad . \quad (6)$$

welche der Verdampfungswärme entnommen wird. Als „innere Energie" des Dampfes bleibt in latenter Form die Wärmemenge

$$u - u_0 = \lambda - Ap\sigma = q + \varrho \quad . \quad . \quad . \quad . \quad . \quad (7)$$

bestehen, worin $\varrho = r - Ap\sigma$ die „innere Verdampfungswärme" genannt wird und u_0 die unbekannte Energie des Wassers bei 0^0 bedeutet. Bei unvollständiger Verdampfung bis zur spezifischen Dampfmenge x ist pro kg

$$u - u_0 = q + x\varrho \quad . \quad . \quad . \quad . \quad . \quad . \quad . \quad (8)$$

Im Überhitzungsgebiete sehen wir die spezifischen Wärmen für konstanten Druck und konstantes Volumen c_p und c_v als konstant an, und zwar

$$c_p = 0{,}48 \qquad c_v = 0{,}369 \qquad \frac{c_p}{c_v} = 1{,}3 \quad . \quad . \quad . \quad (9)$$

obschon neuere Beobachtungen ein Wachsen mit der Temperatur unzweifelhaft nachgewiesen haben. Da indessen die erhaltenen Werte ungemein stark voneinander abweichen, ist eine zuverlässige Angabe zurzeit unmöglich.

Als Zustandsgleichung wählen wir die auf S. 2 angeführte

$$p\,(v + 0{,}0084) = 46{,}7\,T \quad . \quad . \quad . \quad . \quad . \quad (10)$$

für m-kg als Einheiten.

Erwärmen wir überhitzten Dampf bei konstantem Volumen, so dient die zugeführte Wärme zur Vermehrung der inneren Energie, d. h. es ist

$$u - u' = c_v(T - T') \quad . \quad . \quad . \quad . \quad . \quad . \quad (11)$$

worin u' und T' sich auf den Sättigungszustand beziehen.

Um 1 kg Wasser von 0^0 in überhitzten Dampf von t^0 bei konstantem Drucke zu verwandeln ist die Zuführung der Wärme

$$\lambda = q + r + c_p(t - t') \quad . \quad . \quad . \quad . \quad . \quad (12)$$

notwendig, wo t' die Sättigungstemperatur bedeutet.

14. Thermodynamische Grundgleichungen.

Formel von Zeuner.

Wir betrachten in Fig. 22 zwei beliebige Querschnitte A_1 und A_2 des Dampfstromes einer im Beharrungszustande arbeitenden Turbine, und es seien p_1 und p_2 die in A_1 und A_2 herrschenden Drücke w_1 und w_2 die Geschwindigkeiten, u_1 und u_2 die (inneren) Energieen oder Arbeitsfähigkeiten pro kg, v_1 und v_2 die Volumina pro kg, F_1 und F_2 die Querschnitte. Während des Zeitelementes dt

werde zwischen den Stellen A_1 und A_2 die äußere „Nutz“arbeit $GEdt$ geleistet und die Wärmemenge $GQ_s dt$ (durch Leitung und Strahlung) nach außen abgeleitet. Die Querschnitte A_1 A_2 verschieben sich während dieser Zeit nach B_1 B_2, und es strömt eine Dampfmasse von Gdt kg durch sie hindurch. Die Gesamtenergie zu Beginn des Zeitelementes der zwischen A_1 A_2 eingeschlossenen Dampfmenge findet sich wieder in der Gesamtenergie zu Ende des Zeitelementes und in der nach außen abgegebenen Arbeit sowie der abgeleiteten Wärmemenge. Die Gesamtenergie der zwischen A_2 und B_1 eingeschlossenen Dampfmenge ist zu Beginn und zu Ende gleich groß und fällt aus der Gleichung heraus. Indem wir zur Nutzarbeit noch diejenigen Anteile hinzufügen, die der Oberflächendruck in den sich verschiebenden Querschnitten A_1, A_2 positiv bezw. negativ geleistet hat, erhalten wir unter Vernachlässigung der auch bei vorhandenen Höhenunterschieden stets geringfügigen Arbeit der Schwerkräfte die Gleichung

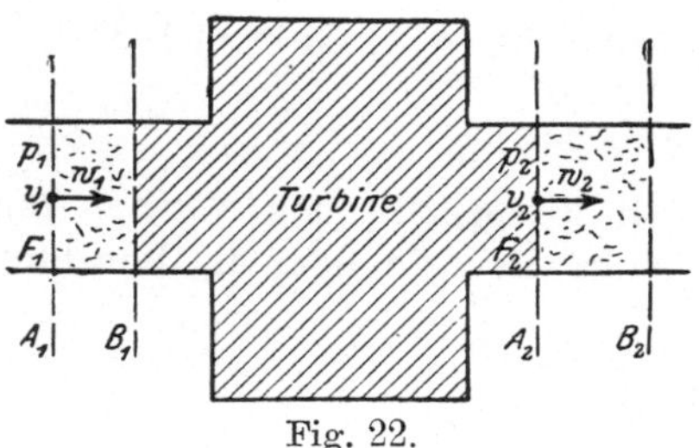

Fig. 22.

$$Gdtu_1 + A\frac{G}{g}\frac{w_1^2}{2}dt = AGEdt + GQ_s dt + Gdtu_2 + A\frac{G}{g}\frac{w_2^2}{2}dt$$
$$+ AF_2 p_2 w_2 dt - AF_1 p_1 w_1 dt,$$

worin $A = \frac{1}{424}$ das mechanische Wärmeäquivalent, g die Beschleunigung der Schwere bedeutet. Beachtet man, daß

$$G = \frac{F_1 w_1}{v_1} = \frac{F_2 w_2}{v_2},$$

und ersetzt man $F_1 w_1$, $F_2 w_2$ aus diesen Gleichungen, so folgt:

$$[u_1 + Ap_1 v_1] - [u_2 + Ap_2 v_2] = AE + Q_s + A\left[\frac{w_2^2}{2g} - \frac{w_1^2}{2g}\right] \quad (1)$$

Der Dampf kann sich bei A_1 und A_2 in nassem, gesättigtem oder überhitztem Zustande befinden; in allen Fällen ist

$$\lambda = u + Apv$$

diejenige Wärme, welche 1 kg Wasser von 0° Temperatur zugeführt werden muß, um es bei konstantem Drucke p in Dampf vom Zustande $p\,v$ zu verwandeln. Ist der Dampf gerade trocken gesättigt, so stimmt λ mit der gesamten Verdampfungswärme in der Bezeichnung von Zeuner überein, wenn wir, was bei allen Dampfturbinenproblemen zulässig ist, das spezifische Volumen des flüssigen Wassers neben dem des gesättigten Dampfes vernachlässigen.

Für nassen Dampf gilt, wenn wir mit σ die Volumenzunahme des gesättigten Dampfes bezeichnen, angenähert

$$\lambda = u + Apx\sigma = q + x\varrho + Apx\sigma = q + xr \quad . \quad . \quad (1\,\text{a})$$

für überhitzten Dampf schreiben wir

$$Apv = Ap(v - v') + Apv'$$

und erhalten

$$u + Apv = u' + c_v(T - T') + Ap(v - v') + Apv'$$

worin die gestrichelten Größen sich auf die Grenzkurve beziehen. Allein aus der Zustandsgleichung folgt

$$Ap(v - v') = AR(T - T') = (c_p - c_v)(T - T')$$

und $\qquad u' + Apv'$ ist auch $= q + r$,

so daß schließlich

$$\lambda = u + Apv = q + r + c_p(T' - T) \quad . \quad . \quad . \quad (1\,\text{a})$$

in der Tat auch für überhitzten Dampf der oben gegebenen Definition entspricht.

Die Größe λ bezeichnen wir hier mit Mollier als Wärmeinhalt pro kg bei konstantem Druck; stellenweise auch als Dampfwärme.

Die Grundgleichung lautet alsdann:

$$\lambda_1 - \lambda_2 = AE + Q_s + A\left[\frac{w_2^2}{2g} - \frac{w_1^2}{2g}\right] \quad . \quad . \quad . \quad (1\,\text{b})$$

oder in Worten:

Die Abnahme des Wärmeinhaltes ist dem Betrage nach gleich dem Wärmewert der gewonnenen „Nutzarbeit", zuzüglich der nach außen abgeleiteten Wärme, zuzüglich der Zunahme der kinetischen Energie pro kg Dampf[1]).

Besteht der Vorgang in reiner Strömung ohne Wärmeableitung und ohne Abgabe von Nutzarbeit, so erhält man

$$\frac{w_2^2}{2g} - \frac{w_1^2}{2g} = \frac{1}{A}(\lambda_1 - \lambda_2) \quad . \quad . \quad . \quad . \quad . \quad (2)$$

oder in Worten: Die Zunahme der Strömungsenergie ist bei arbeitsloser adiabatischer Strömung gleich dem Arbeitswert der Abnahme des Wärmeinhaltes pro kg Dampf.

---

[1]) Formel 1b ist zuerst von Zeuner abgeleitet worden; die äußerst zweckmäßige Einführung der von Gibbs „Wärmefunktion für konstanten Druck" genannten Größe λ verdanken wir in der technischen Literatur Prof. Mollier.

Gl. 2 wird somit (angenähert) anwendbar sein für die Strömung in einer Düse und einem einzelnen Leitrad- oder Laufradkanal.

Die zweite grundlegende Beziehung ergibt sich, wenn wir die Energiegleichung auf die Dampfmenge in einem unendlich kleinen Volumenelemente des Dampfstromes anwenden, und zwar auf die Relativbewegung seiner Massenteile gegen den Schwerpunkt des Elementes. Wir müssen zu diesem Behufe die sogenannten Ergänzungskräfte der Relativbewegung (Fliehkraft u. s. w.) an den Massenteilchen angreifend, den Schwerpunkt aber in Ruhe befindlich denken. Die innere Energie erfährt in einem Zeitelemente den Zuwachs $dG \cdot du$, die Arbeit der Oberflächenkräfte ist $- dGpdv$ entsprechend der Ausdehnung des Elementes um $dG \cdot dv$. Die erwähnten Zusatzkräfte leisten die Arbeit null, da der Schwerpunkt in relativer Ruhe verharrt. Der Zuwachs der lebendigen Kraft (für die Bewegung relativ zum Schwerpunkt) ist unendlich klein höherer Ordnung und kann vernachlässigt werden. Die zugeführte Wärme besteht aus dem Betrag dQ, welcher der Umgebung entnommen, und dem Betrage dR, welcher durch die Umwandlung der Reibungsarbeit an der Wand, oder der inneren Wirbelungsarbeit in Wärme erzeugt wird. (Siehe die ungemein klare Darstellung bei Grashof, Theoret. Maschinenlehre, Bd. I, S. 61.) Benutzen wir den Energiesatz etwa in der Form: die zugeführte Wärme dient zur Vermehrung der inneren Energie und zur Überwindung der Oberflächenkräfte, so erhalten wir

$$dQ + dR = du + Apdv \quad . \quad . \quad . \quad . \quad . \quad (3)$$

Ist sowohl $dQ = 0$ wie $dR = 0$, so führt der Dampf eine reibungsfreie adiabatische Zustandsänderung aus. Ist aber nur $dQ = 0$, so wird wohl keine Wärme von außen zugeführt, die Zustandsänderung ist jedoch trotzdem nicht im früheren Sinne adiabatisch.

14a. Die Reibungsarbeit und der Verlust an kinetischer Energie.

Betrachten wir eine adiabatische widerstandslose Strömung mit dem Anfangszustande $p_1 v_1$ und dem Endzustande $p_2 v_2'$, Fig. 23. Die hierbei erreichte Endgeschwindigkeit sei w_2', der Dampfinhalt λ_2'; diese Größen hängen durch die Formel

$$\frac{w_2^{2\prime}}{2g} = \frac{w_1^2}{2g} + \frac{1}{A}(\lambda_1 - \lambda_2')$$

zusammen.

Hiermit vergleichen wir eine vom gleichen Anfangszustand ausgehende, indessen mit Widerständen verbundene Bewegung, welche beim gleichen Enddruck p_2 ein anderes Volumen v_2, eine andere und zwar kleinere Geschwindigkeit w_2, einen anderen Dampfinhalt λ_2 aufweist, und für die

$$\frac{w_2^2}{2g} = \frac{w_1^2}{2g} + \frac{1}{A}(\lambda_1 - \lambda_2)$$

gilt. Der Verlust an lebendiger Kraft $\frac{Z}{A}$, auf welchen es uns allein ankommt, ist

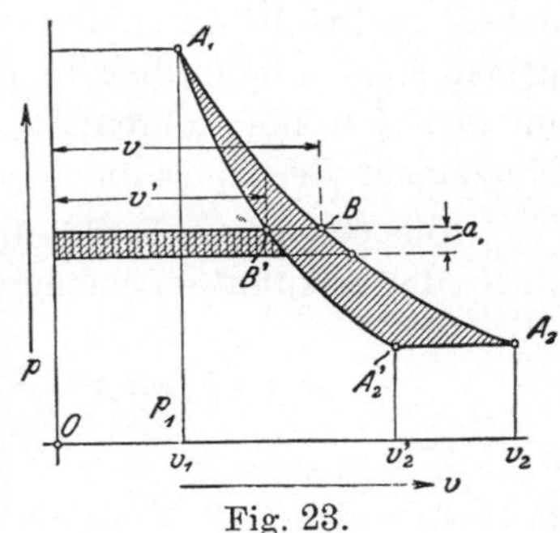

Fig. 23.

$$\frac{1}{A} Z = \frac{w_2'^2}{2g} - \frac{w_2^2}{2g} = \frac{1}{A}(\lambda_2 - \lambda_2')$$

oder
$$Z = \lambda_2 - \lambda_2' \quad . \quad . \quad . \quad (4)$$

d. h. der Wärmewert des Energieverlustes (Z) ist diejenige Wärmemenge, welche notwendig ist, um 1 kg Dampf aus dem Endzustande der reibungsfreien adiabatischen Expansion in den wirklichen Endzustand überzuführen.

Es kann nun Gl. 3 auch in der Form

$$dQ + dR = du + Adpv - Avdp = d\lambda - Avdp \quad . \quad . \quad (3a)$$

geschrieben werden. Ist $dQ = 0$, $dR = 0$, d. h. die Bewegung widerstandslos, so gibt die Integration zwischen A_1 und A_2'

$$0 = \lambda_2' - \lambda_2 - \int_1^{2'} Av'dp,$$

worin v' ein zu p gehörendes Volumen der Kurve $A_1 A_2'$ ist. Wenn $dQ = 0$ aber $dR > 0$, so wird

$$R = \lambda_2 - \lambda_1 - \int_1^2 Avdp,$$

worin sich v auf $A_1 A_2$, d. h. die tatsächliche Expansionslinie, bezieht. Durch Subtraktion folgt:

$$R = \lambda_2 - \lambda_2' - A\left[\int_1^2 vdp - \int_1^{2'} v'dp\right]$$

oder wenn die Integrationsfolge umgekehrt wird, um das negative Vorzeichen zu beseitigen:

$$R = \lambda_2 - \lambda_2' + A\int_2^1 (v - v')\,dp.$$

Mit Rücksicht auf Fig. 23 folgt:

$$R = Z + \text{Wärmewert der Arbeitsfläche } A_1 A_2 A_2' \quad . \quad . \quad (3b)$$

d. h. R und Z sind durchaus nicht identisch; vielmehr ist der effektive Verlust an kinetischer Energie gegenüber der reibungsfreien adiabatischen Expansion um den Inhalt der Arbeitsfläche $A_1 A_2 A_2'$ geringer als der Betrag der Reibungs- (und Wirbelungs-) Arbeit. Diese wohl zu beachtende Erscheinung hat ihren Grund darin, daß die Reibungsarbeit stets unmittelbar in Wärme umgewandelt wird und hierdurch in den jeweilig folgenden Zeitelementen noch einen Beitrag zur Nutzarbeit liefern kann.

Aus Gl. 3a in Verbindung mit Gl. 1 geht mit $E = 0$, $Q_s = 0$ noch die bekannte Beziehung

$$\lambda_1 - \lambda_2 = A\left(\frac{w_2^2}{2g} - \frac{w_1^2}{2g}\right) = -A\int_1^2 v\,dp - R \quad . \quad . \quad . \quad (3c)$$

hervor, welche als Erweiterung der Formel von de Saint-Vénant anzusehen ist.

15. Die Entropietafel.

Um die Rechnungen über die Zustandsänderung des Dampfes in der Turbine zu vereinfachen, ist auf Tafel I die Entropie des Dampfes als Funktion der absoluten Temperatur in bekannter Weise entworfen[1]), und für das Überhitzungsgebiet zunächst mit dem konstanten Wert $c_p = 0{,}48$ der spezifischen Wärme für unveränderlichen Druck gerechnet. Die Tafel ist vervollständigt durch die Linien $v =$ konst und $\lambda =$ konst, so daß zu irgend einem durch p und x oder durch p und T gegebenen Zustand sogleich die Entropie, das Volumen und die Dampfwärme abgelesen werden können. Die Linien $v =$ konst zeigen an der Grenzkurve eine Unterbrechung, indem die bisher maßgebenden Werte des v mit den Werten von Tumlirz-Battelli, welche im Überhitzungsgebiet benutzt worden sind, nicht übereinstimmen, und es ratsam schien, die Differenz ohne Beschönigungsversuch einfach bestehen zu lassen wie sie ist.

In der Entropietafel wird sich nun die ganze Zustandsänderung des strömenden Dampfes, insbesondere aber die „Reibungswärme" R und die „Verlustwärme" Z wie folgt darstellen, Fig. 24.

---

[1]) Für die sorgfältige Berechnung und zeichnerische Durchführung dieser Tafel bin ich Herrn Ingenieur Roehrich, ehem. Assistenten am Eidgenöss. Polytechnikum, zu besonderem Danke verpflichtet.

Es sei der Anfangszustand im Überhitzungsgebiet bei A_1 gelegen; die adiabatische reibungsfreie Expansion auf den vorgeschriebenen Enddruck p_2 führt zum senkrecht darunter liegenden Punkt A_2', während der wahre Endzustand durch A_2 dargestellt sei. Gemäß unserer Auseinandersetzung ist nun, wenn A_0 dem „Normalzustand" 0^0 C. und flüssigem Wasser entspricht.

$$\lambda_1 = \text{Fläche } A_0' A_0 B_1 C_1 A_1 A_1'' A_0'$$
$$\lambda_2 = \quad ,, \quad A_0' A_0 B_2 C_2 A_2 A_2'' A_0'$$
$$\lambda_2' = \quad ,, \quad A_0' A_0 B_2 C_2 A_2' A_1'' A_0',$$

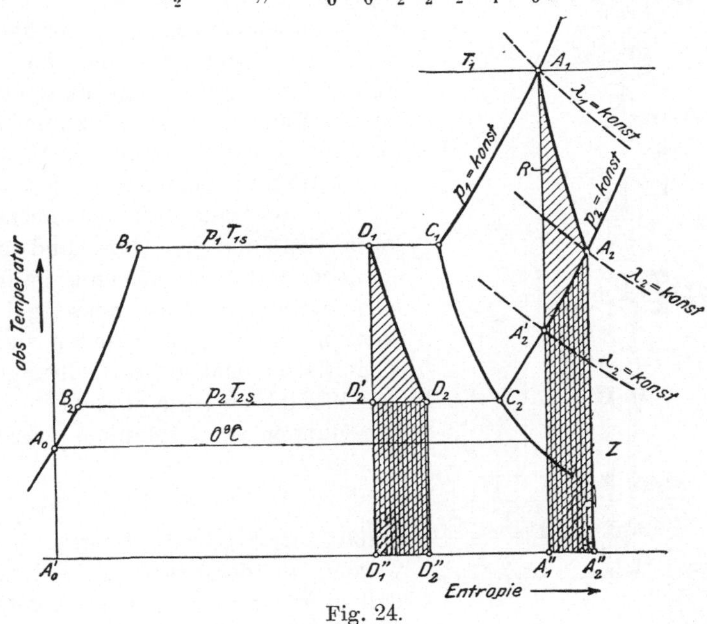

Fig. 24.

und es folgt aus dem Früheren, daß bei adiabatischer (reibungsloser) Bewegung

die „verfügbare" Dampfwärme $\lambda_1 - \lambda_2' =$ Fläche $B_2 B_1 C_1 A_1 A_2' C_2 B_2$,

der Verlust an kinetischer Energie (in Wärmemaß) für die wahre Zustandsänderung $Z = \lambda_2 - \lambda_2' =$ senkrecht schraffierte Fläche $A_2' A_2 A_2'' A_1''$,

die eigentliche Reibungsarbeit (in Wärmemaß] $R =$ schräg schraffierte Fläche $A_1 A_2 A_2'' A_1'' A_1$ ist.

Dasselbe gilt, wenn A mit D vertauscht wird, für eine Zustandsänderung im gesättigten Gebiete.

Mit dieser Darstellungsart möchte der Leser sich genau vertraut machen, da auf ihr die weiteren Entwicklungen beruhen.

Um die Geschwindigkeit in A_2 zu berechnen, wird dem Diagramme entnommen, auf welcher Linie $\lambda_2 =$ konst. A_2 liegt; die Differenz $\lambda_1 - \lambda_2$ liefert den Zuwachs der kinetischen Energie, also z. B. $\frac{1}{A}\frac{w_2^2}{2g}$ selbst, falls $w_1 = 0$ war.

16. Versuche über die Bewegung des Dampfes in Düsen.

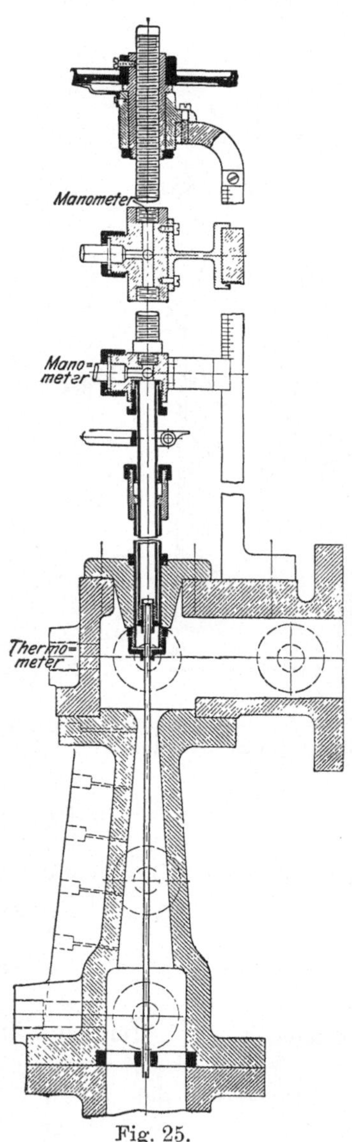

Fig. 25.

Die Versuchseinrichtung, Fig. 25, besteht aus der eigentlichen Düse mit einem zentrisch durchgeführten dünnen Meßrohre, das an einem Ende verschlossen, am anderen mit einem Mano- (bezw. Vakuum-)meter verbunden wird und in der Mitte eine 1 bis 1,5 mm weite Querbohrung besitzt. Durch eine Mikrometerschraube kann das Röhrchen hin- und hergeschoben und die Meßöffnung an irgend eine Stelle der Düsenachse gebracht werden. Außerdem befinden sich zur Kegelfläche senkrechte Bohrungen in der Wand der Düse, welche ebenfalls mit Manometern verbunden werden.

Die Druckmessung mußte auf ihre Zuverlässigkeit geprüft werden, da ohne weiteres einleuchtet, daß es nicht genügt, eine Meßöffnung tangential zum Dampfstrome zu stellen, vielmehr die Lage und die Beschaffenheit der Kanten eine störende Wirkung hervorrufen können. Es wurden u. a. zwei Meßröhrchen von 5 mm Außendurchmesser angewendet, welche in einem mittleren dickwandigen Teile um 45° gegen die Achse geneigte rd. 1,2 mm weite Bohrungen besaßen, Fig. 26. Wie zu erwarten stand, erzeugte die dem Strome eine scharfe Kante zukehrende Bohrung *a* einen Wirbel mit Stau, und sie gibt demzufolge eine höhere Druckanzeige als

Bohrung *b*. Es kann wohl kaum angezweifelt werden, daß die Anzeige von *a* höher, die Anzeige von *b* tiefer ist als der wahre an der Mündung herrschende Druck; die dazwischen liegende Angabe des gewöhnlichen (dünnwandigen) Röhrchens mit normaler Anbohrung wird mithin vom wahren Drucke nicht wesentlich verschieden sein können. Der Unterschied des mit *a* bezw. *b* gemessenen Druckes betrug im Gebiete des Vakuums 5 bis 10 mm Quecksilbersäule und nahm bei etwa 2 bis 3 Atm. abs. bis auf 0,15 kg/qcm zu, um bei höheren Drücken (und entsprechend kleineren Dampfgeschwindigkeiten) wieder abzunehmen. Ziemlich dasselbe ergaben am weiteren Ende der Düse in der Wandung angebrachte schräge Bohrungen. Diese Beträge bedeuten mithin die Genauigkeitsgrenze der unten mitzuteilenden Beobachtungen.

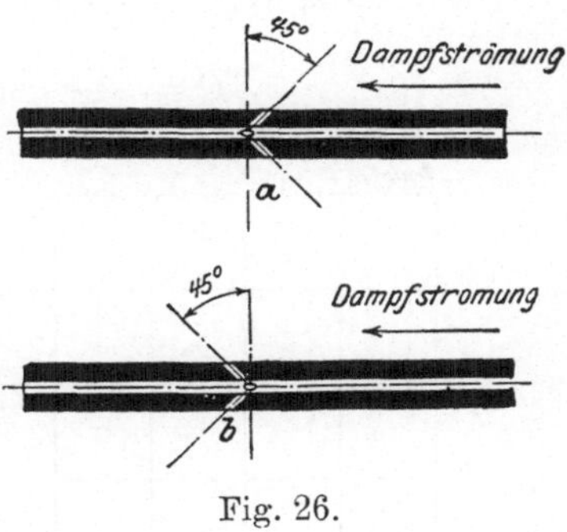

Fig. 26.

Die Bewegungswiderstände,

insbesondere der Verlust an Strömungsenergie bis zu einem beliebigen Querschnitt f_x, können rechnerisch ermittelt werden unter der Voraussetzung, daß die Pressungen und die Geschwindigkeiten in den einzelnen Punkten des Querschnittes hinlänglich wenig verschieden sind, um die Einführung von Mittelwerten zu rechtfertigen. Dies wird, was die Pressung anbelangt, für den Fall ungehinderter Expansion an der von mir benutzten Düse durch den Versuch wahrscheinlich gemacht, indem der mit dem zentralen Röhrchen beobachtete Druck in der Düsenachse nur wenig von dem am Rande durch die äußeren Anbohrungen angezeigten abweicht.

Es seien nun

p_1, t_1, x_1 Druck, Temperatur, spezif. Dampfmenge vor der Düse (beobachtet),
p_x der beobachtete Druck im Querschnitt f_x,
G das durchströmende Dampfgewicht in kg/sk,
λ_1 der Wärmeinhalt vor der Düse,
w_1 die Geschwindigkeit vor der Düse.

Im Querschnitt f_x sei der Dampf naß, mit der unbekannten spezif. Dampfmenge x:

$$\lambda_x = q + xr.$$

Die Energiegleichung liefert

$$A\frac{w_x^2}{2g} = A\frac{w_1^2}{2g} + \lambda_1 - (q + xr) \quad . \quad . \quad . \quad . \quad (5)$$

Die Stetigkeit verlangt

$$G = \frac{f_x w_x}{v_x} \text{ oder annähernd} = \frac{f_x w_x}{x\sigma} \quad . \quad . \quad . \quad (6)$$

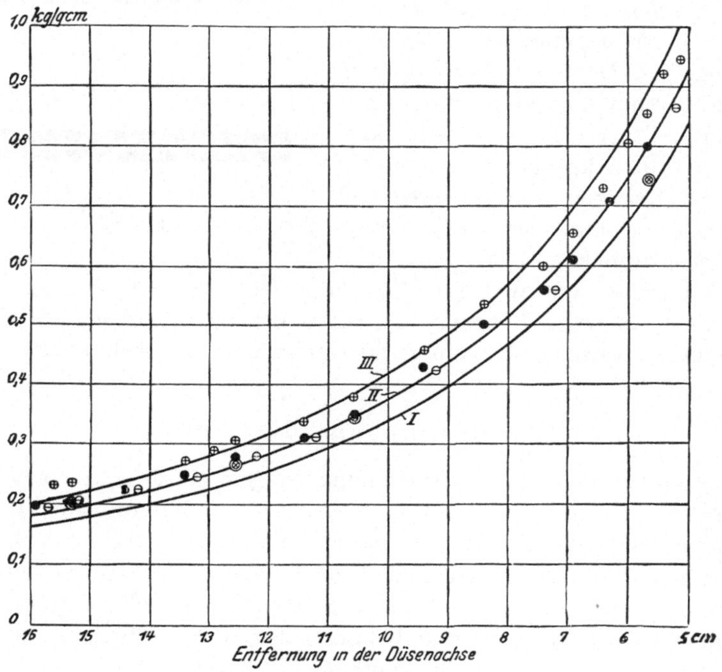

Fig. 27. Druckabfall in der Düse.

⊕ Bohrung am Meßröhrchen schräg gegen den Strom gerichtet (Druckanzeige zu groß).

● Bohrung am Meßröhrchen senkrecht.

⊖ Bohrung am Meßröhrchen schräg in der Richtung des Stromes (Druckanzeige zu klein).

⊗ Druck am Rande des Strahles (Bohrung senkrecht).

Schaulinie I: adiabatische widerstandsfreie Strömung.

„ II: Strömung mit 10 vH Energieverlust.

„ III: „ „ 20 vH „

wo σ die Differenz des Volumens von 1 kg Dampf gegen 1 kg Wasser gleichen Zustandes bedeutet. Man setzt x aus Gl. 6 in Gl. 5 ein und erhält:

$$A\frac{w_x^2}{2g} = A\frac{w_1^2}{2g} + (\lambda_1 - q) - \frac{f_x r}{G\sigma} w_x \quad . \quad . \quad . \quad (7)$$

aus welcher quadratischen Gleichung w_x zu berechnen ist. w_1 ist hierbei durch den Anfangszustand und G bestimmt; das Glied $\frac{w_1^2}{2g}$ bildete indes bei den Versuchen nur eine unbedeutende Berichtigung.

Aus Gl. 6 findet man $x = \frac{f_x w_x}{G\sigma}$

und schließlich $\lambda_x = q + xr$.

Nun wird auf bekannte Weise die spezif. Dampfmenge x' bei adiabatischer Expansion vom Anfangszustande auf den Druck p_x berechnet oder der Entropietafel entnommen und liefert

$$\lambda_x' = q + x'r.$$

Der Energieverlust beträgt somit nach Gl. 4

$$Z = \lambda_x - \lambda_x' = (x - x')r.$$

Zur Veranschaulichung stellen wir in Fig. 27 den Verlauf dar, welchen der Druck in der untersuchten Düse einmal bei adiabatischer, das andere Mal bei einer Zustandsänderung mit 10 vH und 20 vH Energieverlust aufweisen müßte. Die Düse war im engen Ende etwas unregelmäßig, deshalb für Messungen bei höheren Drücken weniger geeignet. Die Beobachtungen[1]) sind aus diesem Grunde nur für den erweiterten Teil eingetragen und entsprechen den Anfangswerten $p_1 = 10{,}48$ kg/qcm, $t_1 = 198^0$ C., d. h. einer leichten Überhitzung, um Zweifel über die Dampfnässe auszuschließen. Das Meßröhrchen hatte hierbei 5 mm Durchmesser und wurde in seiner äußeren Führung, welche mit dem Eintrittdampf in Verbindung steht, durch Aufgießen von kaltem Wasser gekühlt. Immerhin mag es sich einmal mehr, einmal weniger ausgedehnt haben, so daß hierin eine weitere Fehlerquelle zu erblicken ist.

Ein Zwischendurchmesser der Düse kann durch die Formel

$$d = 12{,}19 + \frac{L}{6{,}485} \text{ mm}$$

dargestellt werden, wenn L den Abstand eines Querschnittes von dem vorderen Stirnende der Düse (in mm) bedeutet, und zwar zwischen den Grenzen $L = 60$ bis 160. Für kleinere L war die Meridianlinie nicht genau geradlinig.

Das sekundlich durchströmende Dampfgewicht betrug $G = 0{,}153$ kg. Die engste Stelle der Düse hatte einen Durchmesser von

---

[1]) Bei diesen und den folgenden Versuchen wurde ich in sehr dankenswerter Weise unterstützt von den Herren Ing. Keller, Konstrukteur, und Ing. Merenda, ehem. Assistent am Eidgen. Polytechnikum.

12,5 mm. Hiermit ergibt sich nach der Zeunerschen Formel für gesättigten Dampf

$$G = 199 f \sqrt{\frac{p_1}{v_1}} = 0{,}151 \text{ kg/sk}.$$

Die leichte Überhitzung bewirkt mithin eine Vergrößerung des konstanten Faktors, indessen bloß um rd. 1,5 vH, während Lewicki für hochgradige Überhitzung 6 vH gefunden hat.

Um den Druckverlauf bei widerstandsloser adiabatischer Strömung darzustellen, berechnet man zu irgend einem Drucke p_x die spezifische Dampfmenge x der adiabatischen Expansion, die Dampfwärme

$$\lambda_x' = q + xr,$$

und erhält mit der anfänglichen Druckwärme λ_1 die Geschwindigkeit w aus der Formel

$$A\frac{w^2}{2g} = \lambda_1 - \lambda_x'$$

unter Vernachlässigung der sehr kleinen anfänglichen Dampfgeschwindigkeit. Das spezifische Volumen v ist angenähert $x\sigma$, und die „Kontinuitätsgleichung" $Gv = fw$ gibt den Querschnitt f, aus welchem der zugehörige Abstand in der Düsenachse (mit Berücksichtigung des Meßröhrchenquerschnittes) ermittelt werden kann.

In gleicher Weise wird gerechnet, um den Druckverlauf darzustellen, wenn durchweg z. B. ζ Bruchteile als Energieverlust angenommen worden sind. Die spezifische Dampfmenge erfährt für den Zwischendruck p_x eine Vergrößerung

$$\varDelta x = \frac{\zeta(\lambda_1 - \lambda_x')}{r},$$

so daß

$$x_\zeta = x + \varDelta x,$$

und die Geschwindigkeit wird aus Formel

$$A\frac{(w)^2}{2g} = (1 - \zeta)(\lambda_1 - \lambda_x')$$

ermittelt. So ergeben sich für die benutzte Düse folgende Werte[1]):

I. Widerstandslose adiabatische Strömung.

Druck	$p_x =$	2	1,5	1	0,7	kg/qcm
spez. Dampfmenge	$x =$	0,9172	0,9025	0,8828	0,8668	
Geschwindigkeit	$w =$	764,2	823,0	894,5	950,2	m
Entfernung in der Düsenachse	$L =$	19,8	28,2	42,7	58,2	mm
Druck	$p_x =$	0,5	0,3	0,2	0,1	kg/qcm

[1]) Für diese und die weiteren Rechnungen ist ein vierstelliger Rechenschieber benutzt worden, da es bei der Unsicherheit der Dampftabellen wertlos wäre, eine größere Genauigkeit anzuwenden.

spez. Dampfmenge	$x =$	0,8532	0,8320	0,8175	0,7935	
Geschwindigkeit	$w =$	997,2	1070	1111	1184	m
Entfernung in der Düsenachse	$L =$	75,9	107,6	140,0	209,0	mm

II. Strömung mit 10 vH Energieverlust.

Druck	$p_x =$	1	0,7	0,5	0,3	0,2	kg/qcm
spez. Dampfmenge	$x =$	0,9007	0,8868	0,8750	0,8564	0,8438	
Geschwindigkeit	$w =$	848,8	901,5	946,2	1010	1054	m
Entfernung in der Düsenachse	$L =$	46,6	63,2	81,7	115,6	149,0	mm

III. Strömung mit 20 vH Energieverlust.

Druck	$p_x =$	1	0,7	0,5	0,3	0,2	kg/qcm
spez. Dampfmenge	$x =$	0,9186	0,9068	0,8968	0,8808	0,8701	
Geschwindigkeit	$w =$	800,3	850,0	892,2	953,2	994,2	m
Entfernung in der Düsenachse	$L =$	51,5	68,8	88,3	113,9	159,4	mm

Die Beobachtung hat demgegenüber in dem hier in Betracht kommenden Teile der Düse folgende Werte des Druckes ergeben:

A) Meßröhrchen mit schräger gegen den Strom gerichteter Anbohrung.

Entfernung in der Düsenachse	$L =$	51	54	57	60	64	69	mm
Druck	$p_x =$	0,945	0,922	0,857	0,804	0,728	0,654	kg/qcm
Entfernung in der Düsenachse	$L =$	74	84	94	106	114	125,5	mm
Druck	$p_x =$	0,599	0,536	0,462	0,355	0,337	0,306	kg/qcm
Entfernung in der Düsenachse	$L =$	129	134	144	153	156	164	mm
Druck	$p_x =$	0,289	0,272	0,257	0,235	0,231	0,222	kg/qcm

B) Normales Meßröhrchen mit senkrechter Anbohrung.

Entfernung in der Düsenachse	$L =$	56,7	63	74	84	94	105,5	mm
Druck	$p_x =$	0,797	0,708	0,558	0,501	0,428	0,348	kg/qcm
Entfernung in der Düsenachse	$L =$	114	125,5	134	144	153	159	mm
Druck	$p_x =$	0,312	0,278	0,248	0,223	0,202	0,196	kg/qcm

C) Meßröhrchen mit in Richtung des Stromes geneigter schräger Anbohrung.

Entfernung in der Düsenachse	$L =$	52	56,7	72	92	105,5	112		mm
Druck	$p_x =$	0,866	0,791	0,560	0,424	0,347	0,311		kg/qcm
Entfernung in der Düsenachse	$L =$	122	125,5	132	142	153	157	162	mm
Druck	$p_x =$	0,281	0,269	0,245	0,225	0,204	0,193	0,185	kg/qcm

Schließlich betragen die am Strahlrande durch in der Düsenwand angebrachte senkrechte Bohrungen gemessenen Drücke

in der Entfernung	$L =$	56,7	105,5	125,5	153	mm
	$p_x =$	0,742	0,349	0,272	0,202	kg/qcm.

Die graphische Zusammenstellung, Fig. 27, läßt erkennen, daß sich die Beobachtungen B den Werten C mehr nähern, wie denen von A. Ich neige zu der Ansicht, daß dies nicht einer vermehrten Saugwirkung des „normalen" Meßröhrchens, sondern einem vermehrten Stau in dem die zugeschärfte Kante dem Strome zukehrenden Röhrchen A zuzuschreiben ist. Aus den Kurven geht hervor, daß der Energieverlust bei etwa 1 Atm. Druck rd. 10 vH erreicht hat, um bis an das Ende der Düse (bei $L = 160$) allmählich auf nahezu 20 vH anzuwachsen. Aber auch wenn wir die offenbar zu hohe Druckanzeige des Röhrchens A als richtig zulassen wollten, würde der Energieverlust bloß etwa 25 vH betragen, und hiermit ist die Anschauung widerlegt, als wäre die Bewegung in der Düse mit außergewöhnlich hohen Widerständen verbunden. Freilich ist hierbei zu beachten, daß der Dampf sich in unserem Versuch nur bis auf 0,2 kg/qcm ausdehnte, und daß die Fortsetzung der Expansion bis auf etwa 0,1 kg/qcm weitere Verluste zur Folge haben muß. Doch führen mich neuere Versuche zur Ansicht, daß der Gesamtverlust für die untersuchte Düse 15 vH nicht überschreitet.

Versuche über den Düsenwiderstand sind auch von Delaporte und Lewicki angestellt worden. Ersterer benutzte eine Düse von 6 auf 9 mm Durchmesser mit einer aus einer Skizze auf 50 mm zu schätzenden Länge und teilt in Revue de Mécanique, Mai 1902 mit, daß bei Ausfluß in die freie Atmosphäre der Verlust an kinetischer Energie durch Wägung des vom Strahle ausgeübten Druckes sich auf 5,2 vH feststellen ließ. Die geringere Kürze des Rohres im Verein mit der geringeren Strömungsgeschwindigkeit setzen den Verlust wohl herab, immerhin erscheint er etwas zu klein.

Lewickis Versuche in der Zeitschr. d. Ver. deutsch. Ing. 1903, S. 49, sind unter ähnlichen Umständen angestellt. Das Druckverhältnis war rd. 6,86 der Düsendurchmesser 6,06 auf 6,75 mm die Länge etwa 30 mm, das Verhältnis des Ausflußquerschnittes zum engsten Querschnitt 1,62 (mithin etwas zu klein) und ergab sich bei ganz wenig überhitztem Dampf ein Energierverlust von im Mittel 8 vH, also in der Tat mehr wie bei Delaporte.

Wollten wir den „Widerstandskoeffizienten" im Sinne der Hydraulik ermitteln, so müßten wir gemäß Gl. 3b vom Verlust an kinetischer Energie zur gesamten Reibungsarbeit übergehen. Da für technische Probleme indessen nur der erstere Bedeutung besitzt, empfiehlt es sich, auch den Widerstandskoeffizienten auf diesen kinetischen Verlust zu beziehen, und es wird wie bei einem zylindrischen Rohr näherungsweise der Ansatz

$$Z = A\zeta \frac{l}{d} \frac{w^2}{2g} \quad \ldots\ldots\ldots \quad (8)$$

anwendbar sein. Für die konische Düse müssen wir Element für Element summieren und an Stelle von $\frac{dl}{2r}$, da es sich um einen Ringquerschnitt handelt, den Wert $dl \frac{U}{4F}$ setzen, wo U die Summe der Umfänge der Düse und des Meßrohres, F den Inhalt des Ringquerschnittes bedeutet. Eine graphische Integration liefert uns für ζ bei 29,7 WE als Gesamtverlust und mit 5 und 160 mm als Grenzen für l den Wert

$$\zeta = 0{,}039.$$

Die Düse mit dem inneren Meßrohr wäre mit einem einfachen zylindrischen Rohre von 17 mm Bohrung hinsichtlich der Reibung gleichwertig, für welches sich nach Darcy, bezogen auf die wirkliche Reibungsarbeit, z. B. ein Reibungskoeffizient ζ, von 0,049 ergeben würde. Auch für diese Düse wäre, bezogen auf die wirkliche Reibungsarbeit, ζ, im Verhältnisse der Größen R und Z größer. Der obige Vergleich zeigt nun, daß es berechtigt ist, die Bewegungswiderstände der erweiterten Düse als einfache Rohrreibung anzusehen. Solange eine freie Expansion möglich ist, liegt hiernach kein zwingender Grund vor, besondere (auf Stößen, Wirbeln u. s. w. beruhende) Widerstände vorauszusetzen. Die Widerstände der vorliegenden Versuche sind überdies höchst wahrscheinlich etwas zu groß ausgefallen, indem das Vakuum in dem benutzten Strahlkondensator nur etwa 0,43 kg/qcm erreichte; nahe hinter der Düse stieg der Druck von den erreichten 0,2 Atm. auf 0,4, und der hierdurch bewirkte Stau dürfte den Druck im Düsenende teilweise doch beeinflußt haben.[1])

Alles in allem wird man bis auf weiteres bei Düsen mit ge-

[1]) Im übrigen ist es klar, daß das Rechnen mit einem gleichförmigen mittleren Zustande in einem Querschnitte nur eine erste Näherung darstellt. Beobachtet man den austretenden Strahl im Freien, so ist deutlich eine hellere Außenschicht und ein milchig getrübter Kern wahrnehmbar, zum Zeichen, daß am Rande die Wandungsreibung eine teilweise Überhitzung bewirkt hat, während in der ungestörten Strahlmitte die adiabatische Expansion mit stärkerem Flüssigkeitsniederschlag vor sich geht. Anderseits ist die Möglichkeit offen zu halten, daß bei der geringen Zeit, welche für die Expansion des Dampfes verfügbar ist, die der Druckabnahme entsprechende Kondensation nicht vollständig eingetreten ist, d. h. daß der Dampf nicht die rechnungsmäßige latente Energie voll abgab. Für den Ausfluß heißen Wassers ist diese Erscheinung in Form des „Siedeverzuges“ durch Prof. Knoblauch in München experimentell nachgewiesen worden. Bei Dampf dürfte die Abweichung indes bloß minimal sein, da sonst die Ausflußmenge nicht mit dem theoretischen Werte so nahe übereinstimmen könnte. Versuche des Verfassers mit einem an Stelle des Meßröhrchens eingeführten Quecksilberthermometers ergaben auch ein negatives Resultat.

ringer Erweiterung und weniger als 50 mm Länge mit etwa 5 bis 8, bei Düsen mit großer Erweiterung und 100 bis 150 mm Länge, den Durchmesser an der engsten Stelle mit 6 bis 10 mm vorausgesetzt, mit 10 bis 15 vH Energieverlust rechnen dürfen. Die Verringerung der Geschwindigkeit ist rd. halb so groß.

Die Pressung am Strahlrande

erweist sich als nahezu gleich groß wie der Druck in der Strahlmitte. Hierdurch wird auch mittelbar bewiesen, daß sich der Strahl in einer Düse mit der hier benutzten Konizität von der Wand nicht ablöst. Ein isolierter Strahl könnte die umgebende ruhende Dampfschicht nur mit ungeheuern Verlusten durchdringen. Die Pressung am Rande scheint durchweg um ein geringes niedriger zu sein als die in der Strahlmitte und würde hiermit auf den an sich wahrscheinlichen Überdruck in der Achse hinweisen. Doch sind die Unterschiede mit Ausnahme des Punktes $L = 56{,}7$ mm zu klein, um diese Frage mit Sicherheit zu entscheiden.

17. Künstlich erhöhter Gegendruck.

Wirkung eines Diffusors.

Durch teilweises Schließen eines zwischen Düse und Kondensator angebrachten Ventiles konnte man hinter der Düse einen beliebig hohen Gegendruck erzeugen. Der Verlauf der sich hierbei ergebenden Druckkurven ist in Fig. 29 dargestellt. Man bemerkt, daß der Druck zunächst der Linie der freien Expansion folgt, um dann je nach der Höhe des Gegendruckes mehr oder weniger sprunghaft zuzunehmen. Stellenweise, wie z. B. bei Kurve E, beträgt die Druckzunahme $1^1/_2$ Atm. auf eine Rohrlänge von 3 mm. Ich erblicke in dieser ungemein heftigen Drucksteigerung eine Verwirklichung des von Riemann[1]) auf theoretischem Wege abgeleiteten „Verdichtungsstoßes“, indem die mit großer Geschwindigkeit begabten Dampteile gegen eine ungenügend rasch ausweichende Dampfmasse stoßen und hierbei auf höheren Druck verdichtet werden.

Derartige Verdichtungsstöße werden stets auftauchen, wenn die Düse eine größere Länge, d. h. eine stärkere Querschnittserweiterung besitzt, als dem Anfangs- und dem Enddruck entspricht.

Besonders auffallend sind die bei niedrigen Pressungen hinter dem Sprunge auftretenden wellenförmigen Druckschwankungen, welche als beginnende, aber durch Reibung alsbald aufgezehrte (und auch durch die Konizität der Düse an ihrer Ausbreitung ge-

[1]) Riemann-Weber, Die partiellen Differentialgleichungen der mathematischen Physik, 1901, S. 469 u. f.

hinderte) Schallschwingungen anzusehen sind und weiter unten näher besprochen werden. Der Ort des Sprunges ändert sich leicht, wenn der Anfangszustand (z. B. die Temperatur) vor der Düse die

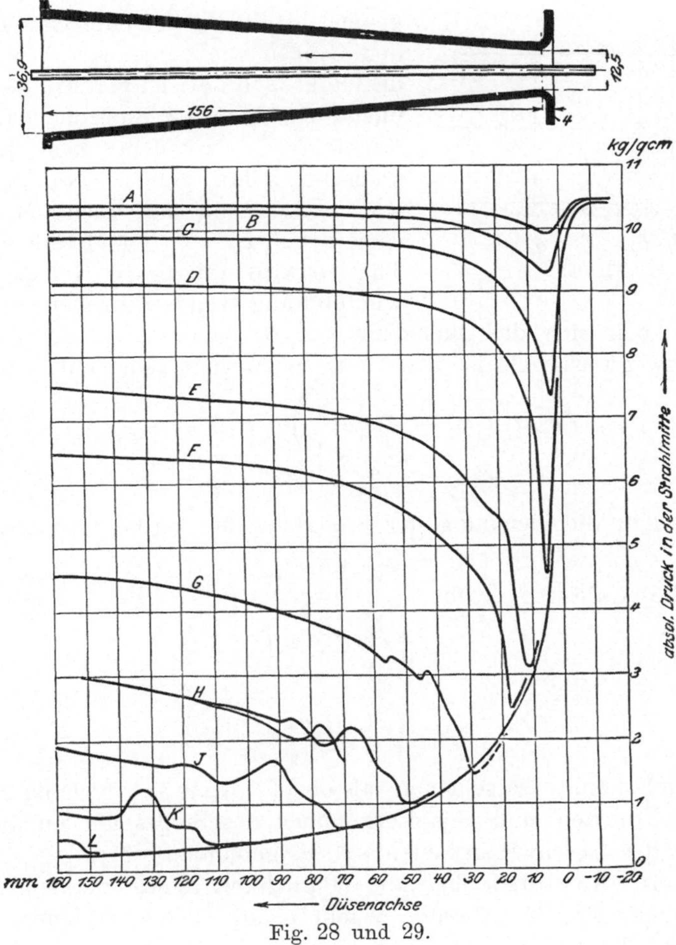

Fig. 28 und 29.

geringste Änderung erfährt; mit ihm verschieben sich auch die Schallwellen, wie an Kurve *H* angedeutet ist. Da es bei diesen Kurven mehr auf die Art der Vorgänge ankam, wurde von der genauen Erhaltung der Anfangstemperaturen Abstand genommen und Schwankungen in den Grenzen von 194 bis 200° C. zugelassen. Auch sind in Fig. 29 Beobachtungen mit Meßröhrchen von 3 und von 5 mm Dmr. zusammengetragen, weshalb nicht alle Kurven sich an die durchgehende Expansionslinie vollkommen anschließen.

4*

Zur Theorie des Dampfstoßes.

Es sei C die im Raume still stehende Stoßebene, Fig. 30, von rechts ströme der Dampf mit einer Geschwindigkeit w_1; dem Druck p_1 und dem spezifischen Gewicht γ_1 gegen sie, links seien die entsprechenden Größen wie w_2, p_2, γ_2. Wir setzen das Rohr zylin-drisch voraus; allein bei unendlich schmaler Stoßzone wird das Nachfolgende trotzdem auch für die konische Röhre gelten. Nun grenzen wir um C herum das unendlich kleine Element $A_1 B_1$ ab. Die Riemannsche Theorie wird auf diesen einfachen Fall wie folgt angewendet: Im Zeitelement dt verschieben sich die Querschnitte $A_1 B_1$ nach $A_2 B_2$; der Zuwachs der Bewegungsgröße ist nach dem Satze vom „Antrieb“

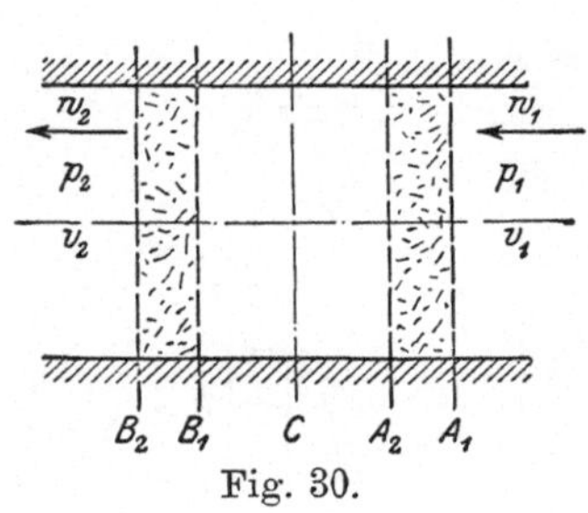

Fig. 30.

$$\left(f w_2 dt \frac{\gamma_2}{g}\right) w_2 - \left(f w_1 dt \frac{\gamma_1}{g}\right) w_1 = f(p_1 - p_2) dt$$

oder

$$w_2^2 \gamma_2 - w_1^2 \gamma_1 = g(p_1 - p_2) \quad . \quad . \quad . \quad . \quad . \quad (9)$$

hierzu tritt die Gleichung der Stetigkeit für den Beharrungszustand

$$w_1 \gamma_1 = w_2 \gamma_2 \quad . \quad . \quad . \quad . \quad . \quad . \quad . \quad . \quad (10)$$

und die Auflösung ergibt

$$\left.\begin{aligned} w_1 &= \sqrt{\frac{p_1 - p_2}{\gamma_1 - \gamma_2} \cdot \left(\frac{\gamma_2}{\gamma_1}\right) g} \\ w_2 &= \sqrt{\frac{p_1 - p_2}{\gamma_1 - \gamma_2} \cdot \left(\frac{\gamma_1}{\gamma_2}\right) g} \end{aligned}\right\} \quad . \quad . \quad . \quad . \quad . \quad (11)$$

Hiernach könnte es scheinen, als ob $p_1, p_2, \gamma_1, \gamma_2$ beliebig gewählt werden dürften und das Vorkommen des Stoßes nur an das Einhalten der Geschwindigkeiten w_1, w_2 gebunden wäre.

Lord Rayleigh hat die Möglichkeit eines derartigen Verdichtungsstoßes in Abrede gestellt[1]) auf Grund folgender Überlegung. Er schreibt

$$\frac{w_2^2 - w_1^2}{2g} = -\int_{p_1}^{p_2} v\,dp \quad . \quad . \quad . \quad . \quad . \quad (12)$$

oder mit Gl. 10

$$w_1^2 \left(\frac{\gamma_1^2}{\gamma_2^2} - 1\right) = w_1^2 \left(\frac{v_2^2}{v_1^2} - 1\right) = -2g \int_{p_1}^{p_2} v\,dp.$$

---

[1]) Theory of sound, 1896, II, S. 32.

Betrachten wir hier w_1, p_1 als gegeben, p_2, v_2 als veränderlich und bezeichnen sie mit p, v, so ergibt eine Differentiation der vorstehenden Gleichung

$$\frac{w_1^2}{v_1^2} dv = -g dp$$

und hieraus
$$p = \text{konst.} - \frac{w_1^2}{g v_1^2} v \quad \ldots \ldots \quad (13)$$

als dasjenige Gesetz, welches gemäß Rayleigh zwischen p und r bestehen müßte, wenn ein Verdichtungsstoß mit der Erhaltung der Energie im Einklang stehen sollte. Da dieses Gesetz den Tatsachen nicht entspricht, folgert Rayleigh, daß auch ein Stoß nicht in der Wirklichkeit vorkommen könne.

Rayleigh hat hier übersehen, daß die Ausgangsgleichung (12) nur für Vorgänge ohne innere Stoßverluste gültig ist; da aber der Dampfstoß selbstverständlich bedeutende innere Verluste an kinetischer Energie bedingt, muß die Gleichung

$$\frac{w_2^2 - w_1^2}{2g} = -\int_{p_1}^{p_2} v dp - R \quad \ldots \ldots \quad (14)$$

oder einfacher
$$\frac{w_2^2 - w_1^2}{2g} = \lambda_1 - \lambda_2 \quad \ldots \ldots \quad (15)$$

benutzt werden. Die Gleichungen 9, 10 und 15 bestimmen dann drei Veränderliche. Es ist z. B. bei gewähltem Anfangszustand mit p_1, x_1, w_1 der Endzustand vollständig (durch p_2, x_2, w_2, aus welchen sich λ_2 und R ergeben) bestimmt. Dieser Punkt bleibt auch bei H. Weber[1]) unklar und es könnte auf Grund seiner Ausführung die Meinung bestehen bleiben, daß bei allen Werten von p_1, γ_1, w_1, welche den Gleichungen 9 und 10 genügen, ein Verdichtungsstoß möglich ist und dem Gesetz der Energie nicht widerspricht. In Wahrheit ist bei gegebenem Anfangszustand vor dem Stoß der Zustand nach dem Stoß vollkommen bestimmt und der Verlust an kinetischer Energie ebenfalls ein ganz bestimmter.

Zum Zwecke zahlenmäßiger Rechnung würde man z. B. p_2 probeweise annehmen, aus Gl. 10 und 15 x_2 eliminieren, w_2 berechnen und in Gl. 9 einsetzen, mit Wiederholung, bis letztere Kontrolle stimmt.

Der Anblick der Figur 29 lehrt auch, daß die Rückverwandlung der im Dampfe aufgehäuften Strömungsenergie in Druck auch da, wo kein eigentlicher Stoß, sondern ein allmählicher Übergang stattfindet, mit bedeutenden Verlusten verbunden ist. Wenn wir näm-

1) a. a. O. S. 489 und 497.

lich zwei Punkte bei gleichem Drucke auf dem ab- und dem aufsteigenden Linienzweige vergleichen, so findet sich die kinetische Energie an ersterem Orte bedeutend kleiner als an letzterem.

Die Rückverdichtung der mit großer Geschwindigkeit in die konische Erweiterung tretenden Dampfteile ist aber der Vorgang, der sich im sogen. Diffusor abspielt. Aus unseren Versuchen geht hervor, daß ein Diffusor mit schlechtem Wirkungsgrade arbeitet, es sei denn, daß man sich auf kleinere Druckdifferenzen (Kurven A bis D) beschränkt.

Aus Abschn. 19 scheint hervorzugehen, daß hinter der Stoßstelle eine gesetzmäßige Kompression mit ziemlichem Anschluß an die Adiabate eintritt, und es läßt sich aus dieser Annahme eine klare Berechnung der Stoßkurven ableiten.[1])

Kleine Druckunterschiede vor und hinter der Düse

führen auf eine interessante Erscheinung, die von der älteren Theorie nicht vorhergesehen worden ist. Es zeigt sich nämlich, daß der Druck an der engsten Stelle der Düse schon beim geringsten Druckabfall hinter der Düse tief sinkt und sich keineswegs auf die Höhe des Gegendruckes einstellt.[2]) Die Düse übt gewissermaßen eine intensive Saugwirkung aus, und die durchströmenden Dampfmengen nehmen ungemein rasch zu, wie folgende Zusammenstellung zeigt:

Druck vor der Düse . . .	$p_1 =$	10,45	10,48	10,45	10,40 kg/qcm
„ hinter der Düse . .	$p_2 =$	10,40	10,36	10,30	9,90 „
Druckunterschied . . .	$p_1 - p_2 =$	0,05	0,12	0,15	0,50 „
Druck an der engsten Stelle	$p_x =$	9,89	9,74	9,17	7,32 „
Sekundlich durchströmendes Dampfgewicht	$G =$	0,073	0,109	0,113	0,152 „

Es ist ersichtlich, daß mit Hilfe der Druckbeobachtung an der engsten Stelle ein dem Venturi-Wassermesser ähnlicher Dampfmesser konstruiert werden könnte. Ein Versuch in unserem Maschinenlaboratorium zeigte indessen eine beharrliche Schwankung der Druckanzeige, und es muß noch näher untersucht werden, ob durch Verlegung der Meßöffnung eine größere Ruhe erzielt werden kann.

Nach Zeuners Formel (Abschn. 4, Gl. 22) müßte, solange die durchströmende Dampfmenge in allen Querschnitten gleich groß ist, der Druck an der engsten Stelle scheinbar stets den besonderen

---

[1]) Siehe Prandtl und Proell, Beiträge zur Theorie der Dampfströmung. Zeitschr. d. Vereins deutsch. Ing., 1904, S. 348.

[2]) Dieselbe Beobachtung ist auch von A. Fliegner schon gemacht worden (s. Schweiz. Bauzeitung Bd. XXXI No. 10 bis 12).

Wert $p_m = 0{,}57 p_1$ (für gesättigten Dampf) erreichen. Daß dem nicht so ist, wird wie folgt erklärt. Wenn durch eine Düse einmal G, das andere Mal G' kg Dampf im Beharrungszustande durchströmt, so gelten für widerstandslose Bewegung die Beziehungen

$$G = f \varphi p \ . \ . \ . \quad (16)$$

$$G' = f' \varphi(p) \ . \ . \quad (16a)$$

worin $\varphi(p)$ den Zeunerschen Wurzelfaktor in der erwähnten Formel bedeutet, f und f' sind die zu p gehörenden veränderlichen Querschnitte. Ist nun G' kleiner als G, so wird bei gleichem p auch f' kleiner als f sein müssen; die Strömung entspricht dann einer engeren, in Fig. 31 punktiert angedeuteten Düse, welche nur den Einströmungsteil mit der wahren Düse gemein hat und deren engste Stelle sich etwa bei C' befindet. Bei B' tritt aber, bevor C' erreicht worden ist, eine Erweiterung ein, welche die Geschwindigkeit verlangsamt und bedeutende Widerstände einführt. Von diesem Zeitpunkt an gilt die Beziehung (16a) nicht mehr, und hiermit ist der nicht uninteressante scheinbare Widerspruch behoben.

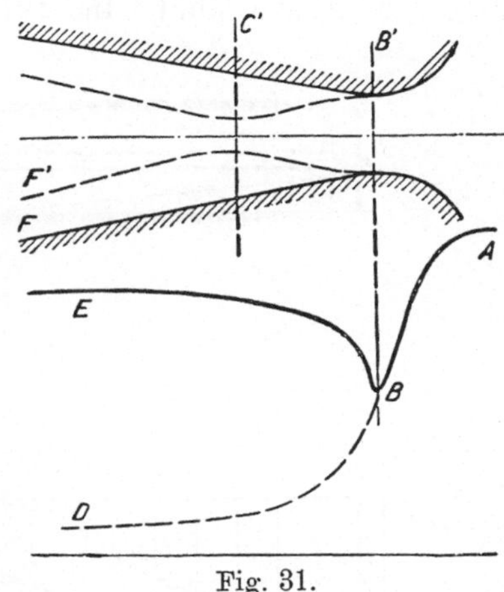

Fig. 31.

18. Der Einfluß einer Querschnittserweiterung

ist an der Dampfströmung durch zwei mit ihren weiten Enden zusammengelegte Düsen untersucht worden. In Fig. 32 stellt Schaulinie A den Druckverlauf für den Fall dar, daß die Mündung der zweiten Düse gleiche Weite habe wie der engste Querschnitt auf der Einströmseite. Der Druck sinkt beim Eintritt in die engste Stelle von 10,5 auf etwa 6,5 kg/qcm abs., um in der konischen Erweiterung auf rd. 8 kg/qcm zu steigen. Erst in der zweiten Düse sinkt er wieder und fällt gegen die Mündung zu und darüber hinaus rasch bis auf den Vakuumdruck herab. Es wurde nun die zweite Düse durch eine schlankere Reibahle auf einen Mündungsdurchmesser d_2 von 10,8 mm ausgerieben, während das weite Ende unverändert einen Durchmesser von $d_3 = 12{,}1$ mm und die Einströmung $d_1 = 10{,}3$ mm beibehielt. Die Wirkung dieser Maßnahme ist durch die Schaulinie B dargestellt. In gleicher Weise entsprechen die Schaulinien C und D einer Erweiterung der Mündung auf 11,4 bezw. 12,0 mm. Schließlich wurde die zweite Düse vollkommen zylindrisch auf 12,1 mm Weite ausgebohrt und ergab die Schaulinie *E*, in welcher der Druck beim Eintritt in die engste Stelle auf rd. 5,5 kg/qcm, von da bis an das Ende der Kegeldüse weiter auf rd. 3 kg/qcm sinkt. Im zylindrischen Rohr ergibt sich nun

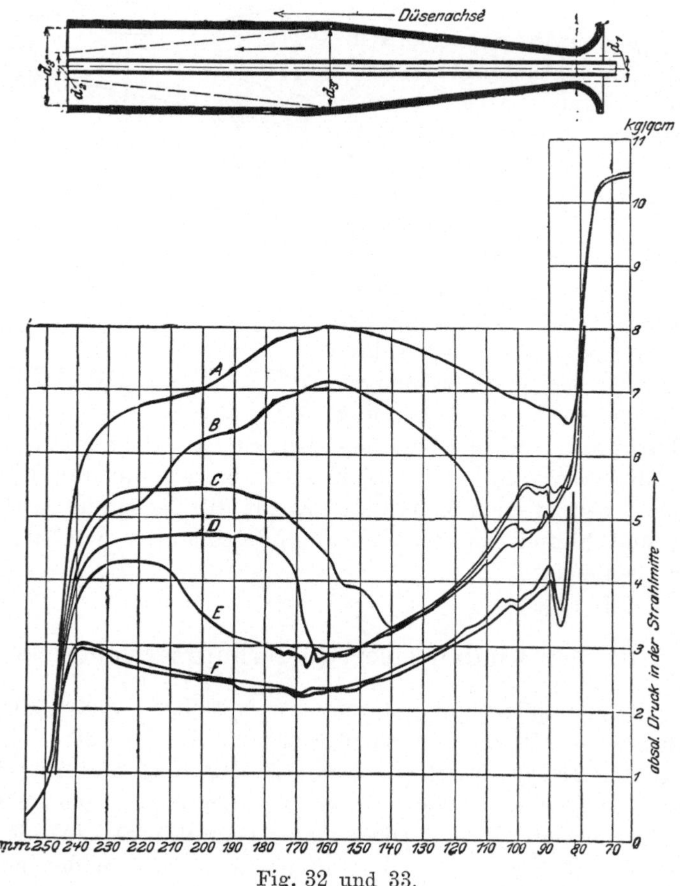

Fig. 32 und 33.
Druckverlauf bei allmählicher Erweiterung und Wiederverengung des Querschnittes.

das scheinbar durchaus widersinnige Verhalten, daß der Druck nicht sinkt, sondern um mehr als eine Atmosphäre steigt; erst etwa 10 mm vor dem Rohrende macht sich das Vakuum geltend und zieht den Druck wieder herab.

Linie *F* erhielt man, nachdem die Abrundung an der Einmündungsstelle bei d_1 abgedreht war, so daß ein scharfkantiger

Absatz entstand, welcher eine Strahlkontraktion, auf die wir weiter unten noch zurückkommen, beim Eintritte herbeiführen mußte. Der Erfolg ist eine tief herabreichende Zacke im Druckverlauf und eine Verminderung der durchströmenden Dampfmenge (wegen Verkleinerung des engsten Querschnittes), welche den Druck im ganzen tiefer hielt. Das Ansteigen des Druckes im zylindrischen Rohr ist auch hier vorhanden[1]).

19. Isentropische Linien.

Ein Einblick in das Gesetz der experimentell ermittelten Erscheinungen wird erleichtert durch Verzeichnen der sogenannten isentropischen Linien folgender Art[2]). Setzen wir voraus, der Dampf expandiere adiabatisch reibungsfrei, d. h. bei konstanter Entropie vom Anfangszustande A_1 auf den Enddruck bei A_2 gemäß Fig. 34, in welcher die Koordinaten Entropie und absolute Temperatur sind. Durch das früher angegebene Verfahren ermitteln wir, wie in Fig. 4, für die Ausgangsgeschwindigkeit $w_1 = 0$ die Querschnitte f_x, die z. B. pro 1 kg Dampf bei dem jeweiligen Druck p_x erforderlich sind.

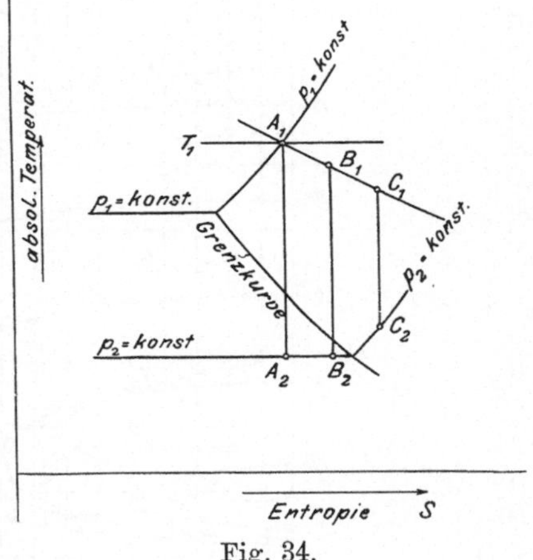

Fig. 34.

Nun denke man den Dampf vor dem Eintritt in die Düse auf einen kleineren Druck bis auf den Zustand B_1, Fig. 34, abgedrosselt. Der Wärmeinhalt ändert sich nicht, d. h. B_1 liegt auf der Kurve $\lambda_1 =$ konst, die durch A_1 hindurchgeht, aber die Entropie hat zugenommen. Expandiert der Dampf von hier aus adiabatisch nach B_2, so läßt sich in gleicher Weise eine neue Querschnittsfolge als Funktion von p ermitteln, ebenso die weiteren zu C_1, D_1 u. s. w. gehörenden Kurven. Statt 1 kg Dampf wählen wir nun die tatsäch-

[1]) Die Unregelmäßigkeiten im Anfange der Schaulinien B bis E sind durch leichte Porosität des Gusses an der betreffenden Stelle, d. h. durch Beeinflussung des Reibungskoeffizienten verursacht.

[2]) Die Anregung zum Entwurfe der Isentropen verdanke ich Herrn Prof. Prandtl-Hannover; dieselben eignen sich in der Tat besser zur Kontrolle der wahren Zustandsänderung, wie die in Fig. 27 benutzten Linien konstanten Verlustes an kinetischer Energie, weil sie sowohl für die Verdichtung wie für die Expansion in der Düse Geltung haben.

lich durch unsere Düse pro sk durchgeströmte Dampfmenge als Bezugseinheit, statt des Querschnittes aber den von ihm eindeutig abhängigen Abstand des betreffenden Querschnittes von einem festen Punkt in der Düsenachse gemessen. Auf diese Weise erhält man die mit I, II, III, ... bezeichneten Kurven der Fig. 34a, welche mithin zu jedem Punkte der Düsenachse zwei mögliche Pressungen ergeben. Eine reibungsfreie Strömung wäre umkehrbar, d. h. der Dampf könnte die Düse sowohl expandierend als auch sich ver-

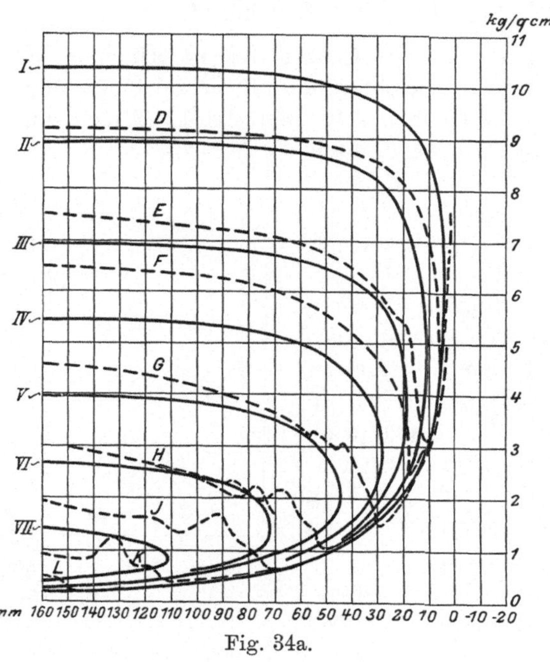

Fig. 34a.

dichtend durchströmen. Die oberen Zweige der Isentropen entsprechen dichtem Dampf und kleinen Geschwindigkeiten, die unteren einem Zustande starker Expansion und großer Geschwindigkeit. Die wahre Strömung aber findet stets unter Vermehrung der Entropie statt (siehe Anhang) und so muß die wahre Zustandskurve, ob sie ab- oder aufsteigt, die Adiabaten in der Reihenfolge I, II, III, ... schneiden. Um dies an der Wirklichkeit festzustellen, sind in das Bild auch die Kurven der Fig. 28 gestrichelt eingetragen, und es zeigt sich z. B. bei Kurve D eine schöne Übereinstimmung mit der Adiabate während der Druckzunahme in der konischen Erweiterung. Bei allen Kurven konstatieren wir, daß während der Periode des eigentlichen Dampfstoßes mehrere Isentropen überschreiten, als Beweis des großen Stoßverlustes, der hier stattfindet. Im weiteren

Verlauf zeigen Linien *F*, *G* und *H* ein zu starkes Aufsteigen, was einerseits in der Variation der Dampfüberhitzung während des Versuches begründet sein könnte, da es uns, wie oben erwähnt, mehr um das Qualitative zu tun war. Unter Umständen kann auch die Wärmeübertragung von der Düse an den langsamer strömenden Dampf eine Rolle spielen. Aus allen Kurven geht deutlich hervor, daß der Hauptteil des Widerstandes auf die Periode des Dampfstoßes entfällt, und bei eingetretener ruhigerer Strömung die Rückumwandlung an Geschwindigkeit in Druck viel geringere Verluste bedingt. Die Analogie mit dem Bidoneschen Wassersprung ist augenscheinlich.

20. Rechnerische Behandlung.

Auf eine allgemeine Integration der Bewegungsgleichungen muß man begreiflicherweise von vornherein verzichten, und es bleibt nichts übrig, als sich auf die Betrachtung eines Elementarvorganges zu beschränken.

Wenden wir die „Gleichung der lebendigen Kraft", d. h. Gl. 3c auf ein unendlich kurzes Teilstück der Düse an, so erhalten wir

$$\frac{w\,dw}{g} = -v\,dp - \frac{dR}{A} \quad \ldots\ldots \quad (17)$$

Die elementare Reibungsarbeit wollen wir wie bei hydraulischen Widerständen durch den Ansatz

$$\frac{dR}{A} = \zeta_r \frac{dz}{2r} \frac{w^2}{2g} \quad \ldots\ldots \quad (17a)$$

wiedergeben, wobei ζ_r den konstant angenommenen Widerstandskoeffizienten, r den Radius, dz die elementare Achsenlänge der Düse bedeutet. Hierzu tritt die ebenfalls auf ein Element bezogene Gl. 2.

$$\frac{w\,dw}{g} = -d\lambda \quad \ldots\ldots \quad (18)$$

und die „Kontinuitätsgleichung"

$$Gv = fw \quad \ldots\ldots \quad (19)$$

Aus diesen Gleichungen könnte durch Eliminierung von dw und dv der Wert der Differentialquotienten $dp:dz$ durch die augenblicklichen Werte der übrigen Veränderlichen bestimmt werden und so wenigstens Aufschluß über das Fallen oder Steigen einer Drucklinie geben. Führt man die Rechnung aus, so erweist sich der Ausdruck indessen wenig übersichtlich. Es liegt nun nahe, eine

Vereinfachung durch eine Näherungsannahme über die Zustandänderung zu suchen. Dies gelingt durch die Voraussetzung des Gesetzes

$$p v^k = \text{konst} \quad \quad (20)$$

oder auch

$$(p + \alpha) v^k = \text{konst} \quad \quad (20\text{a})$$

von welchen man sicher ist, daß sie sich für kleinere Intervalle der Zustandskurve anpassen lassen. Gl. 20 enthält zwei Konstanten, man kann mithin einen Punkt und die Tangente dortselbst mit der wahren Zustandkurve zusammenfallen lassen. In Gl. 20a verfügen wir über drei Konstanten, es kann also ein Punkt, die Tangente und der Krümmungsradius gleich gemacht werden. Beide Näherungen gelten indes nicht an Unstetigkeitsstellen, z. B. Spitzen. Hierdurch wird Gl. 18 überflüssig; man kann Gl. 19 und 20 bezw. 20a differentiieren, aus diesen und aus Gl. 17 dv und dw eliminieren, wobei sich zeigt, daß man zweckmäßigerweise die dem Zustande p, v entsprechende Schallgeschwindigkeit des Dampfes

$$w_s = \sqrt{g k p v} \quad \quad (21)$$

in die Formeln einführt. Es ergibt sich für die Druckänderung in Richtung der Düsenachse

$$\frac{dp}{dz} = \frac{\left[\frac{\zeta_r}{2r} - \frac{2}{f}\frac{df}{dz}\right]}{\left[w^2 - w_s^2\right]} \frac{w^2}{2} k p \quad \quad (22)$$

Für die kreisrunde Düse ohne inneres Meßrohr nimmt beispielsweise mit r als Halbmesser der Zähler den Wert

$$\left[\frac{\zeta_r}{2r} - \frac{4}{r}\frac{dr}{dz}\right]$$

an, oder wir haben, wenn $\varphi = 2\frac{dr}{dz}$ der Kegelwinkel der Düse ist,

$$\frac{dp}{dz} = \left(\frac{\zeta_r - 4\varphi}{w^2 - w_s^2}\right) \frac{w^2 k p}{4r} \quad \quad (23)$$

Mit Formel 20a wäre bloß anstelle von p zu setzen $(p + \alpha)$.

Der Druck steigt oder sinkt im Sinne der Strömung, je nachdem das Vorzeichen von $dp : dz$ positiv oder negativ ausfällt. Da nun die tatsächliche Geschwindigkeit w anfänglich nahezu null ist, später w_s erreicht oder übertrifft, so haben wir einen anfänglich negativen Nenner. Bei abgerundeter Einmündung ist $dr : dz$, d. h. der „Kegelwinkel“ φ, anfänglich negativ, mithin der Zähler wesentlich positiv. Für den Anfang ist also $dp : dz$ negativ, der Druck sinkt. Der weitere Verlauf hängt davon ab, ob und wie bald es zu einem Zeichenwechsel kommt. Für die Schaulinie A (Fig. 33) tritt er im

Zähler zuerst auf, da die kegelförmige Erweiterung φ positiv und den Zähler negativ macht. Die abermalige Verengung in der zweiten Düse bedeutet wieder negatives φ und positiven Zähler: der Druck nimmt wieder ab.

Ein ganz eigenartiges Spiel der Werte des Reibungskoeffizienten, des Kegelwinkels, der wahren und der Schallgeschwindigkeit bedingt mithin das Auf- und Absteigen des Druckes. Der Fall, daß w allmählich wachsend w_s erreicht und übertrifft, ist besonders interessant, weil da $dp:dz$ durch den Wert ∞ vom Negativen zum Positiven übergeht, mithin eine Spitze mit senkrechten Tangenten zu erwarten sein wird, falls nicht gleichwertig im Zähler ein Zeichenwechsel vor sich geht. Doch ist zu beachten, daß an der Umkehrstelle auch ζ_r sowie k stark schwankt, so daß für diese kritischen Punkte unsere Gleichung nicht mehr volle Gültigkeit besitzt.

Was insbesondere das zylindrische Rohr anbelangt, so ist $\varphi = 0$, und das Vorzeichen hängt nur vom Nenner ab. Man kann mithin den Satz aussprechen: Im zylindrischen Rohr wird der Druck im Sinne der Strömung (unabhängig vom Betrage des Gegendruckes) wachsen oder abnehmen, je nachdem die tatsächliche Dampfgeschwindigkeit größer oder kleiner ist als die Schallgeschwindigkeit[1]).

An Hand der Gl. 23 läßt sich auch die Frage näherungsweise

---

[1]) Es liegt auf der Hand, daß eine Integration der Bewegungsgleichungen, falls sie allgemein möglich wäre, und falls das Gesetz der Widerstände genau bekannt wäre, dasselbe Bild des Druckverlaufes geben müßte. Praktisch brauchbare Ergebnisse erhält man jedoch lediglich für das zylindrische Rohr unter der Voraussetzung, daß ζ_r konstant ist. Diesen Fall hat bereits Grashof, Theoret. Maschinenlehre, Bd. I, S. 658, ebenfalls unter Annahme des Gesetzes

$$p v^k = C$$

gelöst. Die nicht schwierige Rechnung ergibt in unserer Bezeichnung vereinfacht die Formel

$$\ln \xi - \alpha^2 (\xi - 1) = \beta z \quad \ldots \ldots \ldots (24)$$

worin

$$\xi = \left(\frac{p}{p_0}\right)^{\frac{k+1}{k}}; \quad \alpha = \frac{w_{s0}}{w_0}; \quad \beta = \frac{\zeta_r (k+1)}{4r}$$

zu setzen ist, und p_0, w_0 Druck und Geschwindigkeit für die Einmündung ($z = 0$), w_{s0} aber die Schallgeschwindigkeit für den an der Einmündung herrschenden Zustand bedeutet. Hätte Grashof eine Diskussion seiner Gleichung unternommen, so würde er ohne weiteres die so unglaublich vorkommende Drucksteigerung für den Fall $\alpha > 1$ bemerkt haben. Wegen der wahrscheinlichen Veränderlichkeit von ζ_r (da bei der Verdichtung auch innere Verluste auftreten) wird indes im letzteren Fall Gl. 24 den ganzen Druckverlauf nicht richtig darstellen, wie in der Tat auch aus dem Vergleiche der beobachteten Schaulinien hervorgeht.

beantworten, wie eine Düse beschaffen sein müßte, damit bei der Expansion der Druck konstant bliebe. Die Forderung bedeutet $dp = 0$, d. h.

$$\varphi = \frac{1}{4} \zeta_r \quad \ldots \ldots \ldots \quad (23\text{a})$$

die Düse würde einfach konisch werden können mit dem angegebenen Kegelwinkel, falls ζ_r konstant ist.

Für Luft ist die Einführung einer Näherungsgleichung überflüssig, wie Lorenz in einem bemerkenswerten Artikel der Physikalischen Zeitschr., IV. Jahrg. S. 333, mitgeteilt hat. Während Gl. 17 und 17a unverändert bleiben, müssen wir in Gl. 18 an Stelle der Dampfwärme λ, wie man leicht einsieht, die Größe $c_p T +$ konst einführen und erhalten

$$\frac{w\,dw}{g} = -c_p dT = -\frac{k}{k-1} d(pv) \quad \ldots \quad (18\text{a})$$

worin $k = c_p : c_v$ ist. Führt man die Schallgeschwindigkeit, die widerstandsloser adiabatischer Zustandsänderung entspricht, d. h. die Größe

$$w_k = \sqrt{kgpv} \quad \ldots \ldots \ldots \quad (21\text{a})$$

ein, so ergeben die Gleichungen 17, 17a, 18a, 19 mit der Abkürzung

$$\zeta = \frac{\zeta_r}{4r};\; \alpha = \frac{w^2}{w_k^2}(k-1) + 1 \quad . \quad (21\text{b})$$

$$\frac{dp}{dz} = \frac{\alpha\zeta - \dfrac{df}{fdz}}{w^2 - w_k^2} kpw^2 \quad \ldots \ldots \quad (22\text{a})$$

Lorenz bestätigt an der genauen Formel 22a zunächst unseren Satz, daß, wenn die Schallgeschwindigkeit erreicht wird, im allgemeinen $dp : dz = \infty$ werden, d. h. die Drucklinie eine vertikale Tangente besitzen muß, falls nicht auch der Zähler in Gl. 22a verschwindet. Von seinen weiteren interessanten Schlußfolgerungen sei hier folgende angegeben:

Die Geschwindigkeit kann ein Maximum ganz allgemein nur bei sinkendem Drucke annehmen; dieses Maximum ist nur innerhalb eines Rohres mit zunehmendem Querschnitt möglich.

Betreffs der übrigen Ausführungen von Lorenz muß auf die Originalarbeit verwiesen werden.[1])

[1]) Die auf S. 54 erwähnte wichtige Abhandlung von Prandtl und Proell konnte im Text nicht mehr berücksichtigt werden.

21. Die Düse mit verlängertem Einströmhals,

Fig. 35, durch Zusammenlegen zweier kongruenter Düsen gebildet, sollte dazu dienen, die Vorgänge, die an der engsten Stelle stattfinden, und welche sich bei gewöhnlichen Düsen auf einer Länge von wenigen Millimetern abspielen, gleichsam durch Vergrößerung

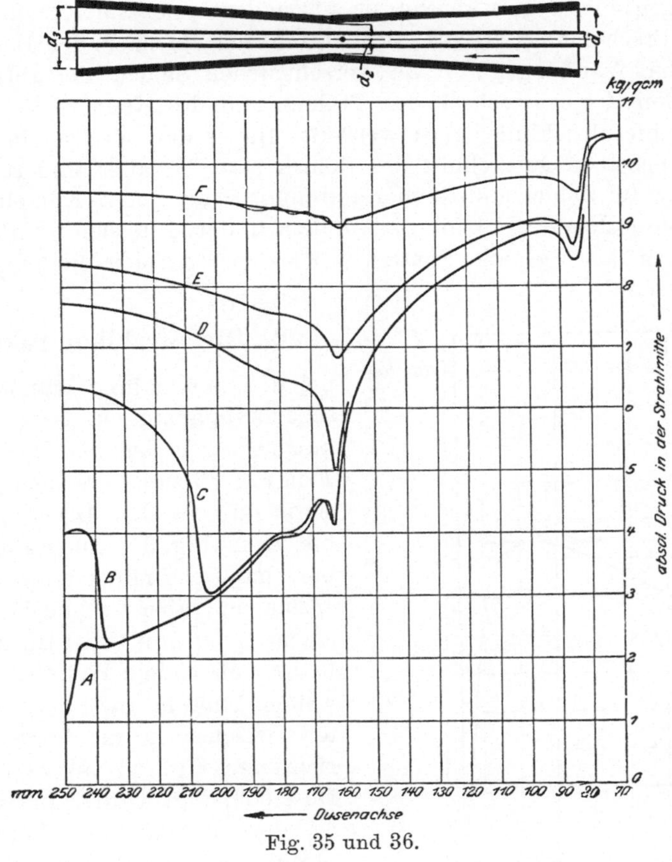

Fig. 35 und 36.

des Horizontalmaßstabes zu klarerem Ausdruck zu bringen. Schaulinie *A*, Fig. 36, zeigt den Druckverlauf bei freier Expansion, Linie *B* bei auf 4 Atm. abs. eingestelltem Gegendruck. Der Verdichtungsstoß ist im letzteren Falle knapp vor der Mündung aufgetreten und zeigt einen höchst ausgeprägten Druckanstieg. Linien *C*, *D*, *E*, *F* sind mit mehr und mehr erhöhtem Gegendruck aufgenommen. Das Eigentümlichste dieser Versuche liegt in den Zacken, welche die Schaulinien beim Übergange aus dem verengten in den erweiterten

Kegel aufweisen. Anfänglich war die vordere Düse an der engen Stelle um rd. 0,1 mm weiter als die andere, so daß sich ein wenn auch kaum merkbarer Absatz bildete. Aber auch nachdem man die Düsen mit einer gemeinschaftlichen Reibahle auf genau gleichen Durchmesser gebracht hatte, verschwand die Zacke nicht. Nur das Polieren mittels Schmirgels, und zwar vor allem in der Strömungsrichtung brachte die mittleren Zacken schließlich für gewisse Überhitzungsgrade weg, während sie für andere noch immer auftraten. Diese Erscheinung erklärt sich durch den je nach der Dampfart und der Wandungsglätte an verschiedenen Stellen der Düse eintretenden Zeichenwechsel des Zählers und des Nenners in Gl. 23. Wenn die Drucklinie glatt verläuft, findet der Wechsel in einem und demselben Querschnitt des Rohres statt; in allen anderen sind die Orte für Zähler und Nenner getrennt. Eine weitere Komplikation tritt dadurch auf, daß die Dampffäden in der Mitte sich wohl anders verhalten als die am Rande, welche der größten Reibung ausgesetzt sind.

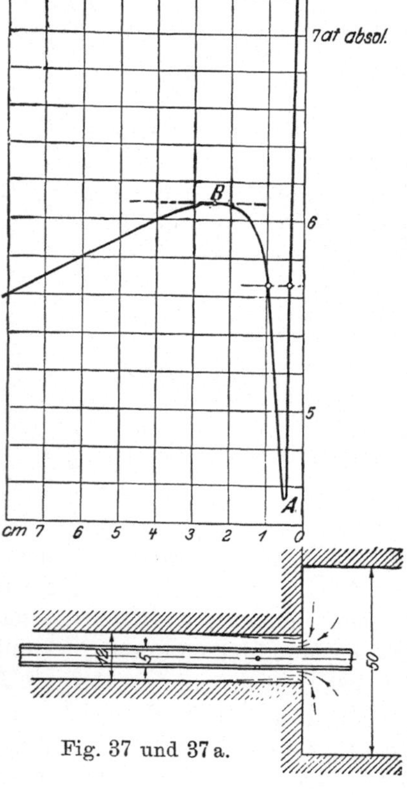

Fig. 37 und 37a.

22. Die Strahlkontraktion

bei der Einmündung tritt stets bei scharfkantigem Rohransatz auf und kommt bereits bei den Schaulinien F in Fig. 33 zum Vorschein. Ebenso ist sie an den Drucklinien A bis E in Fig. 35 gut wahrnehmbar, ganz besonders in die Augen springend aber schließlich bei einem g e r a d e n z y l i n d r i s c h e n R o h r von 12 mm Weite mit 5 mm weitem Meßrohr und scharfen Kanten, welches in die Versuchseinrichtung (Fig. 25) an Stelle der Düse eingefügt wurde. In Fig. 37a ist der mutmaßliche Umriß des Strahles mit darüber liegender beobachteter Druckkurve (Fig. 37) aufgezeichnet. Es ist wahrscheinlich, daß im betreffenden Gebiet die Schallgeschwindigkeit noch nicht erreicht worden ist, mithin der Nenner unserer Formel 23 negativ bleibt. Der Zähler hingegen hat zweifellos zwei Zeichenwechsel; er

Fig. 38.

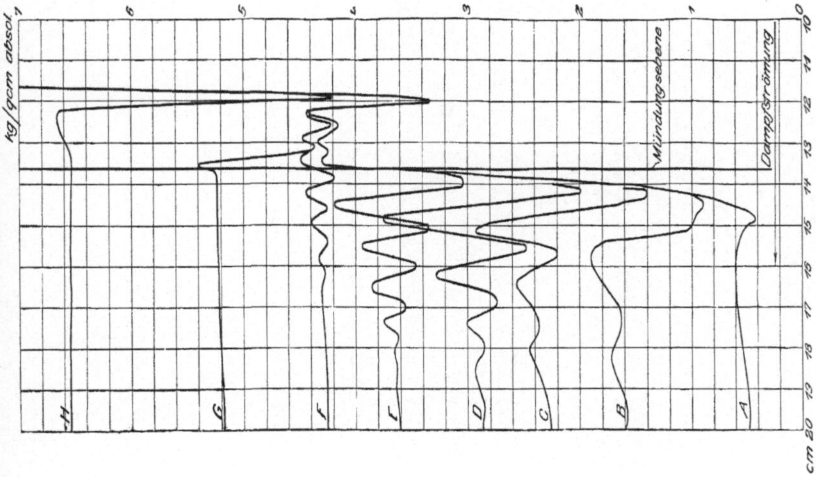

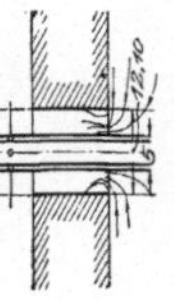

Fig. 39.

Fig. 40.

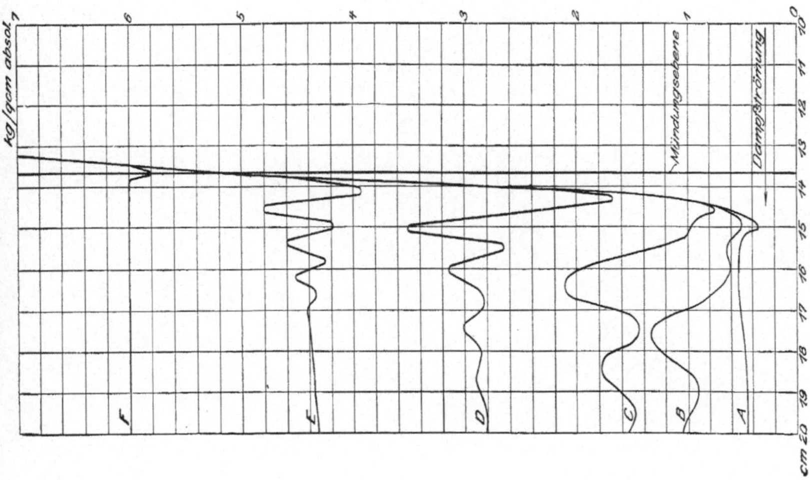

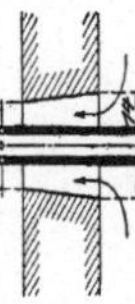

Fig. 41.

Fig. 42.

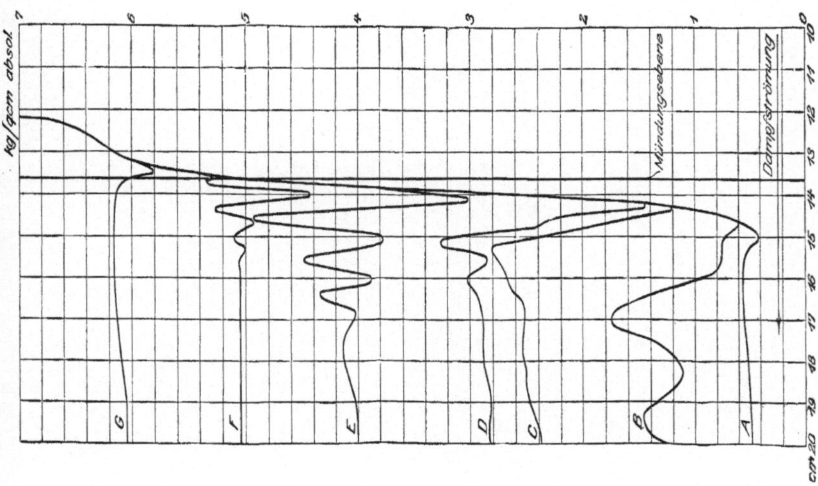

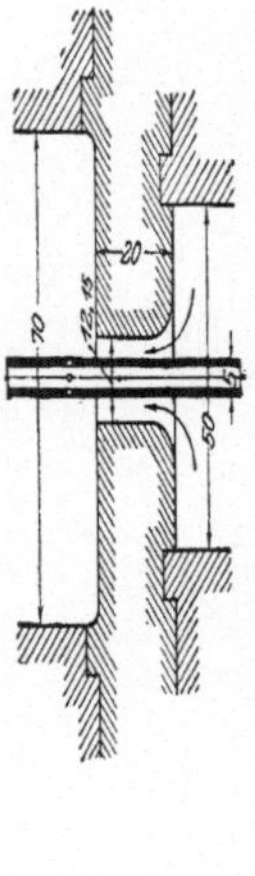

Fig. 43.

geht bei A (Fig. 37) aus dem Positiven ins Negative und bei B wieder ins Positive über. Sowohl A wie B entsprechen mithin Nullstellen des Zählers, d. h. wagerechten Tangenten; es tritt aber bei A der Druckwechsel plötzlicher auf, da die Geschwindigkeit immerhin der Schallgeschwindigkeit nahe gekommen sein mag, mithin der Nenner einen kleinen Wert aufweist.

Die Formel $dp:dz$ eignet sich auch zur Berechnung des Reibungskoeffizienten ζ_r aus der Neigung der Tangente an die Druckkurve. Indessen ist in jedem Falle die experimentelle Bestimmung von G, um daraus w zu berechnen, unerläßlich, und wenn w bekannt ist, so berechnet sich der Energieverlust unmittelbar, ohne daß man auf $dp:dz$ zurückzukommen braucht.

23. Versuche über den Dampfausfluß aus Mündungen.

Die Mündungen hatten rd. 12 mm Bohrung und wurden in das Meßgerät, Fig. 25, so eingebaut, daß an Stelle der Düse zunächst ein 50 mm weites Zuflußrohr, dann die „Mündung" in Form einer 20 mm langen Bohrung in einer Bronzeplatte und schließlich ein 70 mm weites Abflußrohr aufeinander folgten, während der Anschluß zum Kondensator wieder durch Rohre von 50 mm Weite gebildet wurde. Das Meßröhrchen hatte 5 mm Dicke und war mit zur Oberfläche senkrechten Bohrungen von 1,5 mm Weite versehen.

In Fig. 39 ist der Druckverlauf bei Anwendung einer abgerundeten Mündung, wie Fig. 38, dargestellt. Beim Ausfluß in Vakuum von rd. 0,4 kg/qcm abs. Druck ist dem Anscheine nach ein aperiodischer Zustand vorhanden; höchst wahrscheinlich gestattete indessen bloß die ungenügende Länge der Röhrchen nicht, die Wiederkehr der Druckschwankungen zu beobachten. Denn schon die unmittelbar folgende Schaulinie B mit rd. 1,3 Atm. Gegendruck zeigt deutlich die regelmäßige Zu- und Abnahme des Druckes. Die Linien C und D weisen eigentümlicherweise (trotz unveränderten Zustandes der Strömung) eine nur schwach ausgeprägte Periodizität auf. Ungemein heftig und vollkommen regelmäßig sind hingegen „gedämpfte" Schwingungen bei E ausgebildet, um bei F abzunehmen und bei G gänzlich aufzuhören.

Ganz ähnliche Druckkurven erhält man bei der in Fig. 40 abgebildeten konischen Mündung mit beiderseits scharfen Rändern. Der Eintritt verursacht eine kleine in Fig. 41 nicht mehr zur Darstellung kommende Einbuchtung; beim Austritt ist der Druckabfall noch gleichmäßiger als bei der abgerundeten Mündung. Auch hier ist die Periodizität bei Kurve A fraglich, bei F hingegen zweifellos nicht mehr vorhanden.

Eine wesentliche Abweichung hingegen kommt bei der beiderseits scharfkantigen zylindrischen Mündung, Fig. 42, wegen der beim Eintritte unvermeidlichen Strahlkontraktion zustande. Wie aus Fig. 43 erhellt, findet zunächst eine Expansion in eine bis auf rd. 3,3 kg/qcm herabreichende Spitze statt. Hierauf schnellt der Druck auf 4,4 kg/qcm hinauf, um nach einigen kleinen Schwankungen gegen das Vakuum abzufallen. Die Kontraktion hat zur Folge, daß die Mündung in ihrem Eintrittsteil wie eine kegelig divergente Düse wirkt und den Mündungsdruck gegenüber den früheren Versuchen herabzieht. Der Druckverlauf hinter der Mündung ist wieder derselbe und zeigt insbesondere bei Kurve *D* prachtvoll ausgeprägte Schwingungen. Bei Kurve *G* mit auf rd. 5,2 kg/qcm gesteigertem Gegendruck kommt knapp vor der Ausmündung ein sehr deutlicher Verdichtungsstoß zustande. Bei *H* haben wir nur noch die tiefe Druckfurche der Strahlkontraktion.

Die Versuche bringen die erwünschte Klarheit in die so vielfach besprochenen Ausströmungserscheinungen. Bekanntlich haben Mach[1]) und Emden[2]) auf photographischem Wege das Vorhandensein von regelmäßig aufeinanderfolgenden hellen und dunklen Linien im Ausflußstrahle nachgewiesen, welche folgerichtig nicht anders denn als Schallwellen gedeutet werden konnten; allein über die Höhe des herrschenden Druckes war man vollkommen im unklaren. Emden nimmt an, daß an den Verdichtungsstellen derselbe Zustand herrsche wie in der Mündung (a. a. O. S. 440). Indessen sagt er S. 436 im Widerspruche mit sich selbst, daß im Strahle an jeder Stelle der Druck der Umgebung herrsche, und will lediglich eine Dichtenänderung zulassen. Auf diese Weise müßten z. B. für Luft Stellen kleinster Geschwindigkeit, d. h. kleinster kinetischer Energie, zusammenfallen mit Stellen kleinster Temperatur, d. h. kleinster potentieller Energie, was offenbar unmöglich ist. Durch seine Rechnungen glaubt er ferner den Nachweis erbracht zu haben, daß nur der Unterschied zwischen Anfangs- und Mündungsdruck zur Erzeugung von fortschreitender Geschwindigkeit verwendet wird; der Restbetrag der verfügbaren Arbeitsfähigkeit soll in „Schallenergie“ umgesetzt werden. Unsere Versuche machen diese Anschauungsweise gegenstandslos; es geht aus denselben hervor, daß der Dampf zunächst unter den vor der Mündung herrschenden Druck expandiert, daß mithin im ersten Anlaufe (wie etwa bei einer plötzlich frei werdenden gespannten Feder) zu viel potentielle Energie in lebendige Kraft umgesetzt wird. Nur

[1]) E. Mach und P. Salcher, Wiedemanns Annalen 1890, Bd. 41, S. 144.
[2]) R. Emden, Wiedemanns Annalen 1899, Bd. 69, S. 264.

dieses Zuviel geht in Schallschwingungen über und wird durch die Reibung und Wirbelung am Strahlrande in Wärme rückverwandelt.

Die Schwingung findet übrigens offenbar sowohl in axialer wie in radialer Richtung statt. Der Strahl tritt mit dem Mündungsdrucke in eine Umgebung mit viel geringerer Pressung aus, wird also in radialer Richtung zu expandieren anfangen. Erst die hierdurch bewirkte Druckabnahme beschleunigt die Teilchen auch in der Achsenrichtung.

24. Ausströmung aus einer konisch erweiterten Düse ins Freie.

Der aus einer erweiterten Düse austretende Strahl weist genau dieselben Escheinungen auf, wie bei der einfachen Mündung. In Fig. 44 ist der Druckverlauf für den aus einer Düse von ungefähr

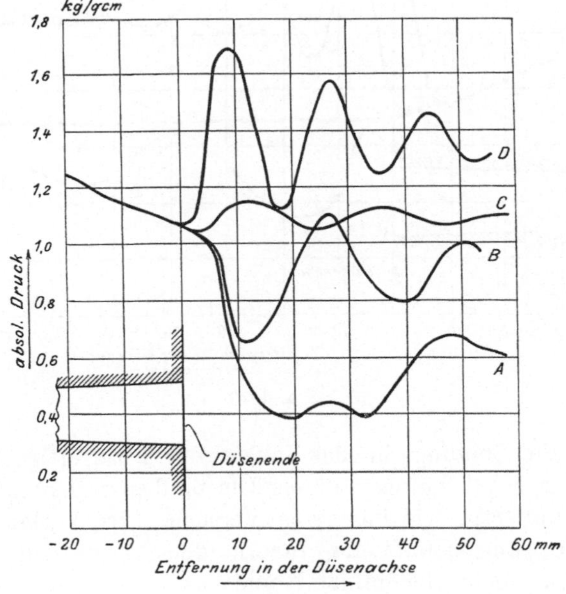

Fig. 44.

7 auf 12 mm Weite tretenden Strahl dargestellt. Der Druck im Endquerschnitte der Düse erreichte etwa 1,05 kg/qcm absolut. Der Strahl trat in den weiten Hohlraum der unten besprochenen Versuchsbombe aus, in welchem der Druck variiert werden konnte. Wurde Vakuum hergestellt, so expandiert der Dampf gemäß Kurve A, bei geringerem Unterdrucke gemäß B. Der allerkleinste Überdruck wie bei C ließ schon kleine Schwankungen auftreten, bei etwas

größerem Überdrucke erschienen die sehr ausgeprägten Schallschwingungen gemäß Schaulinie *D*. In Fig. 44a ist eine zweite Versuchsreihe dargestellt, bei welcher Dampf in der Düse auf etwa 0,7 kg/qcm absolut expandierte. Die Ausmündung in höheres Vakuum ergab die sehr regelmäßige Schallschwingung nach Kurve *A*. Bei *B* gelang es, den Gegendruck so einzustellen, daß jede Spur einer Schwingung verschwand. Sowie man den Gegendruck steigerte, traten die Schwingungen wieder auf, wie Schaulinie *C* lehrt. Linie *D* entspricht schließlich einem so hohen Gegendruck,

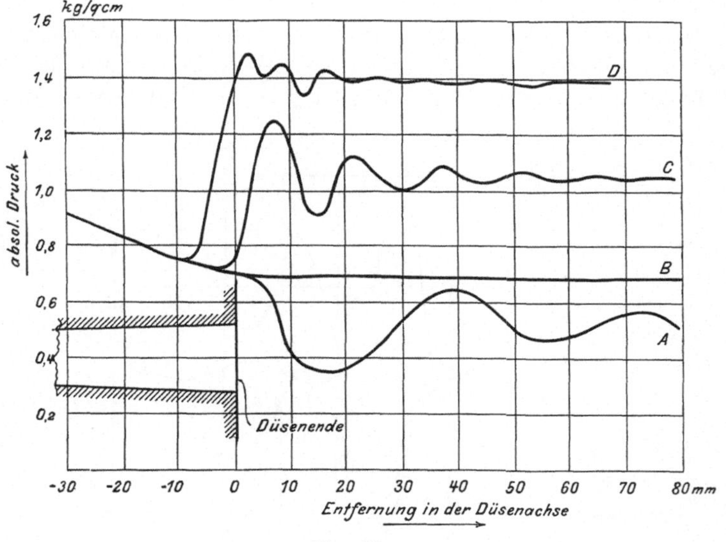

Fig. 44a.

daß sich die Stauung in das Innere der Düse erstreckt, und die Schwingung wohl zufolge dieses Umstandes bedeutend geringere Intensität aufweist, wie im ersten Versuch. Der Verlauf der regelmäßigen Expansionslinie im Innern der Düse wird durch den Gegendruck nicht beeinflußt, und es treten dortselbst keine Schwingungen auf.

Aus diesen Versuchen ist die Folgerung zu ziehen, daß der Dampf in der Düse zunächst unabhängig vom Gegendrucke nahezu adiabatisch expandiert. Strömt der Strahl in einen Raum aus, in welchem ein Gegendruck herrscht, der dem Enddrucke der Expansion genau gleich ist, so ändert sich die Pressung im Strahl durchaus nicht. Ist der Gegendruck niedriger, so entstehen Schallschwingungen, wie bei der einfachen Mündung; ist der Gegendruck zu hoch, so entsteht ein

Dampfstoß mit mehr oder weniger stark ausgeprägten Schwingungen. Bei vollständig ausgefülltem Querschnitt ist indessen eine Schwingung in der sich erweiternden Düse erschwert, wenn nicht unmöglich. Man geht eben kaum fehl, wenn man die ausgeprägte Schwingung bei der einfachen Mündung in erster Linie der plötzlich auftretenden Druckdifferenz am Strahlrande gegen die Umgebung zuschreibt, welche den Strahl zu einer raschen Verbreiterung veranlaßt. Es wird mithin die Annahme wahrscheinlich, daß, wenn trotzdem im Innern der Düse Schwingungen auftreten, der Strahl sich an solchen Stellen von der Wandung ablöst. Die Abwesenheit jeder Druckschwankung in der beobachteten regelmäßigen Expansionslinie ist umgekehrt ein weiterer Beweis dafür, daß der Strahl den Querschnitt vollständig ausfüllt.[1])

25. Versuche mit Turbinenschaufeln.

Obwohl bekannt ist, daß der Widerstand bewegter Laufschaufeln wegen des stets wechselnden Einflusses der Kanalverengerung durch die Stege der Leitschaufeln erheblich verschieden sein kann von dem, den man in der Ruhelage erhält, dürften doch Versuche mit ruhenden Schaufeln im gegenwärtigen mangelhaften Zustande unserer Kenntnisse auf diesem Gebiete manch wünschbaren Aufschluß bringen. Um derartige Versuche durchführen zu

---

[1]) Das Vorhandensein von Schwingungen beim Austritte des Dampfes aus Düsen haben auch schon Oberingenieur Kienast, Prof. Gutermuth und P. Emden beobachtet. Über die Versuche des letzteren wurde von A. Fliegner in der Schweiz. Bauzeitung 1903, Bd. XLI, S. 173 berichtet. Die von Emden benutzte Düse hatte eine Weite von 5,5 auf 11 mm bei etwa 30 mm Länge, sie war mithin für einen Anfangsüberdruck von bis zu 5 kg/qcm und atmosphärischen Gegendruck viel zu stark erweitert, und dieser Umstand, unterstützt durch den scharfen Ansatz beim Eintritt, läßt es nach obigem begreiflich erscheinen, daß der Strahl sich von der Düsenwand ablöste. Eine Übertragung der sich hieraus ergebenden ungünstigen Folgerungen auf richtig bemessene Düsen ist, wie unsere Versuche beweisen, unstatthaft. Gegenüber dem Nachdruck, mit welchem von mancher Seite an der Anschauung festgehalten wird, daß bei der Laval-Turbine der Dampf keine höhere als die Schallgeschwindigkeit, d. h. rd. nur etwa 450 m erlangen könne, sei darauf hingewiesen, daß diese Turbine dann nimmermehr einen Dampfverbrauch von bloß 7 kg pro PS_e-st aufweisen könnte. Die „theoretische" Geschwindigkeit ist höher wie 1000 m; bleibt nur soviel Energie übrig, als der lebendigen Kraft bei 450 m Geschwindigkeit entspricht, und wird der Rest durch die Schallschwingung in Wärme umgewandelt, so könnte auch eine Idealturbine noch nicht 25 vH der verfügbaren Energie in Arbeit umwandeln, während in Wahrheit mehr als 50 vH geliefert werden. Die Tatsachen widerlegen also diese hartnäckig verfochtene Ansicht aufs bestimmteste.

können, wurde die in Fig. 45 und 45a dargestellte Vorrichtung entworfen und benutzt. Sie besteht aus einem geschlossenen Hohlgefäß, in welchem zur Aufnahme der Laufschaufeln ein in kardanischer Aufhängung festgemachter Rahmen untergebracht ist. Die Reibung, welche die tragenden Körnerspitzen verursachen, hat sich,

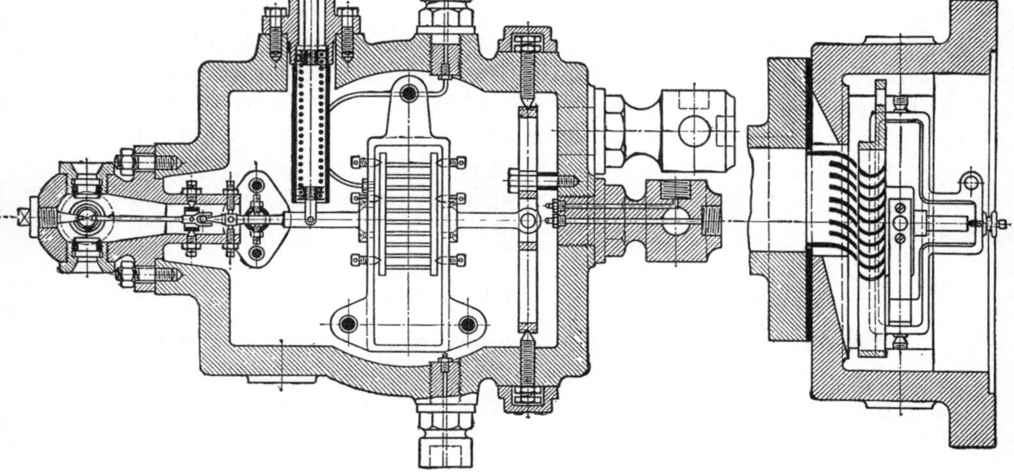

Fig. 45 und 45a.

wie vorausgesehen, unschädlich erwiesen, da die Dampfströmung stets mit soviel Erschütterungen verbunden ist, daß die an sich geringfügige Reibung keine Klemmungen hervorruft. Der Zweck der zwei zueinander senkrechten Drehachsen ist die gleichzeitige Ermittelung der Umfangskomponente und des Axialdruckes der Dampfreaktion.

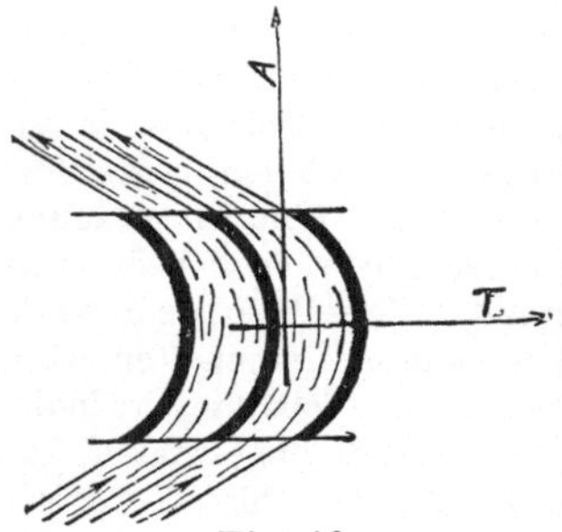

Fig. 46.

Zu diesem Behufe greifen am Rahmen eine senkrechte und eine wagerechte Federwage an, welche durch Gewichte geeicht werden und an Mikrometerschrauben die Spannung erkennen lassen. Eine Verlängerung des Rahmens bewegt einen leichten Zeiger, der jede Verschiebung mit 10facher Übersetzung anzeigt und mittels festgelegter Marke, welche durch zwei Glasfenster beobachtet werden kann, den Rahmen auf genau denselben Punkt sowohl in der Lot- wie in der Wagerechten einzustellen gestattet. Nachdem die in der Nullstellung vorhandene Federspannung des unbelasteten Rahmens notiert ist, läßt man Dampf eintreten und führt den Rahmen in die Nullstellung zurück. Der Unterschied der Federspannungen gibt die ausgeübten Kräfte, und auf diese Weise werden die tangentiale und die axiale Komponente T und A der „Gesamtreaktion" des Dampfes gemessen, Fig. 46.

Die Schaufelmodelle bestanden aus Bronzeblech mit Stegen von überall gleicher Dicke. Es wurden geprüft: 1. Leit- und Laufapparat von je 30 mm Breite mit einem rd. 0,8 mm breiten Spalt; 2. dieselben mit rd. 4,5 mm breitem Spalt; 3. dieselben Laufschaufeln mit einem Leitapparat von 25 mm und Spalt von 1 mm Breite; 4. dieselben Laufschaufeln mit einem Leitapparat von 15,5 mm und Spalt von 1 mm Breite. Der Austrittswinkel aus dem Leitrade und Ein- und Austrittswinkel am Laufrade waren sämtlich $= 30^0$. Die Figuren 47 bis 50 stellen die erhaltenen Ergebnisse in obiger Reihenfolge dar. Die Abszissenachse bedeutet den Druck vor den Leitschaufeln; der Druck hinter der Laufschaufel ist an die Schaulinien jeweils angeschrieben. Die Ordinaten sind die Schaufeldrücke in kg. Die steiler ansteigenden Linien geben die Umfangskomponente, die weniger steilen den Axialdruck. Beide erreichen den Wert Null, wenn der Druck vor der Schaufel dem Gegendruck gleich geworden ist. Da der Kesseldruck unveränderlich etwa 10 Atm. betrug, so wurde der Dampf durch Drosselung etwas überhitzt.

Das Bemerkenswerte der Schaulinien besteht darin, daß in den Fällen 1. und 2. die axiale Kraft trotz der unzweifelhaft vorhandenen Schaufelreibung bei kleinen Überdrücken negativ wird, und zwar um so mehr, je größer die Pressungen an sich sind. Es liegt dies wahrscheinlich daran, daß bei der vorhandenen gleichen Anzahl der Leit- und der Laufkanäle der Querschnitt am Ende des Leitkanales die engste Stelle des ganzen von Leit- und Laufschaufel gebildeten Kanales ausmacht. Bei geringem Überdruck findet eine Expansion unter den Druck der Umgebung statt, so zwar, daß der Außendruck das Übergewicht erhält und die Schaufel gegen den Leitapparat preßt. Wie mächtig dieser Einfluß ist, zeigt Fall 2, bei welchem trotz des 4,5 mm breiten Spaltes der negative Überdruck besteht. Allerdings wird die Druckänderung im Spalte selbst noch experimentell näher untersucht werden müssen.

Aus der sekundlichen Dampfmasse M, die man beobachtet, und aus dem Zustande des Dampfes vor und hinter den Schaufeln, kann mit der theoretischen Geschwindigkeit w auch der „theoretische" Schaufeldruck

$$P_0 = 2 M w \cos \alpha$$

in tangentialer Richtung für die reibungslose Strömung (wobei α der Ein- und Austrittwinkel an der Laufschaufel ist) berechnet werden. Da der Verlust in der Leitschaufel wegen allmählich zunehmender Geschwindigkeit gering ist, darf man in erster Näherung voraussetzen, es werde beim Austritt aus dem Leitrade die theo-

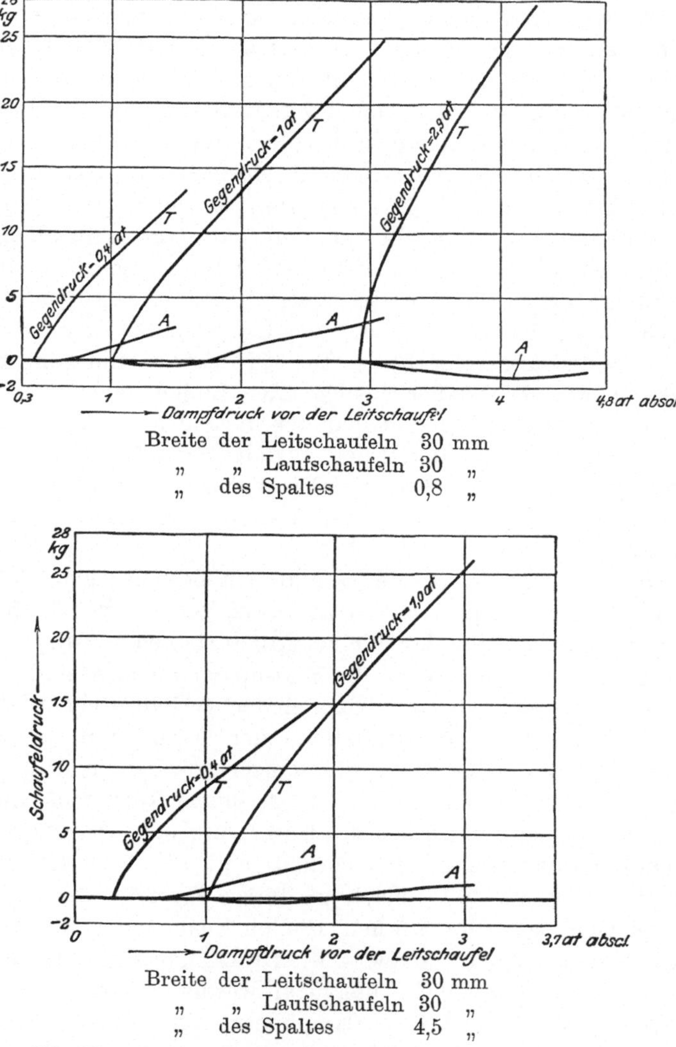

Fig. 47 und 48. Umfangsdruck T und Axialdruck A.

retische Geschwindigkeit vorhanden sein, die in der Laufschaufel wegen der Reibung auf einen kleineren Austrittswert w' sinkt. Der effektive Tangentialdruck wäre dann

$$P_e = M(w + w') \cos \alpha$$

und gestattet w' zu ermitteln. Der Verlust an lebendiger Kraft in der Schaufel in Teilen der verfügbaren Energie ist

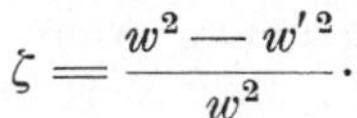

$$\zeta = \frac{w^2 - w'^2}{w^2}.$$

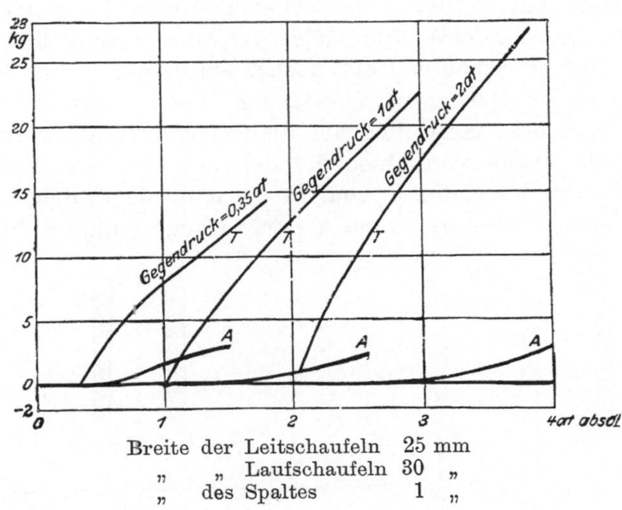

Breite der Leitschaufeln 25 mm
" " Laufschaufeln 30 "
" des Spaltes 1 "

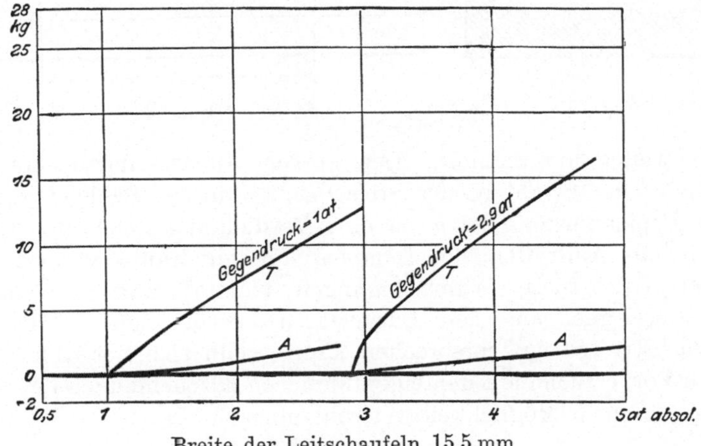

Breite der Leitschaufeln 15,5 mm
" " Laufschaufeln 30 "
" des Spaltes 1 "

Fig. 49 und 50. Umfangsdruck T und Axialdruck A.

Bei einem weiteren Versuch mit Laufschaufeln, welche wie bei „Grenzturbinen“ mit überall gleichem Querschnitt, also einer starken Verdickung in der Mitte konstruiert waren, ergab sich bei einer Geschwindigkeit von rd. 400 m der wie oben gerechnete Verlustkoeffizient $\zeta = 0,30 - 0,40$ und zwar wie natürlich am kleinsten, wenn die Schaufeln (bei gleicher Teilung in Leit- und Laufrad) sich gegenüberstehen, am größten, wenn sie versetzt sind. Ob bei kleineren Geschwindigkeiten der Verlust abnimmt, konnte noch nicht festgestellt werden. Die Versuche sollen fortgesetzt werden.

Ein eigentümliches Bild bietet der Anprall eines Dampfstrahles auf eine offene Schaufel Peltonscher Form, wie in Fig. 51 und 52. Der aus einer Düse von 7×12 mm Weite tretende Strahl verbreitert sich beim Auftreffen auf die Schaufel in außerordentlichem Maße. Die etwas verdickten Ränder des Strahles verlassen die Schaufel auf einer Breite von rd. 54 mm, d. h. dem $4^1/_2$fachen des Düsendurchmessers. Eine kleinere Menge Dampf geht übrigens

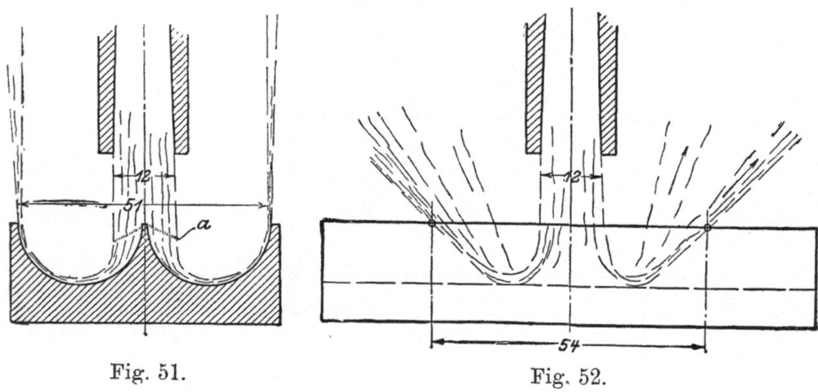

Fig. 51. Fig. 52.

noch weiter auseinander. Der großen Ausbreitung entsprechend erscheint der Strahl in der Stirnansicht wie ein Schleier von bloß etwa Papierstärke. Bei *a* ist eine Verdichtungsstelle, die offenbar durch das Auftreffen des Dampfes auf die Kante verursacht ist, bemerkbar. Diese Wahrnehmungen mahnen zur Vorsicht; insbesondere geht aus dem Dargelegten hervor, daß ein Turbinenentwurf Erfolge nur versprechen kann, wenn sich der Konstrukteur durch Vorversuche mit den eigentümlichen Erscheinungen der Dampfströmung nach Möglichkeit vertraut gemacht hat.

B. Der Energieumsatz in der Dampfturbine.

26. Der thermodynamische Wirkungsgrad.

Man vergleicht die effektive Leistung L_e, welche von einer Turbine mit Rücksicht auf die Dampf- und Lagerreibung für einen bestimmten Anfangszustand des Dampfes und einen gegebenen

Kondensatordruck erhältlich ist, mit der Leistung L_0 einer idealen Turbine, in welcher keine Reibungen herrschen und in welcher die Energie des Dampfes vollständig, d. h. so, daß die Austrittsgeschwindigkeit bis auf null herabsinkt, ausgenutzt wird. Dieselbe Arbeit liefert 1 kg Dampf in einer reibungslosen Kolbenmaschine ohne Drosselungen mit wärmedichten Zylindern, auf null reduziertem schädlichem Raume und Expansion bis auf den Kondensatordruck.

Das Verhältnis

$$\eta_e = \frac{L_e}{L_0} \quad \ldots \ldots \ldots \quad (1)$$

nennen wir den thermodynamischen Wirkungsgrad, bezogen auf die effektive Leistung.

Wenn der Wärmeinhalt des Anfangszustandes mit λ_1, derjenige der adiabatischen Expansion auf den Kondensatordruck mit λ_2' bezeichnet wird, so ist nach früherem die theoretische Leistung in mkg für 1 kg Dampf

$$L_0 = \frac{(\lambda_1 - \lambda_2')}{A} \quad \ldots \ldots \ldots \quad (2)$$

Der gesamte Wärmeaufwand Q_0 ist wesentlich größer als AL_0 und reicht je nach der Speisewassertemperatur mehr oder weniger an λ_1 heran. Der „Gesamtwirkungsgrad" ist das Verhältnis

$$\eta_0 = \frac{AL_e}{Q_0} \quad \ldots \ldots \ldots \quad (3)$$

Die Bestimmung von L_0 ist mit Hilfe der Entropietabelle leicht möglich; es haben indes Rateau (Annales des Mines 1897) und Mollier (Z. 1898) empirische Formeln gegeben, aus welchen man L_0 berechnen kann, und zwar ersterer für gesättigten Dampf

$$D_0 = 0{,}85 + \frac{6{,}95 - 0{,}92 \lg p_1}{\lg\left(\frac{p_1}{p_2}\right)} \quad \ldots \quad (4)$$

letzterer für gesättigten Dampf

$$D_0 = \frac{6{,}87 - 0{,}9 \lg p_2}{\lg\left(\frac{p_1}{p_2}\right)} \quad \ldots \ldots \quad (5)$$

für überhitzten Dampf

$$D_0' = \frac{D_0}{1 + 0{,}000755\left[(T' - T) - T \ln \frac{T'}{T}\right] D_0} \quad \ldots \quad (6)$$

Hierin bedeuet

D_0 bezw. D_0' den Dampfverbrauch der vollkommenen Turbine für 1 PS-st,
p_1 den Anfangsdruck in kg/qcm,
p_2 den Enddruck in kg/qcm,
T die absolute Sättigungstemperatur,
T' die absolute Überhitzungstemperatur.

Nun leistet eine Pferdestärke eine Stunde lang wirkend 270000 mkg oder 637 WE;[1]) wenn hierbei D_0 kg Dampf verbraucht worden sind, so entfällt auf 1 kg die Arbeit

$$L_0 = \frac{270000}{D_0} \text{ mkg}$$

oder es ist die nutzbar umgewandelte Wärmemenge

$$\lambda_1 - \lambda_2' = A L_0 = \frac{637}{D_0} \text{ WE} \quad . \quad . \quad . \quad . \quad . \quad (7)$$

26a. Endzustand des Dampfes in einer beliebigen Dampfturbine.

Wir denken die Turbine gegeben und ihren Dampfverbrauch D_e pro PS_e-st experimentell bestimmt. Ebenso sei die Lagerreibung, der Aufwand zum Antriebe einer Luftpumpe u. s. w., überhaupt alle diejenigen äußeren Arbeiten, deren Betrag nicht als Wärme dem Dampfe wieder zufließt, bekannt. Die Summe dieser Leistungen fügen wir zur effektiven Leistung hinzu, und erhalten die nach außen abgegebene Bruttoarbeit des Dampfes $= N_e'$. In N_e' ist nicht enthalten beispielsweise die Dampfreibung der Turbinenräder, weil diese, gänzlich in Wärme umgewandelt, als Teil des Wärmeinhaltes des Dampfes wieder zum Vorschein kommt. Aus N_e' erhalten wir den Brutto-Dampfverbrauch $D_e' = D_e \frac{N_e'}{N_e}$ in kg/St., der natürlich nicht mit D_e verwechselt werden darf. Aus D_e' ergibt sich schließlich die absolute nach außen abgegebene Arbeit in mkg, die 1 kg Dampf leistete,

$$L_e' = \frac{1}{A} \frac{637}{D_e'}.$$

Durch den Versuch ist festgestellt: der Anfangszustand, sei A_1 in Fig. 24 und der Enddruck p_2 der Expansion. Ferner kann ge-

---

[1]) Wir wählen diese Zahl, um mit dem Werte von $A = {}^1/_{424}$ mkg, welcher in den Dampftabellen benutzt ist, in Übereinstimmung zu bleiben.

schätzt werden der Leitungs- und Strahlungsverlust nach außen, den wir mit Q_s pro kg Dampf bezeichnen wollen. Ist nun c_2 die Auslaßgeschwindigkeit (aus dem letzten Laufrade der Turbine), so nimmt der Dampf die kinetische Energie $c_2^2/2g$ mit. Nach der Grundformel 1 Abschn. 14 gilt nun

$$\lambda_1 - \lambda_2 = A L_e' + Q_s + \frac{A c_2^2}{2g} \quad . \quad . \quad . \quad . \quad . \quad (1)$$

und hieraus kann λ_2 also x_2 bestimmt werden. An einer weiter abgelegenen Stelle des Auspuffrohres wird c_2 in den kleineren Betrag c_2' übergegangen sein, womit eine entsprechende Erhöhung von λ_2 verbunden ist.

Da c_2 vom Endzustande selbst abhängt, werden wir diesen (durch p_2 und x_2 bestimmt) probeweise annehmen, das spezifische Volumen, die relative und die absolute Austrittgeschwindigkeit rechnen. Setzen wir c_2 in Gl. 1 ein, so muß, wenn die Annahme richtig war, das angenommene λ_2 herauskommen. Im allgemeinen ist Q_s vernachlässigbar klein, und das dritte Glied geringfügig, so daß eine sehr angenäherte Berechnung desselben hinreicht.

Beim Neuentwurfe einer Turbine werden die Verlustbeträge, wie weiter unten erläutert werden soll, geschätzt, c_2 frei gewählt, und hieraus λ_2 bestimmt.

Axialturbinen.

27. Die einstufige Druckturbine.

a) Große Druckunterschiede; Entwurf der Düse.

Führen wir die Düse nach der Zeunerschen Formel aus, so bleibt der Enddruck über dem vorgeschriebenen Gegendrucke, da die Reibungen kinetische Energie in Wärme umsetzen und die Expansionslinie über die Adiabate erheben. Eine nach Zeuner berechnete Düse ist also in Wirklichkeit etwas zu kurz. Es hat nun Rateau und nach ihm Delaporte durch Versuche nachgewiesen, daß der Druck des Strahles auf Schaufeln oder geeignete Unterlagen nur sehr wenig abnimmt, wenn man die Düse kürzt, d. h. den Strahl mit etwas Überdruck austreten läßt. Unsere Versuche auf S. 67 zeigen aber, daß im Strahle alsdann heftige Schallschwingungen auftreten, was man immerhin wird zu vermeiden suchen. Es ist nun leicht, die Düsenmaße den als bekannt vorausgesetzten Widerständen anzupassen. Man wird im Entropiediagramm als Zustandskurve vom Punkt A_1 Fig. 24 ausgehend nicht die Adiabate $A_1 A_2'$, sondern die Linie $A_1 A_2$ wählen, wobei freilich der Zwischenverlauf noch unbestimmt bleibt, A_2 aber auf der vorgeschriebenen Linie

p_2 = konst. so gewählt werden muß, daß Fläche $A_1' A_2 A_2'' A_1''$ dem Verluste an kinetischer Energie gleich käme, d. h. es muß

$$\lambda_2 - \lambda_2' = \zeta(\lambda_1 - \lambda_2') \quad . \quad . \quad . \quad . \quad . \quad . \quad (8)$$

gemacht werden, wobei für ζ die in Abschn. 16 angeführten Werte gelten. Nun verfährt man wie in Abschn. 4, d. h. man liest in einigen Zwischenpunkten die Größe der zusammengehörenden Drucke p_x, Volumen v_x und der Dampfwärmen λ_x ab. Bei der zulässigen Vernachlässigung der Zuströmgeschwindigkeit w_1 erhält man die jeweilige Geschwindigkeit aus der Gleichung

$$A\frac{w_x^2}{2g} = \lambda_1 - \lambda_x,$$

welche wie in Fig. 4 als Funktion des von rechts nach links abgetragenen Druckes p_x dargestellt zu denken ist. Mit $\gamma_x = \frac{1}{v_x}$ als dem spezifischen Gewicht im gleichen Punkte erhalten wir aus der „Kontinuitätsgleichung"

$$G_{sk} = f_x w_x \gamma_x$$

den zum Drucke p_x gehörenden Düsenquerschnitt

$$f_x = \frac{G_{sk}}{w_x \gamma_x}$$

dessen graphisches Auftragen uns sowohl den Minimalquerschnitt f_m mit dem darin herrschenden Druck, als auch den Endquerschnitt f_2 und das Erweiterungsverhältnis

$$\frac{f_2}{f_m}$$

liefert. Hierauf kann die Düse wie in Absch. 4 aufgezeichnet werden.

b) Vorgänge im Schaufelkanal.

Der Dampf, der aus der Düse, wie wir annehmen wollen, in parallelen Stromfäden austritt, wird zu einer mehr oder weniger scharfen Krümmung gezwungen und übt hierdurch einen „Zentrifugaldruck" aus, welcher auf der hohlen Seite die Dampfmasse stark verdichten kann. Auf der konvexen Seite wird demzufolge umgekehrt eine Verdünnung eintreten, und die Dampfteile beschreiben ungefähr die in Fig. 53 eingetragenen divergierenden Stromlinien. Neben dieser ersten Druckungleichheit in Richtung des Krümmungs-Radius haben wir auf eine zweite in der Richtung der Strömung zu achten, welche durch die Reibung verursacht wird. Die Vorgänge werden wohl im großen Ganzen dieselben sein wie in einem zylindrischen geraden Rohr, wenn wir den Querschnitt der Schaufel, senkrecht zur Strömung gemessen, für die ganze Schaufellänge konstant voraussetzen. War also die Eintrittsgeschwindigkeit kleiner wie die Schallgeschwindigkeit des entsprechenden Zustands, so wird der Druck in Richtung der Strömung abnehmen. Dies findet statt, falls das Druckverhältnis (für gesättigten Dampf) kleiner ist als 1,7. Hierbei muß im Spalte ein ganz geringer Überdruck, also auch ein geringer Undichtheitsverlust zu erwarten sein, sofern nicht durch die endliche Dicke der Schaufelstege Veranlassung zu Erweiterungen und den abnormen Erscheinungen gegeben ist,

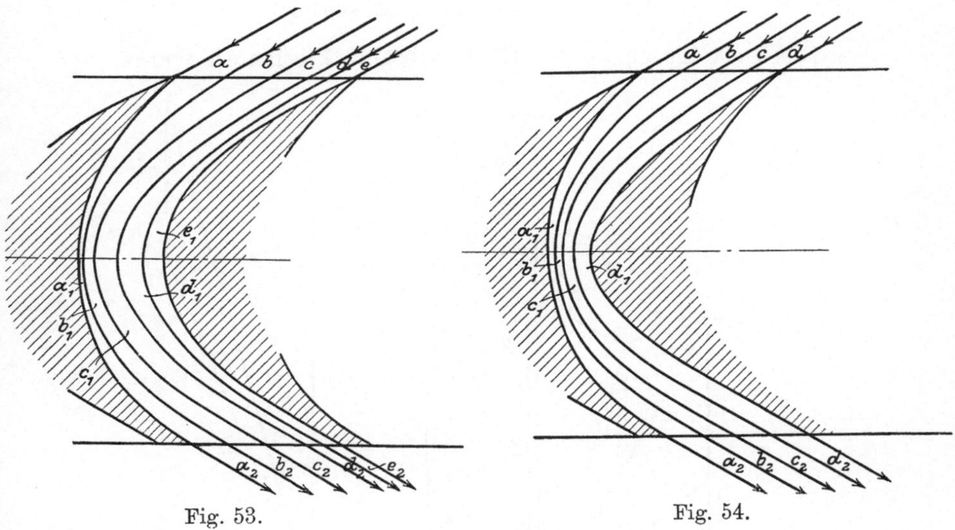

Fig. 53. Fig. 54.

über die in Absbhn. 25 berichtet wurde. Ist aber das Druckverhältnis größer wie 1,7, so überschreiten wir die Schallgeschwindigkeit, der Druck in der Schaufel nimmt in der Strömungsrichtung zunächst zu und erst am Ende des Schaufelkanales wieder bis auf den Umgebungsdruck ab. Die Geschwindigkeit wird bis zur Stelle größter Verdichtung abnehmen, dann wieder zunehmen, indes so, daß der schließliche Wert (w_2) stets kleiner bleibt wie der Anfangswert (w_1).

Biegt man die Schaufeln aus Blech (von konstanter Wandstärke), so bildet der Schaufelkanal in der Mitte eine Erweiterung, und wir müssen auf eine anfängliche Expansion, dann aber auf einen Verdichtungs**stoß** gefaßt sein, wie er in den Versuchen Abschn. 18 Fig. 33 zum Vorschein kommt. Allein auch beim überall gleich weiten Kanal haben wir in den an die konvexe Seite grenzenden Stromfäden Erweiterungen, wie in Fig. 53 bei d_1 und e_1 angedeutet wurde, mithin ist auch hier die Wahrscheinlichkeit eines Dampfstoßes vorhanden.

Diesem Übelstande sucht *Curtis* in seinen Patenten dadurch abzuhelfen, daß der Kanal an der Stelle größter Krümmung verengt wird (Fig. 54), damit der äußerste Stromfaden (in Fig. 54 mit d bezeichnet) *keine* Erweiterung, mithin keine *Druckveränderung* erfährt und zu keinem Dampfstoß Veranlassung gibt.

Versuche über diese Erscheinungen hätten offenbar größten Wert.

c) Entwurf des Geschwindigkeitsplanes und die Ermittelung der Leistung.

Diese erfolgt genau so wie in Abschn. 7 erläutert wurde.

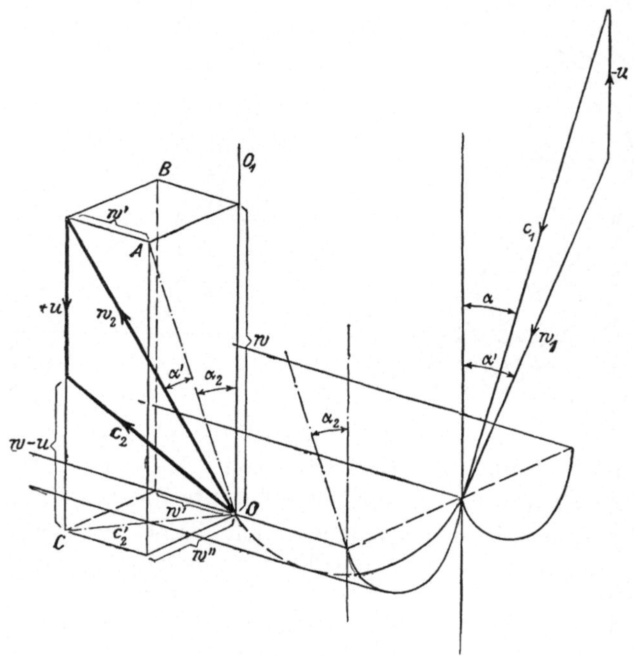

Fig. 55.

Für die Druckturbine mit radial gestellten peltonartigen Schaufeln gilt das in Fig. 55 dargestellte Schema der Geschwindigkeiten. Aus c_1 erhält man durch Zusammensetzung mit $(-u)$ die Geschwindigkeit w_1. Der Strahl teilt sich nach beiden Seiten so, daß die Strahlmitte näherungsweise eine Schraubenlinie mit dem Neigungswinkel α' beschreibt. Man überzeugt sich leicht, daß die Zusatzkräfte der Relativbewegung eine vernachlässigbar kleine Abweichung ergeben. Die Projektion OA der Relativgeschwindigkeit w_2 bildet dann mit der Umfangstangente OO_1 wieder den Winkel α_2, während die Neigung von

w_2 gegen OA den Eintrittswinkel α' ergibt. Ist nun wieder $w_2 = \psi w_1$, so folgt mit den Bezeichnungen der Figur:

$$OA = w_2 \cos \alpha'$$
$$w = OA \cos \alpha_2 = w_2 \cos \alpha' \cos \alpha_2$$
$$w' = w_2 \sin \alpha'$$
$$w'' = OA \sin \alpha_2 = w_2 \cos \alpha' \sin \alpha_2 .$$

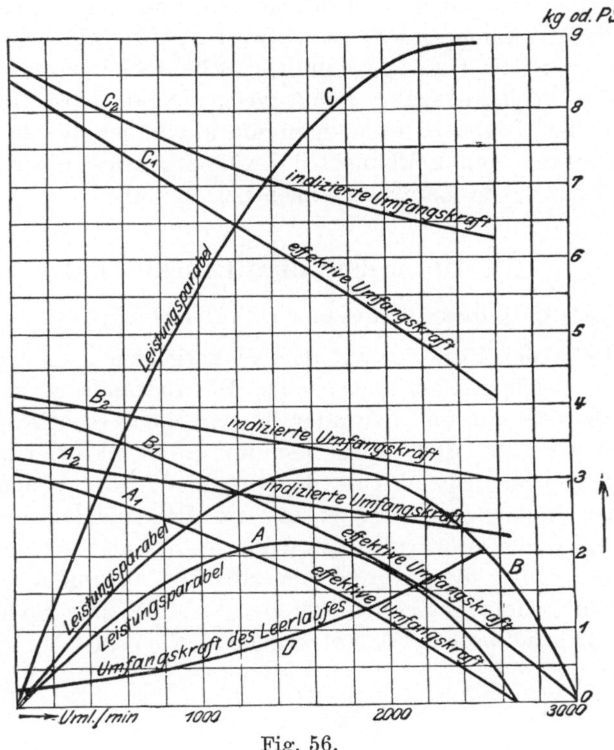

Fig. 56.

Hieraus ergibt sich $c_2'^2 = w'^2 + w''^2$ und aus den rechtwinkligen Komponenten c_2' und $w - u$ schließlich die Austrittsgeschwindigkeit

$$c_2 = \sqrt{(w-u)^2 + c_2'^2}.$$

Bei der starken Verbreiterung des Strahles ist der Wert von c_2 freilich nur als ein grober Näherungswert anzusehen. Die Minderwertigkeit dieser Schaufelform ist durch den Versuch S. 74 erwiesen, und kann deren Anwendung nicht empfohlen werden.

In Fig. 56 sind die bekannten Parabeln, welche die Leitung einer Druckturbine als Funktion der Umfangsgeschwindigkeit darstellen, für eine 10pferdige Laval-Turbine des Maschinenlaboratoriums am Polytechnikum in Zürich verzeichnet. Die Umfangskräfte sind von der Geraden wenig abweichende Linien. Es ist auch die Umfangskraft, die der Gesamtreibung entspricht, hinzugefügt, doch konnte sie nicht mit genügender Genauigkeit ermittelt werden, und es unterbleibt aus diesem Grunde auch die Berechnung des thermischen Wirkungsgrades dieser Versuche.

d) Kleine Druckunterschiede.

Ist als Teil einer vielstufigen Turbine ein Aktionsrad für geringen Druckunterschied zu entwerfen, bei welchem als Leitapparat statt der Düse gewöhnliche Schaufeln verwendet werden, so ist der Rechnungsgang ganz gleich. Man wird kaum einen großen Fehler begehen, wenn man die allmählich beschleunigte Bewegung durch den Leitkanal als widerstandslos ansieht und die ganzen Verluste im Laufrad konzentriert denkt.

28. Die mehrstufige Druckturbine.

a) Eine Druck-, mehrere Geschwindigkeitsstufen.

Betreffs der Düse ist auf das Vorhergehende zu verweisen, λ_2 sei der Wärmeinhalt am Düsenende. Die Zustandsänderung in den Schaufeln der Lauf- und Leiträder ist wie oben beschrieben, ein verwickelter Vorgang; doch wird man für die Druckturbine annehmen müssen, daß in jedem Spalt der Druck der Umgebung herrsche, und diese Annahme ermöglicht uns im Entropiediagramm auf der Linie des Kondensatordruckes $p_2 =$ konst. die entsprechenden Punkte einzutragen und die richtigen spezifischen Volumina abzugreifen. Zu diesem Behufe berechnen wir den sich bis zum Spalt vor dem zweiten Leitrad pro kg Dampf ergebenden Verlust

$$L_z = \frac{c_0^2 - c_1^2}{2g} + \frac{w_1^2 - w_2^2}{2g} \quad . \quad . \quad . \quad . \quad . \quad (1)$$

welcher in Wärme umgesetzt wird. Der zugehörige Dampfzustand entspricht mithin einem Punkte auf $p_2 =$ konst. mit der Dampfwärme

$$\lambda_3 = \lambda_2 + AL_z \quad . \quad . \quad . \quad . \quad . \quad . \quad . \quad . \quad (2)$$

Im zweiten Leitrade tritt zu λ_3 noch

$$AL_z' = A\frac{c_2^2 - c_1'^2}{2g} \quad . \quad . \quad . \quad . \quad . \quad . \quad . \quad (3)$$

hinzu, der darstellende Punkt wird also noch mehr nach rechts verschoben u. s. f.

Die Ermittelung der Querschnitte erfolgt nun mit Hilfe der Kontinuitätsgleichung, indem man vom Düsenende ausgehend die in den aufeinanderfolgenden Spalten vorhandenen spez. Volumina mit $v_1, v_2, v_1', v_2' \ldots$ bezeichnet, und mit den axialen Geschwindigkeiten w_{1n}, w_{2n}, c_{2n}, c'_{1n} .... so rechnet, als ob volle Beaufschlagung vorhanden wäre. Es gilt dann, weil der Durchmesser für alle Räder dasselbe ist, bei unendlich dünnen Schaufeln mit der Bezeichnung des Abschn. 10 indem man beachtet, daß

$$\left.\begin{array}{ll} a' = a_1' & a'' = a_1'' \ldots \\ a'_0 = a_2 & a_0'' = a_2' \ldots \end{array}\right\} \quad \ldots \ldots \quad (4)$$

$$\frac{a_1 w_{1n}}{v_1} = \frac{a_2 w_{2n}}{v_2} = \frac{a' c'_{1n}}{v_1'} = \frac{a_2' w'_{2n}}{v_2'} = \quad \ldots \quad (5)$$

a_1 ist durch die Düse bedingt, Gleichungen (5) liefern $a_2 a_0' a_1' a_2'$ ...., welche bei der Konstruktion auf Grund der Schaufeldicken zu korrigieren sind.

Man könnte sich fragen, ob eine derartige Formgebung der Schaufel, daß der Druck zwangsweise konstant bliebe, nicht eine Verbesserung der Wirkung bedeuten würde. Für ein gerades zylindrisches Rohr ist die Möglichkeit einer solchen Formgebung auf S. 62 durch Gl. 23a beantwortet und bejaht worden. Man müßte das Rohr mit einer schwachen Konizität als Expansionsdüse konstruieren. Leider ist die notwendige Erweiterung so gering, daß für eine Schaufel mit der durch die Krümmung verursachten großen Störung nichts davon zu erwarten ist.

b) Mehrere Druckstufen mit je einer Geschwindigkeitsstufe.

Wir gehen von der Voraussetzung aus, daß die Abflußgeschwindigkeit c_2 irgend eines Rades durch Wirbelung (bis auf einen vernachlässigbaren Betrag) aufgezehrt, die ihr entsprechende kinetische Energie in Wärme umgewandelt wird.

Wenn bloß etwa 5 bis 10 Räder verwendet werden sollen, dann zeichnet man zunächst schätzungsweise die Druckstufen, auf welche die einzelnen Räder herunterexpandieren sollen, in das Entropiediagramm ein. Hierauf wird das erste Rad, das zwischen den Drücken p_1 und p_2 arbeiten soll, wie in Abschn. 27 erläutert, entworfen. Um das nächstfolgende Rad zu berechnen, muß man den dafür gültigen Anfangszustand des Dampfes ermitteln. Der Anfangsdruck ist mit p_2 vorgeschrieben; die spezifische Dampfmenge oder die Überhitzung wird aber gegenüber adiabatischer Expansion erhöht. Die gesamte Widerstandsarbeit und der Austrittsverlust für 1 kg Dampf des ersten Rades beträgt

$$L_z = \frac{c_0^2 - c_1^2}{2g} + \frac{w_1^2 - w_2^2}{2g} + \frac{c_2^2}{2g} + \frac{L_r}{G} \quad \ldots \quad (6)$$

mkg und wird in Wärme umgewandelt. In die Widerstandsarbeit

ist hierbei grundsätzlich, wie oben geschehen, auch die auf 1 kg Dampf bezogene Reibungs- und Ventilationsarbeit $\frac{L_r}{G}$ des betreffenden Rades einzubeziehen; diese muß aufgrund eines Vorentwurfes eingeschätzt werden. Praktisch ist freilich der Wärmewert der Radreibung gering, so daß man ihn füglich im Entropiediagramm weglassen kann und die Radreibung im ganzen erst zum Schluß von der indizierten Dampfarbeit abziehen darf. Hat z. B. die adiabatische Expansion vom Drucke p_1 und der Temperatur T_1 beim Drucke p_2 auf die Temperatur T_2' geführt, so wird nunmehr im Überhitzungsgebiet eine Erhöhung auf T_2 eintreten gemäß Gleich.

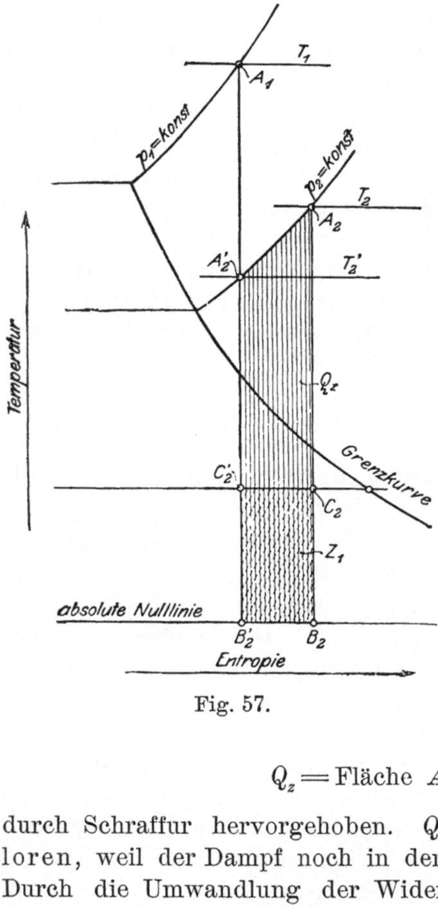

$$Q_z = A L_z = c_p (T_2 - T_2') \quad (7)$$

Der für das zweite Rad geltende Anfangszustand ist mithin p_2, T_2 und der anfängliche Wärmeinhalt

$$\lambda_2 = q_2 + r_2 + c_p (T_2 - T_{2s}) \quad (8)$$

War der Dampf naß, so wird die spezifische Dampfmenge x_2' auf x_2 erhöht, gemäß Gleichung

$$Q_z = r_2 (x_2 - x_2') \quad (9)$$

und es wird

$$\lambda_2 = q_2 + x_2 r_2 \quad (10)$$

Fig. 57.

In Fig. 57, welche die Entropie kurven darstellt, ist die Wärme

$$Q_z = \text{Fläche } A_2' A_2 B_2 B_2'$$

durch Schraffur hervorgehoben. Q_z ist nicht im ganzen verloren, weil der Dampf noch in den nachfolgenden Rädern arbeitet. Durch die Umwandlung der Widerstandsarbeit in Wärme hat die Entropie für 1 kg Dampf eine Steigerung um den Betrag $\varDelta s = B_2' B_2$ erfahren. Ist $C_2 B_2 = T_k$ die Temperatur, die dem Kondensatordruck entspricht, so stellt nur $\varDelta s \cdot T_k = \text{Fläche } C_2' C_2 B_2 B_2'$ den Arbeitsverlust Z_1 in WE dar, den die beschriebene nicht umkehrbare Verwandlung verursacht hat.

Die durch das erste Rad in Arbeit umgewandelte Wärmemenge pro kg Dampf ist

$$Q_1 = \lambda_1 - \lambda_2 \quad . \quad . \quad . \quad . \quad . \quad . \quad . \quad (11)$$

Die Arbeit $L_1 = \frac{1}{A} Q_1$ ist als effektive aufzufassen, falls in L_z die Radreibung mit enthalten war. Wie oben bemerkt, wollen wir dies in der Regel nicht tun und $\frac{1}{A} Q_1$ dann als „indizierte Arbeit" ansehen.

Hat man auf diese Weise alle Räder durchgerechnet, so wird der Dampfzustand beim Kondensatordruck berechnet, so zwar, daß man die Austrittsenergie $c_2^2 : 2g$ auch in Wärme verwandelt denkt. Ist die entsprechende Dampfwärme λ_k, so wurde im ganzen pro kg Dampf eine indizierte Arbeit

$$L_i = \frac{1}{A} (\lambda_1 - \lambda_k) \quad . \quad . \quad . \quad . \quad . \quad . \quad (12)$$

gewonnen. Hieraus erhält man

$$N_i = \frac{G_{sk} L_i}{75} \quad . \quad . \quad . \quad . \quad . \quad . \quad . \quad (13)$$

und

$$N_e = N_i - N_r \quad . \quad . \quad . \quad . \quad . \quad . \quad . \quad (14)$$

Zum Schlusse ist von Rad zu Rad eine Proberechnung zu veranstalten, ob nicht durch Verkleinerung des Durchmessers oder Veränderung des Druckgefälles so viel an Reibungs- und Ventilationsarbeit des betreffenden Rades zu sparen ist, daß unter Umständen trotz der schlechteren Ausnutzung der Dampfenergie ein Gewinn an effektiver Arbeit zu erzielen wäre.

Es liegt auf der Hand, daß an Stelle der Druckstufen ebenso gut Temperaturstufen vorgeschrieben werden können, doch ist dann die Darstellung der Reibungswärmen im Überhitzungsgebiet nicht mehr so einfach wie bis jetzt.

b) Voraussetzung, daß die Abflußgeschwindigkeit c_2 eines Rades für den Eintritt in den Leitapparat der nächsten teilweise oder ganz nutzbar gemacht werden kann.

Die Behandlung dieses Falles wird nach den oben gegebenen Erläuterungen leicht in die Entropiedarstellung übertragbar sein.

29. Die vielstufige Überdruckturbine.

Die Reaktionsturbine bildet für das vielstufige System den einfacheren Fall, weshalb wir damit beginnen.

Wir gehen von der Annahme aus, daß die Räder unmittelbar aufeinander folgen, Fig. 58, so daß die Abflußgeschwindigkeit jedes

Rades nutzbar verwendet wird. Als maßgebend sehen wir den Dampfzustand an, der im Endquerschnitte einer Leit- bezw. Laufzelle vorhanden ist[1]). Die Geschwindigkeiten, die zu einem bestimmten Leit- und Laufradpaar gehören, versehen wir mit gleich-

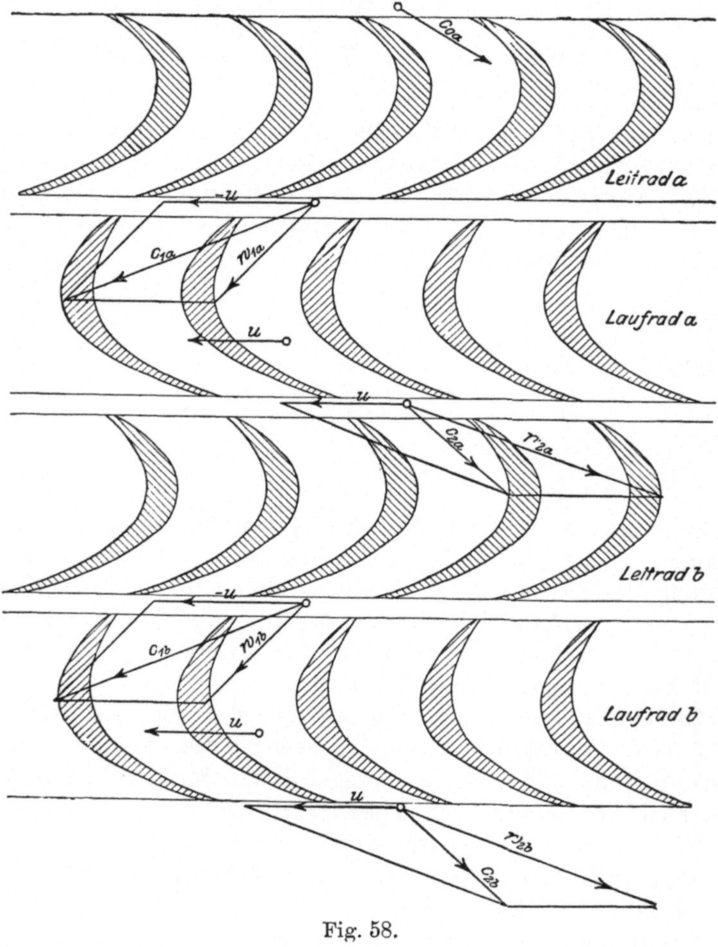

Fig. 58.

artigen Buchstaben; so z. B. gelten für die aufeinanderfolgenden Radpaare $a, b, c,$ die Geschwindigkeiten

$$c_{1a}, w_{1a}, w_{2a}, c_{2a};$$
$$c_{1b}, w_{1b}, w_{2b}, c_{2b};$$
$$c_{1c}, w_{1c}, w_{2c}, c_{2c}; \ldots\ldots$$

[1]) In Fig. 58 sind die darstellenden Punkte nur der Deutlichkeit halber in den Spalt verlegt.

Es seien ferner die Wärmeinhalte

in der Dampfkammer . . . . λ_1
am Eintritt in die Leitzelle a . . . . λ_1'
am Austritt aus der Leitzelle a . . . λ_a
„ „ „ „ Leitzelle a . . . λ_a'
„ „ „ „ Leitzelle b . . . λ_b
„ „ „ „ Leitzelle b . . . λ_b' u. s. w.

In der Dampfkammer habe der Dampf eine nur unbedeutende Geschwindigkeit.

Gemäß dem Grundgesetze der Dampfströmung gilt für den Eintritt aus der Kammer in das Leitrad a:

$$A \frac{c_{0a}^2}{2g} = \lambda_1 - \lambda_1' \quad . \quad . \quad . \quad . \quad . \quad . \quad (1)$$

für die Bewegung im Leitrad a

$$A \frac{c_{1a}^2 - c_{0a}^2}{2g} = \lambda_1' - \lambda_a \quad . \quad . \quad . \quad . \quad . \quad (1\text{a})$$

für das Laufrad a, bezogen auf die Relativgeschwindigkeiten:

$$A \left(\frac{w_{2a}^2 - w_{1a}^2}{2g} \right) = \lambda_a - \lambda_a' \quad . \quad . \quad . \quad . \quad . \quad (1\text{a}^1)$$

Für das Leitrad b ist c_{2a} die „Eintrittsgeschwindigkeit“; mithin haben wir

$$A \left(\frac{c_{1b}^2 - c_{2a}^2}{2g} \right) = \lambda_a' - \lambda_b \quad . \quad . \quad . \quad . \quad . \quad (1\text{b})$$

für das Laufrad b wieder

$$A \left(\frac{w_{2b}^2 - w_{1b}^2}{2g} \right) = \lambda_b - \lambda_b' \quad . \quad . \quad . \quad . \quad . \quad (1\text{b}')$$

u. s. w. Für die Zahlenrechnung empfiehlt sich die Beibehaltung der Wärmeeinheit als Maß, da man dann mit kleinen Zahlen zu hantieren hat. Die Ausdrücke auf den linken Seiten können mit $A = \frac{1}{424}$ WE je in der Form

$$A \frac{c_x^2}{2g} = \left(\frac{c_x}{91{,}2} \right)^2 \quad . \quad . \quad . \quad . \quad . \quad . \quad . \quad (2)$$

geschrieben werden, was die Rechnung vereinfacht.

Der Entwurf einer neuen Turbine gestaltet sich nun am einfachsten, wenn man die Geschwindigkeiten c_1, die Winkel α, die ebenfalls veränderliche Umfangsgeschwindigkeit u und den Austrittwinkel α_2 von Rad zu Rad nach einem bestimmten Plane wählt, so daß durch einfache Dreiecke w_1, α_1, w_2 und c_2 ermittelt werden können. Die Gleichungen 1 geben dann die Differenzen $\lambda_a' - \lambda_b, \lambda_b - \lambda_b'$, welche wir mit h_b', h_b'' bezeichnen und kurz das „Wärmegefälle" (nach Analogie der hydraulischen Gefälle) nennen wollen. Insbesondere ist dann

$$h_x = h_x' + h_x'' \quad . \quad . \quad . \quad . \quad . \quad . \quad . \quad (3)$$

das in der Turbine x ausgenutzte Einzelgefälle.

Das verfügbare „Gesamtgefälle"

wird durch folgende Angaben festgelegt: Die bisher bekannt gewordenen Dampfverbrauchzahlen von ausgeführten Turbinen weisen darauf hin, daß man in der Gesamtheit der Turbinenschaufeln bei Vollbelastung auf einen Energieverlust von 20 bis 30 vH gefaßt sein muß; zu diesem Verlust tritt die kinetische Energie des abfließenden Dampfes $= c_2^2 : 2g$ (wo c_2 die Auslaßgeschwindigkeit des letzten Laufrades ist), für die man bei kleinen Turbinen etwa 10, bei größeren etwa 5 vH zulassen wird. Die schwerer zu schätzende Reibung der Trommeln oder Räder und der Schaufeln an ihren Stirnflächen gegen den Dampf einschließlich der Lagerreibung werde mit 10 bis 7 vH angesetzt. Schließlich kommt der Undichtheitsverlust hinzu, der wieder je nach dem Turbinensystem verschieden sein wird und 10 bis 5 vH betragen mag. Wir tragen diesem Verluste Rechnung, indem wir zum Schluß die theoretisch erforderliche Dampfmenge um den entsprechenden Betrag erhöhen, die Geschwindigkeiten und Querschnitte aber mit der theoretischen Menge berechnen. Der Gesamtverlust beläuft sich auf 55 bis 35 vH für kleine bezw. große Einheiten.

Wenn der Kondensatordruck $p_2 = 0{,}1$ kg/qcm oder darunter gewählt worden ist, berechnen wir den der adiabatischen reibungsfreien Expansion von p_1 auf p_2 entsprechende Wärmeinhalt λ'_2. Es bildet

$$H_o = \lambda_1 - \lambda_2' \quad . \quad . \quad . \quad . \quad . \quad . \quad . \quad (4)$$

das „theoretische Wärmegefälle". Von diesem geht der Anteil

$$\zeta H = Z \quad . \quad . \quad . \quad . \quad . \quad . \quad . \quad (4a)$$

mit $\zeta = 0{,}2$ bis $0{,}3$ verloren, und es bleibt in der Herrmannschen Bezeichnung

$$H_w = (1 - \zeta) H_o \quad . \quad . \quad . \quad . \quad . \quad . \quad (5)$$

als „wirksames Gefälle" übrig, welches zur Erzeugung der Geschwindigkeiten dient, und von dem der Auslaßverlust und die Radreibung abzuziehen sind, um die von der wirklich arbeitenden Dampfmenge gelieferte effektive Leistung zu erhalten. Wir können nun so viele Turbinen aneinanderreihen, bis durch die Teilgefälle $h_a, h_b, h_c, \ldots$ zuzüglich der beim Eintritt in das erste Leitrad aufzubringenden Geschwindigkeitshöhe

$$A \frac{c_{oa}^2}{2g} = h_1$$

in WE das wirksame Gefälle gerade aufgezehrt, d. h. bis

$$h_1 + h_a + h_b + h_c \ldots = H_w \quad \ldots \ldots \quad (6)$$

geworden ist. Wenn wir für ganze Gruppen von Einzelrädern gleiche Geschwindigkeiten vorschreiben können, so kann die Turbine auf diese Weise ohne Mühe berechnet werden.

Im allgemeinen läßt man aber die Geschwindigkeit stetig zunehmen. Bei 50 und mehr Stufen wird die einzelweise Rechnung sehr umständlich, und es empfiehlt sich ein

Graphisches Verfahren.

Wir ersetzen bei diesem Verfahren im Gegensatze zu sonstigen Anwendungen kleine Differenzen durch Differentiale und gelangen zu bequemer graphischer Intregation. Wir denken uns zunächst die einzelnen Turbinen durch die in gleichen (aber noch unbekannten) Abständen auf der

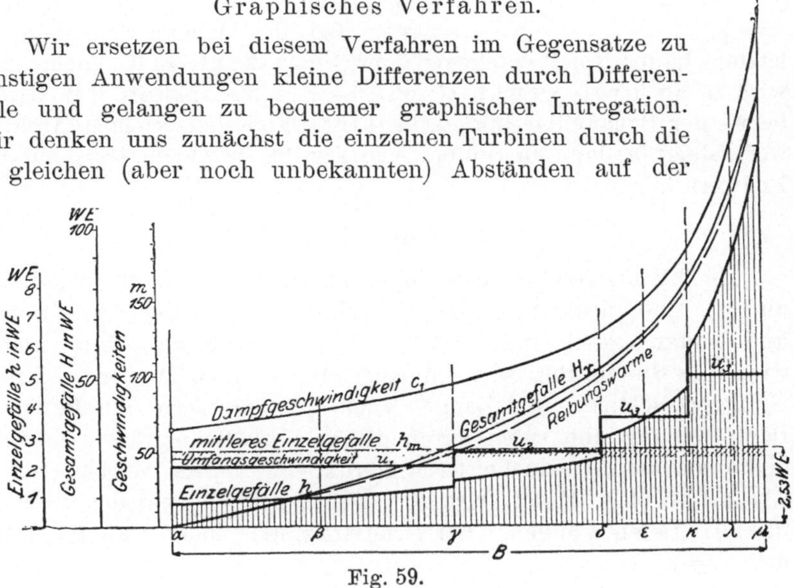

Fig. 59.

Grundlinie B abgetragenen Teilpunkte (Fig. 59) dargestellt. In diesen Teilpunkten werden, wie unten erläutert, Geschwindigkeiten, Druck und Gefälle der betreffenden Turbine als Ordinaten eingezeichnet. Wir beginnen mit der

Wahl der Umfangsgeschwindigkeit u.

Je größer diese sein darf, desto besser für die Dampfausnutzung; doch wird uns durch zwei Rücksichten eine Grenze gesteckt. Der

Eintrittsquerschnitt, der aus dem voraussichtlichen Wirkungsgrade und der Leistung (mithin der Dampfmenge) von vornherein berechnet werden kann, erweist sich selbst bei 1000 PS Leistung so klein, daß bei etwa 1500 Umdrehungen und über 50 m betragender Umfangsgeschwindigkeit die Schaufeln bei voll beaufschlagten Turbinen nur wenige Millimeter lang werden. Da z. B. bei der Parsonsschen Ausführung das Spiel x in Fig. 60 zwischen Schaufel und Gehäuse bezw. Trommel eine Stelle der Undichtheit ist, wird man das Verhältnis dieses Zwischenraumes zur Schaufellänge wohl nicht unter $^1/_{40}$ bis $^1/_{50}$ herabsetzen wollen, indem (bei der Gleichheit der Verhältnisse an Leit- und Laufschaufel) der Undichtheitsverlust dann 4 bis 5 vH beträgt. Dies führt dazu, stellenweise mit Geschwindigkeiten von 35 bis 40 m anzufangen. Bei den langen Schaufeln der letzten Räder spielt hingegen der Spalt keine Rolle mehr; hier wird u so groß gewählt, wie es die Festigkeit der Räder bezw. der Schaufelbefestigung zuläßt. Von dem kleinen Anfangswert steigt u dann in Stufen, wie Fig. 59 erkennen läßt, auf den Endwert hinauf

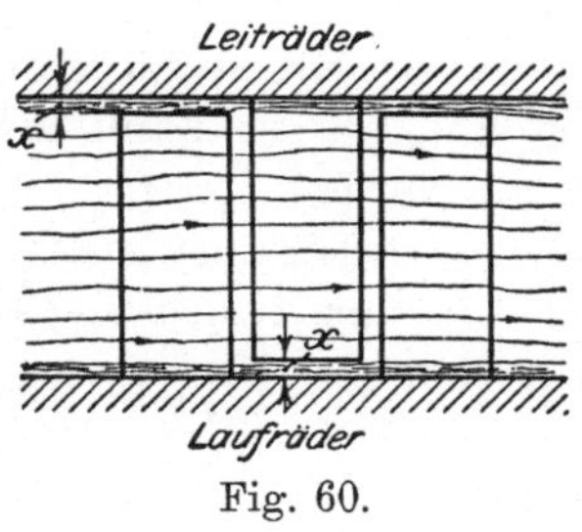

Fig. 60.

Wahl der Winkel.

Je kleiner die Austrittwinkel am Leit- und Laufrade, d. h. α und α_2, sind, desto mehr Gefälle zehren wir bei gegebener Dampf- und Umfangsgeschwindigkeit in einer Turbine auf, desto kleiner wird die Stufenzahl, was günstig wäre. Allein zu kleine Winkel bedingen schmale und lange Kanäle, vergrößern hierdurch die Dampfreibung und rufen durch die im Verhältnis größere Schaufeldicke stärkere Querschnittserweiterungen, mithin Wirbel hervor. Als praktisches Mittel wird bei Überdruckturbinen der Wert 20 bis 25^0 gelten können. Bei Druckturbinen findet man α_2 größer, meist $= \alpha_1$.

Die Wahl der Dampfgeschwindigkeit

muß mit Rücksicht auf das Bestreben getroffen werden, eine Turbine mit kleinstmöglichen Reibungsverlusten zu erhalten. Da die Reibung mit dem Quadrate der Geschwindigkeit und mit der Länge des Reibungsweges, d. h. mit der Zahl der Turbinen, wächst, so wird es einen günstigen Wert für c_1 geben, der jedoch noch nicht genau ermittelbar ist. Machen wir c_1 klein, etwa so, daß wie bei hydraulischen Turbinen c_2 axial gerichtet würde, so verbrauchen wir in einem Rade zu wenig Gefälle und erhalten zu viele Stufen, einen zu großen Reibungsweg und vor allem zu viele Schaufelstöße, die wohl im Widerstandsverlust eine besondere Rolle spielen. Machen wir c_1 groß, dann erhalten wir wohl wenig Räder, allein die Reibung steigt, weil c_1^2 zu rasch wächst. Ein richtiges praktisches Mittel scheint für Überdruck zu sein $u : c_1 = 0{,}5 \ldots 0{,}3$; bei Druckturbinen noch weniger. Wir lassen in Fig. 59 c_1 nach ungefähr hyperbolischer Kurve gegen das Ende zu rascher ansteigen. Der Endbetrag von c_1 wird mit Rücksicht auf den Auslaßverlust und die häufig unausführbare große Schaufellänge des letzten Rades festgelegt.

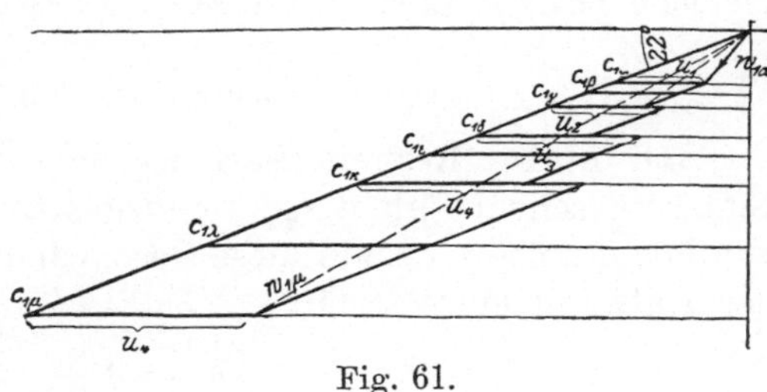

Fig. 61.

Die Zusammensetzung der für einige Turbinen α, β, γ, δ .... herausgegriffenen c_1 mit $-u$ liefert im Geschwindigkeitsplan Fig. 61 (von welchem es bei $\alpha = \alpha_2$ genügt, die eine Hälfte zu zeichnen) die Geschwindigkeiten w_1. — Wir dürfen den Spaltdruck frei wählen. Am einfachsten ist es mit der Annahme

$$\alpha = \alpha_2 \qquad w_2 = c_1 \qquad c_2 = w_1 \quad \ldots\ldots \quad (7)$$

zu arbeiten, d. h. die axialen Komponenten c_a der vier Geschwindigkeiten c_1, w_1, w_2, c_2 gleich groß vorauszusetzen. Wenn wir gleiche Schaufelzahl und -Dicke in Leit- und Laufrad vorschreiben und von der sehr kleinen Änderung des spezifischen Volumens beim Durchströmen eines Turbinensystems absehen, so brauchen die Schaufeln für ein System nicht radial erweitert zu werden. Auch dürfen Leit- und Laufschaufel mit übereinstimmendem Profil ausgeführt werden. Bei großer Stufenzahl wird die Austrittgeschwindigkeit c_2 eines bestimmten Rades wenig verschieden sein von der Austrittgeschwindigkeit der unmittelbar vorhergehenden Turbine. Wir vernachlässigen den Unterschied zunächst ganz und setzen mithin z. B. unter Bezugnahme auf die Systeme a und b $c_{2a} = c_{2b}$, so daß in Gl. (1) $c_{1b}^2 - c_{2a}^2 = c_{1b}^2 - c_{2b}^2$ wird. Lassen wir den Index b weg, so lauten diese Gleichungen mit Rücksicht auf Annahmen 7:

$$\left.\begin{aligned} h' &= A\,\frac{c_1^2 - c_2^2}{2g} = A\,\frac{c_1^2 - w_1^2}{2g} \\ h'' &= A\,\frac{w_2^2 - w_1^2}{2g} = A\,\frac{c_1^2 - w_1^2}{2g} \end{aligned}\right\} \quad \ldots \quad (8)$$

es wird also $h' = h''$, und wir haben halben Reaktionsgrad. Durch Addition folgt das Einzelgefälle für ein Leit- und Laufrad zusammen:

$$h = h' + h'' = 2A\frac{c_1^2 - w_1^2}{2g} \quad . \quad . \quad . \quad . \quad (9)$$

Beim Übergang vom letzten Rade einer Gruppe mit gleichem u zum ersten Rade der nächstfolgenden entsteht wegen der plötzlichen Änderung von u ein Sprung in h, was wohl zu beachten ist. Die Gesamtheit der h, die je an der entsprechenden Stelle aufgetragen werden, ergibt die Kurve der Einzelgefälle (h), von welcher es genügt, für jede Gruppe etwa 3 Punkte zu bestimmen.[1])

Die Gesamtzahl der Stufen.

Bei obiger Rechnungsart ist auch für das erste Leitrad die Eintrittsgeschwindigkeit c_{2a} vorausgesetzt worden. Um den Dampf von der Kammer aus auf diese Geschwindigkeit zu beschleunigen, ist der Aufwand eines Gefälles

$$h_0 = A\frac{c_{2a}^2}{2g} \quad . \quad . \quad . \quad . \quad . \quad . \quad . \quad (10)$$

erforderlich und die Gesamtzahl der Stufen ist nun aus der Bedingung zu bestimmen, daß die Summe der Einzelgefälle h zuzüglich der Geschwindigkeitshöhe h_0 das wirksame Gefälle H_w ergibt:

$$h_0 + \sum_1^{z_0} h = H_w \quad . \quad . \quad . \quad . \quad . \quad . \quad (11)$$

[1]) Es wird etwas Zeit gespart, wenn man das Gefälle h mit Rücksicht auf Fig. 62 in der Gestalt

$$h = A\frac{c_1^2 - w_1^2}{g}$$
$$= A\frac{(c_1'^2 + c''^2) - (w_1'^2 + c''^2)}{g}$$
$$= A\frac{c_1'^2 - w_1'^2}{g}$$
$$= \frac{A}{g}(c_1' + w_1')(c_1' - w_1')$$

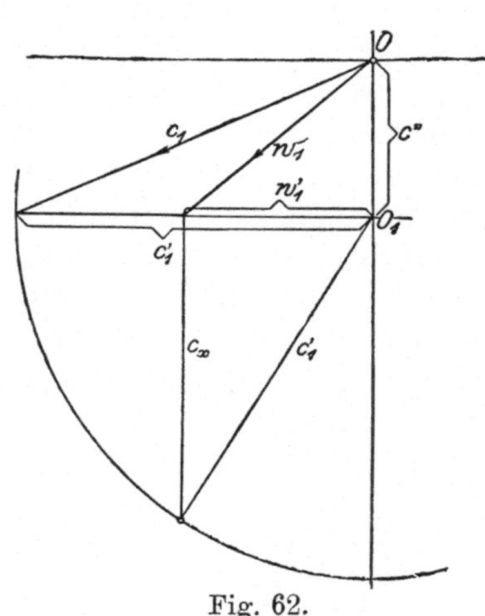

Fig. 62.

anschreibt und beachtet, daß das geometrische Mittel $(c_1' + w_1')(c_1' - w_1')$ graphisch erhalten werden kann, indem man von O_1 aus mit c_1' den Kreis schlägt und im Endpunkte von w_1' die Lotrechte errichtet. Der bis zum Kreise reichende Abschnitt c_x dieser Lotrechten ist das verlangte Mittel, d. h. es ist

$$h = 2A\frac{c_x^2}{2g} = 2\left(\frac{c_x}{91{,}2}\right)^2 \text{WE.}$$

Der unbekannte Abstand der die Turbinen darstellenden Punkte auf der Grundlinie B ist nun

$$\varDelta x = \frac{B}{z_0} \quad . \quad . \quad . \quad . \quad . \quad . \quad . \quad (12)$$

wo z_0 die Zahl der Stufen bedeutet.

Bringen wir $\varDelta x$ im Zähler und Nenner des zweiten Gliedes in Gl. 11 als Faktor an, so folgt

$$H_w = \frac{\Sigma h \varDelta x}{\varDelta x} + h_o = [h_1 \varDelta x + h_2 \varDelta x + \ldots h_z \varDelta x] \frac{z_o}{B} + h_o \quad . \quad (13)$$

Die Zählersumme kann aber näherungsweise durch das Integral

$$\int_0^B h\,dx,$$

d. h. durch den Inhalt der von h begrenzten, in Fig. 59 schraffierten Fläche ersetzt werden. Die Division durch B ergibt das mittlere Wärmegefälle h_m, wir haben also

$$H_w = z_o h_m + h_o,$$

woraus die Zahl der Stufen

$$z_o = \frac{H_w - h_o}{h_m} \text{ oder einfach} \cong \frac{H_w}{h_m} \quad . \quad . \quad . \quad (14)$$

mit der meist erlaubten Vernachlässigung von h_o folgt.

Hierauf wird B in z_o gleiche Teile eingeteilt und die Anfänge der Gruppen auf einen Teilpunkt hingeschoben.

Die weitere Aufgabe betrifft die

Bestimmung der Druckverteilung und der Schaufelabmessungen.

Erstere hängt von dem Gesetze ab, nach welchem sich die Dampfreibungsverluste auf die einzelnen Räder verteilen. Die Dampfreibung wird beeinflußt durch die Weite und Länge der Schaufelkanäle, durch die Heftigkeit der Krümmungsänderungen, vor allem aber durch die Geschwindigkeit. Bis auf weiteres dürfte es zulässig sein, den Reibungsverlust in einem Rade mit dem Mittel des Geschwindigkeitsquadrates ins Verhältnis zu setzen, oder

$$R_1 = A \zeta_1 \frac{c_m^2}{2g}$$

zu schreiben, wo c_m ein Mittelwert der Dampfgeschwindigkeit wäre. Da ferner alle Geschwindigkeiten desselben Rades in einem festen Verhältnis zueinander stehen, wird auch

$$R_1 = A \zeta_1' \frac{c_1^2}{2g}$$

gelten, mit einem empirischen und unveränderlich vorausgesetzten Koeffizienten ζ_1'. Summieren wir die Reibungswärmen vom ersten bis zu einem bestimmten Zwischenrade x, so entsteht

$$\sum_1^x R_1 = A \zeta_1' \Sigma \frac{c_1^2}{2g} = A \frac{\zeta_1'}{2g\,\Delta x} \sum_0^x c_1^2\,\Delta x = A \frac{\zeta_1'}{2g\,\Delta x} \int_0^x c_1^2\,dx\ . \quad (15)$$

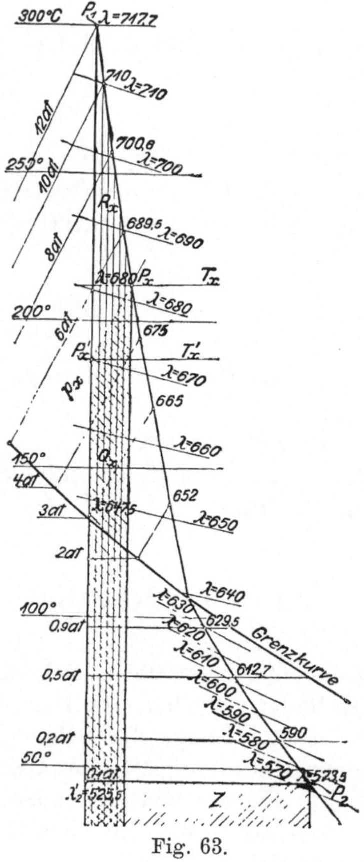

Fig. 63.

Diese Wärmemenge müßte als R_x im Entropiediagramme Fig. 63 in der früher beschriebenen Weise eingetragen werden, um bei dem betreffenden Zwischendrucke p_x den Punkt P_x der wahren Zustandskurve zu erhalten. Da indessen noch nicht bekannt ist, welcher Druck p_x zur Abszisse x gehört, muß der Verlauf der Zustandskurve probeweise so angenommen werden, daß der Steigerung von c_1 entsprechend der Verlust gegen das Ende ebenfalls rascher anwächst. Wie der Erfolg lehrt, gelangt man zu guten Ergebnissen, wenn man den in Fig. 63 kenntlich gemachten Energieverlust in Wärmemaß

$$Q_x = \zeta(\lambda_1 - \lambda_x')$$

setzt, unter ζ den unveränderlichen durch Gl. 5 definierten Verlustkoeffizienten, unter λ_x' den Wärmeinhalt der adiabatischen Expansion auf den angenommenen Druck p_x beim Punkte P_x' verstanden. Die Punkte P_x bestimmen Druck, Temperatur, spezifische Dampfmenge und Dampfwärme der wahren Zustandsänderung.[1]) Insbesondere ist

$$\lambda_x = \lambda_x' + Q_x\,,$$

[1]) Fällt P_x' in das Überhitzungsgebiet, so erhalten wir gemäß früherem aus der adiabatischen Temperatur T_x' die wahre Temperatur T_x durch die Beziehung

und bei P_2, d. h. dem Kondensatordrucke, wird $Q_x = Z$, also wie erforderlich gleich dem gesamten Energieverlust.

Bei der Expansion bis zum Drucke p_x ist mithin die verfügbare Dampfwärme oder das Wärmegefälle

$$H_x = \lambda_1 - \lambda_x \quad \quad (16)$$

und dieses wird als Funktion von p_x, wie in Fig. 64 dargestellt aufgetragen. Für $p = p_1$ ist selbstverständlich $H_x = 0$, für $p = p_2$ $H_x = H_w$.

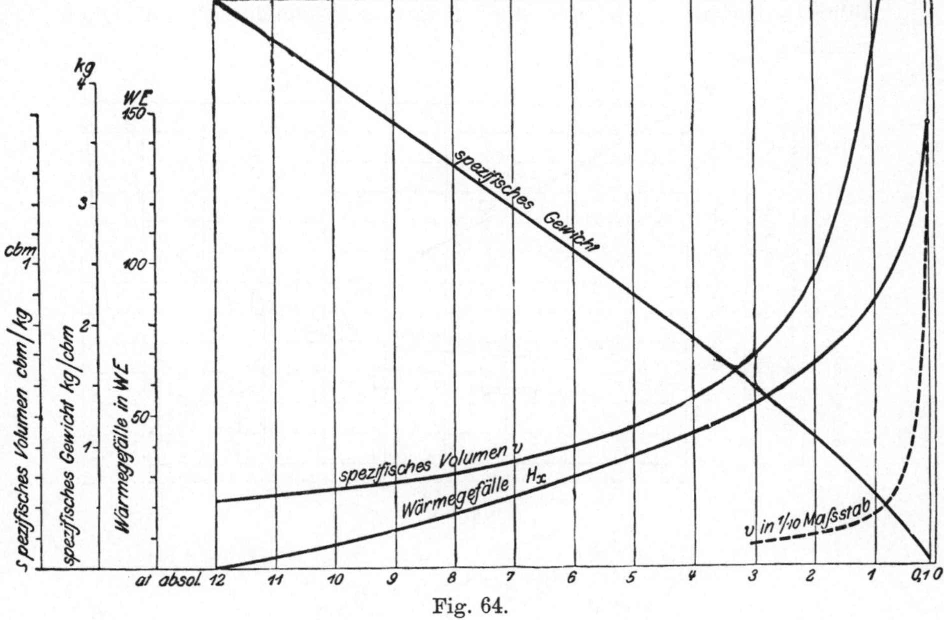

Fig. 64.

Um nun den zur $x$ten Turbine gehörigen Druck zu ermitteln, ist die Summe des bis zum $x$ten Rade aufgezehrten Gefälles zu bilden, d. h.

$$H_x = h_0 + h_1 + h_2 + \ldots h_{x-1}$$

oder wenn wieder mit Δx multipliziert und dividiert wird,

$$H_x = \frac{\Sigma h \Delta x}{\Delta x} + h_0 = \frac{1}{\Delta x}\int_1^x h\,dx + h_0 = \frac{z_0}{B}\int_1^x h\,dx,$$

$$Q_x = c_p\,(T_x - T_x').$$

Liegt P_x' im Sättigungsgebiet, so erhält man die spezifische Dampfmenge x aus Gleichung

$$Q_x = r_x\,(x - x'),$$

wo x' die spezifische Dampfmenge auf der Adiabate ist.

d. h. es muß die Integralkurve der h verzeichnet werden, welche als Endpunkt naturgemäß H_w ergibt und in Fig. 59 eingetragen ist. Nun wird in Fig. 64 das zu H_x gehörige p_x aufzusuchen und in Fig. 59 als Ordinate zur betreffenden Abszisse x einzutragen sein. Um nicht zu viele Linien zu häufen, ist dies in der neuen Fig. 65 getan.

Aus dem nun bekannten $p_x T_x$ der probeweisen Zustandskurve ergibt sich schließlich das spezifische Volumen v_x an der betreffenden Stelle. Wenn somit G_{sk} kg Dampf in 1 Sk. das Rad durchströmen sollen, so erhalten wir aus der „Kontinuitätsgleichung" die Querschnitte:

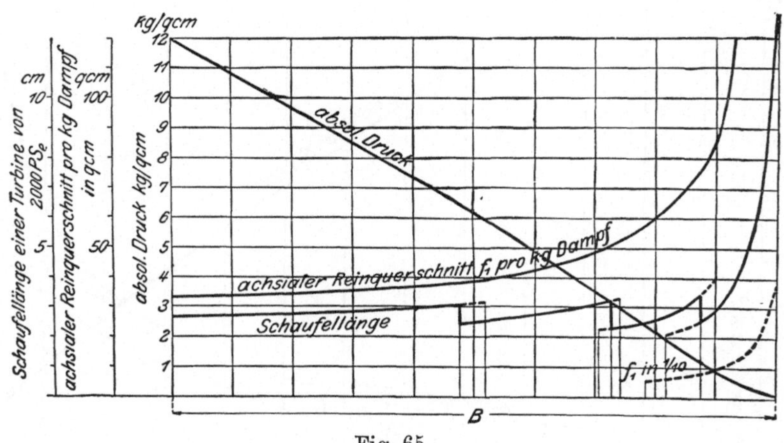

Fig. 65.

$$\left.\begin{array}{l}\text{Austritt aus dem } x\text{ten Leitrade}\\ \text{Austritt aus dem } x\text{ten Laufrade}\end{array}\right\} f_1 = \frac{G_{sk} v_x}{c_{1x}} \quad . \quad . \quad . \quad . \quad . \quad (18)$$

$$\left.\begin{array}{l}\text{Eintritt in das } x\text{te Leitrad}\\ \text{Eintritt in das } x\text{te Laufrad}\end{array}\right\} f' = \frac{G_{sk} v_x}{w_{1x}} \quad . \quad . \quad . \quad . \quad . \quad (19)$$

Von einer Änderung des v innerhalb einer Turbine darf man wie bemerkt absehen; doch hindert nichts, die Genauigkeit so weit zu treiben, wie man wünscht. Aus der angenommenen Schaufeldicke, Teilung und den Winkeln ergibt sich alsdann die Schaufellänge. Wären die Schaufeln unendlich dünn, so hätte man bei einer Schaufellänge a_0

$$f_1 = \pi D a_0 \sin \alpha.$$

Wegen der Verengung durch die Schaufeldicke und die vorbeilaufenden Schaufeln des Laufrades muß a_0 vergrößert werden, im Durchschnitt auf das etwa $1^1/_2$fache. Die Größe

$$\frac{f_1}{\sin a} = \pi D a_0$$

ist in Fig. 65 als der axiale Reinquerschnitt eingetragen.

Das in Fig. 59 bis 65 gelöste Beispiel bezieht sich auf die Anfangsdaten $p_1 = 12$ kg/qcm abs., $t_1 = 300^0$ C., den Kondensatordruck $p_2 = 0{,}1$ kg/qcm und den Energieverlust $\zeta = 0{,}25$. Zum Schlusse wurde die Reibungswärme gemäß Gl. 15

$$R_x = A \frac{\zeta_1'}{2 g \Delta x} \int_0^x c_1^2 dx$$

bestimmt und in Fig. 59 in einem Maßstabe eingetragen, daß H_w und der Gesamtwert R sich decken. Nun müßte aus dem Entropiediagramm durch Ausmaß der senkrecht schraffierten Flächenstücke die sich von dort aus ergebende Linie der R_x aufgezeichnet und mit der schon ermittelten verglichen werden. War die Annahme der Zustandskurve richtig, so müßten die Linien von R_x zusammenfallen. Allein schon der Umstand, daß R_x von der Linie der H_x, wie Fig. 59 lehrt, wenig abweicht, zeigt, daß wir von der Übereinstimmung nicht weit entfernt sind. Eine größere Genauigkeit anzustreben, hätte nur dann Wert, wenn wir über die Größe der Widerstandskoeffizienten besser unterrichtet wären. Auch davon werde abgesehen, daß wir in R_x eigentlich einen Teil der Radreibung einbegreifen müßten.

Statt der stetig veränderlichen Schaufellänge wird man längere oder kürzere Abstufungen wählen und unter Umständen an der Wahl von c_1 Änderungen vornehmen, um für größere Abschnitte der Turbinenlänge konstante Querschnitte zu erhalten.

Es sei die letzte Austrittsgeschwindigkeit $= c_{2z}$; dann sind die gesamten Verluste in WE für 1 kg Dampf

$$H_z = Q_z + A \frac{c_{2z}^2}{2g} \quad \ldots \ldots \quad (20)$$

Die verfügbare Energie ist

$$H_0 = \lambda_1 - \lambda_2',$$

und

$$H_i = H_0 - H_z \quad \ldots \ldots \quad (21)$$

die „indizierte" Dampfarbeit in Wärmemaß, mithin

$$L_i = \frac{H_i}{A} \quad \ldots \ldots \quad (22)$$

dasselbe in mgk pro 1 kg Dampf. Hieraus folgt die indizierte Leistung in PS

$$N_i = \frac{G_{sk} L_i}{75} \quad \ldots \ldots \ldots \quad (23)$$

Der Wirkungsgrad der indizierten Arbeit

$$\eta_i = \frac{H_i}{H_0} \quad \ldots \ldots \ldots \quad (24)$$

Der Dampfverbrauch pro indizierte PS-st

$$D_i = \frac{3600\, G_{sk}}{N_i} = \frac{270\,000}{L_i} = \frac{637}{H_i} \quad \ldots \quad (25)$$

Die sonstige Reibungsarbeit, wie Dampfreibung der Trommeln, Schaufelstirnflächen, Dichtungskolben u. s. w. einschließlich der Leerlaufarbeit (d. h. Lagerreibung und ähnlichem) in PS sei N_r, so folgt die effektive Leistung in PS

$$N_e = N_i - N_r \quad \ldots \ldots \ldots \quad (26)$$

und der Dampfverbrauch pro PS_e-st

$$D_e = 3600 \frac{G_{sk}}{N_e} \quad \ldots \ldots \ldots \quad (27)$$

30. Die vielstufige Druckturbine

wird, falls die Abflußgeschwindigkeit c_2 nutzbar verwertet werden kann, gleichartig behandelt. Dies wäre vor allem für die vollbeaufschlagte sogen. Grenzturbine der Fall. Die Wahl der Geschwindigkeiten und das Aufzeichnen der Zustandskurve erfolgt wie vorhin.

Das Wärmegefälle im Leitrade erhält mit derselben Annäherung wie bei der Reaktionsturbine den Wert

$$h' = A \frac{c_1^2 - c_2^2}{2g} \quad \ldots \ldots \ldots \quad (1)$$

Da w_2 etwa $= 0{,}8\, w_1$ zu wählen wäre, so findet im Laufrade keine Beschleunigung, sondern vielmehr Umsetzung von kinetischer Energie in Wärme statt, d. h. es wird

$$h'' = A \frac{w_2^2 - w_1^2}{2g} \quad \ldots \ldots \ldots \quad (2)$$

negativ. Das Einzelgefälle für ein Turbinensystem

$$h = h' + h''$$

ist demzufolge kleiner wie h'.

Wenn aber die Konstruktion die volle Ausnutzung von c_2 nicht zuläßt, so wird von der Austrittsenergie eines Rades, d. h. $c_2^2 : 2g$, nur der Betrag

$$(1 - \zeta)\frac{c_2^2}{2g}$$

mit einem abzuschätzenden Wert von ζ für das nächstfolgende Leitrad in Rechnung gestellt.

Für eine Turbine mit radialer Beaufschlagung z. B. wird der Dampf so weite Wege zum nächsten Leitrade zurücklegen müssen, daß man $\zeta = 1$ ansetzen, d. h. die ganze Austrittsenergie verloren geben muß. Bei axialen, dicht aufeinanderfolgenden Turbinen wird ζ um so kleiner, je mehr sich die Beaufschlagung der vollen nähert. Die Hochdruckräder werden nur auf einem kleinen Teil des Umfanges beaufschlagt, um längere Schaufeln und den Vorteil zu gewinnen, daß gleich von Anfang an mit hoher Umfangsgeschwindigkeit gearbeitet werden kann. Hier dürfte ζ auch der Einheit nahe kommen. Es ist mithin für Turbinen dieser Art wichtig, u groß, die Winkel α_2 klein zu halten, damit auch c_2 an sich klein wird, und ohne Schaden preisgegeben werden kann.

Nachdem über ζ entschieden ist, gilt für das Leitrad

$$h' = A\frac{c_1^2 - (1 - \zeta) c_2^2}{2g} \quad . \quad . \quad . \quad . \quad . \quad (47)$$

(wobei von der Verschiedenheit der c_2 für zwei aufeinanderfolgende Turbinen ebenfalls abgesehen wird). Im Laufrade hätte man wie vorhin

$$h'' = A\frac{w_2^2 - w_1^2}{2g} \quad . \quad . \quad . \quad . \quad . \quad . \quad (48)$$

Vom Austritte des Laufrades bis zum Eintritte in das Leitrad würde als dritte Gefällshöhe (algebraisch) hinzutreten

$$h''' = A\left[(1 - \zeta)\frac{c_2^2}{2g} - \frac{c_2^2}{2g}\right] = -\zeta A\frac{c_2^2}{2g} \quad . \quad . \quad . \quad (49)$$

Schließlich müßte bei Turbinen, die aus Einzelscheiben bestehen, die Dampfreibung des betreffenden Rades L_{rx} in WE pro Sekunde durch das vorläufig zu schätzende sekundliche Dampfgewicht G dividiert als

$$h_r = \frac{L_{rx}}{G} \quad . \quad . \quad . \quad . \quad . \quad . \quad . \quad . \quad (50)$$

hinzugezählt werden. Die hierbei notwendige Kenntnis der Dampfdrücke müßte durch einen vorläufigen näherungsweisen Entwurf erworben werden. Das Einzelgefälle

$$h = h' + h'' + h''' + h_r = \frac{A}{2g}[(c_1^2 - c_2^2) - (w_1^2 - w_2^2)] + h_r \quad . \; . \; . \; (51)$$

ist unabhängig von der Verlustgröße ζ, womit aber nicht ausgesagt ist, daß es auf diese nicht ankäme. Die Stufenzahl bleibt wohl dieselbe, allein je größer ζ, um so mehr nimmt die Entropie zu, um so größer ist also die schließliche Einbuße.

Die bei Druckturbinen zulässige und allgemein angewendete teilweise Beaufschlagung bietet den Vorteil, daß man vom ersten Rade ab mit größeren Umfangsgeschwindigkeiten (60—80 m) arbeiten kann, wodurch die Stufenzahl erheblich verringert wird.

31. Vielstufige Turbinen mit stetig veränderlicher Umfangs- und Dampfgeschwindigkeit.

Die hyperbolische Turbine.

Diese Turbinenart soll nicht etwa zur Ausführung empfohlen werden, da die Rücksicht auf die Herstellung uns stets zu sprungweiser Änderung von u zwingen wird. Ein besonders einfaches Beispiel einer solchen Turbine ist aber sehr gut geeignet uns zu einer besseren Einsicht in die Verhältnisse der vielstufigen Expansion zu verhelfen. Wir nehmen an, daß sowohl u als c_1 nach einem hyperbolischen Gesetz zunehmen, indem wir den Geschwindigkeiten, die zum Abstande x auf der Basis B gehören (vom Anfang an gerechnet), die Werte

$$u_x = \frac{a}{x - x_1}, \qquad c_{1x} = \frac{b}{x - x_1} \quad . \; . \; . \; . \; . \; (1)$$

erteilen, worin die a, b, x_1 aus dem kleinsten und größten Wert der Umfangsgeschwindigkeit, nämlich $u = u_1$ für $x = 0$ und $u = u_2$ für $x = B$, und aus dem Anfangswerte c_{1x}, der c_1 heißen soll, bestimmt werden.

Man findet

$$x_1 = B\frac{u_2}{u_2 - u_1}; \qquad a = B\frac{u_1 u_2}{u_2 - u_1}; \qquad b = a\frac{c_1}{u_1} \quad . \; . \; (2)$$

und die letzte Eintrittsgeschwindigkeit c_{1z} ergibt sich zu

$$c_{1z} = c_1 \frac{u_2}{u_1}.$$

Die Geschwindigkeiten c_{1x} und u_x sind übrigens proportional.

Wir setzen eine Turbine voraus, bei der die axialen Komponenten von c_1, w_1, w_2, c_2 gleich sind, ferner bei Aktion $\alpha_1 = \alpha_2$, bei Reaktion $\alpha = \alpha_2$ und die Winkel für alle Räder gleich. Als

Wärmegefälle pro Einzelturbine ergibt sich nun nach leichter Umgestaltung bei Aktion

$$h_a = \frac{A}{g}(2\,c_{1x}\cos\alpha - 2\,u_x)\,u_x \quad . \quad . \quad . \quad . \quad . \quad (3)$$

bei Reaktion

$$h_r = \frac{A}{g}(2\,c_{1x}\cos\alpha - u_x)\,u_x \quad . \quad . \quad . \quad . \quad . \quad (4)$$

Die Stufenzahl bestimmt man unter Vernachlässigung von h_0 aus der Gleichung

$$H_w = \Sigma h_x = \frac{1}{\Delta x}\Sigma h_x \Delta x = \frac{z_0}{B}\int_0^B h_x\,dx = z_0 h_m \quad . \quad . \quad (5)$$

Hieraus folgt das mittlere Gefälle

$$h_m = \frac{1}{B}\int_0^B h_x\,dx \quad . \quad . \quad . \quad . \quad . \quad . \quad . \quad . \quad (6)$$

welches sich analytisch bestimmbar erweist und durch die geometrischen Mittelwerte der Anfangs- und Endgeschwindigkeiten u_1 und u_2 sowie c_1 und c_{1z}, d. h. durch

$$\left.\begin{aligned} u_m &= \sqrt{u_1 u_2} \\ c_{1m} &= \sqrt{c_1 c_{1z}} \end{aligned}\right\} \quad . \quad . \quad . \quad . \quad . \quad . \quad . \quad . \quad (7)$$

ausdrückbar wird. Man erhält bei Aktion

$$h_{am} = \frac{A}{g}(2\,c_{1m}\cos\alpha - 2\,u_m)\,u_m \quad . \quad . \quad . \quad . \quad (8)$$

bei Reaktion

$$h_{rm} = \frac{A}{g}(2\,c_{1m}\cos\alpha - u_m)\,u_m \quad . \quad . \quad . \quad . \quad . \quad (9)$$

Hieraus folgt das wichtige Resultat: Bei der „hyperbolischen Turbine" ist das mittlere Radgefälle, mithin auch die Stufenzahl dieselbe, als wenn alle Räder mit dem (konstanten) geometrischen Mittel der Anfangs und Endwerte der Umfangs- und der Dampfgeschwindigkeiten arbeiten würden.

Außerdem läßt sich nachweisen, daß bei gleich breiten Schaufeln und sofern die Reibungshöhe proportional der Schaufelbreite und dem Quadrate der Dampfgeschwindigkeit gesetzt werden darf, ferner falls das Verhältnis $u_x : c_x$ unverändert bleibt, die gesamte Dampfreibungsarbeit der Turbine nicht von der absoluten Höhe der Geschwindigkeiten abhängt, also gleich groß ist, ob viele oder wenige Stufen gewählt werden.

Diese unter Annahme eines konstanten Widerstandskoeffizienten ausgesprochene hypothetische Folgerung ist von großer Wichtigkeit für die Konstruktion vielstufiger Turbinen, und würde theoretisch durch Vermehrung der Stufen gestatten, mit der Geschwindigkeit beliebig tief herabzugehen. Freilich ist zu beachten, daß der Satz sich auf einerlei Systeme (also solche mit gleichem Reaktionsgrad) bezieht, und die Reibung der Trommeln oder Räder nicht berücksichtigt. Von System zu System wird die Reibungsarbeit verschieden groß ausfallen und muß im einzelnen ausgerechnet werden.

Radialturbinen.

Es bezeichne λ_0, λ_1, λ_2 die Wärmeinhalte des Dampfes bezw. vor dem Leit-, vor dem Laufrad und beim Austritt aus letzterem, r_0, r_1, r_2, ferner u_0, u_1 u_2 die entsprechenden Halbmesser bezw. Umfangsgeschwindigkeiten einer radial beaufschlagten Turbine. Für die Strömung im Leitrad gibt wie früher

$$\frac{c_1^2}{2g} - \frac{c_0^2}{2g} = \frac{1}{A}(\lambda_0 - \lambda_1) \quad . \quad . \quad . \quad . \quad . \quad . \quad (1)$$

Für die Strömung im Laufrad aber ist die Arbeit der Ergänzungskraft der relativen Bewegung, d. h. der Fliehkraft in Betracht zu ziehen, und es ergibt sich[1])

[1]) Unter Zuhilfenahme der Ableitungen im Abschnitt 14 wie folgt: Die Arbeit der Fliehkraft an einem Massenelement dm, dessen Abstand von der Drehachse von r_a auf r_e zunimmt, bei einer Winkelgeschwindigkeit ω, ist

$$\int_{r_a}^{r_e} dm \cdot r\omega^2 dr = \frac{dm\,\omega^2}{2}(r_e^2 - r_a^2).$$

Denken wir uns in Fig. 22 die ganze zwischen den Querschnitten A_1, A_2 eingeschlossene Masse um eine feste Achse rotierend, so ist die Arbeit der auf dieselbe wirkenden Fliehkräfte

$$= \Sigma\, {}^1\!/_2\, dm\,\omega^2(r_e^2 - r_a^2) = \Sigma\, {}^1\!/_2\, dm\,\omega^2 r_e^2 - \Sigma\, {}^1\!/_2\, dm\,\omega^2 r_a^2$$
$$= \Sigma\, {}^1\!/_2\, dm\, u_e^2 - \Sigma\, {}^1\!/_2\, dm\, u_a^2.$$

Hierin ist die erste Summe die negative „potentielle Energie" des Massensystems zu Ende —, die zweite Summe dasselbe zu Beginn des Vorganges, mit Rücksicht auf die Drehung. Wir betrachten eine stationäre Strömung und eine Verschiebung der Querschnitte $A_1 A_2$ bis $B_1 B_2$; hierbei hebt sich die potentielle Energie der zwischen den Ebenen B_1 und A_2 im Anfangs- und Endzustand enthaltenen Massenteile weg, und es bleibt nur

$$\frac{1}{2}\frac{dG}{g}dt u_2^2 - \frac{1}{2}\frac{dG}{g}dt u_1^2$$

übrig, welches den Arbeiten der Oberflächenkräfte in Gl. 1 Abschn. 14 hinzugefügt, die oben angeschriebene Gleichung ergibt.

$$\frac{w_2^2}{2g} - \frac{w_1^2}{2g} = \frac{1}{A}(\lambda_1 - \lambda_2) + \frac{u_2^2 - u_1^2}{2g} \quad . \quad . \quad . \quad (2)$$

Bei einer einstufigen Turbine kann das letzte Glied meist vernachlässigt werden, bei vielstufigen nicht ohne weiteres. Durch Addition der beiden Gleichungen 1 und 2 ergibt sich nämlich das Einzelgefälle eine Stufe

$$h = \lambda_0 - \lambda_2 = \frac{A}{2g}[(c_1^2 - c_0^2) + (w_2^2 - w_1^2) - (u_2^2 - u_1^2)] \quad (3)$$

Die Summation über alle Stufen führt zum „wirksamen Gefälle"

$$H_w = h_0 + \Sigma h,$$

wenn h_0 das früher definierte Gefälle für den Eintritt in das erste Leitrad bedeutet. In der Summe Σh erscheint auch $-\Sigma(u_2^2 - u_1^2)$, welches nicht ohne weiteres deshalb vernachlässigbar ist, weil die Einzelsummanden klein sind. Setzen wir voraus, daß alle Stufen (radial) unmittelbar aufeinanderfolgen, und benutzen wir den Umstand, daß näherungsweise

$$u_2^2 - u_1^2 = \frac{1}{2}(u_2^2 - u_0^2)$$

wird, so ergibt sich

$$\Sigma(u_2^2 - u_1^2) = \frac{1}{2}\Sigma(u_2^2 - u_0^2),$$

wobei, wenn man über alle Stufen summiert, die Zwischenglieder sich gegenseitig wegheben und nur

$$\frac{1}{2}(u_e^2 - u_a^2) \quad . \quad . \quad . \quad . \quad . \quad . \quad . \quad . \quad (4)$$

übrig bleibt, unter u_e die Geschwindigkeit des letzten, unter u_a die des ersten Rades verstanden. Dieses Glied kann unter Umständen Bedeutung haben.

Der Entwurf einer neuen Turbine wird unter Benutzung der Fig. 59 u. f. nach der früher erläuterten Methode keine Schwierigkeiten bieten.

Neuerdings ist von Brady eine Radialturbine vorgeschlagen worden, bei welcher die Leit- und die Laufräder mit gleicher, aber entgegengesetzter Winkelgeschwindigkeit rotieren. Hier ist für die Bewegung in den Schaufeln sowohl des Leit- wie des Laufrades Formel 2 anzuwenden, und das Wärmegefälle für eine Stufe wird

$$h = \frac{A}{2g}[(c_1^2 - c_0^2) + (w_2^2 - w_1^2) - (u_2^2 - u_0^2)] \quad . \quad . \quad (5)$$

Die Summation über alle Stufen ergibt somit für den Einfluß der Umfangsgeschwindigkeit unmittelbar das Glied

$$\Sigma u_2^{\,2} - u_0^{\,2} = u_e^{\,2} - u_a^{\,2}. \quad . \quad . \quad . \quad . \quad . \quad (6)$$

Beim Aufzeichnen der Geschwindigkeitsdreiecke für eine Turbine Bradyschen Systems ist übrigens zu beachten, daß wir beispielsweise c_1 zunächst mit dem (auf das Laufrad bezogen) negativen u_1 zusammensetzen müssen, um die absolute Austrittsgeschwindigkeit aus dem Leitrade zu erhalten. Das nochmalige (geometrische) Anfügen von $-u_1$ ergibt erst w_1 u. s. f. Abgesehen von dem im ganzen nicht großen Anteil der Fliehkraftarbeit (Gl. 6) wirkt die Rotation des Leitrades somit wie eine Verdopplung der Umfangsgeschwindigkeit; oder: man kann bei vorgeschriebener Geschwindigkeit die Umlaufzahl auf die Hälfte herabsetzen.

32. Tafel für Wasserdampf von Mollier.[1])

Wenn man einen bestimmten Zustand des Dampfes (wie üblich 0° C. und 1 kg/qcm Druck) als Ausgangspunkt festsetzt, so werden bei irgend einem anderen Zustand sowohl der Dampfinhalt wie auch die Entropie je einen und nur einen bestimmten Wert aufweisen.

Mollier trägt den Wärmeinhalt eines durch p und v bestimmten Dampfzustandes in ein rechtwinkliges Koordinatensystem als Ordinate auf, während die Entropie die Abszisse bildet, wodurch jedem Dampfzustande ein Punkt der Ebene beigeordnet wird. Man verbindet die Punkte gleicher Pressung und erhält eine Kurvenschar $p =$ Konst. Ebenso ermittelt man die Linien $T =$ Konst. und $x =$ Konst., wodurch ein für Dampfturbinenrechnungen vorzüglich geeignetes Diagramm entsteht.

Eine vertikale Gerade der Mollierschen Tafel stellt die Gleichung $S =$ Konst. dar, d. h. sie entspricht wie im gewöhnlichem Entropiediagramm der umkehrbaren Adiabate, unter anderem auch der verlustlosen Strömung in einer Düse. Die Expansion vom Zustande A_1 mit dem Drucke p_1 auf den Druck p_2 führt (s. Fig. 66) durch Ziehen der Vertikalen von A_1 zum Punkte A'_2 und die Abnahme des Wärmeinhaltes ist die Strecke $A_1 A'_2$, welche am Rande der Tafel unmittelbar in Wärmeeinheiten abgelesen werden kann. Wir haben also $A_1 A_2' = H_0 = \lambda_1 - \lambda_2'$ WE. War die anfängliche Strömungsgeschwindigkeit Null, so wird

$$\left(\frac{w}{91,2}\right)^2 = H_0; \quad w = 91,2\sqrt{H_0}.$$

---

[1]) Mit freundlicher Genehmigung des Herrn Prof. Dr. Mollier.

Mollier hat am linken Rande der Tafel noch einen Maßstab der Geschwindigkeiten hinzugefügt, so daß auch w unmittelbar abgegriffen werden kann.

Eine besonders wichtige Rolle spielen die Horizontalen. Für diese ist $\lambda = $ Konst., d. h. der Wärmeinhalt im Anfangszustand gleich demjenigen im Endzustand. Da nun die Abnahme des Wärmeinhaltes bei einer Strömung ohne Wärmezufuhr und ohne Arbeitsleistung gleich der Zunahme der kinetischen Energie ist, so folgt, daß die letztere in unserem Falle durch Reibung und Wirbelung wieder vollständig in Wärme umgewandelt wurde. Eine derartige Überführung des Dampfes von höherem Druck und niedrigeren nennen wir aber Drosselung, und wir dürfen mithin die Horizontalen am besten als „Drossellinien“ bezeichnen. Die Abdrosselung des Dampfes vom Drucke p_1 auf den gleichen Enddruck p_2 wie vorhin liefert also den Dampfzustand im Punkte A_3 Fig. 66, und man kann aus der Tafel leicht feststellen, um wieviel die spezifische Dampfmenge oder die Temperatur zugenommen hat.

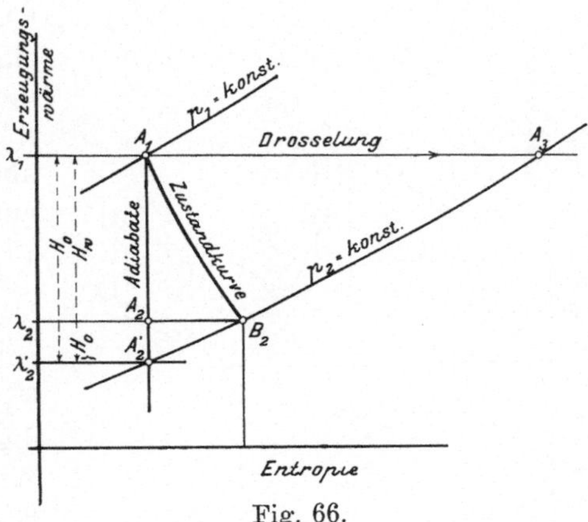

Fig. 66.

Eine Zustandsänderung beliebiger Art wird durch eine Kurve dargestellt, welche die aufeinanderfolgenden Zustandspunkte verbindet. Die Strömung in einer Düse mit Berücksichtigung der Widerstände kann beispielsweise durch Linie $A_1 B_2$, Fig. 66, gegeben sein, und wir erhalten durch Projizierung von B_2 nach A_2 in Strecke $A_1 A_2$ die wirkliche Abnahme des Wärmeinhaltes, also im Maßstabe der Geschwindigkeiten die wirkliche Endgeschwindigkeit selbst. Der Verlust an kinetischer Energie gegenüber widerstandsloser Strömung ist folgerichtig

$$H_z = \lambda_2 - \lambda_2' = \zeta H_0 = \text{Strecke } A_2' A_2.$$

Umgekehrt wird aus dem bekannt vorausgesetzten Verlustkoeffizienten ζ die Strecke $A_2' A_2 = \zeta A_1 A_2'$ und durch Herüberprojizieren Punkt B_2 auf Linie $p_2 = $ Konst., d. h. der Endzustand der Expansion bestimmbar sein.

Endzustand des Dampfes für ein beliebiges Turbinensystem.

Der Wärmeinhalt des Endzustandes bei adiabatischer Expansion auf den vorgeschriebenen Endpunkt sei λ_2'.

Die zu schätzende Verlustwärme $H_z = \zeta H_0$ ergibt den Wärmeinhalt $\lambda_2 = \lambda_2' + \zeta H_0$, mithin auch Strecke $\lambda_1 - \lambda_2 = A_1 A_2$, Fig. 66, welche durch die Horizontale nach B_2 auf $p_2 =$ Konst. übertragen, den Endzustand festlegt. Die Zustandslinie muß vorläufig der Schätzung nach zwischen A_1 und B_2 eingezeichnet werden.

Anwendung auf den Entwurf von Dampfturbinen.

a) Einstufige Druckturbine.

Die wie oben erläutert entworfene Zustandskurve $A_1 B_2$ Fig. 66 gestattet die Berechnung der Dampfgeschwindigkeit und des spezifischen Volumens für irgend einen Zwischenpunkt, woraus die Form der Düse, der Geschwindigkeitsplan und alles übrige wie in Abschn. 27 ermittelt wird.

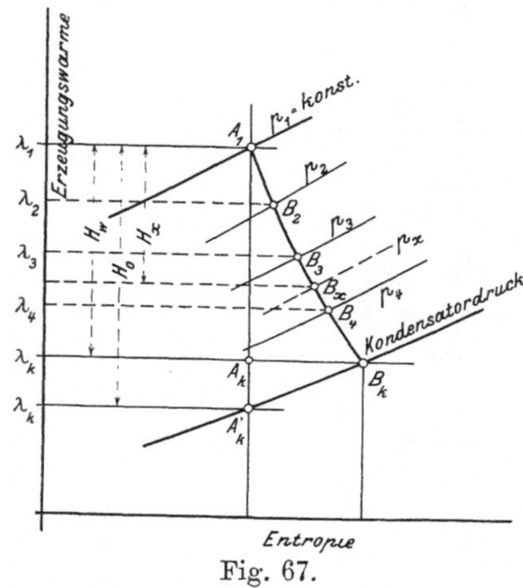

Fig. 67.

b) Mehrstufige Druckturbine.

Wir beschränken uns auf den Fall, daß die Austrittsgeschwindigkeit aus jedem Laufrad durch Wirbelung vernichtet wird. Die Bestimmung des Endpunktes B_k der Zustandskurve, Fig. 67, erfolgt wie oben und liefert $A_1 A_k = H_w$ als wirksames Wärmegefälle. Wir teilen dies in so viele gleiche (oder der Umfangsgeschwindigkeit proportionale) Teile, als Stufen vorhanden sind, und entwerfen für jedes Teilgefälle eine einfache Turbine.

c) Vielstufige Turbine.

Das in Abschn. 29 angegebene Näherungsverfahren findet unveränderte Anwendung, indem die Tafel nur zum Verzeichnen der Zustandskurve und zur Entnahme der Teilgefälle H_x zu dienen hat. Letzteres ist beispielsweise in Fig. 67 zum Drucke p_x eingetragen.

Das gewöhnliche Entropiediagramm bildet die anschaulichste Darstellung der Wärmevorgänge. Das Diagramm von Mollier hingegen hat den Vorzug, daß die Wärmemengen unmittelbar als Strecken abgegriffen werden können.

33. Die Dampfreibung rotierender Scheiben.

Der Widerstand, den ein im Dampfe rotierendes Turbinenlaufrad erfährt, kann getrennt werden in den Anteil, welcher von der im allgemeinen glatten Scheibe, und in den, der von den Schaufeln herrührt. Der letztere ist einfacher zu beurteilen, da er in der Hauptsache durch die Ventilationsarbeit der Schaufeln gebildet wird. Die Beobachtung der Luftströmung an einem frei aufgestellten Rad (welche z. B. mit Hilfe einer ganz kleinen Quaste, die durch einen kurzen Faden an einem Draht befestigt ist, sehr gut gelingt) zeigt, daß der Scheibe entlang nur kleine Geschwindigkeiten in fast radialer Richtung vorhanden sind. Sogar bis auf etwa $^2/_3$ der Schaufellänge bleibt die Geschwindigkeit sehr klein mit freilich schon stärkerer Neigung nach der Richtung des Umfanges hin. Erst aus dem letzten Drittel strömt die Luft mit nahezu tangentialer Richtung und großer Geschwindigkeit heraus. Ein Teil der weggeschleuderten Luft kehrt in regelmäßigen Bahnen zum Rade zurück.

Es liegt auf der Hand, daß ein in freier Luft (unverhüllt) aufgestelltes Rad eine bedeutend größere Leerlaufarbeit absorbiert, als ein Rad mit eng anschließendem Gehäuse, da in letzterem Falle die Luft an der freien Zirkulation behindert ist.

Man wäre versucht, die Ventilationsarbeit rechnerisch zu verfolgen, sieht aber die Fruchtlosigkeit des Versuches bald ein. Einmal ist die Neigung der Schaufelflächen dem Lufteintritte (glücklicherweise) ungünstig und veranlaßt eine Wirbelung; dann besitzen wir keine festen Führungen des Luft- (oder Dampf-) Stromes und können die Größe des Querschnittes nicht angeben. Beim eingeschlossenen Rade wird die Luft im Spalte zwischen Rad und Gehäuse eine bedeutende Geschwindigkeit annehmen, die für den Eintritt nutzbar verwendet wird, doch sind wir außer Stande, ihren Betrag sicher einzuschätzen. Sind die Winkel am Ein- und am Austritt des Rades ungleich, dann tritt, wie die Beobachtung zeigt, der Effekt der axialen Turbinenpumpe auf, d. h. es bildet sich, ohne daß die gewöhnliche Ventilation aufhörte, ein durch das Rad hindurchgehender Luftstrom aus, der die Leerlaufarbeit vergrößert. Noch weniger kann uns die Rechnung Aufschluß über die Reibung der glatten Scheibe geben. Zwar liegen ausgedehnte Versuche von Physikern über die „Gasreibung" vor, doch sind diese unter Umständen angestellt, die eine Übertragung auf die Turbine nicht ohne weiteres gestatten.

Der Verfasser unternahm zur Klärung der einschlägigen Fragen eine Anzahl von Versuchen, deren Ergebnisse in der Zahlentafel 1 und den Fig. 68 und 69 niedergelegt sind. Benutzt wurden eine glatte unbearbeitete Scheibe aus Kesselblech von 537 mm Durchmesser und fünf Turbinenräder von bezw. 545, 624, 722, 940, 1265 mm Außendurchmesser. Die Räder wurden teils fliegend am Wellenende eines Gleichstrommotors, teils auf einer besonders gelagerten Verlängerung der Motorwelle befestigt und entweder in freier Luft oder in einem Gehäuse angetrieben. Vom Brutto-Kraftverbrauche wurde der Leerlauf bei abgenommenem Rade und die Ankerstromwärme abgezogen. Man bestimmte von Zeit zu Zeit die Ankertemperatur und korrigierte den Wert des Ankerwiderstandes dementsprechend. Der Erregerstrom wurde stets unveränderlich gehalten. Da der Leerlauf bei abgenommenem Rade bestimmt wurde, enthält der Kraftverbrauch auch die durch das Radgewicht etwa verursachte Lagerreibungsarbeit. Doch variiert bekanntlich der Reibungskoeffizient fast genau im umgekehrten Verhältnis wie der Druck, und diese Vermehrung wird mithin unbedeutend gewesen sein.

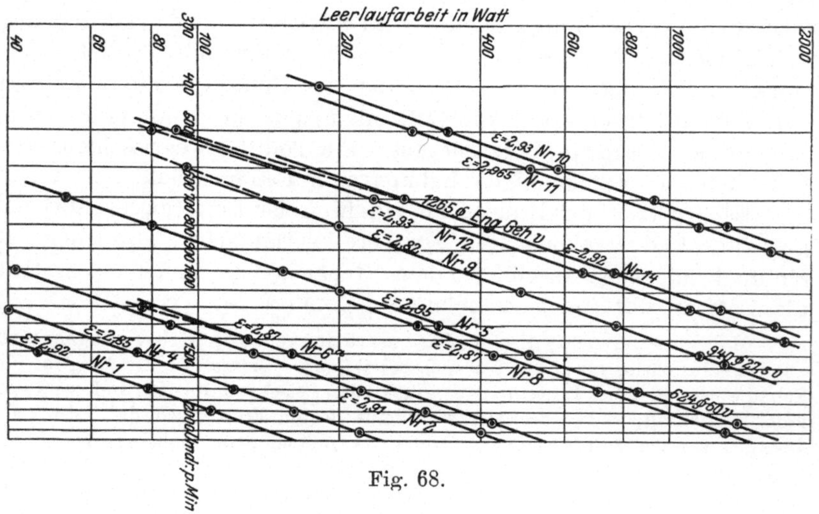

Fig. 68.

Fig. 68 enthält die Darstellung der Logarithmen des Kraftverbrauchs W in Watt als Abhängige der Logarithmen der minutlichen Umdrehungszahl n. Die erhaltenen Punkte liegen für jeden Versuch auf ziemliche Ausdehnung fast genau in einer Geraden, welche durch die Gleichung

$$lg\, W = lg\, W_0 + \varepsilon\, lg\, n \quad \ldots \ldots \quad (1)$$

dargestellt werden kann. Die Größe ε ist die trigonometrische Tangente des Neigungswinkels gegen die Abszisse. Aus Gl. 1 folgt

$$W = W_0\, n^{\varepsilon} \quad \ldots \ldots \quad (2)$$

Die Werte von ε sind in der Figur eingetragen, und liefern als Mittelwert 2,90. Wir begnügen uns indessen mit der Abrundung

$$\varepsilon = 3,$$

2500 Umdr.p.Min.
2000
1500
1000
500
2000 Watt
1500
1000
500
722 ∅ 24,5 L frei vorw.
624 ∅ 60 L frei vorw.
624 ∅ 60 L im Gehäuse rückw.
624 ∅ 60
540 ∅ 20 L frei vorw.
540 ∅ 20 L im Gehäuse vorw.
537 ∅ glatt frei
940 ∅ 27,5 L frei vorw.
1265 ∅ 55 L ganz umhüllt vorw.
1265 ∅ 55 L Kranz umhüllt vorw.
1265 ∅ 55 L Kranz umhüllt rückw.
1265 ∅ 55 L frei vorw.
940 ∅ 27,5 L frei rückw.

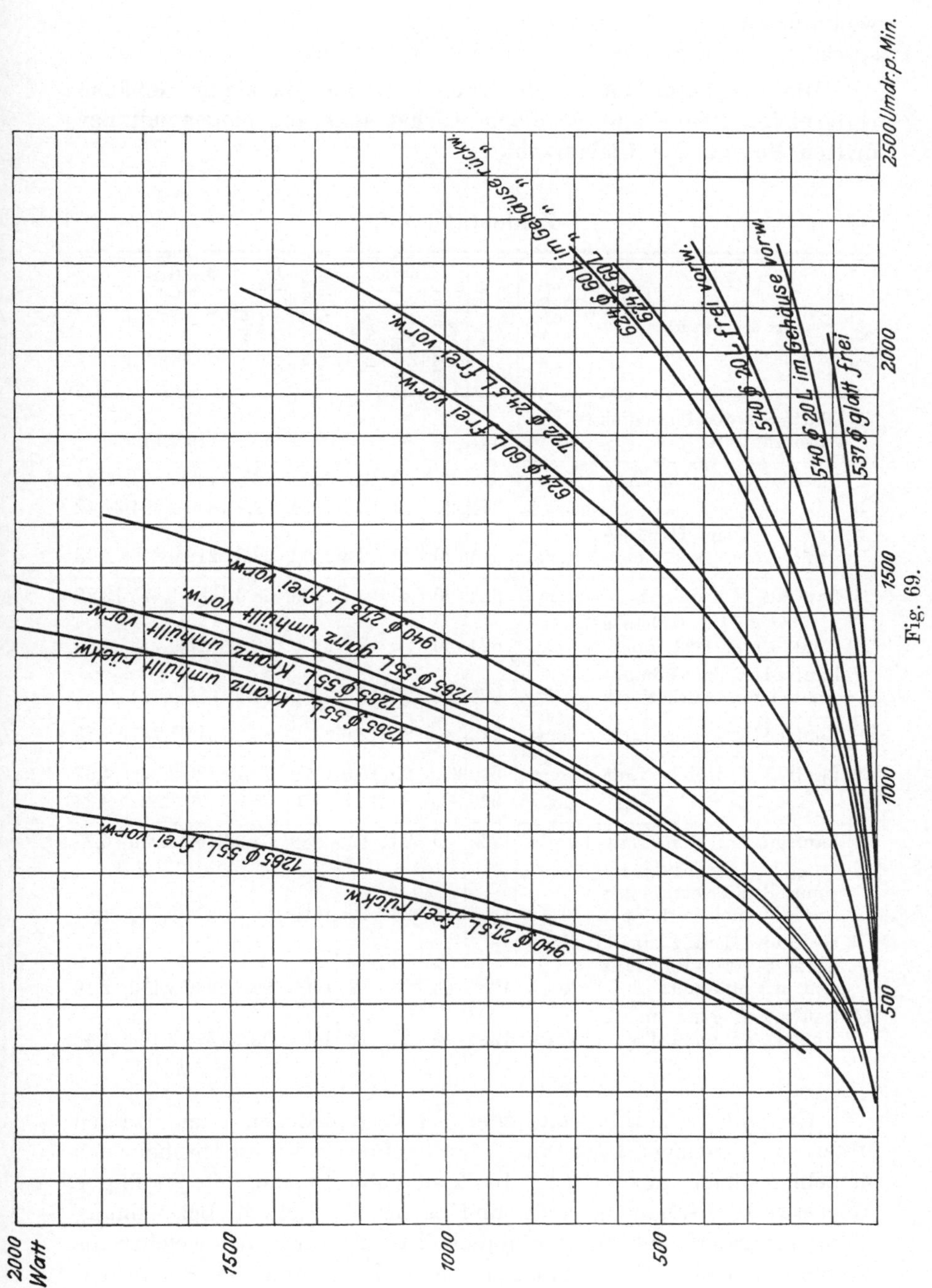

Fig. 69.

wodurch auch die Rechnungen bedeutend vereinfacht werden. Wir sprechen das Ergebnis im folgenden Gesetz aus:

Die Leerlaufarbeit der in freier Luft oder in einem Gehäuse rotierenden Räder und Scheiben wächst sehr angenähert mit der dritten Potenz der Umlaufzahl.

Zahlentafel 1.

No.	Art der Versuches	Vorwärts- oder Rückwärts-Lauf	Außen-Durchmesser mm	Schaufel Länge (radial) mm	Schaufel Breite (axial) mm	Schaufel Teilung mm	Höchste Umlaufzahl p. Min.	Zugehörige Umfangsgeschw. m/Sek.	Kraftverbrauch Watt	Kraftverbrauch PS	α
1	Glatte Scheibe 4 mm dick frei in Luft	vorw.	537	—	—	—	2000	56,3	110	0,149	—
2	Laufrad A frei in Luft	vorw.	545	20	20	12,3	2200	62,8	400	0,544	6,38
3	„ „ „ „ „	rückw.	545	20	20	12,3	2100	59,9	1880	2,554	34,42
4	„ „ im Gehäuse mit 4 mm seitl. Spiel	vorw.	545	20	20	12,3	2200	62,8	218	0,296	3,48
5	Laufrad B frei in Luft	vorw.	624	60	20	13,7	2100	68,6	1380	1,875	12,86
6	„ „ im Gehäuse mit 4 mm seitl. Spiel	„	624	60	20	13,7	2100	68,6	525	0,713	4,89
7	Laufrad B im Gehäuse mit 4 mm seitl. Spiel	rückw.	624	60	20	13,7	2200	71,9	680	0,924	5,51
8	Laufrad C frei in Luft	vorw.	722	24,5	20	12,6	2200	83,2	1315	1,787	5,13
9	Laufrad D frei in Luft	vorw.	940	27,5	25	16,3	1600	78,7	1720	2,336	4,67
10	„ „ „ „ „	rückw.	940	27,5	25	16,3	750	36,9	1120	1,522	9,34
11	Laufrad E frei in Luft	vorw.	1265	55	25	12	980	64,9	2160	2,935	5,77
12	„ „ Kranz auf 160 mm Breite eingehüllt, rd. 6,5 mm seitl. Spiel	„	1265	55	25	12	1650	109,3	2870	3,901	1,61
13	Laufrad E Kranz auf 160 mm Breite eingehüllt, rd. 6,5 mm seitl. Spiel	rückw.	1265	55	25	12	1400	92,7	2290	3,110	2,10
14	Laufrad E ganz im Gehäuse, 6,5mm seitl.Spiel	vorw.	1265	55	25	12	1400	92,7	1590	2,16	1,48

Es genügt, mithin von jeder bei verschiedenen Umlaufzahlen unter sonst gleichen Umständen durchgeführten Versuchsreihe einen einzelnen Punkt anzugeben. In Zahlentafel 1 sind die jeweiligen Höchstwerte zusammengestellt, und es bezieht sich die Bezeichnung „Vorwärtsgang“ auf die gewöhnliche Drehrichtung, bei welcher die konvexe Schaufelseite vorausgeht. Der Widerstand des Rückwärtsganges wurde bei mehreren Rädern bestimmt, da die Kenntnis desselben für die Schiffsturbinen, die in beiden Richtungen rotieren müssen, Wichtigkeit besitzt. Das Gehäuse bestand bei den kleinen Scheiben aus Blech, bei den großen aus Holz.

Das angegebene Spiel bezieht sich auf den Abstand der Gehäusewand von der Schaufel.

Der grosse Einfluß der Schaufellänge geht aus diesen Angaben klar hervor. Wie sehr weiterhin die Ventilationsarbeit von der Freiheit der Luftzirkulation abhängt, zeigt der Vergleich der Werte für freie Luft und für eingeschlossene Räder. Wegen des besseren Lufteinlaufes in die Schaufel ist die Arbeit beim Rückwärtslauf des unverhüllten Rades 5 bis 6 mal grösser wie im Vorwärtslauf. Wird das Rad aber eingehüllt, so schrumpft daa Verhältnis auf etwa 1,2 zusammen. Versuche 12 und 14 zeigen ferner die interessante Tatsache, daß das Einhüllen des Kranzes allein den Hauptteil des Widerstandes beseitigt, und durch das Umschließen des ganzen Rades nur noch wenig gewonnen werden kann.

Über die **Reibung glatter Räder** ohne Schaufeln besitzen wir auch Mitteilungen von Odell,[1]) welcher vier Scheiben aus Karton und Zeichenpapier untersucht hat, mit Durchmessern von bezw. 381, 559, 686 und 1194 mm. Odell fand den Kraftverbrauch bei den drei ersten der 3,5ten Potenz der Umlaufszahl proportional, bei der 4. war der Exponent 3,1, also in naher Übereinstimmung mit dem von uns gefundenen Werte. Der Durchmesser tritt als Faktor mit einer Potenz auf, deren Exponent bei den kleineren Scheiben zwischen 6 und 7, beim Übergang zu den großen Scheiben zwischen 5 und 6 lag. Versuche, welche Verfasser mit Kartonscheiben unternahm, schlugen fehl, indem sich der Karton unter der Spannung durch die Fliehkraft krumm zieht. Da nun der Kraftbedarf der glatten Scheibe an sich gering ist, und da mein oben angeführter Versuch, sowie derjenige Odells mit der größten Scheibe für die Umlaufszahl nahezu den Exponenten 3 ergeben haben, empfiehlt sich, solange keine genaueren Versuche vorliegen, die Leerlaufarbeit einer glatten Scheibe in PS durch die Formel

$$N_0' = \alpha_1 D_1^{2,5} \left(\frac{u_1}{100}\right)^3 \gamma \quad . \quad . \quad . \quad . \quad . \quad . \quad . \quad (2)$$

wiederzugeben, in welcher

D_1 den Durchmesser der Scheibe in m,
u_1 die Umfangsgeschwindigkeit der Scheibe in m,
γ das spezifische Gewicht des umgebenden Mediums in kg/cbm

[1]) Engineering, Jan. 1904, S. 33.

bedeuten. Man erhält für a_1 die in Zahlentafel 2 mit den Versuchsergebnissen zusammengestellten Werte, wobei für Odell $\gamma = 1{,}20$ vorausgesetzt wurde, während es in meinem Versuche 1,12 betrug.

Zahlentafel 2.

Versuche von Odell (No. 1—5) und vom Verfasser (No. 6).

No. der Versuche	1	2	3	4	5	6
Durchmesser der Scheibe . mm	381	559	686	1194	1194	537
Höchste Umlaufszahl . p.Min.	2000	850	525	530	740	2000
Entsp. Umlaufsgeschwind. . m/sek.	39,9	24,9	18,8	33,1	46,2	56,2
Kraftverbrauch . . . . . Watt	17,7	8,14	5,56	101,3	229,1	110
„ . . . . . PS	0,0240	0,0111	0,00755	0,138	0,309	0,149
Konstante a_1 in Formel 2 . . .	3,52	2,58	2,41	2,02	1,68	3,43

Für die weitere Interpretation unserer Versuche (Tafel 1) erweist sich der ungefähre Mittelwert

$$a_1 = 3{,}14$$

als gut geeignet. Versuch 6 ergab einen höheren Kraftverbrauch, da die Scheibe wegen der Balanzierung mit zwei Löchern versehen werden mußte, welche merkliche Mehrventilation verursachten.

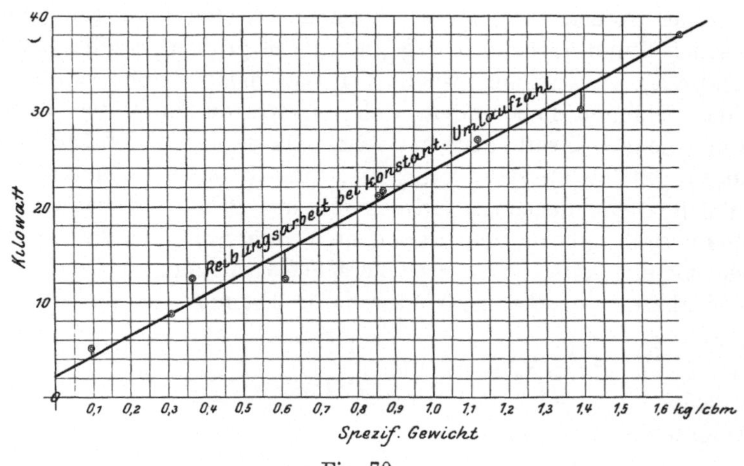

Fig. 70.

Die Abhängigkeit der gesamten Reibungsarbeit des Rades von der Dichte der umgebenden Dampfatmosphäre geht aus den in Fig. 70 graphisch zusammengefaßten Ergebnissen hervor, welche der Verfasser an einer mehrstufigen Aktionsturbine ermittelt hat. Die Turbinenwelle mit allen Laufrädern wurde hierbei in stagnierendem Dampfe durch einen Gleichstrommotor angetrieben. Der Arbeitsverbrauch nimmt augenscheinlich mit dem spezifischen Gewicht des Dampfes linear zu. Daß der Verbrauch auch bei der Dichte Null nicht verschwindet, ist in der Lagerreibung begründet, welche bei dem schon erheblichen Gewicht der Welle und der Laufräder nicht vernachlässigbar ist. Da der Dampf gesättigt war, besteht angenäherte Proportionalität auch mit dem absoluten Druck.

An der gleichen Turbine wurden auch Versuche mit fortschreitender Umlaufzahl angestellt, welche ebenfalls des Gesetz bestätigen, daß die Reibungsarbeit angenähert mit der dritten Potenz der Umlaufzahl zunimmt.

Über die Abhängigkeit der Reibungsarbeit von der Dampfüberhitzung geben die wertvollen Versuche von Lewicki[1]) Aufschluss. Das Laufrad der von ihm untersuchten Lavalturbine besaß 220 mm Außendurchmesser und 20 mm Schaufellänge, 10 mm Schaufelbreite, rd 6 mm Teilung und lief abwechselnd in Luft, gesättigtem und überhitztem Dampfe. Die Pressung variierte von 1 kg/qcm bis 0,36 kg/qcm absolut. Zahlentafel 3 enthält eine Zusammenstellung der Ergebnisse für die konstante Umdrehungszahl des Rades von 20 000 p. Min.

Zahlentafel 3.

Das Rad lief mit 20000 Umdrehungen per Min. in	Temperatur °C.	Gesamte Leerlaufarbeit der Turbine bei atm. Druck PS	Radwiderstand allein: bei atm. Druck PS	bei atm. Druck α	im Vakuum von 0,36 Atm. abs. PS	im Vakuum von 0,36 Atm. abs. α
Luft	30	6,8	4,6	6,44	—	—
gesättigtem Dampf	—	5,5	3,3	8,83	1,5	10,48
überhitztem Dampf	123	5,10	2,85	8,12	0,95	7,60
	184	4,55	2,25	7,39	—	—
	244	4,30	2,05	7,62	—	—
	300	4,15	1,88	7,06	0,60	6,94

Die Reibungsarbeit nimmt mithin unter sonst gleichen Umständen mit wachsender Überhitzung erheblich ab.

Die Werte der Konstanten α (s. unten) sind in Fig. 71 zusammengestellt.

Auch aus den Versuchen Lewickis geht hervor, daß die Leerlaufarbeit mit der dritten Potenz der Umlaufzahl zunimmt. So betrug der Radwiderstand in gesättigtem Dampfe von atm. Druck

[1]) Zeitschr. d. V. deutsch. Ing. 1903.

$N_0 = 1{,}34$	1,40	2,25	3,26 PS
bei $n = 14850$	15330	17660	20000 Uml./Min.
und es ist $10^{12}\frac{N_0}{n^3} = 0{,}41$	0,39	0,41	0,41 d. h. konstant.

Eine andere Versuchsreihe bei unveränderlicher Umlaufzahl, abnehmendem Druck und bei gesättigtem Dampfe ergibt, wenn wir von der ermittelten Bruttoarbeit 0,23 PS als schätzungsweisen Betrag der Lager- und Stopfbüchenreibung abziehen, die Zusammenstellung:

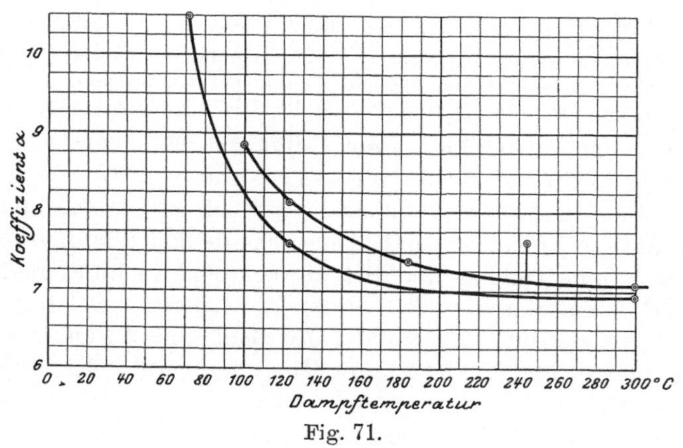

Fig. 71.

Zahlentafel 4.

Leerlauf im ganzen	$N_0 = 1{,}51$	2,08	3,26 PS
Abzug für Lager und Stopfb.	0,23	0,23	0,23
reine Dampfreibung	$N_0' = 1{,}28$	1,85	3,03
absol. Dampfdruck kg/qcm	0,40	0,60	1,00
spezif. Gewicht γ	0,248	0,363	0,587
Verhältnis	$N_0' : \gamma = 5{,}16$	5,10	5,16
	$\alpha = 8{,}10$	8,03	8,10

Die reine Dampfreibung erweist sich mithin abermals dem spezifischen Gewicht des Dampfes proportional.

Formel für den Wert der gesamten Leerlaufarbeit.

Eine Formel, welche die Radreibung in freier Luft und bei eingeschlossenem Rade für den Vorwärts- und Rückwärtsgang zusammenfassend darstellen würde, dürfte wohl nur schwer aufstellbar sein. Unsere Versuche bieten indessen die Handhabe, wenigstens den Leerlauf in freier Luft für den Vorwärtsgang allgemein anzugeben. Die Reibung der glatten Scheibe, welche den Radkörper bildet, kann, wie oben bemerkt, durch den Ansatz

$$N_0' = a_1 D^{2,5} \left(\frac{u}{100}\right)^3 \gamma$$

wiedergegeben werden. Zieht man diesen Anteil von der Gesamtarbeit ab, so bleibt die Ventilationsarbeit der Schaufeln übrig, für welche sich empirisch der Ansatz

$$N_0'' = a_2 L^{1,25} \left(\frac{u}{100}\right)^3 \gamma$$

als brauchbar erweist. Im ganzen erhalten wir also die Leerlaufarbeit in PS

$$N_0 = N_0' + N_0'' = [a_1 D^{2,5} + a_2 L^{1,25}] \left(\frac{u}{100}\right)^3 \gamma$$

mit den Werten

$$a_1 = 3,14$$
$$a_2 = 0,42$$

wenn wir den Außendurchmesser D in *m*, die Schaufellänge L in *cm*, die äußerste Umfangsgeschwindigkeit u in m/Sek., das spezifische Gewicht γ in kg/cbm einsetzen. Die Formel ergibt für die untersuchten Räder A bis E in der gleichen Reihenfolge einen Fehler von 5,9; 1,6; 0,6; 1,2; 0,2 vH, liefert also für praktische Zwecke hinlänglich große Genauigkeit. Es ist natürlich nicht ausgeschlossen, daß sich, wenn noch mehr Versuche vorliegen werden, eine Änderung der Form des Ansatzes notwendig erweisen wird.

Der Übergang zum eingeschlossenen Rade ergibt bedeutend herabgesetzte Reibungsarbeiten, zu deren Vergleich untereinander sich eine vereinfachte Formel, wie z. B.

$$N_0 = a D^2 \left(\frac{u}{100}\right)^3 \gamma$$

empfiehlt. Die Werte des Brutto-Koeffizienten a sind in Tabelle 1 und 3 angegeben. Bei 545 Durchmesser ist der Kraftverbrauch der eingeschlossenen Räder nur etwa die Hälfte, bei 1265 Durchmesser nur etwa ein Viertel desjenigen in freier Luft.

Will man die Reibungsarbeit in Dampf berechnen, so ist man auf eine Umrechnung im Verhältnisse der von Lewicki gefundenen Werte angewiesen. Um den Vergleich richtig durchzuführen, müssen wir auch in Tabelle 3 von der Bruttoarbeit 0,23 PS. auf Lager- und Stopfbüchsenreibung abziehen. Alsdann erlauben die Konstanten a nachstehende Schlußfolgerung: Die Reibungsarbeit in gesättigtem Dampf ist bei gleichem spezifischen Gewicht, gleicher Radgröße und Geschwindigkeit das 1,3fache derjenigen in Luft.

Die Reibungsarbeit in Dampf vom atmosphärischen Drucke und 300° Überhitzung ist derjenigen in Luft gleich.

Bei 300° Temperatur im Vakuum ist die spezifische Reibung im Dampf nach Lewickis Versuchen auffallenderweise sogar kleiner wie in Luft bei atmosphärischer Temperatur.

Inwiefern die Leerlaufarbeit abnimmt, wenn das Rad partiell oder voll beaufschlagt arbeitet, muß zunächst dahingestellt bleiben. Die in Wirbelung versetzte Dampfumgebung wird den in das Rad eintretenden und noch mehr den das Rad verlassenden Dampfstrom stören und Verluste verursachen. Wenn wir also die Leerlaufarbeit an sich auch geringer veranschlagen dürfen, so ist anderseits dieser neue Verlust in Rechnung zu ziehen.

Alles in allem geht aus unseren mit wirklichen Turbinenrädern durchgeführten Versuchen hervor, daß der Ventilationsverlust nicht so bedeutend ist, wie man früher anzunehmen geneigt war.

III.

Konstruktion der wichtigsten Turbinen-elemente.

34. Schaufelform.

Die Form der Schaufel soll der Bedingung genügen, daß der Dampfstrahl mit möglichst geringen Reibungs- und Wirbelungsverlusten auf den gewünschten Enddruck expandiert und in die gewünschte Richtung abgelenkt wird. Für die Laufkanäle genügt es, die relative Bewegung im Auge zu behalten, um so mehr, als bei Dampfturbinen wegen hoher Geschwindigkeiten und schärferer Schaufelkrümmung die Schwierigkeiten gewisser hydraulischer Radialturbinen entfallen, bei welchen es vorkommen kann, daß auf einem Teile des Weges die Schaufel Arbeit auf das Wasser überträgt, statt sie von ihm zu empfangen. In Bezug auf die Ablenkung ist vor allem der Austritt aus dem Leit- und Laufrade von Wichtigkeit. Um den gewünschten Winkel zu erhalten, wird man das letzte Element der Schaufel am besten geradlinig formen; mindestens also auf die Länge AB in Fig. 72 d. h. bis zum Fußpunkt des von A_1 auf AB gefällten Perpendikels. Von da aus soll der Kanal in

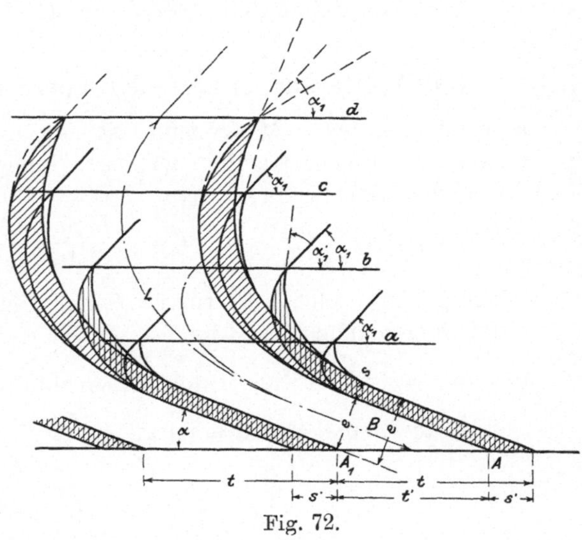

Fig. 72.

sanfter Krümmung bis zum Winkel α_1 hinüberleiten. Die Ausführung nach a in Fig. 72 wäre offenbar zu scharf und würde eine Ablösung des Dampfstrahles von der Wandung veranlassen. Ausführung nach b kann bereits genügen, und es hängt die Radhöhe vor allem davon ab, wieweit wir den Stoß beim Eintritt mildern wollen. In Profil b ist Winkel α_1 als Abschrägung des Schaufelrückens aufgefaßt, woraus sich für die führende Schaufelfläche der etwas große Winkel α_1' ergibt. Günstiger wäre dies bei c und d, doch gibt letztere Annahme einen offenbar nutzlos langen Dampfweg. Im übrigen dürfte eine derartige Zuspitzung der Schaufel, daß α_1 die Halbierende derselben bildet, wie bei d punktiert angedeutet ist, ebensoviel Berechtigung haben wie die ersterwähnte. Durch Auf. zeichnen des absoluten Dampfweges und Ermittelung der Umfangsverzögerung erhält man wertvolle Aufschlüsse über die Gleichmäßigkeit der Arbeitsabgabe.

Die Länge des Kanales, also des Dampfweges, ist hiernach ein durch das praktische Gefühl zu bestimmendes Vielfache der Teilung, und es kann dies Verhältnis bei gegebener Ablenkung wohl als ziemlich konstant angesehen werden.

Es entsteht somit die Frage, ob wir

35. Weite und lange, oder kurze aber enge Kanäle

anwenden sollen. Maßgebend ist der hydraulische Widerstand, dessen „verlorenes Gefälle“ wir nach Analogie der Wasserströmung durch den Ansatz

$$h_z = \zeta \frac{U}{F} l \frac{w^2}{2g} \quad . \quad . \quad . \quad . \quad . \quad . \quad (1)$$

wiedergeben wollen. Hierin ist U der Umfang, F der Querschnitt, l die Bogenlänge des Kanales, w die Geschwindigkeit. Genauer genommen ist $\frac{U}{F} w^2$ als Mittelwert einzuführen, der nötigenfalls graphisch aus dem „Mittelwertsatz“

$$\int_0^l \zeta \frac{U}{F} \frac{w^2}{2g} dl = \frac{\zeta}{2g} \left(\frac{U}{F} w^2 \right)_m l$$

gefunden werden könnte. Wenn a die radiale Länge, e die lichte Weite des Kanals ist, so haben wir

$$h_z = \zeta \frac{2(a+e)}{ae} l \frac{w^2}{2g} = 2\zeta \left(1 + \frac{e}{a} \right) \frac{l}{e} \frac{w^2}{2g} \quad . \quad . \quad . \quad (2)$$

$l:e$ wird im Sinne der Schlußbemerkung im obigen Abschnitte als nahezu konstant anzusehen sein, und Formel 2 ergibt, daß es innerhalb eines gewissen Gültigkeitsbereiches zweckmäßig ist, die Teilung (d. h. auch e) klein zu wählen. Eine Grenze für die Reduktion von e ist durch den Einfluß der Schaufeldicken gegeben, welche den Strahl im Spalte zu einer Erweiterung, die mit Wirbelungen verbunden ist, veranlassen.

Die Teilung hängt auch ab von der Länge der Schaufel, welche an sich eine Minimalbreite bedingt. Als praktische Grenzen können wir bei Längen von 20 bis 30 mm etwa 8 bis 10 mm axiale Breite und 5 bis 6 mm Teilung, bei ganz langen Schaufeln (200 bis 300 mm) etwa 25 mm Breite und 14 bis 16 mm Teilung ansehen.

36. Konstruktion und Befestigung der Schaufeln.

1. Hohe Umfangsgeschwindigkeit.

a) Schaufeln einzeln hergestellt.

Für Räder mit hoher, d. h. über etwa 150 m gelegener Geschwindigkeit hat de Laval die musterhafte in Fig. 73 dargestellte Konstruktion geschaffen. Die Schaufeln werden aus Flußstahl gepreßt, auf Kaliber gefräst und in der Nute leicht verstemmt. Das Prinzip der Vertauschbarkeit ist streng gewahrt und die Kosten für die Erneuerung eines Schaufelsatzes nicht groß. Die Schaufeln besitzen am äußeren Ende Ansätze, die sich gegenseitig berühren und einen geschlossenen Begrenzungsring bilden. Die Stege sind stark verdickt, um angenähert konstanten Durchfluß zu gewähren. Man kann sie nach oben hin verjüngen, um die Fliehkraft zu vermindern, erhält aber weniger gute Dampfführung, besonders bei kleineren Rädern und langen Schaufeln, wegen der merklich größeren Teilung am äußeren Ende (siehe Schnitt AB und CD Fig. 73). Die Konstruktion ist für die höchsten bisher erreichten Geschwindigkeiten (etwa 430 m) geeignet, indessen in der Anwendung auf Einzelräder, die von der Seite zugänglich sind, beschränkt.

In den ersten Ausführungen benutzte Laval die in Fig. 74 dargestellte Konstruktion mit zweiteiligem Radkörper, die bei großen Rädern in dieser Form versagt und teurer ist wie diejenige in Fig. 73.

Seger ließ durch das Engl. Pat. No. 4611, vom Jahre 1894, die in Fig. 75 dargestellte Idee schützen. Die Schaufel a wird aus gezogenem Profil auf Längen geschnitten am unteren Ende in die Form einer Gabel gefräst und in die ebenfalls gefrästen Nuten b der Radscheibe eingesetzt. Die Gabelzinken werden nun umgebogen und könnten durch anzunietende Ringe c am Wiederaufbiegen verhindert werden. Da Nuten b am besten geradlinig gemacht werden, muß das Schaufelprofil aus zwei Geraden und einer Kurve bestehen;

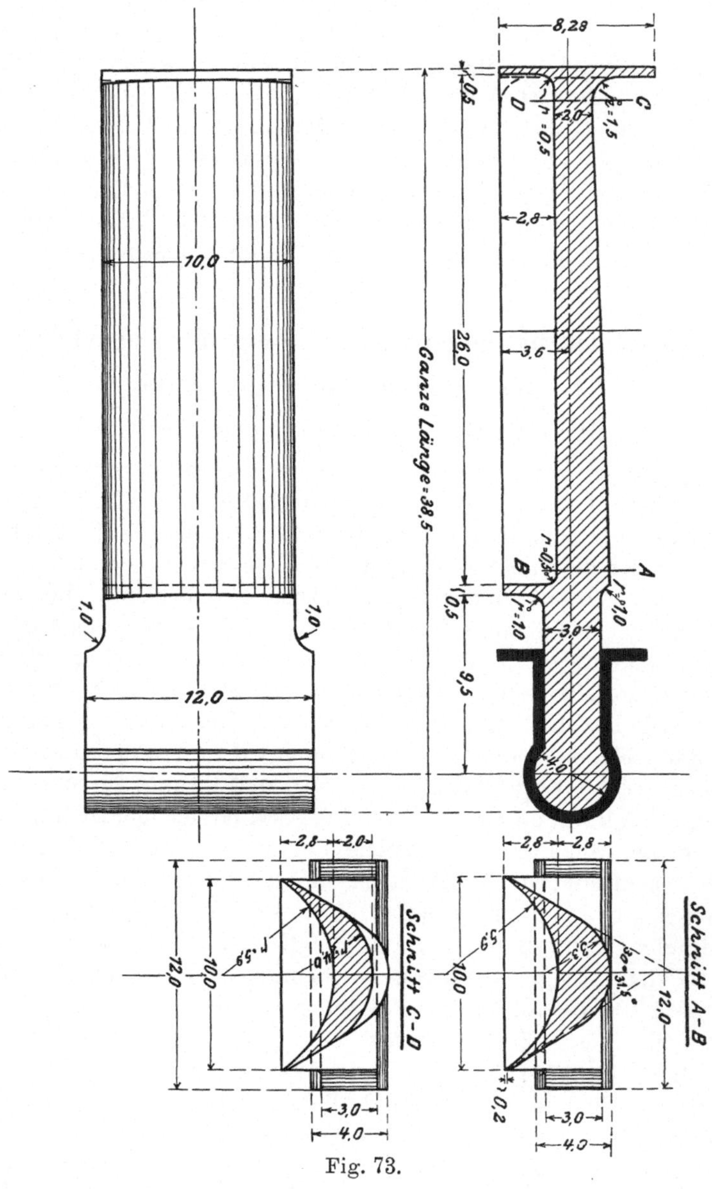

Fig. 73.

an der Eintrittsstelle d wird die sonst gleich dick vorausgesetzte Schaufel zugeschärft. Eine Verjüngung der Blechdicke nach außen ist zweckmäßig, bedingt aber besondere Fräsarbeit oder eigens ungleich dick gewalzte Blechstreifen, aus welchen man die Schaufeln biegen und schneiden müßte.

Zölly benutzt für seine Aktionsräder gezogene Flußeisenschaufeln, welche indessen blank und gegen das Außenende verjüngt

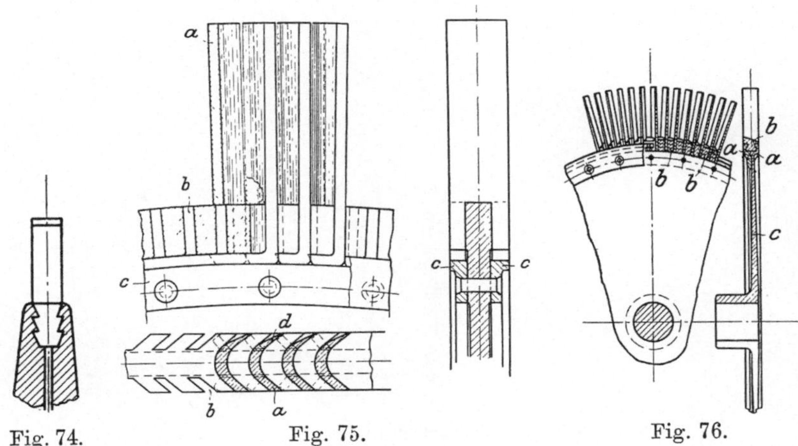

Fig. 74. Fig. 75. Fig. 76.

nachgefräst werden. Zum Zwecke der Befestigung erhält die Schaufel Fig. 76 beiderseitig die rechtwinkligen Einkerbungen *a*, welche in entsprechende Nuten des Rades *c* und eines Deckringes hineinpassen. Letzterer wird nach dem Einlegen der Schaufel definitiv festgenietet. Die Schaufeln werden im richtigen Abstand erhalten

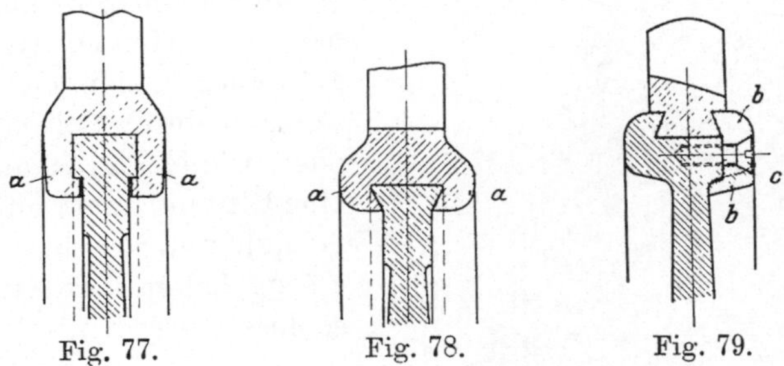

Fig. 77. Fig. 78. Fig. 79.

durch die allseitig gefrästen und ebenfalls mit Kerben versehenen Beilagen *b*. Die Schaufel ist radial erweitert und bleibt nach außen frei.

Die Umkehrung dieser Konstruktion in Fig. 77 ist ebenfalls ausführbar, bedingt aber unbequemere Montage. Der solidere Schwalbenschwanz in Fig. 78 bedingt wesentlich stärkere Abmessungen der Klammer *a* - *a*, weil die Pressung in den Paßflächen an sich größer ist und an einem größeren Hebelarm angreift. Hier wie auch in

Fig. 79, wo der Kranz selbst als Klammer ausgeführt ist, fällt das tote Gewicht bei gleich breiten Schaufeln merklich größer aus. In

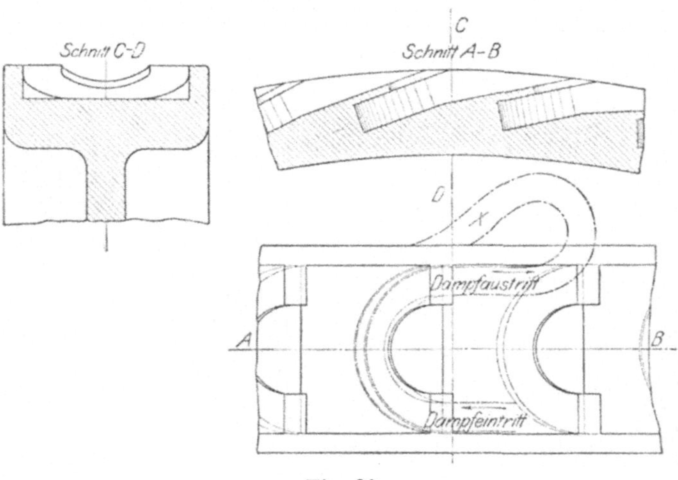

Fig. 80.

gleichem Maße wächst die radiale Anspannung der Scheibe, und wie in Abschn. 39 gezeigt wird, auch ihr Gewicht. Zur Gewichtsvermehrung trägt auch das bei, daß man die Schaufeln unten auf eine Strecke voll lassen muß, um mit dem Leitapparat dicht zum Schaufelkanal gelangen zu können. An einigen symmetrisch gelegenen Stellen muß eine Paßschaufel durch Bolzen befestigt oder, wie in Fig. 79 angedeutet, eine Öffnung zum Einführen der Schaufeln durch ein vom Bolzen *c* festgehaltenes Paßstück *b* verschlossen werden.

Fig. 81.

b) Schaufeln mit dem Kranz aus einem Stück.

An der Riedler-Stumpfturbine werden Pelton-artige Schaufeln unmittelbar in den Kranz des Turbinenrades eingefräst. Die Fig. 80 veranschaulicht die Schaufelform nach dem franz. Patent 310020 vom J. 1901 von Stumpf. Die fliegende Fräserscheibe schneidet den halbkreisförmigen Kanal und den halbrunden Ausschnitt in der Zellenscheidewand zugleich aus. Den Knick, der bei der angedeuteten Bearbeitung an der Zellenrückwand entstehen würde, vermeidet die wirkliche Ausführung durch eine schwach verjüngte Form der Zelle

Fig. 82.

mit ebenen Wänden. Fig. 81 stellt ein Fragment mit zweiseitiger Schaufel dar, bei welcher der Dampfstrahl durch den Mittelgrat in zwei gleiche Hälften gespalten wird.

Die General Electric Cie. Schenectady hobelt die Schaufeln der konstruierten axialen Druckturbine durch eigene Maschinen heraus,

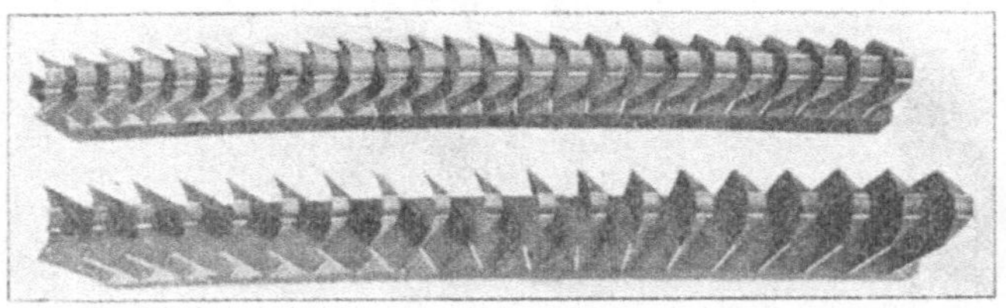

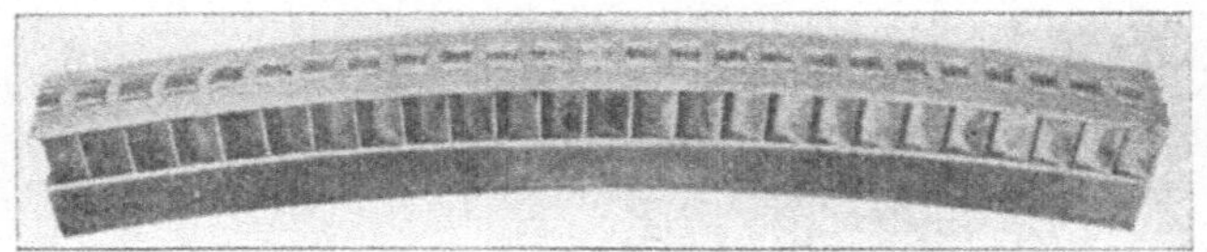

Fig. 83.

deren der Schaufelkrümmung angepaßter Hobelstahl die entsprechende krummlinige Hin- und Herbewegung ausführt. In Fig. 82 und 83 sind Schaufelsegmente mit engerer und weiterer Teilung abgebildet. Über die Schaufelenden wird ein Band geschlungen und mittels der im Bilde ersichtlichen Ansätze vernietet.

2. Mäfsige Umfangsgeschwindigkeit ($u < 150$ m).

Die vielstufigen Turbinen arbeiten, wie wir erörtert haben, mit Umfangsgeschwindigkeiten, die 100 m nur um weniges übertreffen. Da die Schaufeln nur geringen Fliehkräften zu widerstehen haben, wird auch ihre Konstruktion wesentlich einfacher ausfallen.

Die Parsonsturbine verwendet nach den Prospekten ihrer Lizenzfirmen Schaufeln aus gezogenen Stäben von Bronze oder anderen Metallen, die in schwalbenschwanzartigen Nuten durch kleine Beilagen aus gleichen Baustoffen mittels Einklemmung festgehalten werden. Die Beilagen werden zum Schluß verstemmt, um

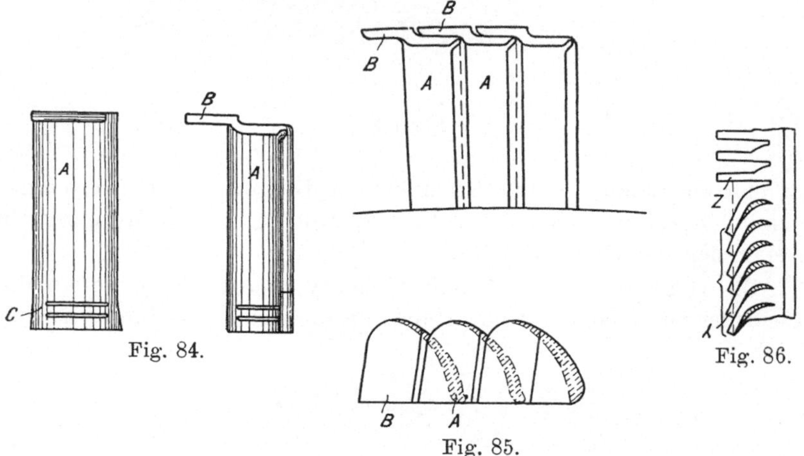

Fig. 84.

Fig. 85.

Fig. 86.

eine allseitige Verspannung zu erzielen. Einen Abschluß am äußeren Umfange gibt es nicht, beziehentlich er wird durch das Turbinengehäuse gebildet, welches die Räder mit hinreichend kleinem Spiele umgibt, um die Undichtheitsverluste auf das zulässige Maß zu beschränken. Die Leitschaufeln sind in ähnlicher Art in der Wandung des Gehäuses befestigt. Leit- und Laufräder folgen unmittelbar aufeinander. In der Achsenrichtung darf ein Spiel von einigen Millimetern gewährt werden.

Die neueren Bestrebungen gehen, wie man aus den Patenten[1]) der beteiligten Firmen erkennen kann, darauf hinaus, einmal eine solidere Schaufelbefestigung zu erzielen, dann die Undichtheitsverluste durch geeignete Abschlußringe zu vermindern. So wird nach Fig. 84 das Schaufelende abgebogen und durch wechselweises Über-

[1]) H. F. Fullagar, Schweiz. Pat. No. 24039 Kl. 93; Parsons Foreign Patents Co. und A.-G. f. Dpfturb. Brown Boveri-Parsons. D.R.P. No. 144528 Kl. 14c. Letztere nochmals Schweiz. Pat. No. 26718 Kl. 93 u. a. m.

decken und eventuelles Verlöten der Ansätze *B* ein ganz oder teilweise geschlossener Ring (Fig. 85) geschaffen. Das innere Ende *C* der Schaufel ist erweitert, um die Schwalbenschwanznute auszufüllen.

Die Beilagen sollen breiter ausgeführt werden als die Schaufeln, damit beim Verstemmen die Schaufel nicht beschädigt werde. Fig. 86 zeigt eine Befestigung der Schaufel durch Umbiegen der Zähne *z* eines Ringes, der in die Nute eingebracht und dort mittels eines besonderen Stemmringes festgehalten wird. Wie die vorspringenden Ecken *y* weggedreht werden sollen, wird nicht angegeben. Nach Fig. 87 wird der Befestigungsring in zwei Hälften *A* und *B* ge-

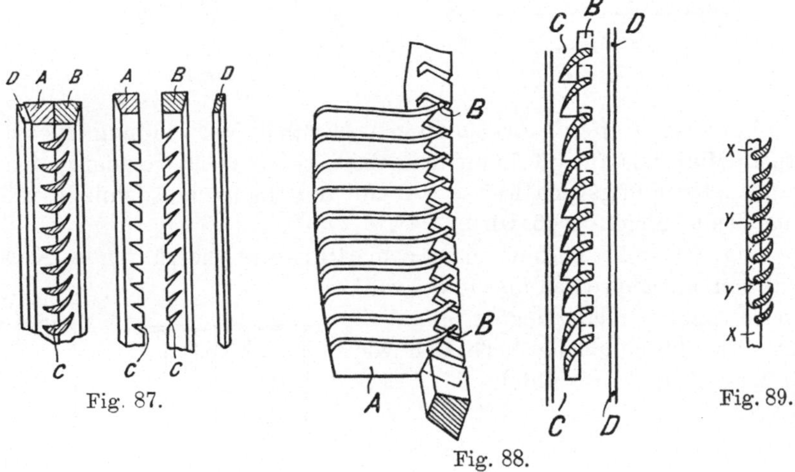

Fig. 87. Fig. 88. Fig. 89.

teilt und mit Nuten *C* versehen, in welche die Schaufeln passen; *D* sind Stemmringe.

Die Schaufel *A* wird, wie Fig. 88 zeigt, am unteren Ende *B* wohl auch geschlitzt und verschränkt. Die Nuten in den beiden Hälften des Befestigungsringes *C*, *D* sind dieser Schränkung angepaßt.

Die äußeren Enden der Schaufeln werden gemäß Fig. 89 durch einen teilweise eingelassenen Ring *x* zusammengehalten, wobei verlötete Drähte den Zusammenhalt unterstützen.

Dasselbe erzielt man durch den gelochten Ring *S* (Fig. 90), der in geeigneter Weise mit dem Schaufelende *R* verbunden wird.

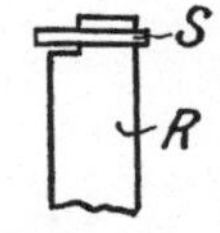

Fig. 90.

Diese Methoden ermöglichen die Herstellung einer bedeutend besser gedichteten Turbine, wie Fig. 91 zeigt, wobei die nach Fig. 90 hergestellten Abschlußringe mit möglichst geringem Spiel an den Stemmringen *G* vorbeistreifen. Hier kann das Rad radial beliebiges Spiel haben, muß hingegen axial nach einer Seite äußerst genau eingestellt werden.

In Fig. 92 erzielt man ganz stetigen Dampfübergang, muß aber die Lauftrommel axial nach beiden Richtungen ganz genau festhalten.

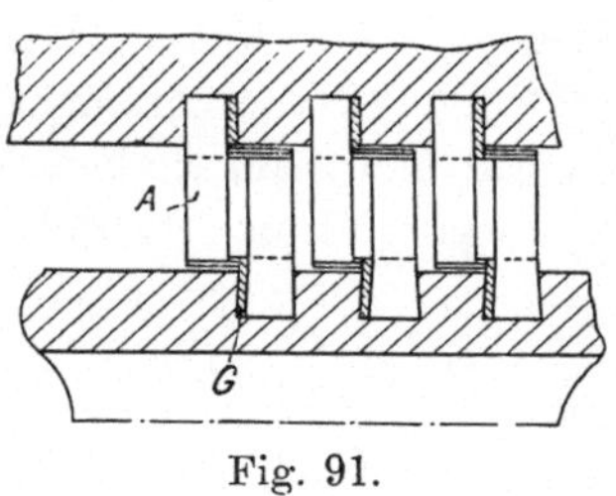

Fig. 91.

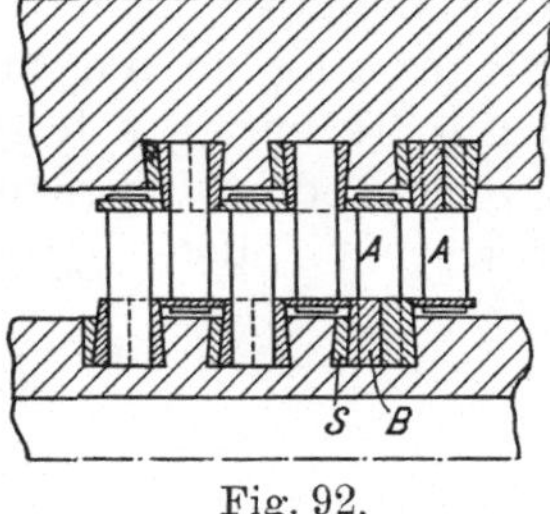

Fig. 92.

Vorschläge dieser Art bedingen offenbar Verwendung gleichartigen Materials für die Lauftrommeln und das Gehäuse und gleichartige Abkühlungsverhältnisse, damit die Längenausdehnung für beide Teile gleich groß wird.

Fig. 93 stellt endlich eine von Parsons herrührende Konstruktion mit gepreßten und in Schwalbenschwanznuten eingelegten Schaufeln dar. Ein Abschlußring ließe sich wie bei Laval auch ausbilden.

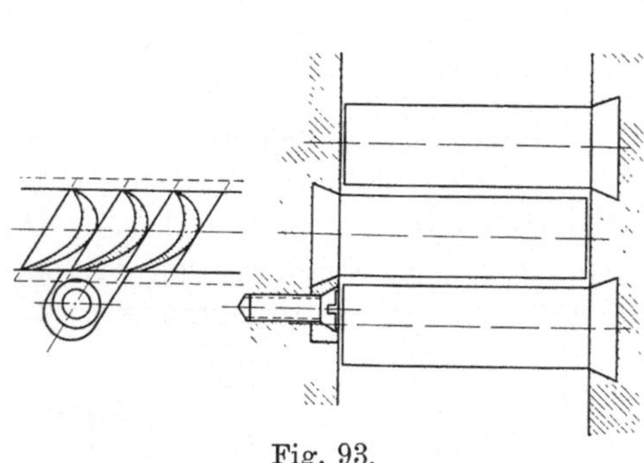

Fig. 93.

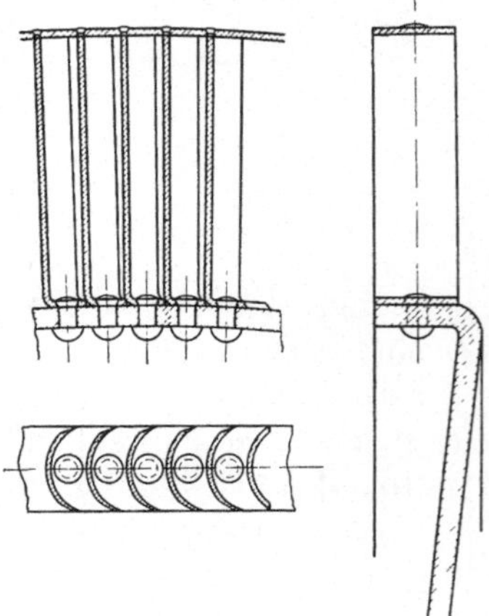

Fig. 94.

Die Rateau-Turbine benutzt aus Flußeisenblech gepreßte Schaufeln, welche gemäß Fig. 94 mit den ebenfalls aus Flußeisenblech bestehenden Radscheiben durch Nietung verbunden werden.

Ein äußerer Abschlußring wird stets angewendet. Nach dem D.R.P. No. 143 960 ist es Absicht, die Schaufeln der Leichtigkeit halber möglichst dünn zu halten, und wird die Festigkeit erhöht, indem man die Hohlkehle an der Umbiegung mit Lot ausfüllt.

Die Beanspruchung der Niete ist nicht größer und der Art nach nicht verschieden von der, die z. B. bei dem sogenannten Dome der Dampfkessel vorkommt. Bei großen Schaufellängen dürfte es sich empfehlen, den Befestigungslappen auf die Länge zweier Teilungen auszudehnen, wobei man ihm durch Pressen eine geeignete Form geben würde.

37. Konstruktion der Leitvorrichtung.

Fig. 95 stellt den Einlauf zur Lavalschen Düse mit ihrer durch eine Stopfbüchse gedichteten Abschlußspindel dar. Die Düse dichtet metallisch in der sanft konischen Bohrung. Um die Düse heraus zu heben, benutzt man Gewinde mit eigener Preßschraube.

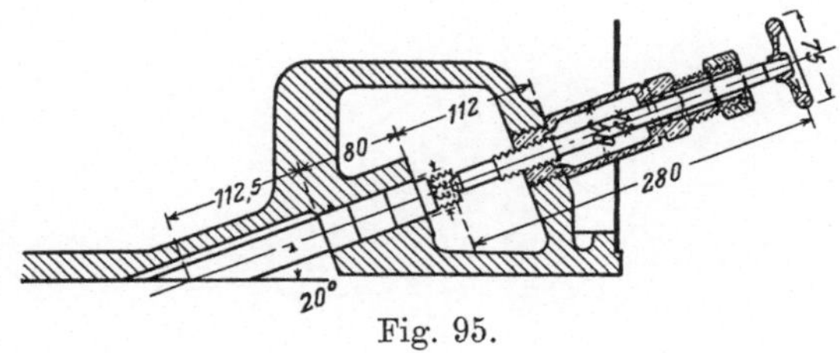

Fig. 95.

Bei der runden Düse bildet der Schnitt mit der Radebene eine recht flache Ellipse, und die ersten und letzten Schaufeln werden nicht voll ausgefüllt; sie reißen Dampf der Umgebung unter Arbeitsverlust in die Schaufel herein. Dieser Übelstand wird vermieden

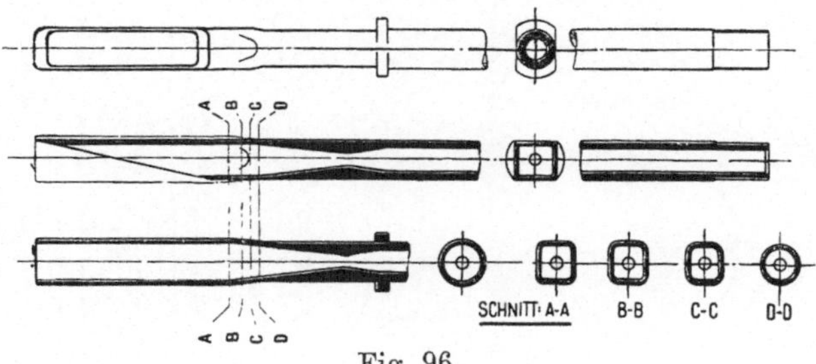

Fig. 96.

durch die Stumpfsche Düse, die ursprünglich rund gedreht, durch Pressen auf das Profil eines Rechteckes gebracht wird. (Fig. 96.) Diese Düsen werden so dicht gestellt, daß der Dampfstrahl als zusammenhängendes Ganze das Laufrad trifft. Partielle Beaufschlagung ist hierbei sehr wohl zulässig.

Th. Reuter[1]) fräst die Leitkanäle schraubenartig in den Umfang des Ringes *a* (Fig. 97) und deckt diesen dampfdicht durch Ring *c* ab. Das Profil der Düse ist ebenfalls rechtwinklig und die

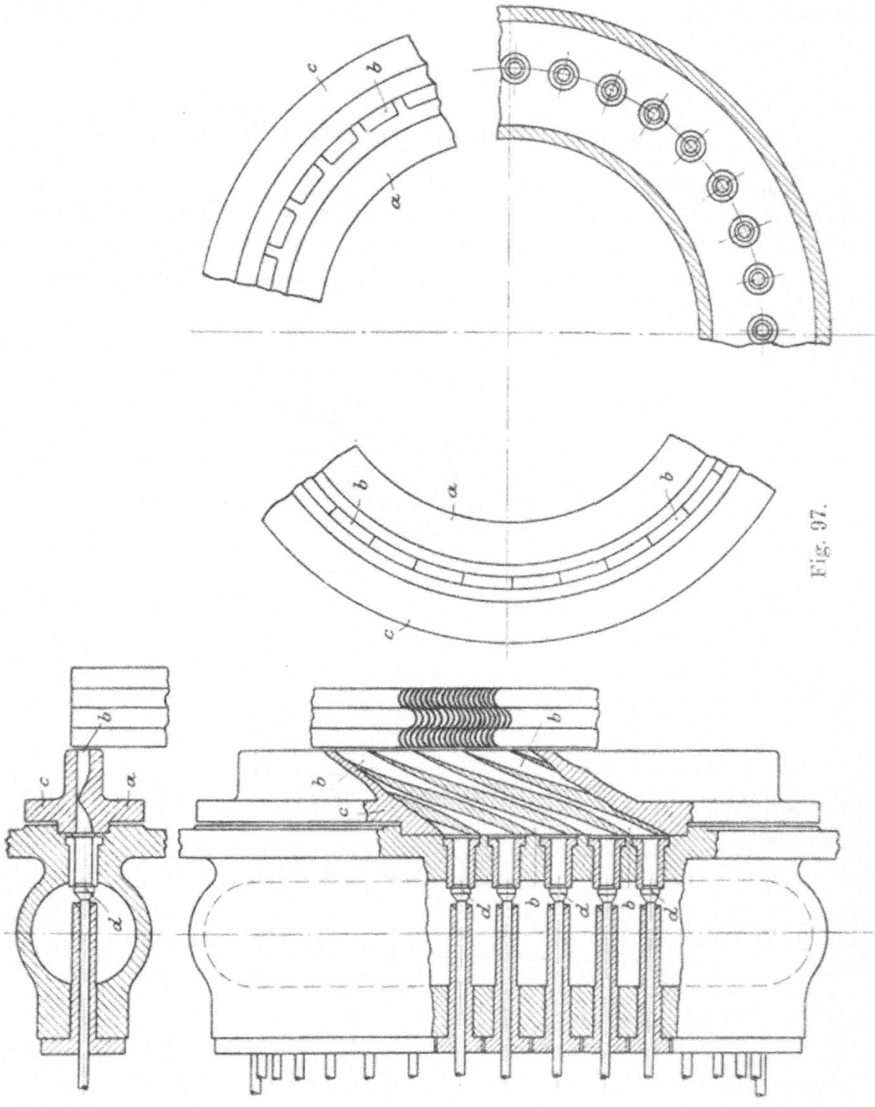

Fig. 97.

Scheidewände laufen spitz aus, um eine Verschmelzung der einzelnen Strahlen zu erzielen. In der Figur sind auch die der Regu-

[1]) Schweiz. Pat. No. 25441, Kl. 93, Febr. 1902.

lierung dienenden Einzelabschlüsse eingezeichnet, die weiter unten besprochen werden.

Wo eine Erweiterung entbehrlich ist, d. h. bei vielstufigen

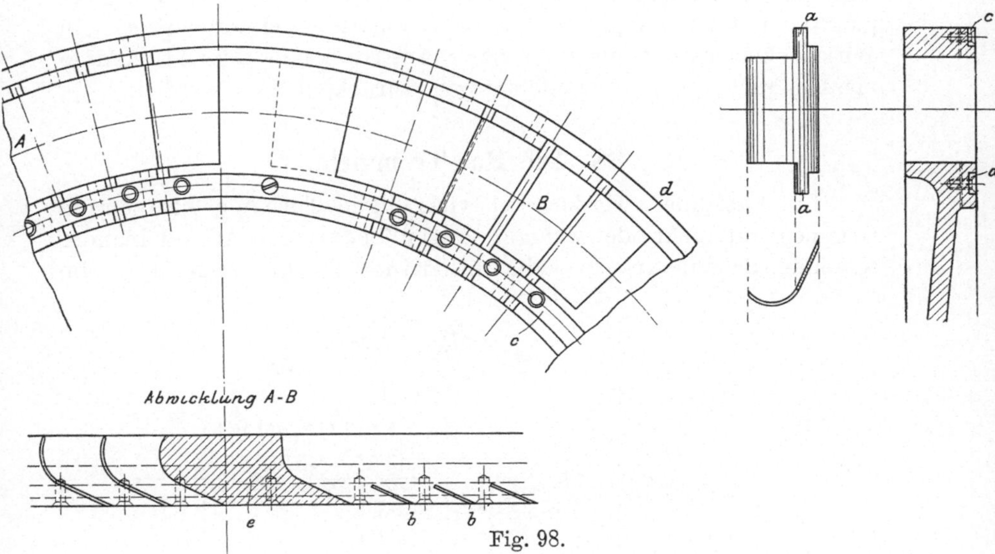

Fig. 98.

Turbinen, arbeiten wir selbstverständlich mit der einfachen Schaufelform, und alles kommt auf ihre Herstellungsart an. Fig. 98 zeigt den Einlauf der Zollyschen Turbine, deren Schaufeln aus Stahl-

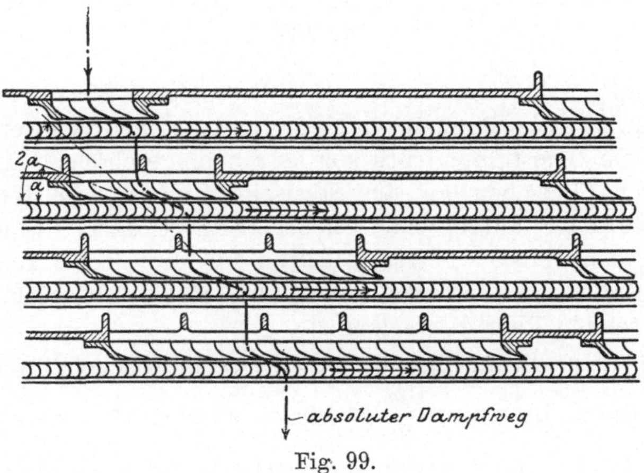

Fig. 99.

blech gebogen und gemäß Skizze *a* ausgeschnitten werden. Zur Aufnahme der Zacken *a* dienen Nuten *b*, worauf die Schaufeln durch die Ringe *c*, *d* festgehalten werden.

Rateau versetzt gemäß Fig. 99 die Leitschaufelgruppen in einer schraubenlinienartigen Anordnung, damit der Dampf der natürlichen Strömungsgeschwindigkeit folgen kann. Der absolute Dampfweg ist in die Figur nach dem Schweiz. Pat. No. 24 473 (strichpunktiert) unter Annahme normalen Austrittes eingezeichnet. In Wirklichkeit wird freilich normaler Austritt kaum erreicht, und es müssen auch die Leitschaufeln etwas zurückgebogen werden.

38. Die Rad-Trommeln.

Die Laufräder werden bei vielstufigen Turbinen entweder in Gruppen auf mehr oder weniger langen Trommeln als aufeinander folgende Schaufelkränze, oder als Einzelräder ausgeführt. Im

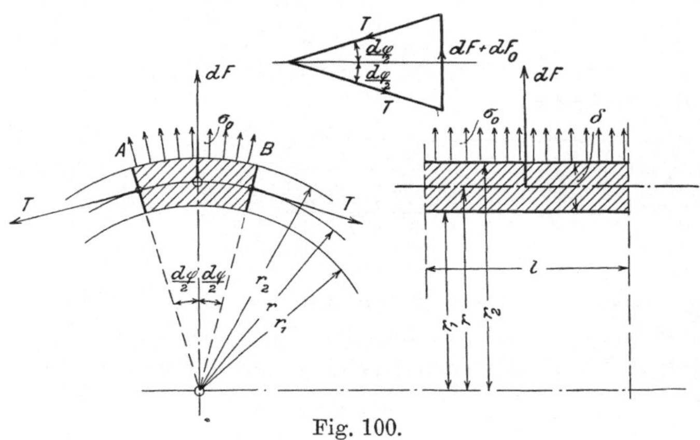

Fig. 100.

ersten Falle sollte im Interesse vollständigen Massenausgleiches (s. Abschn. 43) die Trommel auch inwendig abgedreht werden, und es kann die Befestigung entweder durch eingeschobene Armkreuze oder durch Flanschen an der Stirnseite und an die Welle angeschmiedete oder aufgepreßte Endscheiben erfolgen. Eine so befestigte Trommel ist, wenigstens soweit die Mitte in Betracht kommt, da der Einfluß der verschraubten Enden nicht weit reicht, wie ein frei rotierender Ring zu rechnen.

Schneiden wir in Fig. 100 aus der zylindrischen Trommel von Länge l durch die unter $\frac{d\varphi}{2}$ geneigten axialen Ebenen das Element AB heraus, so findet sich dasselbe erstens durch die Fliehkraft der eigenen Masse

$$dF = (r\,d\varphi\,\delta\,l\,\mu)\,r\,\omega^2 \quad . \quad . \quad . \quad . \quad . \quad . \quad (1)$$

beansprucht. Hierin bedeutet

$$\mu = \frac{\gamma}{g} \text{ die spezifische Masse,}$$

ω die Winkelgeschwindigkeit

und die Bedeutung der übrigen Größen ist aus der Figur ersichtlich.

Weiterhin darf bei nicht zu großer Dicke δ die Spannung σ in Richtung des Umfangs als gleichmäßig angenommen werden, und bildet eine auf die Seitenfläche $l\delta$ wirkende Resultierende

$$T = l\delta\sigma \quad \text{. . . . .} \quad (2)$$

Schließlich ist die Fliehkraft der Schaufeln und deren Befestigungsteile in Betracht zu ziehen, welche wir gleichwertig verteilt denken und pro qcm der mittleren Zylinderfläche (vom Radius r) mit σ_0 bezeichnen wollen. Die auf das Element entfallende Resultierende ist

$$dF_0 = r\,d\varphi\,l\sigma_0 \quad \text{. . . . . . .} \quad (3)$$

Das Gleichgewicht zwischen diesen Kräften besteht, falls

$$dF + dF_0 = 2T\sin\frac{d\varphi}{2} = T\,d\varphi$$

ist. Setzen wir (1) bis (3) ein, so folgt, wenn wir $r\omega$ der Umfangsgeschwindigkeit w gleich setzen,

$$\sigma = \frac{r\sigma_0}{\delta} + \mu w^2.$$

Es ergibt sich die wichtige Tatsache, daß das Glied

$$\sigma' = \mu w^2$$

d. h. die Beanspruchung durch die eigene Fliehkraft nur von der Umfangsgeschwindigkeit allein abhängt, wie groß auch der Halbmesser sein mag, und wir erhalten für Flußeisen folgende Zahlenreihe:

$w =$	25	50	75	100	150	200	400	m/sk
$\sigma' =$	50	200	450	800	1800	3200	12800	kg/qcm.

Über eine Geschwindigkeit von etwa 100 bis 120 m hinaus ist mithin die Beanspruchung der freien Trommel für gewöhnliche Baustoffe unzulässig hoch, und wir müssen Versteifungen durch Arme oder besser volle Scheibenwände vorsehen. Doch müssen diese dicht stehen, wenn sie eine Wirkung haben sollen, und berauben uns der Möglichkeit, die Trommel inwendig abzudrehen. Es empfiehlt sich alsdann, die Trommel in kürzere Stücke zu trennen, und diese wie die im nachfolgenden behandelten Scheibenräder zu konstruieren und zu berechnen.

39. Scheibenrad mit veränderlicher Dicke.

Die Beanspruchung eines Scheibenrades durch die eigenen Fliehkräfte kann durch folgende Untersuchung ermittelt werden.

Es bedeutet in Fig. 101

x den radialen Abstand eines Punktes von der Achse,
y die Dicke der Scheibe im Abstande x,
σ_r die radiale Spannung pro Flächeneinheit,
σ_t die tangentiale Spannung pro Flächeneinheit,
μ die spezifische Masse des Scheibenmateriales,
ω die Winkelgeschwindigkeit der Rotation,
$m = \frac{1}{\nu}$ das Verhältnis der Längenausdehnung zur sogen. Querkontraktion.

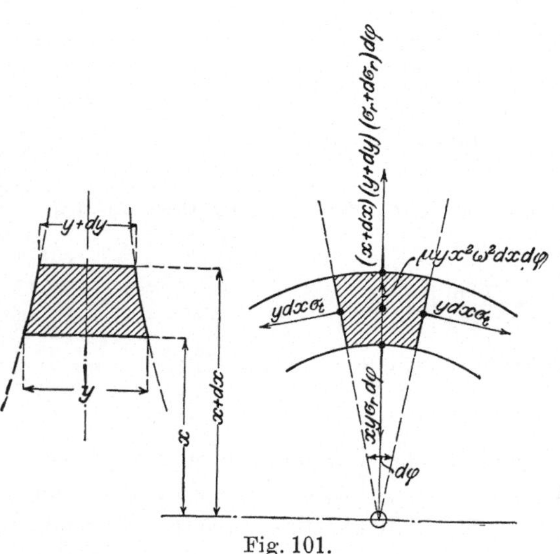

Fig. 101.

Wir nehmen die Dicke als so wenig veränderlich an, daß man die Neigung der radialen Spannungen gegen die Symmetrieebene des Rades vernachlässigen und die Spannungen über den Querschnitt gleichmäßig verteilt ansehen kann, was für die Anwendungen meist zutrifft.

Das in Fig. 101 dargestellte Scheibenelement besitzt das Volumen

$$dV = y x d\varphi dx \quad (1)$$

die Masse

$$dm = \mu dV \; . \; . \; . \; . \; . \; . \; . \; . \quad (2)$$

und wird von folgenden Kräften ergriffen: die eigene Fliehkraft

$$dF = dm x \omega^2 . \; . \; . \; . \; . \; . \; . \quad (3)$$

(bei der unendlich kleinen Dicke dürfen wir den Schwerpunktsradius mit x vertauschen).

Die Seitenkräfte $dT = y dx \sigma_t$ . . . . (4)

die radiale Kraft auf der inneren Stirnfläche

$$dR = y x d\varphi \sigma_r \; . \; . \; . \; . \; . \; . \; . \quad (5)$$

und die gleichartige Kraft auf der äußeren Stirnfläche

$$dR' = (y + dy)(x + dx) d\varphi (\sigma_r + d\sigma_r) \; . \; . \; . \quad (6)$$

Das Gleichgewicht dieser Kräfte fordert das Verschwinden der radialen Komponenten, d. h.

$$dR' - dR - Td\varphi + dF = 0 \quad . \quad . \quad . \quad . \quad . \quad (7)$$

Oder wenn wir (1) bis (6) einsetzen:

$$\frac{d(xy\sigma_r)}{dx} - y\sigma_t + \mu\omega^2 x^2 y = 0 \quad . \quad . \quad . \quad . \quad (8)$$

Es sei ferner

ξ die radiale Verschiebung im Endpunkte des Radius x,
ε_r die spezifische Dehnung im radialen Sinne,
ε_t die spezifische Dehnung im tangentialen Sinn.

Das Grundgesetz der elastischen Deformation[1]) lehrt, daß wenn ein elastischer Körper einer reinen Zugbeanspruchung unterworfen wird, durch welche in Richtung des Zuges die spezifische (d. h. auf die Längeneinheit bezogene) Dehnung ε hervorgerufen werde, in allen Richtungen senkrecht dazu eine Kontraktion eintritt, deren Betrag (ebenfalls auf die Längeneinheiten bezogen) $= \nu\varepsilon$ ist. Die Konstante ν besitzt für Flußeisen im Mittel den Wert 0,3. Ein Element unserer Scheibe erfährt durch die radiale Spannung σ_r zunächst die radiale Ausdehnung $\sigma_r : E$. Die gleichzeitig wirkende Tangentialspannung σ_t ruft indessen die sich algebraisch summierende Querkontraktion $\nu\sigma_t : E$ hervor, und die resultierende Ausdehnung in radialer Richtung wird also:

$$\varepsilon_r = \frac{1}{E}[\sigma_r - \nu\sigma_t]$$

ebenso findet man

$$\left.\begin{aligned} \varepsilon_r &= \frac{1}{E}[\sigma_r - \nu\sigma_t] \\ \varepsilon_t &= \frac{1}{E}[\sigma_t - \nu\sigma_r] \end{aligned}\right\} \quad . \quad . \quad . \quad . \quad . \quad . \quad (9)$$

Die Dehnungen selbst können durch die Verschiebung ξ ausgedrückt werden. Ein unendlich dünner Ring vom Radius x besitzt vor der Ausdehnung den Umfang $2\pi x$; nach der Ausdehnung $2\pi(x + \xi)$, mithin ist die spezifische Dehnung im Umfange

$$\varepsilon_t = \frac{2\pi(x+\xi) - 2\pi x}{2\pi x} = \frac{\xi}{x} \quad . \quad . \quad . \quad . \quad (10)$$

Da die Verschiebung des im Abstande x befindlichen Punktes A durch ξ gegeben ist, erhalten wir für den sich ursprünglich im Abstande $x + dx$ befindlichen Punkt B die Verschiebung

$$\xi' = \xi + \frac{d\xi}{dx}dx.$$

---

[1]) Grashof, Theorie der Elastizität und Festigkeit, 1878, S. 32.

Die ursprüngliche Länge der Strecke AB ist dx; die nach der Ausdehnung

$$dx' = (x + dx + \xi') - (x + \xi) = \xi' - \xi + dx = \frac{d\xi}{dx} dx + dx.$$

Die spezifische Dehnung beträgt also

$$\varepsilon_r = \frac{dx' - dx}{dx} = \frac{d\xi}{dx} \quad \ldots \ldots \quad (11)$$

Setzen wir die Werte von ε_t und ε_r in Gl. 9 ein, so erhalten wir

$$\left.\begin{aligned} \sigma_r &= \frac{E}{1-\nu^2}\left[\nu\frac{\xi}{x} + \frac{d\xi}{dx}\right] \\ \sigma_t &= \frac{E}{1-\nu^2}\left[\frac{\xi}{x} + \nu\frac{d\xi}{dx}\right] \end{aligned}\right\} \quad \ldots \ldots \quad (12)$$

Durch Einführung in Gl. 8 entsteht

$$\frac{d^2\xi}{dx^2} + \left[\frac{d(\log y)}{dx} + \frac{1}{x}\right]\frac{d\xi}{dx} + \left[\frac{\nu}{x}\frac{d(\log y)}{dx} - \frac{1}{x^2}\right]\xi + Ax = 0 \quad (13)$$

mit der abkürzenden Bezeichnung

$$A = \frac{(1-\nu^2)\mu\omega^2}{E}.$$

Gleichung 13 wird integrabel, wenn wir z. B.

$$y = cx^\alpha \quad \ldots \ldots \ldots \quad (14)$$

setzen, und nimmt die Form

$$\frac{d^2\xi}{dx^2} + \frac{\alpha+1}{x}\frac{d\xi}{dx} + \frac{\alpha\nu - 1}{x^2}\xi + Ax = 0 \quad \ldots \quad (15)$$

an. Um das Glied mit x wegzubringen, setzen wir

$$\xi = z + ax^3 \quad \ldots \ldots \ldots \quad (16)$$

und erhalten, wie nach dem Einsetzen ersichtlich wird

$$\frac{d^2 z}{dx^2} + \frac{\alpha+1}{x}\frac{dz}{dx} + \frac{\alpha\nu - 1}{x^2} z = 0 \quad \ldots \ldots \quad (17)$$

sofern man

$$a = \frac{-(1-\nu^2)\mu\omega^2}{E[8-(3+\nu)\alpha]} \quad \ldots \ldots \quad (18)$$

wählt. Die Lösung von (17) erfolgt durch den Ansatz $z = bx^\psi$, welcher zur Berechnung von ψ auf die Gleichung

$$\psi^2 - \alpha\psi - (1 + \alpha\nu) = 0 \quad \ldots \ldots \quad (19)$$

führt. Es ergeben sich zwei Werte von ψ, und zwar

$$\left.\begin{aligned}\psi_1 &= \frac{\alpha}{2} + \sqrt{\frac{\alpha^2}{4} + \alpha\nu + 1}\\ \psi_2 &= \frac{\alpha}{2} - \sqrt{\frac{\alpha^2}{2} + \alpha\nu + 1}\end{aligned}\right\} \quad . \quad . \quad . \quad . \quad . \quad (20)$$

wovon (bei posit. α) ψ_1 stets positiv, ψ_2 sets negativ ist. Die Lösungen liefern mit (16) das vollständige Integral

$$\xi = ax^3 + b_1 x^{\psi_1} + b_2 x^{\psi_2} \quad . \quad . \quad . \quad . \quad . \quad (21)$$

worin $b_1 b_2$ durch die Randbedingungen (s. unten) zu bestimmende Konstanten sind. Wir bilden nun ξ/x und $d\xi/dx$, welche Ausdrücke in Gl. 12 eingesetzt die Werte der Spannungen

$$\left.\begin{aligned}\sigma_r &= \frac{E}{1-\nu^2}[(3+\nu)ax^2 + (\psi_1+\nu)b_1 x^{\psi_1 - 1} + (\psi_2 + \nu)b_2 x^{\psi_2 - 1}]\\ \sigma_t &= \frac{E}{1-\nu^2}[(1+3\nu)ax^2 + (1+\psi_1\nu)b_1 x^{\psi_1 - 1} + (1+\psi_2\nu)b_2 x^{\psi_2 - 1}]\end{aligned}\right\} (22)$$

ergeben.

Die Randbedingungen.

Bei positiven Werten von α nimmt die Scheibe die Form des von de Laval für kleinere Räder angewendeten Scheibenprofiles an, welche, wie Fig. 102 angibt aus der Verbindung dieser Scheibe mit einer Nabe und einem verstärkten Außenringe (zur Aufnahme der Schaufeln) bestehen.

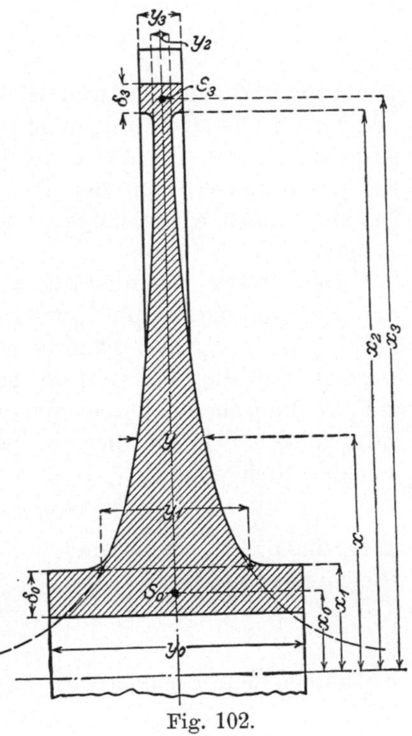

Fig. 102.

Die aus einem Stücke mit dem Rade gedachten Schaufeln üben eine Fliehkraft aus, die auf den qcm der zylindrischen Mantelfläche vom Radius x_3 und der Breite y_3 mit σ_3 bezeichnet werde. Der erwähnte Ring erfährt unter dem Einflusse der eigenen Fliehkraft, der von der Scheibe auf die Breite y_2 ausgeübten radialen Spannung σ_{r2} und der Belastung σ_3 eine Ausdehnung ξ_2' gemäß Formel

$$\xi_2' = \frac{x_3^2}{E\delta_3 y_3}\left[\sigma_3 y_3 + \mu\omega^2 \delta_3 y_3 x_3 - \sigma_{r2}\frac{x_2 y_2}{x_3}\right] \quad . \quad . \quad (23)$$

wobei für σ_{r2} der Ausdruck Gleichung 22 indes mit $x = x_2$ einzu setzen ist.

Ähnlich gilt für die Nabe, wenn wir von der Unstetigkeit des Überganges zwischen Scheibe und Nabe, sowie den radialen Spannungen in der letzteren absehen:

$$\xi_1' = \frac{x_0^2}{E\delta_0 y_0}\left[\sigma_0 y_0 + \mu\omega^2 \delta_0 y_0 x_0 + \sigma_{r1}\frac{x_1 y_1}{x_0}\right] \quad . \quad . \quad (24)$$

worin σ_0 den von der Welle auf die Nabe ausgeübten Montierungsdruck pro qcm der Mantelfläche $2\pi x_0 y_0$ bedeutet. Andererseits beträgt die radiale Dehnung der Scheibe zufolge ihres eigenen Spannungszustandes bei x_1 bezw. x_2:

$$\begin{aligned} \xi_1 &= a x_1^3 + b_1 x_1^{\psi_1} + b_2 x_1^{\psi_2} \\ \xi_2 &= a x_2^3 + b_1 x_2^{\psi_1} + b_3 x_2^{\psi_2} \end{aligned} \quad . \quad . \quad . \quad . \quad (25)$$

und da die Scheibe mit dem Umfangsring und der Nabe stets im Zusammenhang bleibt, so muß

$$\begin{aligned} \xi_1 &= \xi_1' \\ \xi_2 &= \xi_2' \end{aligned} \quad . \quad . \quad . \quad . \quad . \quad . \quad . \quad . \quad . \quad (26)$$

sein, aus welchen linearen Gleichungen, nachdem man in Gl. 23 und Gl. 24 die Spannungen mit Hilfe von Gl. 22 durch x_1 und x_2 ausgedrückt hat, die Werte der Konstanten b_1, b_2 zu bestimmen sind. Die komplizierte Form der Gleichungen erheischt eine probeweise Annahme aller Abmessungen und Kontrolle der entstehenden Spannungen.

Der äußere Ringquerschnitt ergibt sich aus der Schaufelgröße und Befestigungsart mit immerhin ziemlich willkürlichem δ_3. Die Scheibendicke y_2 darf näherungsweise aus der Annahme bestimmt werden, daß die Fliehkraft der Schaufeln und des Ringes unmittelbar auf die Radscheibe übertragen wird und die Spannung σ_{r2} hervorruft. Setzen wir für diese σ_{r2}' als zulässigen Wert fest, so wird y_2 aus der Gleichung

$$\sigma_{r2}' y_2 = \sigma_3 y_3 + \mu y_3 \delta_3 \omega^2 x_3 \quad . \quad . \quad . \quad . \quad (27)$$

zu rechnen sein. Nun muß probeweise y_1 gewählt werden, und die Gleichungen

$$\begin{aligned} y_1 &= c x_1^{\alpha} \\ y_2 &= c x_2^{\alpha} \end{aligned}$$

bestimmen den Exponenten

$$\alpha = \frac{\log\left(\frac{y_1}{y_2}\right)}{\log\left(\frac{x_2}{x_1}\right)} \quad . \quad . \quad . \quad . \quad . \quad . \quad . \quad (27\,\text{a})$$

Die Nabenabmessungen müssen wir, der Scheibengröße und der Wellendicke angemessen, ebenfalls frei wählen. Nun erst gibt die Rechnung die genauen Werte der Spannungen σ_r, σ_t, von welchen σ_t für $x = x_2$ die gefährlichste zu sein pflegt.

Will man die Genauigkeit weiter treiben, so müßte auch die „Querkontraktion“ des Außenringes und der Nabe in Betracht gezogen werden. Für ersteren ergibt sich eine Tangentialspannung

$$\sigma_t' = \frac{x_3}{\delta_3 y_3}\left[\sigma_3 y_3 + \mu \omega^2 \delta_3 y_3 x_3 - \sigma_{2r} y_2 \frac{x_2}{x_3}\right].$$

Die radiale Spannung kann wie folgt geschätzt werden: Am äußeren Umfang wird angenähert die Spannung σ_3 erzeugt. Am inneren Umfang haben wir $\sigma_{2r} y_2$ pro Längeneinheit, welche wir durch geeignete Hohlkehlen gleichmäßig auf die Breite y_3 übertragen denken und welche die Spannung $\sigma_{r2} y_2 : y_3$ ergibt. Als Mittelwert für den ganzen Ring setzen wir angenähert

$$\sigma_r' = \frac{1}{2}\left(\sigma_3 + \frac{y_2}{y_3}\sigma_{r2}\right).$$

Nunmehr ist die tangentiale Dehnung im Ring pro Längeneinheit

$$\varepsilon' = \frac{1}{E}(\sigma_t' - \nu \sigma_r') \quad . \; . \; . \; . \; . \; . \; . \; . \; . \quad (28)$$

und die Ausdehnung im Radius

$$\xi_2' = x_3 \varepsilon' \quad . \; . \; . \; . \; . \; . \; . \; . \; . \; . \quad (29)$$

welcher Wert an Stelle von Gl. 23 zu benutzen wäre. In gleicher Weise wäre bei der Nabe zu verfahren, ja man könnte hier die nachfolgend entwickelten Formeln für die „Scheibe gleicher Dicke“ anwenden. Im allgemeinen ist indessen σ_r' gering gegenüber σ_t', und die Benutzung der Formeln 23 und 24 dürfte statthaft sein, um die schon genügend komplizierte Rechnung zu vereinfachen. Aus gleichem Grunde sei hier der Rat ausgesprochen, daß man die Auflösung nach den Konstanten $b_1 b_2$ nicht in Buchstabenausdrücken vornehmen, vielmehr die gegebenen und anzunehmenden Werte gleich als Zahlen in die Gl. 23 u. s. w. einführen möchte, da auf diese Weise die Rechnung bedeutend abgekürzt wird.

Vereinfachte Randbedingungen.

Für dünne, nicht stark beanspruchte Scheiben darf man von folgender Näherung Gebrauch machen. Man setzt voraus, die Nabe werde so stark ausgeführt, daß sich in der Formel 21 für $x = 0$ auch $\xi = 0$ ergeben würde, d. h. daß sich die Scheibe so verhielte, als wäre sie bis an den Wellenmittelpunkt in einem Stück fortgesetzt. Da ψ_2 negativ ist, muß

$$b_2 = 0$$

werden, so daß in

$$\xi = a x^3 + b_1 x^{\psi_1} \quad . \; . \; . \; . \; . \; . \; . \; . \; . \quad (30)$$

nur die Konstante b_1 unbekannt bleibt. Um deren Wert zu bestimmen, machen wir die für die Scheibe ungünstige weitere Voraussetzung, daß die Festigkeit des Ringes $y_3 \delta_3$ außer acht gelassen werde, so daß die in Gl. 27 mit σ_{r2}' bezeichnete Größe die wirkliche radiale Spannung bedeutet. Es wird also nach Gl. 22

$$\sigma_{r2} = \frac{E}{1-\nu^2}\left[(3+\nu)\, a x_2^2 + (\psi_1 + \nu)\, b_1 x_2^{\psi_1 - 1}\right] \quad . \; . \; . \quad (31)$$

ein (angenommener) fester Wert, mit Hilfe dessen wir einerseits die Dimension y_2 gemäß Formel 27

$$y_2 = y_3 \left[\frac{\sigma_3}{\sigma_{2r}} + \frac{\mu \delta_3 \omega^2 x_3}{\sigma_{2r}} \right] \quad . \quad . \quad . \quad . \quad . \quad . \quad . \quad . \quad (32)$$

anderseits die Konstante b_1 durch Auflösung der Formel 31 berechnen. Benutzt man die Abkürzung

$$\sigma_a = \frac{(3+\nu)\,\mu\,\omega^2 x_2^2}{8-(3+\nu)\,a} \quad \text{d. h.} \quad a = \frac{-(1-\nu^2)\,\sigma_a}{E\,(3+\nu)\,x_2^2} \quad . \quad . \quad . \quad (33)$$

so wird

$$b_1 = \frac{1-\nu^2}{E\,(\psi_1+\nu)} \cdot \frac{\sigma_{2r}+\sigma_a}{x_2^{\psi_1-1}} \quad . \quad . \quad . \quad . \quad . \quad . \quad . \quad . \quad (34)$$

und die Spannungen

$$\sigma_r = -\sigma_a \left(\frac{x}{x_2}\right)^2 + (\sigma_{r2}+\sigma_a)\left(\frac{x}{x_2}\right)^{\psi_1-1} \quad . \quad . \quad . \quad . \quad . \quad . \quad . \quad . \quad (35)$$

$$\sigma_t = -\frac{1+3\nu}{3+\nu}\,\sigma_a \left(\frac{x}{x_0}\right)^2 + \frac{1+\psi_1\nu}{\psi_1+\nu}\,(\sigma_{r2}+\sigma_a)\left(\frac{x}{x_2}\right)^{\psi_1-1} \quad . \quad . \quad (36)$$

Nun ist noch der Nabenquerschnitt $y_0 \delta_0$ so zu bestimmen, daß Bedingung 26 erfüllt wird. Hier werde die Fliehkraft der Nabe vernachlässigt, der Montagedruck σ_0 dadurch berücksichtigt, daß man die Spannung σ_{r_1} mit einem Faktor

$$\beta > 1$$

multipliziert, so daß bei angenommenem δ_0 (also x_0) sich

$$y_0 = \beta\,\frac{y_1 x_0}{\delta_0}\left(\frac{\psi_1+\nu}{1-\nu^2}\right) \frac{(\sigma_{r2}+\sigma_a)\left(\dfrac{x_1}{x_2}\right)^{\psi_1-1} - \sigma_0\left(\dfrac{x_1}{x_2}\right)^2}{(\sigma_{r2}+\sigma_a)\left(\dfrac{x_1}{x_2}\right)^{\psi_1-1} - \dfrac{\psi_1+\nu}{3+\nu}\left(\dfrac{x_1}{x_2}\right)^2} \quad . \quad . \quad (37)$$

ergibt. Der so erhaltene Wert von y_0 ist das Minimum dessen, was wir ausführen müssen. Machen wir y_0 größer als gerechnet, so wird die Beanspruchung der Scheibe kleiner. Bei starken Scheiben kommt y_0 unter Umständen unausführbar groß heraus; in solchen Fällen ist die Nabenstärke frei zu wählen und die Beanspruchung nach den Formeln 23 u. 24 zu rechnen.

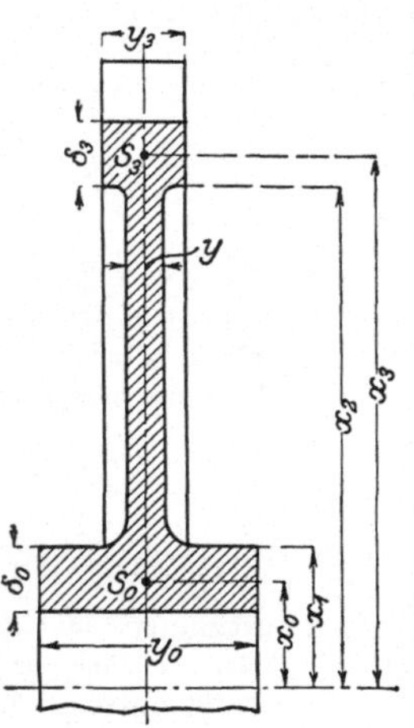

Fig. 103.

Für die Scheibe gleicher Dicke, Fig. 103, $y =$ konst., vereinfacht sich die Lösung bedeutend, und es wird

$$\xi = a x^3 + b_1 x + \frac{b_2}{x}$$

mit

$$a = -\frac{\mu\,\omega^2\,(1-\nu^2)}{8E} \quad . \quad . \quad . \quad (38)$$

Die Grenzbedingungen liefern wie vorhin für die Ausdehnung der Nabe und des Kranzes die Werte ξ_1', ξ_2' nach Gl. 23 und 24, während für die Scheibe

$$\left.\begin{aligned} \xi_1 &= a x_1^3 + b_1 x_1 + \frac{b_2}{x_1} \\ \xi_2 &= a x_2^3 + b_1 x_2 + \frac{b_2}{x_2} \end{aligned}\right\} \quad . \quad . \quad . \quad (39)$$

gilt. Nachdem man aus Gl. 22 die entsprechenden Werte von σ_{r_1}, σ_{r_2} eingesetzt hat, sind wieder die Gleichungen

$$\xi_1 = \xi_1' \quad \text{und} \quad \xi_2 = \xi_2'$$

zur Berechnung von b_1 und b_2 zu gebrauchen. Mit $b_1 b_2$ findet man ξ und nach Gl. 22 die Spannungen.

40. Die Scheibe gleicher Festigkeit

soll die Forderung erfüllen, daß die radiale und tangentiale Spannung überall denselben konstanten Wert besitzen. Führen wir mithin

$$\sigma_r = \sigma_t = \sigma = \text{konst.}$$

in Gl. 8 ein, so entsteht

$$\frac{dy}{dx} + \frac{\mu\omega^2}{\sigma} xy = 0 \quad \ldots \ldots \quad (40)$$

und durch Integration

$$y = y_a e^{\frac{-\mu\omega^2}{2\sigma} x^2} = y_a e^{\frac{-\mu w^2}{2\sigma}} \quad (41)$$

wenn y_a die Scheibendicke im Wellenmittel, w die Umfangsgeschwindigkeit im Abstande x bedeutet. Diese Formel wird von den Konstrukteuren der Lavalschen Turbinen schon seit langem benutzt.

Die spezifische Dehnung wird ebenfalls nach allen Richtungen gleich groß und die lineare Ausdehnung

$$\xi = \frac{1-\nu}{E} \sigma x \quad . \quad . \quad (42)$$

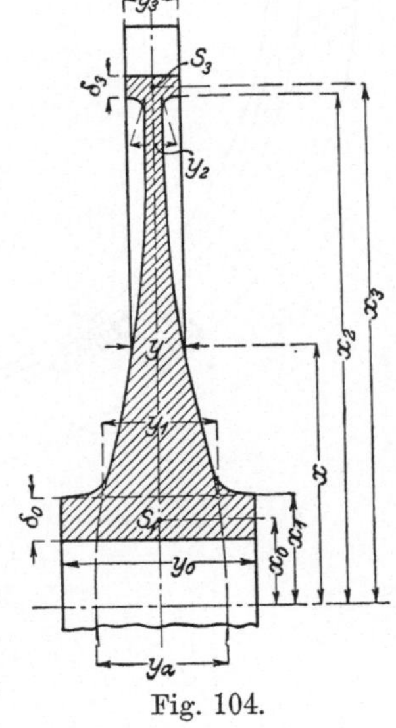

Fig. 104.

Es sei hierbei darauf hingewiesen, daß durch Vernachlässigung der Querkontraktion (d. h. durch die Annahme $\nu = 0$) in diesem Falle ein erheblicher Fehler begangen wird, wie insbesondere aus den Grenzbedingungen hervorgeht.

Man kann die Scheibe sei es voll ausführen, sei es mit einer Nabe versehen, Fig. 104, und auf letzteren Fall näherungsweise die Formeln 23 bis 26, indessen mit den Sonderwerten $\sigma_{r1} = \sigma_{r2} = \sigma$, anwenden. Die Bedingungen $\xi_1 = \xi_1'$ und $\xi_2 = \xi_2'$ lauten dann voll ausgeschrieben:

$$\frac{1-\nu}{E} \sigma x_1 = \frac{x_0^2}{E\delta_0 y_0} \left[\sigma_0 y_0 + \mu\omega^2 \delta_0 y_0 x_0 + \sigma \frac{x_1 y_1}{x_0} \right] \quad . \quad (43)$$

$$\frac{1-\nu}{E} \sigma x_2 = \frac{x_3^2}{E\delta_3 y_3} \left[\sigma_3 y_3 + \mu\omega^2 \delta_3 y_3 x_3 - \sigma \frac{x_2 y_2}{x_3} \right] \quad . \quad (44)$$

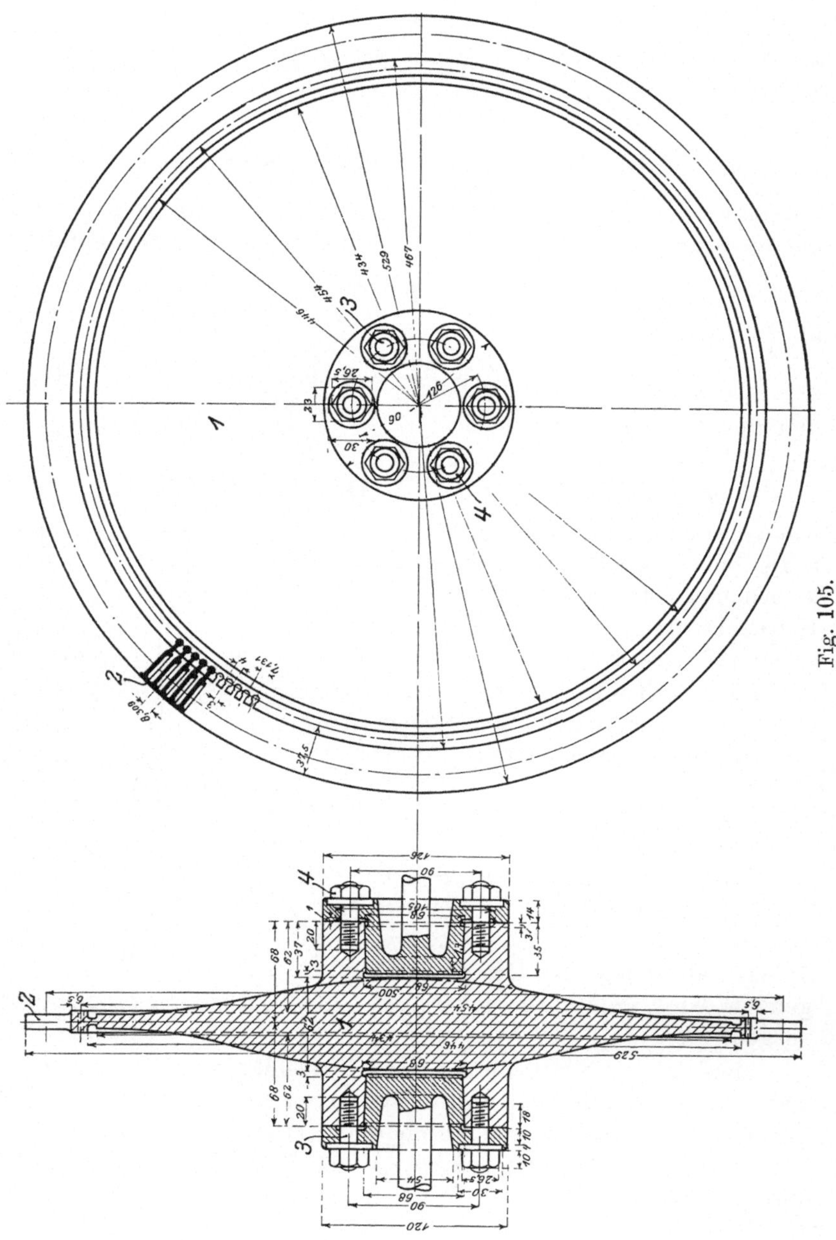

Fig. 105.

Die Kranzstärke $y_3\ \delta_3$ wird wieder durch konstruktive Rücksichten bestimmt, und es dient Gl. 44 zur Berechnung von y_2. Damit dies nicht negativ werde, darf σ nicht zu groß gewählt werden.

So findet man für den einfachen Fall, daß $\sigma_3 = 0$, und daß man angenähert $x_3 = x_2$ setzen darf die Bedingung

$$\sigma < \frac{\sigma_u}{1 - \nu} \quad . \quad . \quad . \quad . \quad . \quad . \quad . \quad . \quad (45)$$

wobei

$$\sigma_u = \mu \omega^2 x_2^2$$

diejenige Spannung bedeutet, die ein frei rotierender Ring vom Radius x_2 aufweisen würde. Diese Bedingung wird wohl stets erfüllt sein.

Gleichung 41 dient zur Berechnung von y_1 aus y_2 gemäß Formel

$$y_1 = y_2 e^{+\frac{\mu \omega^2}{2\sigma}(x_2^2 - x_1^2)} \quad . \quad . \quad . \quad . \quad . \quad (45)$$

und Gl. 43 schließlich zur Berechnung von y_0 aus dem frei gewählten x_0 und δ_0.

Die Ausführung als volle Scheibe nach de Laval empfiehlt sich wo nur möglich, da die Berücksichtigung des Nabeneinflusses in der Rechnung nur eine roh angenäherte ist. In diesem Falle braucht man nur Gl. 44 und 41 zu berücksichtigen und die Unbekannten y_2 und y_a zu ermitteln. De Laval bringt zum Zwecke der Wellenbefestigung zwei Verstärkungsringe an, mit der Absicht, die Beanspruchungen an dieser Stelle zu verringern und den schwachen Punkt der Scheibe an den Umfang zu verlegen; s. Fig. 105, zu welchem Zwecke wohl auch die der Maschinenbauanstalt Humboldt patentierte Eindrehung knapp unter dem Schaufelkranze angewendet wird.

Grübler hat in der Erörterung seiner Formeln[1]) für die Scheibe gleicher Dicke nachgewiesen, daß eine noch so kleine Bohrung im Mittelpunkte der Scheibe die Beanspruchung daselbst gegenüber derjenigen einer vollen Scheibe verdoppelt. Auf einen ähnlichen Einfluß müssen wir uns auch bei ungleich dicken Scheiben und bei exzentrisch gelegenen Bohrungen gefaßt machen, und es ist in dieser Hinsicht die äußerste Vorsicht geboten.[2])

41. Geometrisch ähnliche Scheibenräder.

Das gemeinsame Merkmal der im obigen entwickelten Formeln besteht darin, daß alle Spannungen nur vom Quadrate der Umfangsgeschwindigkeit und nicht von der absoluten Größe des Halbmessers abhängen. Diese Eigenschaft kommt aber nicht bloß den besprochenen

---

[1]) Zeitschr. d. Ver. deutsch. Ing. 1897, S. 860.

[2]) Man vergleiche auch die höchst interessanten Ausführungen von Kirsch, Z. 1897, S. 798.

Sonderformen zu, ist vielmehr allgemein, wie man durch folgende Überlegung nachweisen kann.

Vergleichen wir zwei geometrisch ähnliche Scheibenräder beliebiger Form (mit Einschluß der Schaufeln u. s. w.), von welchen die zweite $k$fach so große lineare Abmessungen haben möge, als die erste, und welche wir durch ihre Fliehkräfte so ausgedehnt denken, daß auch die Verschiebungen ähnlich gelegener Punkte denjenigen der ersten Scheibe proportional sind. Unter dieser Voraussetzung sind auch die Spannungen in ähnlich gelegenen Punkten nach gleichen Richtungen gleich. — Die Rotation der Scheiben erfolgt mit der Winkelgeschwindigkeit ω bezw. ω'. Wir schneiden aus den Scheibenkörpern zwei ähnlich gelegene geometrisch ähnliche Elemente heraus. Das der zweiten angehörende hat ein k^3-mal so großes Volumen, also eine k^3-mal so große Masse, der Abstand von der Achse ist k-mal so groß, also die gesamte Fliehkraft $k^4 \frac{\omega'^2}{\omega^2}$ mal größer, wie bei dem Element der ersten Scheibe. Die Flächenkräfte ergeben aber nur eine k^2-mal so große Resultierende; damit Gleichgewicht bestehe, ist also notwendig und hinreichend, daß $\omega^2 = k^2 \omega'^2$, d. h. $\omega' = \omega : k$ sei. Dann ist aber die Geschwindigkeit des äußersten Umfanges der Scheiben gleich groß, und wir haben den Satz: Die Beanspruchung geometrisch ähnlicher Scheiben beliebiger Form ist bei gleicher Umfangsgeschwindigkeit in ähnlich gelegenen Punkten gleich groß.

Spalten wir eine symmetrisch gedachte Scheibe durch ihre zur Achse senkrechte Symmetrie-Ebene in zwei gleiche Teile, so sind die Fliehkräfte jeder Hälfte offenbar für sich im Gleichgewicht. Man müßte nur jede Hälfte zu einem in Bezug auf die zur Achse senkrechte Ebene ebenfalls symmetrisch geformten Rade ummodellieren. Hieraus geht hervor, daß wir die axialen Dimensionen eines Rades (und natürlich auch der Schaufeln etc.) nach Belieben proportional vergrößern oder verkleinern können, ohne bei gleichbleibender Geschwindigkeit an der Beanspruchung etwas zu ändern.

Nun vergrößern wir ein Rad geometrisch auf die zweifache lineare Dimension unter Beibehaltung der alten Umfangsgeschwindigkeit. In ähnlich gelegenen Punkten erhalten wir gleiche Spannungen. Spalten wir das Rad durch seine zur Achse senkrechte Symmetrieebene in zwei Teile, so gilt für jede Hälfte dasselbe. Diese Hälfte kann man aber aus der ursprünglichen Weite auch dadurch entstanden denken, daß alle radialen Abmessungen derselben verdoppelt wurden.

Die beiden letzten Ergebnisse lassen sich in folgenden Satz vereinigen:

Bei gleichbleibender Umfangsgeschwindigkeit dürfen wir sowohl die axial als auch die radial genommenen Abmessungen eines Rades einzeln und in beliebigem von einander unabhängigen Verhältnis vergrößern oder verkleinern, ohne an den spezifischen Beanspruchungen in ähnlich gelegenen Punkten etwas zu ändern.

42. Baustoffe und Beanspruchung.

Fragen wir nach der höchsten Geschwindigkeit, welche erreicht werden könne, so ist zunächst die Vorfrage zu erledigen: Welches Material verwenden wir und welche Beanspruchung lassen wir zu? Wie die Formel 41 lehrt, genügt bei Geschwindigkeiten unter 200 m gewöhnliches Flußeisen oder Flußstahl. Bei 300 m kann mit Tiegelgußstahl noch konstruiert werden. Wenn wir aber 400 m erreichen oder überschreiten wollen, dann sind neue Baustoffe notwendig. In der Tat wird bei 1500 kg/qcm Inanspruchnahme das Verhältnis $y_a : y_2$ nach Formel 41 bei $w = 400$ m schon rd. 70, d. h. wenn y_2 auch nur $= 5$ mm angenommen wird, so ist $y_a = 350$ mm. Darf man aber 2500 kg/qcm wählen, so wird $y_a : y_2 =$ rd. 13, also gut ausführbar. Hier tritt nun der Nickelstahl in seine Rechte. Die Firma Fried. Krupp in Essen empfiehlt als zweckmäßigstes Material für Turbinenscheiben einen Nickelstahl von etwa 90 kg/qmm Zerreißfestigkeit und 12 vH Dehnung, sowie 65 kg Festigkeit an der Elastizitätsgrenze. Weiterhin teilt mir Krupp mit, daß es allerdings auch Nickelstahl mit noch höherer Festigkeit, natürlich bei entsprechend geringerer Dehnung, gebe, und daß man bei Schmiedestücken von geringeren Abmessungen sogar Festigkeiten von über 200 kg und über 160 kg/qmm an der Elastizitätsgrenze erreichen kann. So wurden unter andern von Krupp folgende Zahlen festgestellt:

Zerreißfestigkeit kg/qmm	Dehnung vH	Elastizitätsgrenze kg/qmm	
180	7,0	96	100 mm Meßlänge und 12 mm Stabdurchmesser.
178	5,5	108	
177	6,0	148	
182	4,1	160	
149	6,8	132	
219	?[1]	150	

Ob indes die Verwendung eines so harten Nickelstahles für Turbinenscheiben zweckmäßig sei, könne nur durch Versuche und

[1]) Dehnung wurde nicht gemessen, weil der Stab in der Körnermarke dicht am Kopfe brach.

durch die Praxis erwiesen werden. Geliefert wurden bisher Turbinenscheiben, die bei der Erprobung rd. 95 kg Festigkeit, 14 vH Dehnung und 73 kg Festigkeit an der Elastizitätsgrenze aufwiesen.

Was die Größe der zulässigen Dauerbeanspruchung der Konstruktionsteile betrifft, so müsse diese selbstverständlich dem Ermessen des Konstrukteurs überlassen bleiben. Nach der Ansicht von Krupp wird man bei Beanspruchung in einer und derselben Richtung etwa bis zu $^1/_3$ der Elastizitätsgrenze gehen können, eventuell auch noch höher.

Bei den von Krupp bisher gelieferten Scheibenrädern seien Erscheinungen, welche auf innere Spannungen hinweisen, sowie Sprünge bei den fertig bearbeiteten Stücken nicht aufgetreten, und sei auch anzunehmen, daß innere Spannungen in denselben nicht vorhanden sind.

Der Preis der fertig vorgedrehten Scheibenräder von 1000 bis 3000 mm Durchmesser wird von Krupp als etwa in den Grenzen von 350 bis 270 Mk. pro 1000 kg liegend angegeben; da aber ein Rad von 2000 mm Durchmesser mit 1000 kg Gewicht ausführbar ist, wird dieser Preis den Turbinenbau in keiner Weise in der Entfaltung behindern.

43. Der Massenausgleich rotierender starrer Körper.

Neben genügender Festigkeit ist bei der Konstruktion und Ausführung der Turbinentrommeln und Räder vor allem auf die Abwesenheit von Erschütterungen zu sehen. Die Größe der hier drohenden Gefahr geht z. B. aus der Angabe hervor, daß bei einem Lavalschen Rade von 760 mm Durchmesser und 420 m Umfangsgeschwindigkeit ein am Umfange vorhandenes Übergewicht von 0,1 kg eine Fliehkraft von nahezu 5000 kg erzeugt. Es muß deshalb durch nachträglich angebrachte Zusatzgewichte eine solche Verteilung der Massen um die Rotationsachse angestrebt werden, daß die Fliehkräfte sich gegenseitig das Gleichgewicht halten. Das zur Bestimmung der Zusatzmassen dienende Verfahren nennt man den Massenausgleich oder die Balancierung.

Darf man die Rotationsachse als starr ansehen, so ist für den vollständigen Massenausgleich notwendig und hinreichend, daß der Schwerpunkt aller Massen in die Achse falle, und daß die sogenannten Zentrifugalmomente verschwinden. Gegenüber noch immer vielfach vorhandenen Mißverständnissen sei nachdrücklich betont, daß die erste Bedingung allein nicht hinreicht, wie am Beispiele der Fig. 106 sofort klar wird. Der Schwerpunkt der beiden gleich großen und in gleichen Abständen befindlichen Massen m fällt wohl in die Achse, ihre Fliehkräfte aber gleichen sich doch nicht aus, sondern bilden ein Moment und rufen in den Lagern Gegendrücke hervor.

Wäre die Lage der „Überwucht“ im rotierenden Körper, Fig. 107, genau bekannt, z. B. durch m_1 und m_2 dargestellt, so ließe sich vollkommener Ausgleich erreichen, indem man in zwei Hilfsebenen E' und E'' Zusatzmassen unterbringt. Die Wirkung der Masse m_1, am Radius r_1, wird durch die Zusatzmassen m_1' und m_2' an den Radien r_1', r_1'', falls $r_1\, r_1'\, r_1''$ in derselben Ebene liegen, und die Fliehkräfte von m_1, m_1', m_2' sich das Gleichgewicht halten. Es muß mithin

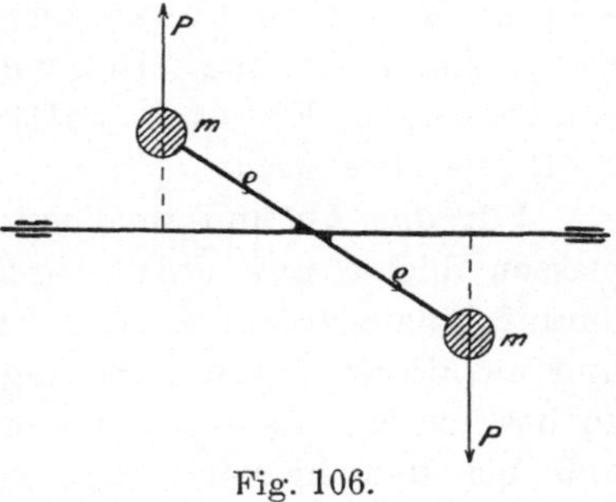

Fig. 106.

$$\left.\begin{aligned} m_1 r_1 \omega^2 &= m_1' r_1' \omega^2 + m_1'' r_1'' \omega^2 \\ m_1' r_1' \omega^2 a_1' &= m_1'' r_1'' \omega^2 a_1'' \end{aligned}\right\} \quad . \quad . \quad . \quad (1)$$

sein, wo $a_1'\, a_1''$ die Abstände der Ebenen $E'\, E''$ von m_1 bedeutet. Diese Gleichungen werden insbesondere befriedigt, wenn man

$$m_1 = m_1' = m_1'' \quad . \quad . \quad . \quad . \quad . \quad . \quad . \quad (2)$$

wählt, und die Radien aus

$$\left.\begin{aligned} r_1 &= r_1' + r_1'' \\ r_1' a_1' &= r_1'' a_1'' \end{aligned}\right\} \quad . \quad . \quad . \quad . \quad . \quad . \quad (3)$$

bestimmt; was nichts anderes besagt, als daß die Radien $r_1'\, r_1''$ in deren Endpunkten die mit m_1 gleich großen Zusatzmassen untergebracht sind, als Kräfte betrachtet mit r_1 im Gleichgewicht sein müssen. Ebenso verfahren wir mit m_2, und weiteren etwa vorhandenen Überwuchtmassen. Die Einzelmassen m_1', m_2', ... m_k' ... in E', ebenso m_1'', m_2'' ... in E'' werden je durch eine in ihrem gemeinsamen Schwerpunkte angebrachte Masse, deren Größe gleich ihrer Gesamtsumme ist, ersetzt. Obwohl nun die Bestimmung

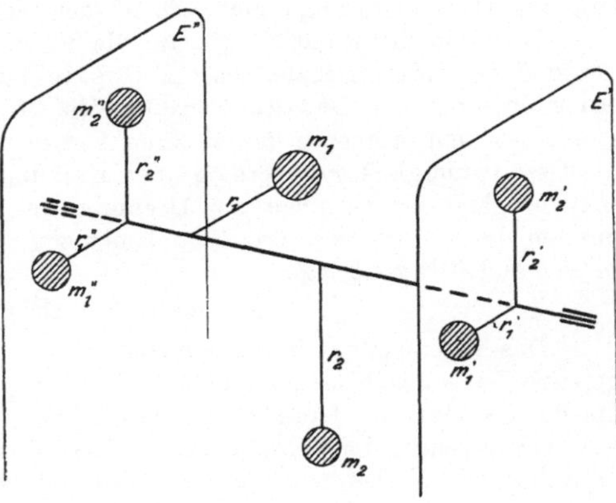

Fig. 107.

wegen Unkenntnis der Lage der Überwuchtmassen nicht in der zitierten Weise ohne weiteres möglich ist, verdient das Ergebnis doch die Beachtung des Konstrukteurs. Es steht fest, daß bei starrer Rotationsachse durch Hinzufügen von zwei geeigneten Zusatzmassen in zwei sonst willkürlichen zur Achse senkrechten Ebenen vollkommener Massenausgleich erzielt werden kann.

Für das Ausfindigmachen der Lage und Größe der Überwuchtmassen bietet uns die theoretische Mechanik Hilfsmittel dar, die darauf hinauslaufen, z. B. durch Pendelversuche Trägheitsmomente und aus diesen durch Rechnung die sogenannten Zentrifugalmomente zu bestimmen. Es darf indessen als nahezu sicher angesehen werden, daß bei den hier in Frage kommenden schweren Maschinenteilen diese Methoden keine hinreichend genauen Ergebnisse liefern würden. Hin und wieder pflegt man bei Trommeln, nachdem ihr Schwerpunkt durch Zusatzmassen auf die gewohnte Art in die Rotationsachse versetzt worden ist, die Lage der Überwucht dadurch zu bestimmen, daß man sie durch vertikal geführte Riemen in Lagern, die auf Rollen horizontal verschieblich sind, in Drehung versetzt. Die Trommel führt hierbei Schwingungen um eine vertikale Achse aus, so daß man durch Ankreiden die Stellen größten Ausschlages bezeichnen und auf die Lage der Überwuchtmassen schließen kann. Auch zu einer rechnerischen Bestimmung der Überwucht könnte dies Verfahren benutzt werden.[1]) Man hat die Empfindlichkeit der

---

[1]) Es sei die auf gewöhnliche Art gefundene „Balanzmasse" m am Umfang im Abstand r_0 angebracht, sodaß der Schwerpunkt in die Welle fällt.

Während der Rotation gilt für die Schwingung um die durch den Schwerpunkt S gehende vertikale Achse Z (Fig. 108) der Grundsatz, daß die Ableitung des Momentes der Bewegungsgröße (des „Impulsmomentes") nach der Zeit gleich ist dem Momente der äußeren Kräfte. Ein beliebiger Punkt P besitzt die Geschwindigkeit $r\omega$ vermöge der Drehung um die Achse O, und die Geschwindigkeit $\varrho\varepsilon$ vermöge der Drehung um die Achse Z, mit den Bezeichnungen der Figur 108. Das Impulsmoment für Z wird mithin, wenn wir $r\omega$ in $y\omega$ und $-z\omega$ zerlegen

$$\Theta = \Sigma\delta m \varrho^2 \varepsilon - \Sigma\delta m \omega x z \quad . \; . \; . \; . \; . \; . \; . \quad (4)$$

Das sogen. „Zentrifugalmoment" $\Sigma\delta m x z$ hat die Eigenschaft, für eine gewisse Lage der Koordinatenebene XOY ein Maximum zu besitzen, und für die dazu senkrechte Lage zu verschwinden. Um dies nachzuweisen, nehmen wir ein zweites, im Körper festes Koordinatensystem $X'Y'Z'$ an, dessen X'-Achse mit X zusammenfällt. Es gilt mit der Bezeichnung der Figur

$$z = y' \sin\varphi + z' \cos\varphi \quad . \; . \; . \; . \; . \; . \; . \; . \quad (5)$$

und
$$K = \Sigma\delta m x z = \sin\varphi\, \Sigma\delta m x y' + \cos\varphi\, \Sigma\delta m x z'$$

oder abgekürzt
$$K = A \sin\varphi + B \cos\varphi \quad . \; . \; . \; . \; . \; . \; . \; . \quad (6)$$

setzen wir $A = R\cos\alpha$; $B = R\cos\alpha$, so wird

$$K = R \sin(\varphi + \alpha) \quad . \; . \; . \; . \; . \; . \; . \; . \; . \quad (7)$$

Methode dadurch zu erhöhen verstanden, daß man auf die Lager horizontal angebrachte Federn wirken läßt. Erreicht die Umlauf-

---

Wenn $Y'Z'$ fest, YZ beweglich gedacht wird, so erreicht K für

$$\varphi = \varphi_0 = \frac{\pi}{2} - \alpha$$

das Maximum, $K = R$. Für $\varphi = \frac{\pi}{2} + \varphi_0$ wird aber $K = 0$. Wir wählen φ_0 als Neigung der $Y'X'$- und $\frac{\pi}{2} + \varphi_0$ als Neigung der $Z'X'$-Ebene, so daß

$$\Sigma\delta m x y' = 0, \quad \Sigma\delta m x z' = R \qquad (8)$$

wird. Nun denken wir das System $X'Y'Z'$ mit dem Körper rotierend, und erhalten für das jetzt ruhende System XYZ

$$\Sigma\delta m x z = R\cos\varphi \quad . \quad . \quad (9)$$

worin aber R unbekannt ist. Gl. 4 lautet, wenn wir noch

$$\Sigma\delta m\varrho^2 = J \quad \text{und} \quad \varphi = \omega t \qquad (10)$$

setzen
$$\Theta = J\varepsilon - R\omega\cos\omega t \qquad (11)$$

Das Moment der äußeren Kräfte ist $= 0$, also verschwindet auch die Ableitung $d\Theta : dt$. Da die Überwuchtmassen nur klein sind, darf man ω in erster Näherung konstanst ansehen, und erhält

$$J\frac{d\varepsilon}{dt} = -R\omega^2\sin\omega t \quad . \qquad (12)$$

Hieraus

$$J\varepsilon = R\omega\cos\omega t \ . \quad . \quad . \qquad (13)$$

und mit $d\psi : dt = \varepsilon$ den rein periodischen Winkel ψ für die horizontale Schwingung des Körpers

$$J\psi = R\sin\omega t \ . \quad . \quad . \qquad (14)$$

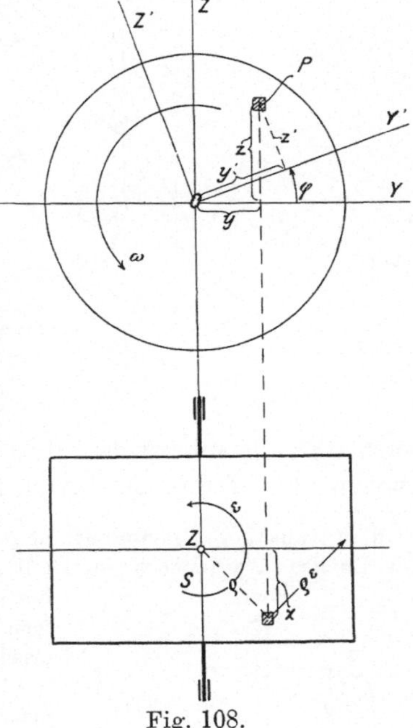

Fig. 108.

Für $\omega t = \frac{\pi}{2}$ erreicht ψ das positive Maximum ψ_0, während die Ebene R den Winkel π beschrieben hat. Als Vektoren betrachtet, stehen mithin R und ψ_0 in Opposition.

Wenn die Amplitude ψ_0 experimentell bestimmt werden kann, so ist damit auch das unbekannte

$$R = J\psi_0 \quad . \quad . \quad . \quad . \quad . \quad . \quad . \quad . \quad . \qquad (15)$$

gefunden. Für J darf man das unter Voraussetzung homogener Massenverteilung berechnete (oder ebenfalls experimentell gefundene) polare Massenträgheitsmoment setzen.

Das Moment R soll durch die Zusatzmassen $m_1 m_2$ auf Null zurückgeführt werden, zu welchem Behufe notwendig ist, daß ihr Schwerpunkt mit S zusammenfällt, also in der Bezeichnung der Fig. 109:

$$\left.\begin{aligned} m_1\varrho_1 &= m_2\varrho_2 \\ m_1 x_1 z_1' + m_2 x_2 z_2' &= -R \end{aligned}\right\} \quad . \quad . \quad . \quad . \quad . \quad . \quad . \qquad (16)$$

zahl die Höhe der Eigenschwingung des aus Trommel und Federn bestehenden Systemes, so tritt die „Resonanz" ein, d. h. die Schwingung wird bis zu einem durch die Luftreibung u. a. bedingten Maße vergrößert, so daß schon sehr kleine Fehlermassen hinreichen, um sichtbare Ausschläge zu geben. Der Einfluß der Federn ließe sich in der unten mitgeteilten Rechnung leicht berücksichtigen. Im großen ganzen zieht die Praxis es vor, den Weg des Probierens zu beschreiten.

Bei diesem versuchsweisen Vorgehen dürfte es zweckmäßig sein, sich vor Augen zu halten, daß man die Wirkung einer freien Fliehkraft und eines Momentes auszugleichen hat. Man darf sich mithin die nicht ausgeglichenen Massen unter dem Bilde der Fig. 110 vorstellen, wo von m_0 die freie Fliehkraft und von den beiden gleich großen Massen m das Moment geliefert wird. Die Ebene der m kann mit der von m_0 auch zusammenfallen. Man bestimmt zunächst auf gewöhnliche Weise das Gegengewicht zu m_0 und ersetzt dies beispielsweise durch Massen $m_0' m_0''$ etwa in den Stirnebenen der Trommel. Nun muß mit zwei weiteren, aber gleich

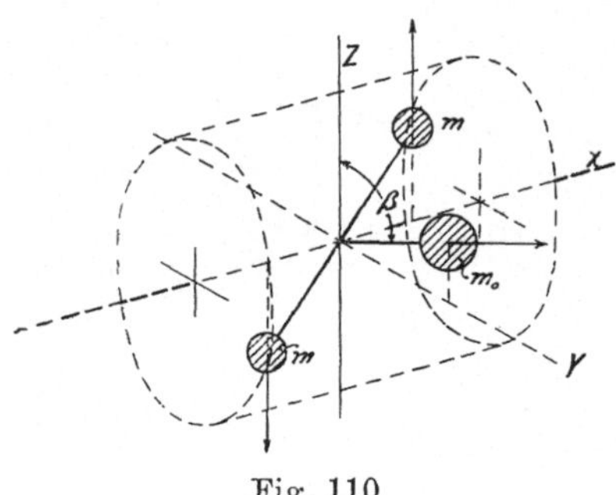

Fig. 110.

wird, woraus bei angenommenen $\varrho_1 \varrho_2$ und α die Massen $m_1 m_2$ zu finden sind. Die Ebene, in welcher $m_1 m_2$ zu liegen haben, wird durch Ankreiden im Laufe bestimmt und m_1 m_2 so unterbracht, daß sie dem Sinne von R entgegenwirken. Gemäß Gl. 14 erreicht ψ das Maximum, wenn die „schwere" Stelle der Trommel auf der anderen Seite diametral gegenüberliegt, d. h. der Kreidestrich erscheint auf der „leichten" Seite. Hodgkinson will beobachtet haben, daß die Kreidestrichebene hin und wieder um 90° von der Ebene R abweicht. Bei genügend kleiner Reibung kann das nach obiger Herleitung nicht eintreten.

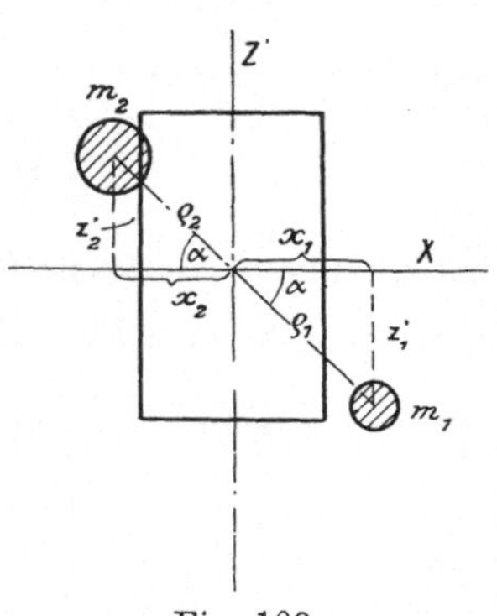

Fig. 109.

Nun kann man auch die ursprüngliche Balanzmasse m in die Normalebenen von m_1 und m_2 zerlegen, und die Teilbeträge m' und m'' mit m_1 bezw. m_2 nach dem Schwerpunktsatz (s. oben) vereinigen.

Wenn man die Wirkung der oben erwähnten Hilfsfedern untersuchen will, muß $d\Theta : dt$ dem Momente der Federn + dem Momente des Luftwiderstandes gleichgesetzt werden. Das erste kann man als $k\psi$, das zweite als $k'(d\psi : dt)$ in die Rechnung einführen, integrieren, und R bestimmen. k' ließe sich aus Pendelungsversuchen finden, wenn nicht das ganze Verfahren an seiner Umständlichkeit scheiterte.

großen Massen m', welche bezüglich des Schwerpunktes zentrisch symmetrisch ebenfalls in den Stirnebenen der Trommel untergebracht werden, der Versuch gemacht werden, das Moment der m aufzuheben, wobei man sowohl die Größe wie die Lage von m' variiert. Ist durch versuchsweises Laufenlassen der Trommel nachgewiesen, daß der Ausgleich gelang, dann können m_0' und m' auf der einen, m_0'' und m'' auf der andern Seite je in ihren gemeinsamen Schwerpunkten zu einer Masse vereinigt werden. Es empfiehlt sich aber, diese Massen nicht unwandelbar, sondern in zwei Ringen beweglich zu befestigen, um eine Nachstellung bei einer durch Erschütterung nachträglich nicht selten verursachten Verschiebung des Schwerpunktes, z. B. eines Dynamoankers zu ermöglichen.

44. Die biegsame Welle von Laval.

Wäre der Massenausgleich wie oben geschildert auch mathematisch genau durchgeführt worden, so würde hierdurch der tadellose Lauf der Welle noch immer nicht gewährleistet. Da die Welle nicht starr ist, wird sie durch die Fliehkräfte der gegeneinander verschobenen Überwucht- und Balanziermassen verbogen, und kann stark unrund laufen. In Wirklichkeit ist aber auch der Ausgleich nie vollkommen, es bleibt eine freie Fliehkraft übrig, deren Wirkung de Laval dadurch unschädlich zu machen trachtet, daß er seine Turbinenwelle eigens weit lagert und ihr dadurch große Biegsamkeit verleiht. Hierdurch wird es dem Rade bei großer Geschwindigkeit möglich, um eine dem Schwerpunkt nahekommende, fast „freie“ Drehachse zu rotieren, und es tritt die eigentümliche, schon von Laval wohl erkannte Erscheinung der kritischen Geschwindigkeit ein, welche indes erst von Rankine, Reynolds[1]) und Föppl[2]) wissenschaftlich klargelegt worden ist.

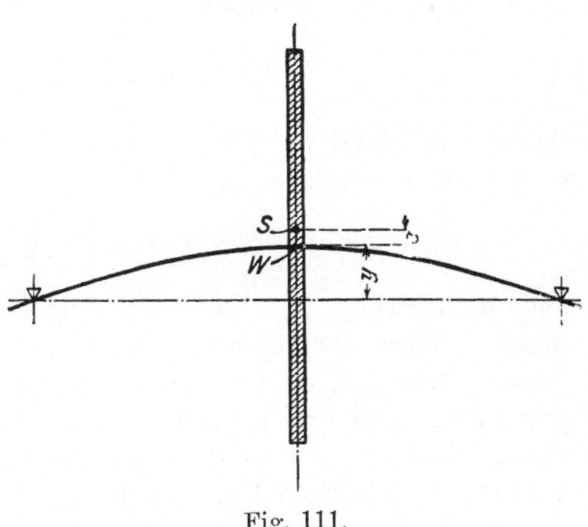

Fig. 111.

[1]) Siehe die Quellenangaben in Phil. Transact. of the Royal Soc. London. Bd. 185. Jahrg. 1895. S. 281.

[2]) Civil-Ingenieur 1895. S. 333.

Denken wir uns eine (sonst symmetrische) Scheibe mit einem um e exzentrisch liegenden Schwerpunkt, Fig. 111, in verhältnismäßig langsame Rotation versetzt, so wird die Welle durch die Fliehkraft um einen Betrag y durchgebogen (zu rechnen von der Gleichgewichtlage, welche der Biegung durch das Eigengewicht entspricht), der für den Fall des relativen Gleichgewichtes aus der Bedingung zu berechnen ist, daß die Fliehkraft $m(y+e)\omega^2$, worin m die Masse der Scheibe (bei gewichtlos gedachter Welle) bedeutet, gleich sein müsse der von der Welle entwickelten elastischen Gegenkraft, welche wir der Durchbiegung proportional setzen dürfen. Wenn also α eine konstante, aus Wellenlänge, Lagerungsart u. s. w. zu berechnende Verhältniszahl ist, so wird die elastische Gegenkraft

$$P = \alpha y \quad \ldots \ldots \ldots \quad (1)$$

und die Gleichgewichtsbedingung lautet

$$m(y+e)\omega^2 = P = \alpha y \quad \ldots \ldots \quad (2)$$

woraus sich die Durchbiegung

$$y = \frac{m\omega^2 e}{\alpha - m\omega^2}$$

ergibt. Steigern wir die Winkelgeschwindigkeit, so wächst y und würde bei $\alpha - m\omega^2 = 0$, oder

$$\omega = \omega_k = \sqrt{\frac{\alpha}{m}} \quad \ldots \ldots \ldots \quad (3)$$

unendlich groß, d. h. die Fliehkraft würde die Welle bis zum Bruche (bezw. bis an etwa vorhandene Hubbegrenzung) verbiegen. Diesen Betrag von ω_k bezeichnen wir als „kritische“ Winkelgeschwindigkeit und sprechen ebenso von der kritischen Umlaufzahl. Rechnen wir in den Einheiten $cm \cdot kg \cdot sk$, so bedeutet α gemäß (1) die Kraft in kg., welche die Welle um 1 cm verbiegt. Bedeutet ferner

$G = mg$ das Gewicht des Rades,

so findet sich die Umlaufzahl $n = \frac{30\omega}{\pi}$ mit $g = 981$ cm durch die Formel von Föppl

$$n = 300\sqrt{\frac{\alpha}{G}} \quad \ldots \ldots \ldots \quad (3a)$$

Beispielsweise ist für die frei aufliegende Welle mit in der Mitte der Spannweite $2l$ befindlicher Scheibe

$$y = \frac{1}{6}\frac{Pl^3}{JE} \quad \text{und} \quad \alpha = \frac{6JE}{l^3}$$

für die „eingespannte" Welle unter gleichen Umständen

$$y = \frac{1}{24}\frac{Pl^3}{JE}; \qquad \alpha = \frac{24\,JE}{l^3}.$$

Über den „kritischen" Wert hinaus können wir die Umlaufzahl nur steigern, wenn Führungen vorhanden sind, die ein übergroßes Ausbiegen der Welle beim Durchschreiten durch die kritische Umlaufzahl verhindern.[1]) Theorie und Erfahrung zeigen nun übereinstimmend, daß sich dann ein neuer stabiler Gleichgewichtszustand einstellt, bei welchem der Wellendurchstoßpunkt W und der Schwerpunkt S ihre Lagen vertauschen, wie in Fig. 112 angedeutet. Die Größe der Durchbiegung berechnet man aus der Gleichung

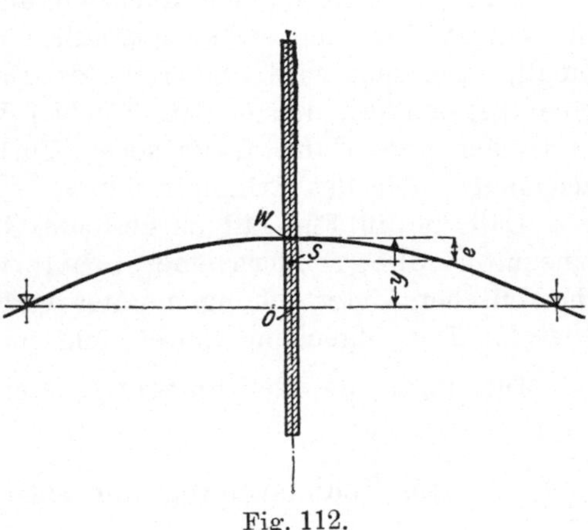

Fig. 112.

$$m(y - e)\omega^2 = \alpha y$$

und enthält

$$y = \frac{m\omega^2 e}{-\alpha + m\omega^2} = \frac{e}{1 - \frac{\alpha}{m\omega^2}}.$$

Je mehr wir also ω steigern, desto kleiner wird y, um bei unendlich rascher Rotation mit e zusammenzufallen. Führen wir die kritische Geschwindigkeit ω_k ein, so wird

$$y = \frac{e}{1 - \frac{\omega_k^2}{\omega^2}} \quad \ldots \ldots \ldots \quad (4)$$

Die Größe der noch vorhandenen Fliehkraft, welche auf die Lager übertragen wird, ergibt sich zu

$$P = \alpha y = \frac{me\omega^2}{\frac{\omega^2}{\omega_k^2} - 1} \quad \ldots \ldots \quad (5)$$

[1]) oder wenn die Geschwindigkeit so rasch zunimmt, daß die Scheibe „keine Zeit hat" sich von der Achse zu weit zu entfernen.

Durch geeignete Wahl von $\frac{\omega}{\omega_k}$, d. h. bei gegebenem ω durch Verkleinerung von ω_k sind wir mithin in der Lage, P nach Belieben zu verkleinern, ohne Rücksicht auf die Exzentrizität e, welche indes in Wirklichkeit selbstverständlich ebenfalls so klein wie irgend möglich gemacht wird. So erteilt de Laval seinen Turbinenwellen eine Biegsamkeit, daß ω den 7fachen Wert von ω_k erreicht, und es ist der gute Gang Lavalscher Turbinen gewiß dieser ausgezeichneten Idee des Erfinders mit zu verdanken.

Daß die in Fig. 112 dargestellte Gleichgewichtlage nicht bloß eine mögliche, sondern elne stabile ist, hat Föppl durch seine theoretischen Untersuchungen unter vereinfachenden Annahmen erwiesen. Der allgemeine Beweis folgt unten.

Die durch die Wellenbiegung unter Umständen eintretende

45. Schiefstellung der rotierenden Scheibe

hat auf die kritische Geschwindigkeit einen merklichen Einfluß, wie am Beispiele der fliegend im Endpunkte einer Welle von der Länge l und dem Trägheitsmoment J angeordneten Scheibe, Fig. 113, nachgewiesen werden kann. Die Fliehkräfte ergeben bei einem Neigungswinkel τ der Scheibe ein im Sinne des Uhrzeigers wirkendes Moment $\Theta\omega^2\tau$, wo Θ das Massenträgheitsmoment der Scheibe in Bezug auf die in S sich projizierende zur Ebene der elastischen Linie senkrechte Achse bedeutet. Unter dem Einflusse dieses Momentes und der Fliehkraft $m(y+e)\omega^2$ ergibt sich eine Durchbiegung

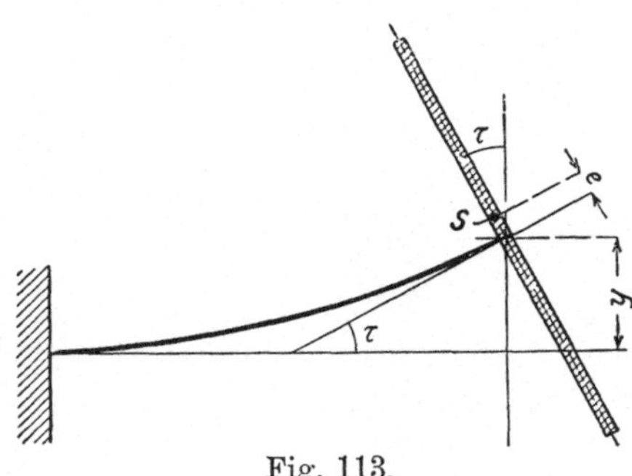

Fig. 113.

$$y = \frac{me\omega^2 l^3}{3JE}\frac{Z}{N}$$

mit

$$\left.\begin{aligned} Z &= 1 - \frac{3}{4\left(1 + \frac{JE}{\Theta\omega^2 l}\right)} \\ N &= 1 - \frac{m\omega^2 l^3}{3JE} Z \end{aligned}\right\} \quad \ldots \ldots \quad (6)$$

Diese Durchbiegung wächst über alle Grenzen, wenn $N = 0$, d. h. wenn ω den aus Gleichung

$$m\omega_k^2 = \frac{3JE}{l^3 Z} \quad \ldots \ldots \quad (7)$$

oder ausführlich

$$\frac{1}{12}\frac{m\Theta l^4}{J^2 E^2}\omega_k^4 + \frac{l}{JE}\left(\frac{ml^2}{3} - \Theta\right)\omega_k^2 - 1 = 0 \quad \ldots \quad (8)$$

zu rechnenden Wert erreicht.

Schreiben wir diese Gleichung kürzer:

$$A\omega_k^4 + 2B\omega_k^2 - 1 - 0 \quad \ldots \ldots \quad (9)$$

so ist die für unsere Aufgabe brauchbare Lösung

$$\omega_k^2 = \frac{-B + \sqrt{B^2 + A}}{A} \quad \ldots \ldots \quad (10)$$

ein stets endlicher positiver Wert. Gl. 8 wurde von Dunkerley[1]) schon früher abgeleitet, allein nicht ganz richtig interpretiert.

Ist $\Theta = 0$, so erhalten wir

$$\omega_k^2 = \frac{3JE}{ml^3} \quad \ldots \ldots \quad (11)$$

Ist $\Theta = \infty$, so wird

$$\omega'^2_k = \frac{12JE}{ml^3} \quad \ldots \ldots \quad (12)$$

Für mäßig große Θ kann man näherungsweise ω_k^2 nach (11) in den Nenner der Gl. 7 einsetzen und erhält

$$\omega'^2_k = \frac{\omega_k^2}{1 - \frac{3}{4\left(1 + \frac{ml^2}{3\Theta}\right)}} \quad \ldots \ldots \quad (13)$$

Die Schiefstellung bewirkt mithin für die gewählte Anordnung eine Vergrößerung der kritischen Geschwindigkeit. War die Scheibe von anfang an schief aufgekeilt, so ändert dies an Formel 7 nichts, wie man leicht nachrechnen kann.

46. Kritische Geschwindigkeit und die Periode der elastischen Eigenschwingung.

Erteilen wir der Scheibe (Fig. 111) von der Ruhelage ausgehend in senkrechter Richtung einen Impuls, so wird dieselbe in Schwingung geraten, für welche die Gleichung

[1]) Philos. Transact. of the Royal Soc. Bd. 185. Jahrg. 1895. S. 305.

$$m\frac{d^2y}{dt^2} = -P = -\alpha y$$

gilt (indem wir y von der Gleichgewichtslage ab rechnen, welche der Biegung durch das Eigengewicht entspricht). Aus dieser Gleichung folgt in bekannter Weise die Zeitdauer einer vollen (Hin- und Her-) Schwingung

$$T = 2\pi\sqrt{\frac{m}{\alpha}}$$

und die Schwingungszahl pro Sekunde:

$$n = \frac{1}{T} = \frac{1}{2\pi}\sqrt{\frac{\alpha}{m}};$$

allein die kritische Umdrehungszahl der Welle pro Sek. ist

$$n' = \frac{\omega_k}{2\pi} = \frac{1}{2\pi}\sqrt{\frac{\alpha}{m}}$$

d. h. n und n' sind identisch.

Auf diese Beziehung hat zuerst Dunkerley a. a. O. hingewiesen. Dieselbe findet nicht statt, falls durch Schiefstellung der Scheibe deren Trägheitsmoment Θ zur Geltung kommen kann.

Für die modernen vielstufigen Dampfturbinen kommt nun vor allem der Fall in Betracht, wo eine durchgehende Welle eine Anzahl von Rädern zu tragen hat, deren Schwerpunkte im allgemeinen sämtlich aus dem Wellenmittel verschoben sein werden, und durch ihre freien Fliehkräfte zu analogen Erscheinungen Veranlassung geben wie bei der einzelnen Scheibe.

Kritische Winkelgeschwindigkeit mehrfach belasteter Wellen.

47. Zwei Einzelräder.

Fig. 96 stellt den zur Winkelgeschwindigkeit ω gehörigen Gleichgewichtszustand dar. In dem mitrotierenden Koordinatensystem XYZ seien O_1, O_2 die Durchstoßpunkte der die Lager verbindenden geometrischen Rotationsachse, x_1, y_1 die Koordinaten des Nabenmittelpunktes der einen, x_2, y_2 desgl. der andern Scheibe. Für die nach diesen Punkten verschobenen parallelen Achsen der ξ und η seien ξ_1, η_1 und ξ_2, η_2 die Koordinaten der Schwerpunkte S_1, S_2, mithin e_1, e_2 deren „Exzentrizitäten". Die Torsionsdeformation ist gegenüber der Biegung wohl immer so gering, daß von einer Änderung des ursprünglich von e_1 und e_2 gebildeten Winkels abgesehen werden kann. Die von den Scheibenmassen m_1, m_2 entwickelten Fliehkräfte können in die Komponenten

$$\left.\begin{array}{ll} X_1 = (x_1 + \xi_1)\, m_1 \omega^2, & Y_1 = (y_1 + \eta_1)\, m_1 \omega^2 \\ X_2 = (x_2 + \xi_2)\, m_2 \omega^2, & Y_2 = (y_2 + \eta_2)\, m_2 \omega^2 \end{array}\right\} \quad . \quad . \quad (1)$$

zerlegt werden. Unter ihrer Einwirkung erfährt die Welle eine Einbiegung, für welche

$$\left.\begin{array}{ll} x_1 = a_{11} X_1 + a_{12} X_2, & y_1 = a_{11} Y_1 + a_{12} Y_2 \\ x_2 = a_{21} X_1 + a_{22} X_2, & y_2 = a_{21} Y_1 + a_{22} Y_2 \end{array}\right\} \quad . \quad . \quad (2)$$

mit $a_{12} = a_{21}$ gesetzt werden kann und die Konstanten a aus den Wellenabmessungen, der Lagerungsart u. s. w. zu berechnen sind.

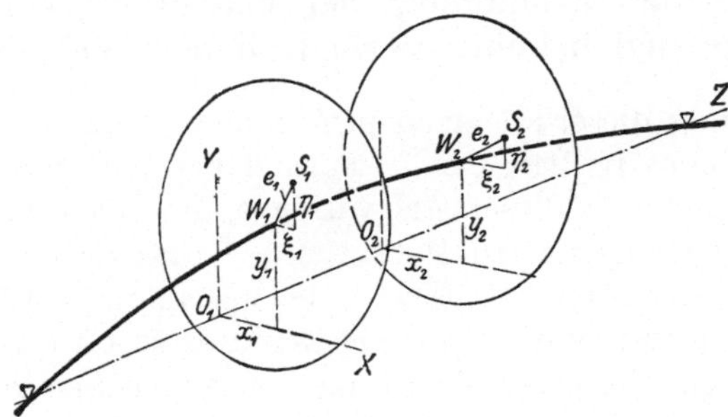

Fig. 114.

Setzen wir die Ausdrücke der Kraftkomponenten ein, so ergeben sich die Gleichungen:

$$\begin{aligned} (a_{11} m_1 \omega^2 - 1)\, x_1 + a_{12} m_2 \omega^2 x_2 + a_{11} \xi_1 m_1 \omega^2 + a_{12} \xi_2 m_2 \omega^2 = 0 \\ a_{21} m_1 \omega^2 x_1 + (a_{22} m_2 \omega^2 - 1)\, x_2 + a_{21} \xi_1 m_1 \omega^2 + a_{22} \xi_2 m_2 \omega^2 = 0 \\ (a_{11} m_1 \omega^2 - 1)\, y_1 + a_{12} m_2 \omega^2 y_2 + a_{11} \eta_1 m_1 \omega^2 + a_{12} \eta_2 m_2 \omega^2 = 0 \\ a_{21} m_1 \omega^2 y_1 + (a_{22} m_2 \omega^2 - 1)\, y_2 + a_{21} \eta_1 m_1 \omega^2 + a_{22} \eta_2 m_2 \omega^2 = 0. \end{aligned}$$

Die hieraus ermittelten Werte $x_1 x_2 y_1 y_2$ wachsen ins Unendliche, falls die Determinante

$$D = \begin{matrix} (a_{11} m_1 \omega^2 - 1), & a_{12} m_2 \omega^2 \\ a_{21} m_1 \omega^2, & (a_{22} m_2 \omega^2 - 1 \end{matrix}$$

verschwindet. Die kritische Geschwindigkeit ω_k ist mithin aus der Gleichung

$$D = (a_{11} m_1 \omega_k^2 - 1)\,(a_{22} m_2 \omega_k^2 - 1) - a_{12}^2 m_1 m_2 \omega_k^4 = 0$$

zu berechnen. Für den Fall gleicher Massen $m_1 = m_2 = m$ von symmetrischer Anordnung (auch hinsichtlich Wellenstärke und Lagerung) wird $a_{11} = a_{22} = \alpha$, $a_{12} = \beta$ und

$$\alpha m \omega_k^2 - 1 = \pm \beta m \omega_k^2,$$

woraus
$$\left.\begin{aligned} m\omega_{k_1}^2 &= \frac{1}{\alpha-\beta} \\ m\omega_{k_2}^2 &= \frac{1}{\alpha+\beta} \end{aligned}\right\} \quad \ldots \ldots \quad (3)$$

zwei Werte für die kritische Geschwindigkeit, entsprechend z. B. einer Lage der Schwerpunkte auf einer oder auf verschiedenen Seiten der geometrischen Achse, bei von Anfang an in einer Ebene liegenden Schwerpunkten.

Schon die Anordnung dreier Massen gibt indessen vollständig undurchsichtige Ergebnisse.

48. Graphische Behandlung bei beliebiger Verteilung der Massen und beliebig veränderlicher Wellenstärke.

Die Lösung dieser allgemeinen Aufgabe gelingt auf graphischem Wege stets indes freilich nur in Form einer planmäßigen Annäherung. Eine Methode dieser Art wurde angewendet von Vianello, um Knickungsaufgaben zu lösen, und Delaporte beschreibt ein verwandtes Verfahren in „Revue de mécanique" 1903, Bd. XII, S. 517. Wir setzen die gründliche Kenntnis des Mohrschen Satzes zur Bestimmung der elastischen Linie von gebogenen Balken voraus, und schlagen folgenden etwas abweichenden Weg ein.

Eine Welle mit beliebiger Lagerung sei durch die zur Balkenachse senkrechten Kräfte $P_1, P_2, \ldots$ belastet, welche an ihren Angriffspunkten die Durchbiegungen $y_1, y_2, \ldots$ hervorrufen. Werden alle Kräfte P auf das k-fache ihres Betrages gebracht, so wachsen auch die Durchbiegungen auf das k-fache. Die Welle trage eine Anzahl Massen, deren Schwerpunkte je in das Wellenmittel hereinfallen; die Kräfte P seien die Fliehkräfte, welche durch die Massen entwickelt werden, wenn die Welle rotiert und um die Beträge $y_1, y_2, \ldots$ ausgelenkt wird. Solange die Winkelgeschwindigkeit ω klein ist, sind die Fliehkräfte ungenügend, um die Welle durchzubiegen; erst bei der kritischen Umlaufzahl besteht Gleichgewicht zwischen Fliehkräften und den elastischen Kräften. Ist dies für eine Gruppe von Auslenkungen $y_1, y_2, \ldots$ der Fall, so trifft es auch für das k-fache hiervon zu, denn mit der Vergrößerung von y wachsen im gleichen Verhältnis auch die P, mit anderen Worten: bei der kritischen Umlaufzahl befindet sich die Welle für jede Auslenkung im indifferenten Gleichgewicht.

Wir zeichnen nun die elastische Linie der in ihren Abmessungen gegebenen Welle zunächst probeweise willkürlich auf, und berechnen die Fliehkräfte $P_1, P_2, \ldots$ aus den Durchbiegungen $y_1, y_2, \ldots$

mit einer ebenfalls willkürlichen Winkelgeschwindigkeit ω. Aus den Kräften ergibt sich die Biegungsmomentenfläche, und nach Mohr die „erste" wahre elastische Linie, welche den Kräften P entspricht und deren Ordinaten wir mit y_1', y_2' ... bezeichnen wollen. Die Durchbiegung etwa in der Mitte der Welle, y_m' wird sich von dem anfänglich angenommenen Wert y_m unterscheiden, z. B. kleiner ausfallen, kann aber dieser Größe gleich gemacht werden, wenn wir statt ω die größere Geschwindigkeit

$$\omega' = \omega \sqrt{\frac{y_m}{y_m'}} \quad . \quad . \quad . \quad . \quad . \quad . \quad . \quad (1)$$

angewendet denken, weil hierdurch alle Kräfte im Verhältnis $y_m : y_m'$ vergrößert werden. Vergrößern wir also alle Ordinaten im Verhältnis $\omega'^2 : \omega^2$, so müßte die so erhaltene „korrigierte" elastische Linie mit der angenommenen übereinstimmen, wenn wir schon das erstemal richtig geraten hätten. In diesem Falle wäre ω' die kritische Geschwindigkeit. In Wahrheit werden die beiden Linien abweichen, und wir müssen das Verfahren wiederholen, indem wir nun die vorher „korrigierte" elastische Linie als zweite Annahme gelten lassen. Ihre Ordinaten wollen wir mit y_1^*, y_2^* ... bezeichnen. Die Konstruktion der zweiten wahren elastischen Linie nach Mohr ergibt als Einsenkung am gleichen Punkte wie vorhin y_m'', welches von y_m^* abweicht, und wir müssen wieder ein neues $\omega = \omega''$ gemäß Gleichung

$$\omega'' = \omega' \sqrt{\frac{y_m^*}{y_m''}} \quad . \quad . \quad . \quad . \quad . \quad . \quad . \quad (2)$$

wählen, und die Ordinaten im Verhältnis von $\omega''^2 : \omega'^2$ vergrößern. Stimmt die so korrigierte elastische Linie mit der „zweiten Annahme" überein, so ist ω'' die kritische Geschwindigkeit; im andern Falle muß das Verfahren wiederholt werden.

49. Stetig und gleichmäßig belastete Welle mit unveränderlichem Durchmesser in rechnerischer Behandlung.

Die Welle sei durch ungemein dicht gestellte gleichmäßig über die ganze Länge verteilte Scheibenräder belastet (Fig. 115), welche die Biegsamkeit der Welle indessen nicht beeinträchtigen sollen. Die auf die Längeneinheit entfallende Masse der Scheiben sei m_1, das unveränderliche Flächen-Trägheitsmoment der Welle J. Um die Rechnung in der einfachsten Form durchzuführen, werde angenommen, der Schwerpunkt aller Scheiben liege in einer und derselben axialen Ebene, um den konstanten Betrag e nach derselben Seite gegen das Wellenmittel verschoben. Das Eigengewicht der Welle wird zum Gewichte der Scheiben geschlagen.

Wenn bei der Geschwindigkeit ω Gleichgewicht eingetreten ist, so findet sich ein Stabelement (Fig. 116) von der Länge dx, wenn wir von der Schiefstellung der Scheiben zunächst absehen, der Wirkung der Fliehkraft $m_1(y+e)\,dx\,\omega^2$ (als der Ergänzungskraft der relativen Bewegung) und den Biegungsmomenten M' und M, sowie den Schwerkräften S' und S unterworfen.

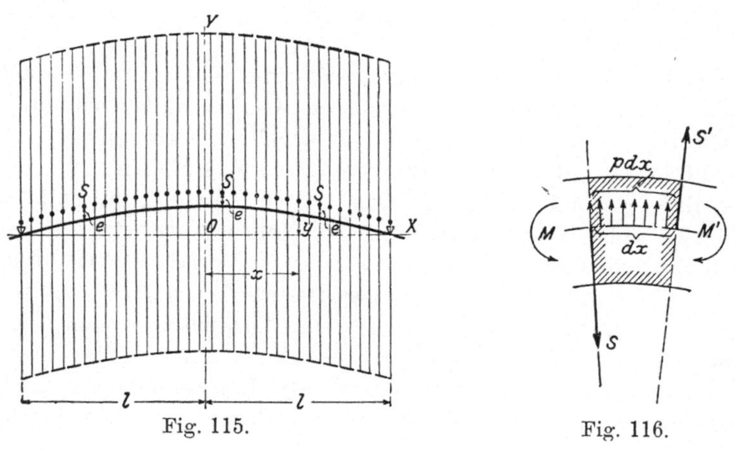

Fig. 115. Fig. 116.

Bezeichnen wir die Fliehkraft mit pdx, unter p die „Belastung“ der Längeneinheit verstanden, so ergibt sich aus dem Verschwinden der vertikalen Kraftkomponenten

$$S' - S + p\,dx = 0 \quad \text{oder} \quad \frac{dS}{dx} = -p \quad . \; . \; . \quad (1)$$

und aus dem Verschwinden der Momente für den Schwerpunkt

$$M' - M - S'\frac{dx}{2} - S\frac{dx}{2} = 0 \quad \text{oder} \quad \frac{dM}{dx} = S \quad . \; . \quad (2)$$

Zu diesen Gleichungen fügen wir die bekannte Grundformel der Biegung hinzu, welche für die in Fig. 115 eingetragene Richtung der Koordinatenachsen, und wenn der Sinn von M' als positiv gilt, wie folgt lautet:

$$JE\frac{d^2y}{dx^2} = -M \quad . \; . \; . \; . \; . \; . \; . \; . \quad (3)$$

Hieraus ergibt sich

$$JE\frac{d^4y}{dx^4} = p = m_1\omega^2(y+e) \quad . \; . \; . \; . \; . \quad (4)$$

Diese Gleichung besitzt das allgemeine Integral

$$y = a e_0^{kx} + a' e_0^{-kx} + b \cos kx + b' \sin kx - e \quad . \quad . \quad (5)$$

worin

$$k = + \sqrt[4]{\frac{m_1 \omega^2}{JE}} \quad . \quad . \quad . \quad . \quad . \quad . \quad . \quad . \quad , \quad (6)$$

e_0 die Basis der natürlichen Logarithmen (zum Unterschiede von e) bezeichnet, und die Konstanten a, a', b, b' den Bedingungen der Aufgabe angepaßt werden müssen, was für die nachfolgenden Sonderfälle geschehen mag.

α) **Die beiderseits frei aufliegende Welle** wird sich offenbar entweder so verbiegen, daß, wie Beispiele α, β in Fig. 117 zeigen, die elastische Linie inbezug auf die Mittelsenkrechte symmetrisch bleibt, oder aber so, daß, wie γ, δ darstellt, die elastische Linie inbezug auf die Mitte der Lagerdistanz zentrisch-symmetrisch wird, wobei freilich e verschwindend klein gedacht ist.

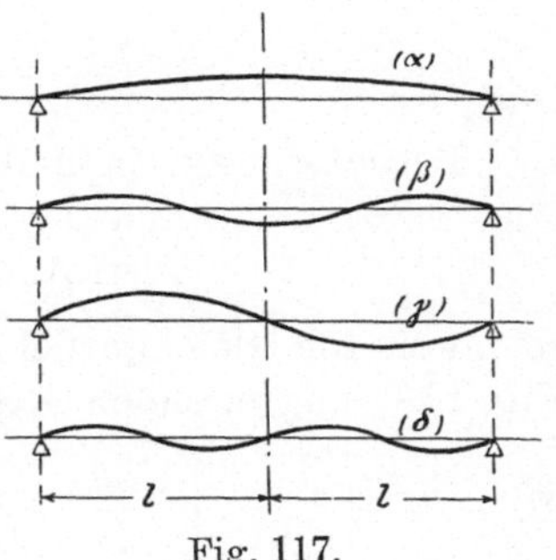

Fig. 117.

Im ersten Falle muß y in Formel 5, wenn wir die Abszisse von der Wellenmitte aus zählen, eine gerade, im zweiten eine ungerade Funktion von x werden, beide Male tritt als weitere Bedingung die Forderung hinzu, daß für $x = l$ sowohl $y = 0$ als auch das biegende Moment, d. h. $d^2 y : dx^2 = 0$ sein muß. Hieraus folgt für die gerade Funktion $a' = a$, $b' = 0$, und

$$a = \frac{e}{2\,(e_0^{kl} + e^{-kl})}, \quad b = \frac{e}{2 \cos kl}$$

mithin die Durchbiegung unendlich, falls $\cos kl = 0$ oder

$$kl = \frac{\pi}{2} \ldots \frac{3\pi}{2} \ldots \frac{5\pi}{2} \ldots .$$

Für die ungerade Funktion erhält man

$$a' = -a, \; b = 0, \; a = \frac{e}{2\,(e_0^{kl} - e^{-kl})}, \quad b' = \frac{e}{2 \sin kl}$$

also wieder kritische Umlaufzahlen, falls

$$kl = \frac{2\pi}{2}, \frac{4\pi}{2}, \frac{6\pi}{2}, \ldots . .$$

Es gibt mithin eine endlose Anzahl kritischer Werte kl, welche sich wie $1:2:3:4: \ldots .$ zueinander verhalten. Da nun gemäß

Gl. 6 ω zu k^2 proportional ist, folgt, daß sich die kritischen Geschwindigkeiten selbst verhalten wie

$$1:2^2:3^2:4^2:\ldots.$$

Insbesondere finden wir den niedrigsten Wert derselben mit $kl=\frac{\pi}{2}$ zu

$$\omega_k=\sqrt{\frac{\pi^4}{16}\frac{JE}{m_1 l^4}}=3{,}489\sqrt{\frac{JE}{Ml^3}} \quad \ldots\ldots (7)$$

insofern wir unter M die Gesamtmasse aller Scheiben und der Welle verstehen.[1]) Umgekehrt findet sich der Wellenhalbmesser, welcher der kritischen Geschwindigkeit ω_k entspricht, zu

$$r=0{,}5686\sqrt[4]{\frac{Ml^3\,\omega_k{}^2}{E}} \quad \ldots\ldots (8)$$

Berücksichtigt man die

Schiefstellung der Scheiben,

so lautet die Gleichgewichtsbedingung der an einem Wellenelement, Fig. 118, angreifenden Kräfte:

$$M'-M+\Theta_1\,dx\,\omega^2\frac{dy}{dx}-S\,dx=0 \text{ oder } \frac{dM}{dx}=S-\Theta_1\,\omega^2\frac{dy}{dx}. \quad (9)$$

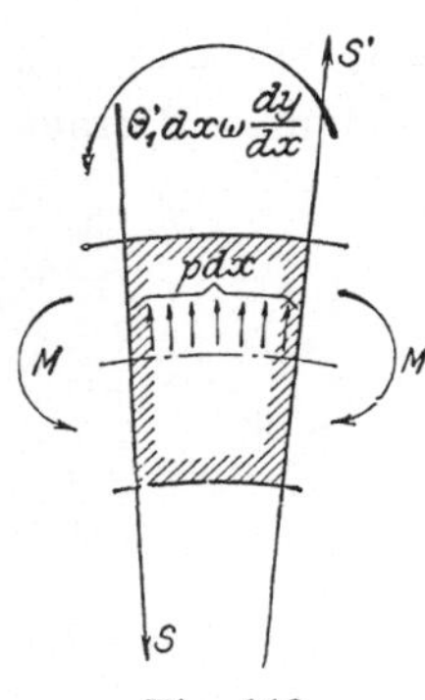

Fig. 118.

Hierin ist Θ_1 das Massenträgheitsmoment der Scheiben mit Bezug auf die in S sich projizierende Achse pro Längeneinheit der Stabachse.

Mit $dS:dx=-p$ erhält nun die Differentialgleichung der Wellenbiegung die Form

$$JE\frac{d^4y}{dx^4}-\Theta_1\,\omega^2\frac{d^2y}{dx^2}=m_1\,\omega^2 y \quad . . (10)$$

wenn wir hier $e=0$ voraussetzen und die kritische Umlaufzahl in einfacherer Weise aus der Bedingung bestimmen, daß sich die Fliehkräfte und die elastischen Kräfte im indifferenten Gleichgewichte befinden sollen.

[1]) Hr. Wißler, leitender Ingenieur bei Sautter, Harlé & Cie. in Paris, teilt mir mit, daß er auch schon ähnliche Formeln zum Gebrauche seines Bureaus aufgestellt habe. Erst nach dem Erscheinen der 1. Auflage gelangte zur Kenntnis des Verf., daß die Abhandlung von Dunkerley, a. a. O. die hier angeführten Lösungen schon im Jahre 1895 gebracht hat. Hingegen behandelt D. das in Abschn. 76 mitgeteilte Sonderproblem nicht.

Für die freiaufliegende Welle von der Länge $2l$ ergibt sich mit dem Ansatz $y = a \cos kx$ zur Berechnung von k die Gleichung

$$JEk^4 + \Theta_1 \omega^2 k^2 - m_1 \omega^2 = 0 \quad . \quad . \quad . \quad . \quad (11)$$

andererseits wegen der Randbedingung für die Verbiegung nach (α)

$$kl = \frac{\pi}{2}$$

welcher Wert in Gl. 11 eingesetzt, die kritische Geschwindigkeit zu

$$\omega_k^2 = \frac{JE\pi^4}{16 m_1 l^4} \frac{1}{\left(1 - \frac{\pi^2 \Theta_1}{4 m_1 l^2}\right)} \quad . \quad . \quad . \quad . \quad . \quad (12)$$

ergibt. Der kritische Wert wird mithin in diesem Falle durch die Schiefstellung der Scheiben unter Umständen erheblich vergrößert.

β) **Die beiderseitig eingespannte Welle** von der Länge $2l$ gibt ebenfalls die Möglichkeit einer bezüglich der Mittelsenkrechten und einer bezüglich des Halbierungspunktes der Lagerdistanz symmetrischen Verbiegung. Die weiteren Grenzbedingungen sind $y = 0$ und $dy : dx = 0$ für $x = l$. Es ergibt sich für y als gerade Funktion das Auftreten einer kritischen Geschwindigkeit, falls

$$\operatorname{tg}(kl) = -\operatorname{tg} h\,(kl) \quad . \quad . \quad . \quad . \quad . \quad . \quad (13)$$

wo $\operatorname{tg} h$ die sog. hyperbolische Tangente bedeutet, für deren Werte in der „Hütte" (des Ingenieurs Taschenbuch) ausführliche Tabellen mitgeteilt sind. Die Auflösung ergibt als Wurzeln

$$kl = \frac{3}{4}\pi,\ \frac{7}{4}\pi,\ \frac{11}{4}\pi \ldots .$$

Ist y eine ungerade Funktion, so folgt

$$\operatorname{tg}(kl) = +\operatorname{tg} h\,(kl) \quad . \quad . \quad . \quad . \quad . \quad . \quad (14)$$

mit den Wurzeln

$$kl = \frac{5}{4}\pi,\ \frac{9}{4}\pi,\ \frac{13}{4}\pi \ldots . .$$

Die kritischen Umlaufzahlen verhalten sich mithin wie

$$3^2 : 5^2 : 7^2 : 9^2 : \ldots = 1 : 2{,}8 : 5{,}4 : 9 : \ldots .$$

und die niedrigste derselben ist

$$\omega_k = \sqrt{\left(\frac{3\pi}{4}\right)^4 \frac{JE}{m_1 l^4}} = 7{,}851 \sqrt{\frac{JE}{Ml^3}} \quad . \quad . \quad . \quad (15)$$

woraus der Wellenhalbmesser

$$r = 0{,}3791 \sqrt[4]{\frac{Ml^3 \omega_k^2}{E}} \quad . \quad . \quad . \quad . \quad . \quad . \quad (16)$$

Setzt man voraus, daß die Welle im Lager mit der geometrischen Achse stets einen kleinen Winkel einschließt, also während der Rotation einen Kegel zu beschreiben gezwungen wird, so ergibt die Rechnung auffallenderweise dieselben kritischen Geschwindigkeiten wie bei horizontaler Einspannung. Dasselbe trifft zu, wenn die Welle durch schiefe (festgelegte) Lager von Anfang an verspannt ist.

γ) **Die einseitig wagerecht eingespannte Welle** ergibt mit dem in Fig. 119 eingezeichneten Koordinatensystem die Bedingungen $y = 0$ und $\frac{dy}{dx} = 0$ für $x = 0$, ferner für $x = l$, Biegungsmoment und Schubkraft $= 0$, d. h. $\frac{d^2y}{dx^2} = 0$ und $\frac{d^3y}{dx^3} = 0$, also vier Gleichungen zur Bestimmung von a, a', b, b' in Formel 5.

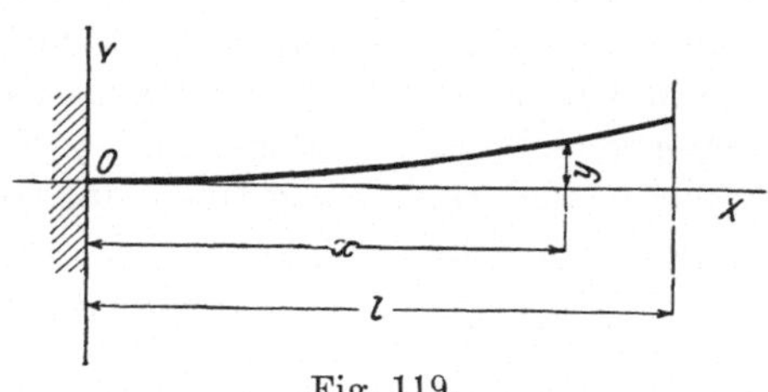

Fig. 119.

Wenn die Determinante der Koeffizienten in den Bedingungsgleichungen verschwindet, so ergeben sich wieder unendlich große Werte der Durchbiegung. Die Rechnung führt auf den Ausdruck

$$\cos kl\left[e^{kl} + e^{-kl}\right] + 2 = 0 \quad (17)$$

und die kleinste Wurzel kl dieser Gleichung ist $kl = 1{,}875$ oder rd. $1{,}19\ (\pi : 2)$ gegenüber $(\pi : 2)$ im vorigen Fall; also ist schließlich mit Gl. 6 die kritische Geschwindigkeit

$$\omega_k = 3{,}494 \sqrt[2]{\frac{JE}{Ml^3}} \quad \ldots\ldots \quad (18)$$

oder der Wellenhalbmesser

$$r = 0{,}5683 \sqrt[4]{\frac{Ml^3\,\omega_k^2}{E}} \quad \ldots\ldots \quad (19)$$

In Wirklichkeit wird die Steifheit der Welle durch die Naben der Scheibenräder erhöht werden. Es muß der Erfahrung vorbehalten bleiben, zu ermitteln, wie groß dieser Einfluß ist, d. h. ein wie großer Teilbetrag des Trägheitsmomentes der Nabe zum Trägheitsmoment der Welle hinzugefügt werden darf.

50. Die glatte Welle unter dem Einflusse ihrer Eigenmasse. Raschlaufende Transmissionen.

Ist eine sonst unbelastete (z. B. vertikal gedachte) Welle von Anfang an verbogen, so wird sie durch die Fliehkraft weiter deformiert, und die ausgeübte elastische Gegenkraft ist hierbei der Differenz der wahren und der anfänglichen Durchbiegung proportional. Das Verhalten der Welle wird mithin dasselbe sein, als wäre eine ideale geradlinige Achse vorhanden, welche die elastischen Kräfte hergibt, während die Belastung durch die exzentrisch gelagerten (im übrigen frei gedachten) Massen der Welle geliefert wird. Die entwickelten Formeln können somit ohne weiteres angewendet werden.

Für die beidseitig frei aufliegende Welle von der Länge $2l$ haben wir in Formel 7 einzusetzen

$$M = \mu \pi r^2 2l$$

und erhalten

$$\omega_k = 1{,}234 \frac{r}{l^2} \sqrt{\frac{E}{\mu}} \quad \ldots\ldots \quad (1)$$

oder

$$r = 0{,}811\, \omega_k l^2 \sqrt{\frac{\mu}{E}} \quad \ldots\ldots \quad (2)$$

Für die beidseitig eingespannte Welle

$$\omega_k = 2{,}776 \frac{r}{l^2} \sqrt{\frac{E}{\mu}} \quad \ldots\ldots \quad (3)$$

$$r = 0{,}360\, \omega_k l^2 \sqrt{\frac{\mu}{E}} \quad \ldots\ldots \quad (4)$$

Für die einseitig eingespannte Welle von der Länge l ist

$$M = \mu \pi r^2 l$$

und

$$\omega_k = 1{,}747 \frac{r}{l^2} \sqrt{\frac{E}{\mu}} \quad \ldots\ldots \quad (5)$$

$$r = 0{,}5724\, l^2 \omega_k \sqrt{\frac{\mu}{E}} \quad \ldots\ldots \quad (6)$$

Schließlich ergibt sich für Flußeisen mit $\mu = 0{,}0078 : 981$ und $E = 2150000$ und mit Einführung der minutlichen Umdrehungszahl n in den drei Fällen

$$r = \frac{1{,}633}{10^7} l^2 n \text{ bezw. } \frac{0{,}725}{10^7} l^2 n \text{ bezw. } \frac{1{,}147}{10^7} l^2 n \quad . \quad (7)$$

r und l in cm. Beispielsweise wird für die beidseitig frei aufliegende Welle bei $n = 1500$ und $l = 100$ cm $r = 2{,}45$ cm.

Die entwickelten Formen dürften auch für die Anlage rasch laufender Transmissionen Beachtung verdienen, da wir von diesen zu verlangen haben, daß sie sich hinlänglich tief unter ihrer kritischen Umdrehungszahl befinden.

51. Die Formel von Dunkerley.

Aus dem vorhergehenden leuchtet ein, daß auf dem Wege der Rechnung die kritische Geschwindigkeit nur in den einfachsten Fällen bestimmbar sein wird, und daß auch das graphische Verfahren sehr umständlich ist. Es muß deshalb sehr begrüßt werden, daß es Dunkerley[1]) in einer groß angelegten theoretischen und experimentellen Untersuchung gelungen ist eine einfache empirische Formel aufzustellen, die für verwickelte Verhältnisse paßt.

Denken wir uns eine Welle mit beliebiger Lagerung, deren kritische Geschwindigkeit, wenn sie für sich allein rotiert, ω_1 sein möge. Auf diese Welle werde ein Rad T_1 an bestimmter Stelle aufgekeilt. Abstrahieren wir von der Masse der Welle selbst, so läßt sich die kritische Geschwindigkeit ω_2 dieses Systemes rechnerisch bestimmen.

Die in Wirklichkeit sich einstellende kritische Geschwindigkeit, die den vereinten Einfluß von Welle und Scheibe zum Ausdruck bringt, ist nun nach Dunkerley

$$\omega_0 = \frac{\omega_1 \omega_2}{\sqrt{\omega_1^2 + \omega_2^2}} \quad \ldots \ldots \quad (1)$$

Wenn wir, nachdem Rad T_1 demontiert worden ist, ein zweites Rad T_2 an anderer Stelle aufkeilen, so möge, wenn die Welle gewichtslos gedacht wird, die theoretische Geschwindigkeit ω_3 sein. Bringen wir sowohl T_1 als auch T_2 auf, so ergibt das Experiment als wirkliche kritische Geschwindigkeit

$$\omega_0 = \frac{\omega_1 \omega_2 \omega_3}{\sqrt{\omega_2^2 \omega_3^2 + \omega_3^2 \omega_1^2 + \omega_1^2 \omega_2^2}} \quad \ldots \quad (2)$$

oder es ist wenigstens nach Dunkerley die Abweichung der Wirklichkeit von dieser Zahl nicht größer als einige Prozente.

Die Formeln sind auch für den Fall gültig, wo die Scheiben T_1 T_2 auf verschiedenen Feldern einer mehrfach gelagerten Welle aufgekeilt werden. Formel 2 entsteht übrigens auch, indem man ω_0 selbst aus Gl. 1 mit ω_3 gemäß Formel 1 kombiniert. Aufgrund dieser Bemerkung sieht man ein, daß das resultierende ω_0 kleiner ist als irgend eines der Bestandteile ω_1, ω_2, ω_3.

[1]) Philos. Transact. of the Royal Soc. London. Bd. 185. Jahrg. 1895. S. 270 u. f.

52. Versuche über die kritische Geschwindigkeit glatter und belasteter Wellen.

Die ausgedehnteste Versuchsreihe verdanken wir Dunkerley, der sich einer 6,3 mm dicken, 950 mm langen Welle bediente. Die Welle wurde je nach Umständen in 2, 3, 4 Lagern gestützt, und durch Scheibchen von 76 bezw. 89 mm Durchmesser und etwa 55 bezw. 123 g Gewicht belastet. Die Übereinstimmung der einfachen Fälle mit der Theorie war nahezu vollkommen. Die empirische Formel ergab, wie oben erwähnt, bis auf einige Prozente genaue Ergebnisse.

Die Föpplsche Formel wurde um die gleiche Zeit durch Klein[1]) experimentell geprüft und erwies sich ebenfalls vollkommen zutreffend.

Ohne von der Arbeit Dunkerleys Kenntnis gehabt zu haben unternahm auch der Verf. Versuche mit glatten und stetig belasteten Wellen, welche, obwohl mit primitiven Hilfsmitteln unternommen, der Mitteilung deshalb wert sind, weil sie bei bedeutend höheren Umlaufzahlen durchgeführt wurden als von Dunkerley, und weil die kritischen Umlaufzahlen höherer Ordnung beobachtet wurden, die bei Dunkerley fehlen. Die aus Kaliber-Rundstahl von 8,5 und 3,5 mm Durchmesser angefertigten dünnen Wellen wurden unmittelbar mit der Laufradwelle einer Lavalturbine im Maschinenlaboratorium des Eidgenössischen Polytechnikums verbunden, wodurch die Möglichkeit gegeben war, Umlaufzahlen bis zu 25000 in der Minute zu erreichen. Durch eine Bremse auf der Zahnradwelle ließ sich die Geschwindigkeit sehr bequem regeln. Die Lagerung erfolgte in 56 mm langen Büchsen, in welchen man die Wellen als nahezu „eingespannt“ ansehen kann. Im übrigen bestand das „Fundament“ bloß aus einem Holzpfosten, der auf einer Balkenunterlage aufruhte. Damit die Welle nicht brach, wurde der größte Anschlag durch Führungen auf etwa 10 mm im Radius beschränkt. Schon der erste Versuch erbringt den Beweis für die Existenz der höheren kritischen Geschwindigkeiten. Die anfänglich nur etwa 1 mm schlagende Welle zeigt bei einer Steigerung der Geschwindigkeit unruhigen Lauf; in der Nähe der kritischen Zahl biegt sie sich aus und beginnt in der Führung stark zu streifen. Kaum hat man die kritische Zahl überholt, streckt sie sich gerade, und vom anfänglichen „Schlagen“ ist nichts wahrzunehmen. Erhöht man die Geschwindigkeit, so ist bald unter gleichen Erscheinungen die zweite kritische Umdrehungszahl erreicht, mit einem Knoten in der Lagermitte, daraufhin die dritte, mit zwei Knoten, und so fort.

---

[1]) Z. 1895. S. 1192.

Die Kaliberstähle waren übrigens so homogen und gut ausgerichtet, daß die Welle bei der zweiten und den höheren kritischen Umlaufzahlen die Führungen nicht berührte, d. h. der Ausschlag unterhalb 10 mm radialer Weite blieb. Wir müssen also die Exzentrizität e unserer Formel als ungemein klein voraussetzen.

In folgender Zusammenstellung sind als „kritische" Umlaufzahlen diejenigen angegeben, bei welchen der Druck auf die Führung oder das Erzittern des Gestelles der Schätzung nach sein Maximum erreichte.

1) Glatte Welle, 8 mm Durchmesser, $2l = 640$ mm, einseitig eingespannt.

Kritische Umlaufz. pro min theoret. rd.	850	5400	15000	29500
„ „ beobachtet rd.	800	5000	14000	23000
Verhältnis theoretisch	1 :	6,3 :	17,6 :	43,6
„ beobachtet	1 :	6,2 :	17,4 :	29

2) Glatte Welle, 8 mm Durchmesser, $l = 450$ mm, einseitig eingespannt.

Kritische Umgangszahl pro min theoretisch	1730	11000
„ „ „ „ beobachtet	1600	10300
Verhältnis theoretisch	1 :	6,3
„ beobachtet	1 :	6,4

3) Glatte Welle, 8 mm Durchmesser, $2l = 860$ mm, beidseitig eingespannt.

Kritische Umgangszahl pro min theoretisch	2980	8300	16200
„ „ „ „ beobachtet	2700	4800	12000
Verhältnis theoretisch	1 :	2,8 :	5,4
„ beobachtet	1 :	1,8 :	4,4

4) Glatte Welle, 3,5 mm Durchmesser, $2l = 536$ mm, beidseitig eingespannt.

Kritische Umgangszahl pro min					
theoretisch	3690		9400		18400
beobachtet	3200	(5200) (Unruhe)	8200	(9500) (Unruhe)	17000
Verhältnis theoretisch	1 :		2,8 :		5,4
„ beobachtet	1 :	(1,6) :	2,55 :	(2,95) :	5,3

Diese dünne Welle zeigt schwache Erzitterungen („Unruhe") auch bei theoretisch nicht motivierten Umlaufzahlen, was auf Grund später gemachter Erfahrungen auf ungenaue Montierung zurückzuführen ist.

5) Welle von 8 mm Durchmesser mit 20 Schmiedeeisen-Scheiben von je 180 mm Durchmesser, 2 mm Dicke belastet; Gesammtgewicht 8,93 kg, $2l = 860$ mm, beidseitig eingespannt.

Kritische Umgangszahl pro min				
theoretisch	580	1620	3160	5250
beobachtet	500	1300	2800	(7000?)
Verhältnis theoretisch	1 :	2,8 :	5,4 :	9
„ beobachtet	1 :	2,6 :	5,6 :	(16?)

Überblickt man diese Zahlen, so zeigt sich die beobachtete kritische Geschwindigkeit durchweg kleiner wie die theoretische, während das Verhältnis der Umlaufzahlen verschiedener Ordnung leidlich mit dem theoretischen übereinstimmt. Der Grund der ersten Abweichung dürfte im Mitschwingen des bei meinen Versuchen sehr leichten, unvollkommenen Widerlagers liegen. In der Tat ist die Abweichung bei der schwersten Welle (Nr. 5) auch die größte. Es wird Aufgabe weiterer Versuche sein, den Unterschied vollends aufzuklären. Das eine darf auf Grund der gemachten Beobachtungen ausgesprochen werden, daß der Lauf der Wellen, insbesondere auch des eine vielstufige Turbine darstellenden Modelles Nr. 5, unmittelbar nach dem Überschreiten der kritischen Umlaufzahl ruhiger ist wie unterhalb der kritischen.

53. Die Dampfturbinenlager.

Die Konstruktion des Dampfturbinenlagers hat in erster Linie die ungemein hohe Gleitgeschwindigkeit, in zweiter Linie die wohl nie vollständig abwesende Vibration der Welle zu beachten. Eine Folge der hohen Geschwindigkeit ist die ungewöhnlich große Reibungsarbeit, welche in Wärme umgesetzt wird und die Temperatur von Lager und Welle so lange erhöht, bis die Wärmeabgabe durch Leitung und Strahlung der Wärmeerzeugung gleich geworden ist. Ist der spezifische Flächendruck $= p$ kg/qcm und zwar als Quotient aus der Lagerbelastung und der Projektion der Lagerlauffläche aufgefaßt, die Gleitgeschwindigkeit $= w$ m/sk, der Reibungskoeffizient $= \mu$ und zwar als Quotient aus der auf den Wellenumfang reduzierten gesamten Reibungskraft und der Lagerbelastung definiert, so ist die pro Sekunde im ganzen erzeugte Wärme

$$Q = A l d \mu p w \quad \ldots \ldots \quad (1)$$

worin d den Durchmesser, l die Länge des Wellenzapfens in cm bedeutet. Daß man Q nicht ohne weiteres durch Verkleinerung von p verringern kann, war schon durch die Versuche von Tower bekannt, der das angenäherte Gesetz

$$p \mu = \text{konst.} \quad \ldots \ldots \quad (2)$$

aufstellte, welches besagt, daß bei Verringerung des Flächendruckes in gleichem Maße der Reibungskoeffizient wächst und die gesamte Reibungsarbeit unverändert bleibt.

Allein erst die klassischen Arbeiten von Lasche[1]) und Stribeck[2]) haben uns über die weitere Abhängigkeit der Reibungsverhältnisse von Druck, Geschwindigkeit und Temperatur aufgeklärt, Die Versuche des ersteren decken vor allem das im Turbinenbau wichtige Gebiet hoher Geschwindigkeiten und führen zu dem besonders einfachen Gesetz

$$\mu p t = \text{Konst} = 2 \quad \ldots\ldots\ldots \quad (3)$$

wobei als Grenzen von p etwa 1 bis 15 kg/qcm, von t, welches die Gleitflächentemperatur in Celsius-Graden angibt, etwa 30 bis 100° C.

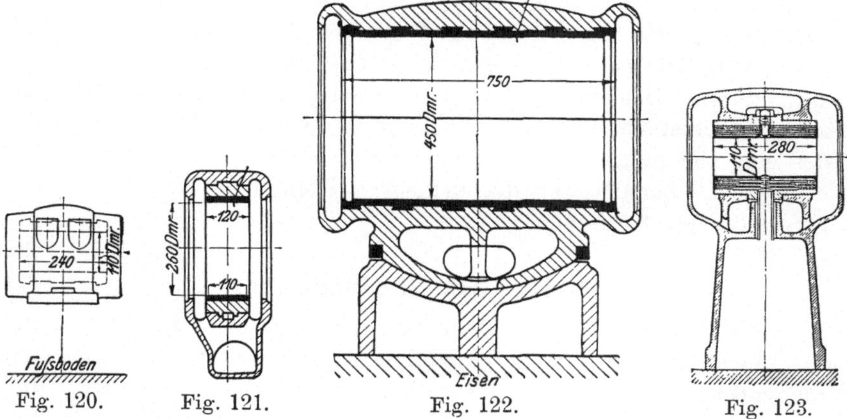

Fig. 120. Fig. 121. Fig. 122. Fig. 123.

anzusehen sind. Die Geschwindigkeit übt auf den Wert der Konstanten nur einen ganz geringen Einfluß aus, so lange sie sich in den Grenzen von etwa 5 bis 20 m/sk bewegt.

Bei ganz kleinen Geschwindigkeiten nähert sich μ nach den Versuchen von Stribeck für Sellers-Lager dem Werte von 0,14, d. h. er ist nahezu identisch mit dem Koeffizienten der rein metallischen Reibung, da die Ölschichte zwischen Welle und Schale eine verschwindend kleine Dicke besitzt. Steigt die Geschwindigkeit, so wird durch Adhäsion mehr Öl mitgenommen, μ sinkt, und zwar wenn $p = 1$ kg/qcm schon bei $w = 0{,}1$ m — wenn $p = 25$ kg/qcm bei $w = 1$ m — unter 0,005 herab. Weiterhin scheint die Dicke der Ölschicht nur langsam zuzunehmen, so daß wegen Vergrößerung der Geschwindigkeit, nach der Newtonschen Grundannahme, mit

[1]) Z. 1901, S. 1881.

[2]) Z. 1901, S. 1343.

wachsender Geschwindigkeit auch μ zunimmt. Über 5 m hinaus ist indessen der Einfluß von w, wie erwähnt, ein vernachlässigbarer.

Ganz besonders wertvoll sind die Versuche Lasches über die Wärmeausstrahlungsfähigkeit der Lager. Es wurden die in Fig. 120 bis 123 dargestellten Lager mit eingelegter rotierender Welle untersucht und die gesamte, d. h. durch Lagerkörper und Welle erfolgende Wärmeabgabe bestimmt.

Ist nun $\triangle t$ der Temperaturunterschied zwischen Lagerschale und Außenluft, so setzt Lasche den Arbeitswert der Wärmeabgabe in kg/m pro Stunde

$$R = k(\pi d l)\triangle t \quad \ldots\ldots\ldots \quad (4)$$

wobei l und d in cm auszudrücken sind. Der Koeffizient k erweist sich als mit der Temperatur wenig steigend, etwa gemäß der Formel

$$k = 1{,}62 + 0{,}0144\triangle t \quad \ldots\ldots \quad (5)$$

für Lager 120 bis 122.

Doch wird für praktische Zwecke ein Ansatz mit konstantem k genügen, und zwar

$$\left.\begin{array}{l} k = 2 \text{ bis } 2{,}5 \text{ für Lager } 120 \text{ bis } 122 \\ k = 5 \text{ bis } 6 \quad \text{„} \quad \text{„} \quad 123 \end{array}\right\} \quad \ldots \quad (6)$$

Bei letzterem scheint die relativ große Außenoberfläche im Verein mit guter Ableitung durch die Schalen die Wärmeabgabe zu erhöhen. Übrigens gelten die Werte für ruhende Luft und werden durch Ventilation jedenfalls stark vergrößert.

Formel 4 gibt nun die Möglichkeit, die Temperatur eines Lagers im Beharrungszustande zu rechnen. Die Wärmeentwicklung in kg/m ist gemäß Formel (1)

$$R' = l d \mu p w \quad \ldots\ldots\ldots \quad (7)$$

und mus dem Werte R, Formel 4 gleich sein. Wir erhalten also, wenn t die Schalen-, t_0 die Lufttemperatur bedeutet

$$l d \mu p w = k \pi d l (t - t_0) \quad \ldots\ldots \quad (8)$$

und mit Hinzuziehung von Gl. 3

$$\mu p = \frac{K}{t}$$

somit

$$k t (t - t_0) = \frac{K w}{\pi} \quad \ldots\ldots\ldots \quad (9)$$

zur Rechnung von t.

Lasche konstatierte, daß bei Temperaturen, die 125° C. überschreiten, die Schmierfähigkeit der Lageröle plötzlich abnimmt. Wenn mithin laut Formel 9 zu hohe Erwärmungen eintreten, wird eine Kühlung des Lagers oder besser des Öles erfolgen müssen. Man kann im letzteren Falle auch bei 3000 Umdrehungen ganz gut gewöhnliche Ringschmierlager verwenden. Häufiger ist indessen die Anwendung einer Ölpumpe und Kühlung des Öles in besonderen Behältern durch Röhrenkühlkörper. Aus den Formeln von Lasche bestimmt man leicht, um wieviel Grade das Öl bei einem bestimmten angenommenen Quantum abgekühlt werden muß.

Das in Fig. 123 abgebildete Lager nimmt eine Sonderstellung ein: es ist bestimmt, die Vibration der Welle abzudämpfen und vom Fundamente fernzuhalten. Zu diesem Behufe ist es nach dem Vorgange von Parsons mit vier konzentrischen Schalen versehen, die je ein kleines Spiel gegeneinander besitzen. Das Drucköl wird durch Nuten eigens auch in die Zwischenfugen geleitet; seine Viskosität setzt dem Herausquetschen bei der Vibration einen nachgiebigen Widerstand entgegen und wirkt als Bremse.

Das Spiel ist auch von Wichtigkeit für die gesamte Reibungsarbeit. Eine allseitig eng umschlossene Welle mit Druckschmierung wird auch wenn sie durch keine äußere Kraft belastet wird, wegen des Öldruckes allein bedeutende Reibung erfahren, und heiß laufen können.

In neuerer Zeit ist der Massenausgleich der rotierenden Teile so vollkommen, daß man von mehrteiligen Lagerschalen abkommt. Auch ganz große Ausführungen scheinen mit gewöhnlichen Kugelschalen, Ölkühlung und Druckschmierung gute Erfolge erreicht zu haben.

54. Die Stopfbüchsen

bilden eines der wesentlichsten und heikelsten Organe der Dampfturbine. Da sie durch die unmittelbare Nähe des Dampfraumes starker Erwärmung ausgesetzt sind, wird die Ableitung der eigenen Reibungswärme ein um so schwierigeres Problem. Der Vorteil der Kolbenmaschinenstopfbüchse, daß die Stange zeitweise heraustritt und sich wenigstens an der Oberfläche durch Strahlung abkühlt, fällt bei der rotierenden Welle dahin. Eine Kühlung durch Wasser dürfte ein wirksames Hilfsmittel sein, bedeutet aber Verluste durch die Kondensation in den benachbarten Dampfräumen.

Die Mehrzahl der Konstrukteure umgeht die Schwierigkeit dadurch, daß eine Berührung zwischen „Packung“ und Welle vermieden und die Abdichtung nur durch äußerste Verminderung des Spieles erreicht wird. Dies ist das Prinzip der sogenannten „Labyrinthdichtung“, die im großen zuerst von Parsons verwendet worden ist. Schematisch haben wir uns dieselbe unter dem Bilde der

Fig. 124 vorzustellen, in welcher A die Welle, B die Stopfbüchse bedeutet. Durch die in beide Teile eingedrehten Nuten wird wechselweise ein enger Spalt x und eine Erweiterung y geschaffen. Die Geschwindigkeit des aus dem Spalt tretenden Dampfes wird in der Erweiterung durch Wirbelung vernichtet, so daß zur abermaligen Beschleunigung ein weiterer Teil des Druckgefälles aufgezehrt wird. Durch eine große Zahl der Nuten und durch sehr kleines Spiel x wird der Verlust nach Tunlichkeit herabgesetzt. Auch scheint es günstigen Einfluß zu haben, wenn der Dampf im Spalte radial einwärts d. h. die Fliehkraft überwindend strömen muß.

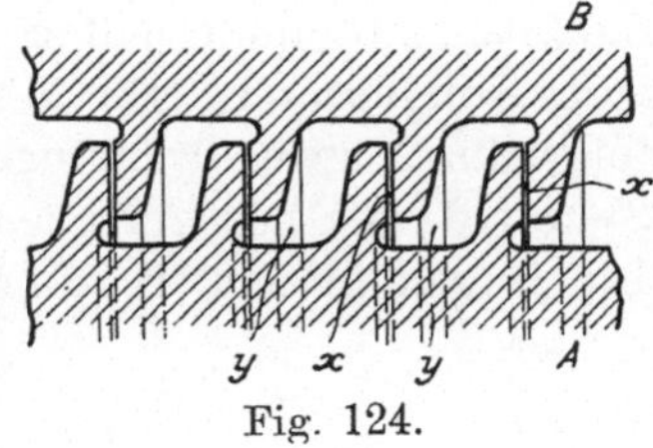

Fig. 124.

Fig. 125 stellt die Stopfbüchse der Schulzturbine dar. Von Erweiterungen der Labyrinthe ist hierbei abgesehen und die nötige Drosselung durch die große Länge des Labyrinthweges angestrebt.

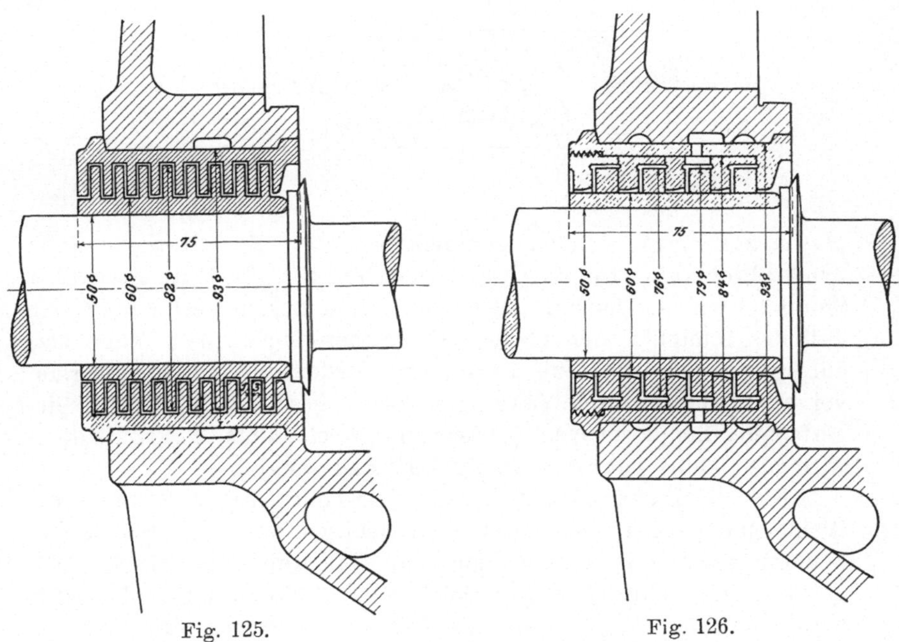

Fig. 125. Fig. 126.

Der Konstrukteur hofft so mit 1 mm Spiel auszukommen. Die Außenbüchse ist zweiteilig. — Fig. 126 ist eine aus Ringen zusammengebaute Stopfbüchse desselben Konstrukteurs, wobei die inneren Ringe auch lose, aber gut passend ausgeführt werden können.

Rateau verwendet die in Fig. 127 dargestellte Konstruktion, deren Hauptteil eine die Welle *a* eng umschließende Büchse *b* aus geeigneter Metalllegierung ist. Der durch den Spalt noch herausdringende Dampf gelangt in die Vorkammer *c*, in welcher mittels eines Reduktionsventiles ein konstanter Druck von etwa 0,8 Atm. absolut erhalten wird; vom Ventil führt man den Dampf zum Kondensator. Die Abdichtung der Kammer *c* nach außen erfolgt durch zwei dreiteilige Bronzeringe *d*, *d*, die durch umgelegte Spiralfedern *e* mit geringem Druck gegen die Welle gepreßt werden. Die Fugen in den Teilungsebenen müssen durch sorgfältiges Ein-

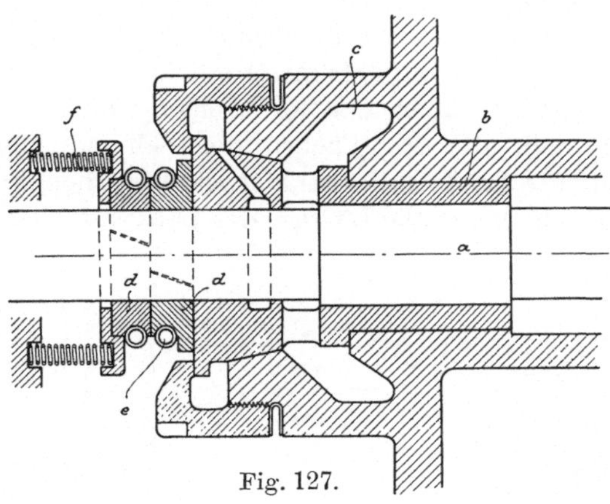

Fig. 127.

passen zum Verschwinden gebracht werden. Eine Anpressung in axialer Richtung wird durch Federn *f* bewirkt. Die Kammern aller Stopfbüchsen der Turbine stehen untereinander in Verbindung; ein Teil des Dampfes, der aus der Hochdruckseite austritt, kann also auf der Niederdruckseite angesaugt werden. Wenn im Leerlauf vor allen Stopfbüchsen Vakuum herrscht, gestattet das hierfür eingerichtete Reduktionsventil frischem Kesseldampfe den Zutritt, es wird also keine oder nur wenig Luft angesaugt.

Die de Laval-Gesellschaft verwendet gegen Vakuum mit Weißmetall ausgegossene zweiteilige Büchsen mit Kugelgelenk und Federanpressung in axialer Richtung. Den wahren Abschluß bildet die Schmierölschicht, welche nach dem Vakuumraum abgesaugt wird, ohne daß der Ölverbrauch deshalb ein großer wäre.

Soll man bloß gegen Vakuum dichten, so kann auch die Labyrinthdichtung angewendet und mit ziemlichem Spiel ausgeführt werden. Man leitet Dampf durch die auch in Fig. 125 und 126 sichtbaren Ringkanäle zu und verdrängt dadurch die Luft, damit das Vakuum nicht leidet.

Die Konstruktion einer ebenso dichten Turbinenstopfbüchse, wie die der Dampfmaschine, ist ein noch ungelöstes Problem. Es darf deshalb wohl die sich im Dampfmaschinenbau vorzüglich bewährende Stopfbüchse von Schwabe hier noch angeführt werden, welche, wie aus Fig. 128 ersichtlich ist, aus einer größeren Zahl dreiteiliger Ringe *D* besteht, die ebenfalls durch eine Spiralfeder umschlungen werden. Die Ringe stoßen (für die Dampfmaschine) in schrägen Fugen aufeinander, und sollen die Welle gar nicht oder nur mit unmerklichem Drucke berühren. Bei Turbinen würde die

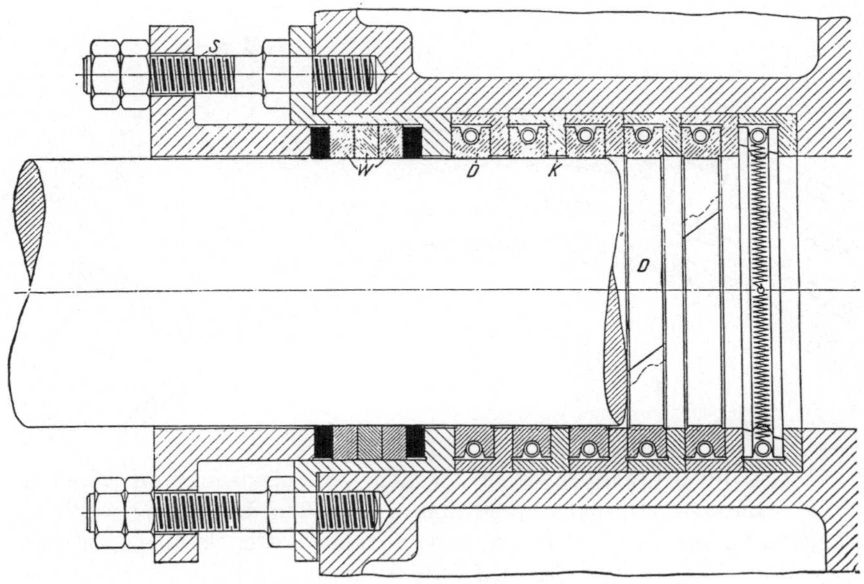

Fig. 128.

am Ende befindliche weiche Packung natürlich wegfallen, die Ringe müßten gegen Drehung gesichert werden, und je nachdem gegen Druck oder Vakuum gedichtet wird, am inneren oder äußeren Ende der Büchse mit Ölschmierung versehen werden.

Die Abdichtung der Zwischenstufen bei mehrstufigen Turbinen erfolgt bei der Kleinheit des Druckunterschiedes durch weit einfachere Mittel. In Fig. 132 weiter unten ist beispielsweise die Dichtung der Schulzturbine dargestellt, welche, wie ersichtlich, nur im Zackenprofil eines kurzen Labyrinthes, dann in einem lose mitlaufenden Ring besteht.

55. Die Regulierung der Dampfturbine.

Die Regulierung erfolgt bei der Mehrzahl der Systeme durch bloße Drosselung, wodurch ein Teil der Arbeitsfähigkeit des Dampfes von vornherein preisgegeben und die Ökonomie der Turbine notwendigerweise herabgesetzt wird. Der Verlust wird bekanntlich durch das Produkt aus der Zunahme der Entropie und der absoluten Temperatur des Auspuffdampfes gemessen, und kann mit Hilfe unserer Entropietafel leicht ermittelt werden.

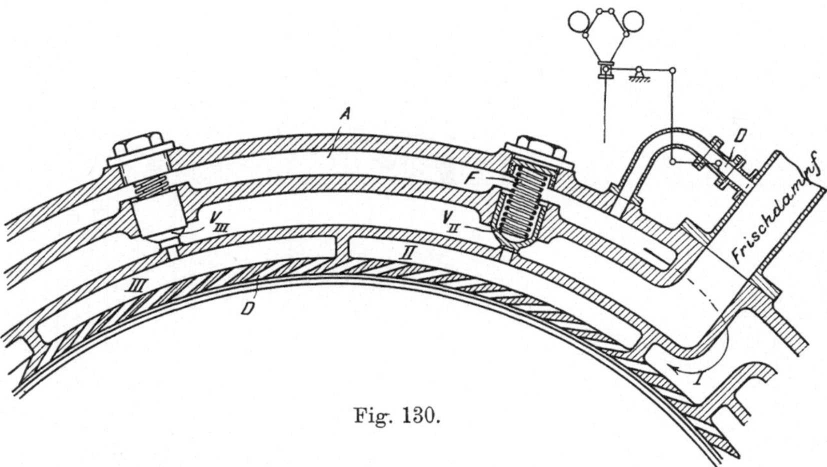

Fig. 130.

Das Ideal wäre, stets mit vollem Anfangsdrucke zu arbeiten und sämtliche Durchflußquerschnitte der Turbine der jeweiligen Leistung anzupassen. Konstruktiv am leichtesten können wir uns diesem Ideale bei der einstufigen Druckturbine nähern, indem wir die Düsen eine nach der anderen durch den Regler öffnen oder schließen lassen. So bedient sich Th. Reuter im D.R.P. No. 144102 eines durch den Regulator bewegten Steuerschiebers, s. Fig. 129 S. 175, der frischen Dampf auf die Kolben *e*, *e*, der Absperrspindeln zu den einzelnen Düsen leitet. Stellt der Schieber die Verbindung des Raumes unter dem Kolben mit der Atmosphäre her, so wird die Spindel durch die Feder *g* niedergedrückt. Bei den sehr kleinen Kräften die hier auszuüben sind genügen Manometerröhrchen als Zuleitung, und der Schieber ist so klein, daß direkter Angriff durch den Regler zulässig erscheint.

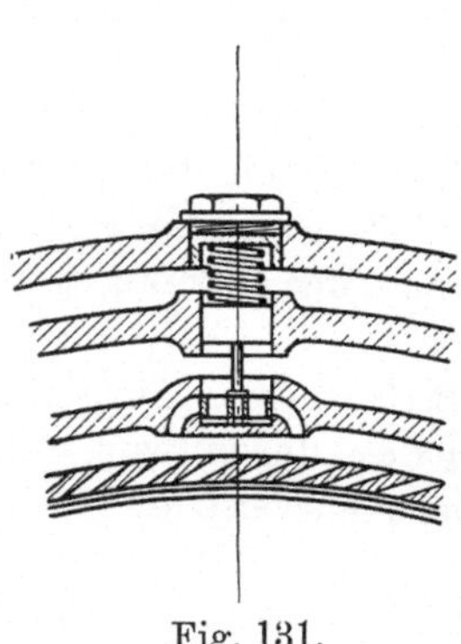

Fig. 131.

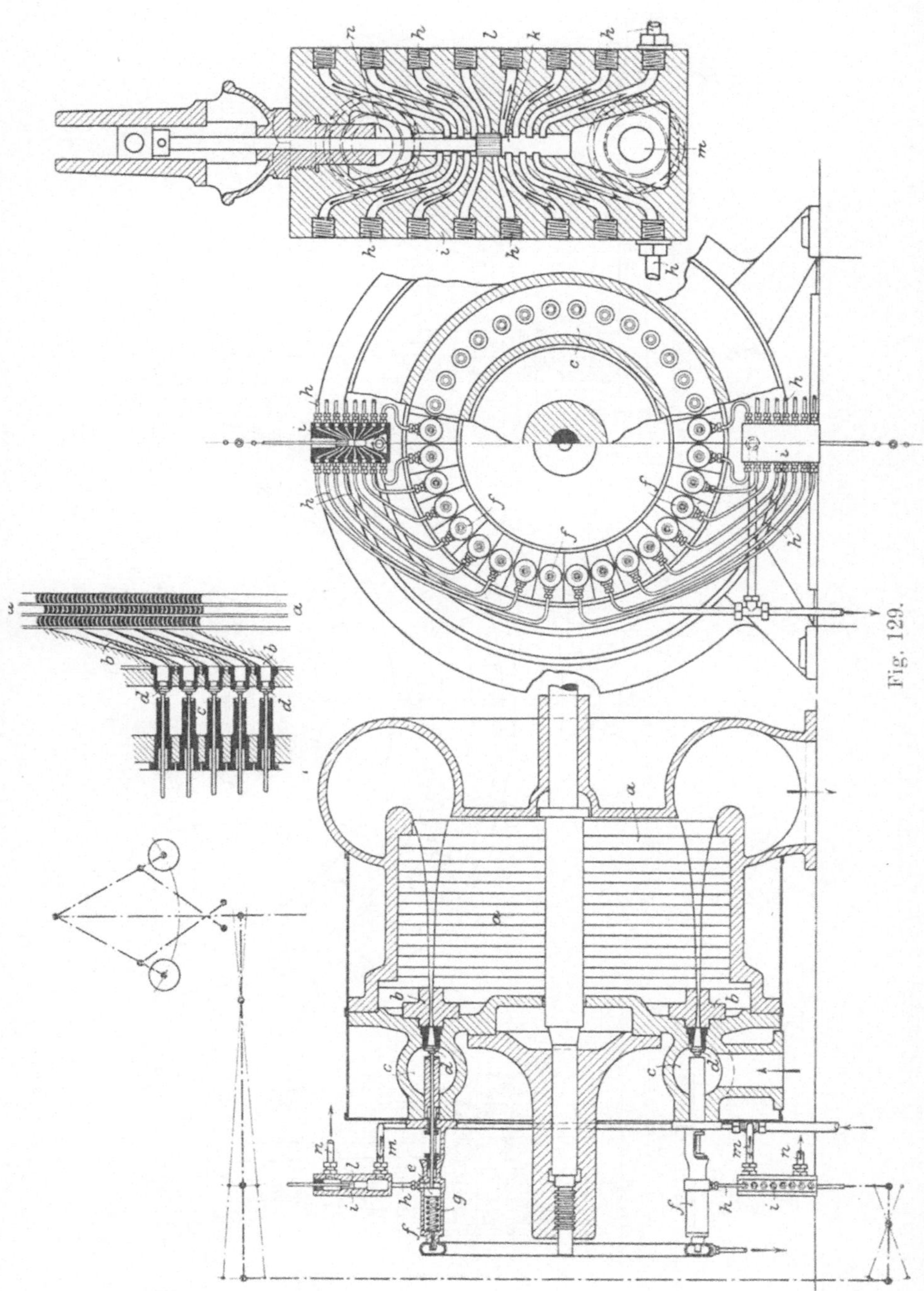

Fig. 129.

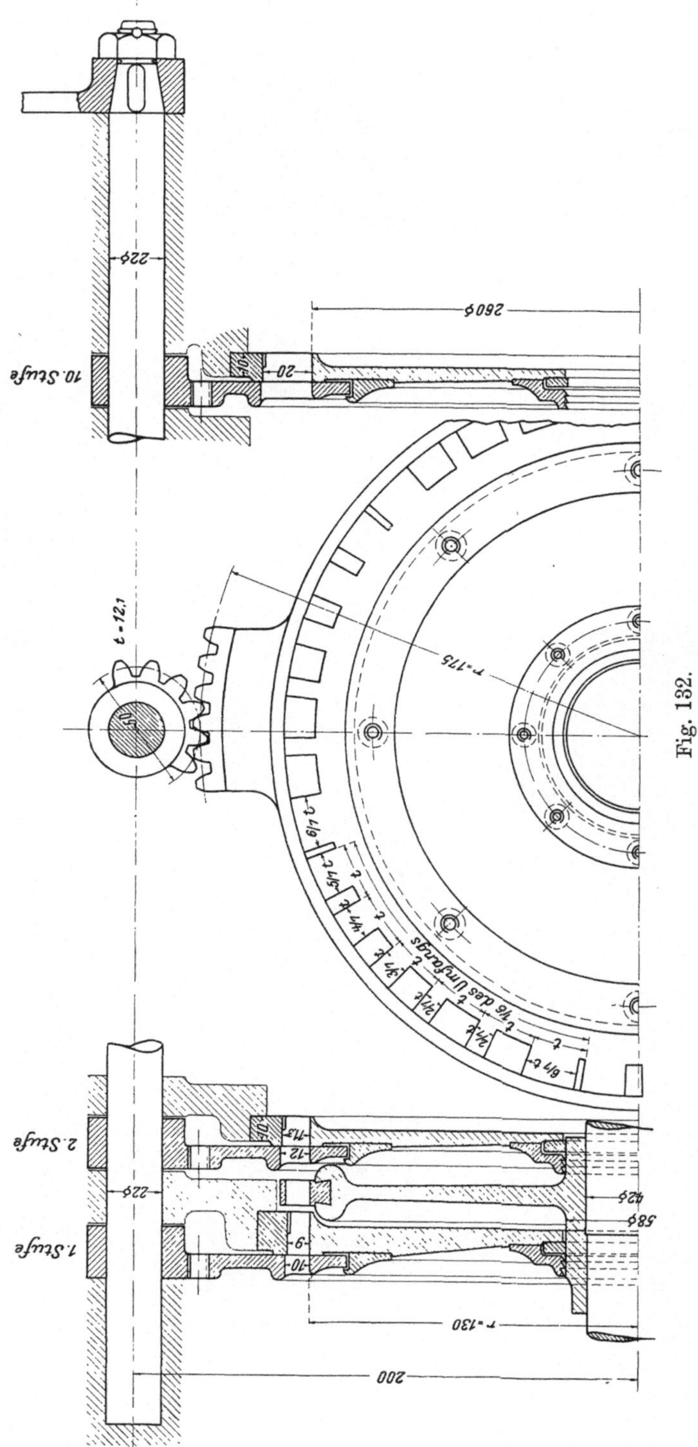

Fig. 132.

Eine andere Lösung strebt Stumpf im Schweiz. Pat. No. 25438 Kl. 93, Fig. 130, an. Die Düsen sind in Gruppen I, II, III, . . . geteilt und erhalten Frischdampf durch die Ventile V_{II}, V_{III} . . . Auf diesen lastet die durch Drosselklappe D verminderte Dampfpressung und der Druck je einer Spiralfeder, während der Admissionsdruck sie von unten emporzuheben strebt. Beim Anlassen herrscht im Raume A Atmosphärendruck, und der Admissionsdampf ist imstande, alle Ventile anzuheben. Wird die Turbine im Betriebe entlastet, so läßt der Regler Dampf in den Raum A zu, welcher im Verein mit den auf verschiedene Kraft abgestimmten Federn die Ventile der Reihe nach schließt. Zum Schluß bleiben nur die Düsen im Sektor I offen, die sich in steter Verbindung mit Raum A befinden; ihre Zahl genügt, die Turbine im Leerlauf anzutreiben. Fig. 131 (S. 174) stellt eine Ausführung mit einem Kolbenschieber als Absperrorgan dar.

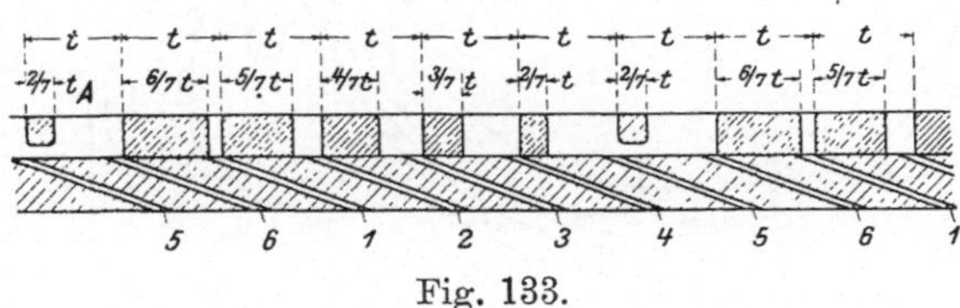

Fig. 133.

Bei mehrstufigen Turbinen müßte jede Leitvorrichtung nach bestimmtem Gesetz durch den Regler beeinflußt werden. Ein Vorschlag dieser Art stammt von Schulz (D.R.P. No. 132868) und ist für Aktionsturbinen in Fig. 132 abgebildet. Die Einrichtung der Schieber ist aus Fig. 133 ersichtlich. Dieselben bestehen aus mehreren um je eine Kanalweite breiteren Lappen in solchen Abständen, daß bei der Verschiebung aus der Lage A um je eine Kanalbreite nach rechts immer nur je ein Leitkanal geschlossen wird. Zum Schluß bleibt von sechs Kanälen einer offen, was eine sehr weitgehende Regulierfähigkeit bedeutet. Dem Mangel, daß die Leitkanäle bei ihrer geringen Weite zu lang ausgefallen sind, ließe sich konstruktiv sehr leicht abhelfen.

Rateau begnügt sich im D.R.P. Nr. 143618 damit, für ein bedeutendes Intervall der Leistung nur durch Drosselung zu wirken, und zwar vermöge eines in Fig. 134 ersichtlichen eingeschliffenen Kolbenschiebers n. Erst wenn sich der Regler seiner oberen Grenzlage nähert, wird der Steuerkolben d bewegt, wodurch Frischdampf zum Kraftzylinder t gelangt und den Schieber e schließt. Es ist nicht angegeben, wie ein eindeutiger Zusammenhang zwischen der Stellung des Reglers und des Kraftkolbens zustande kommt. Bei Überbelastung, d. h. tiefster Stellung des Regulators, tritt Steuerkolben *c* mit Kraftzylinder *w* in Wirksamkeit und betätigt das „Überlastungsventil“ z^1, durch welches frischer Dampf dem Niederdruckende der Turbine zugeführt wird. Durch diese Einrichtung wird es ermög-

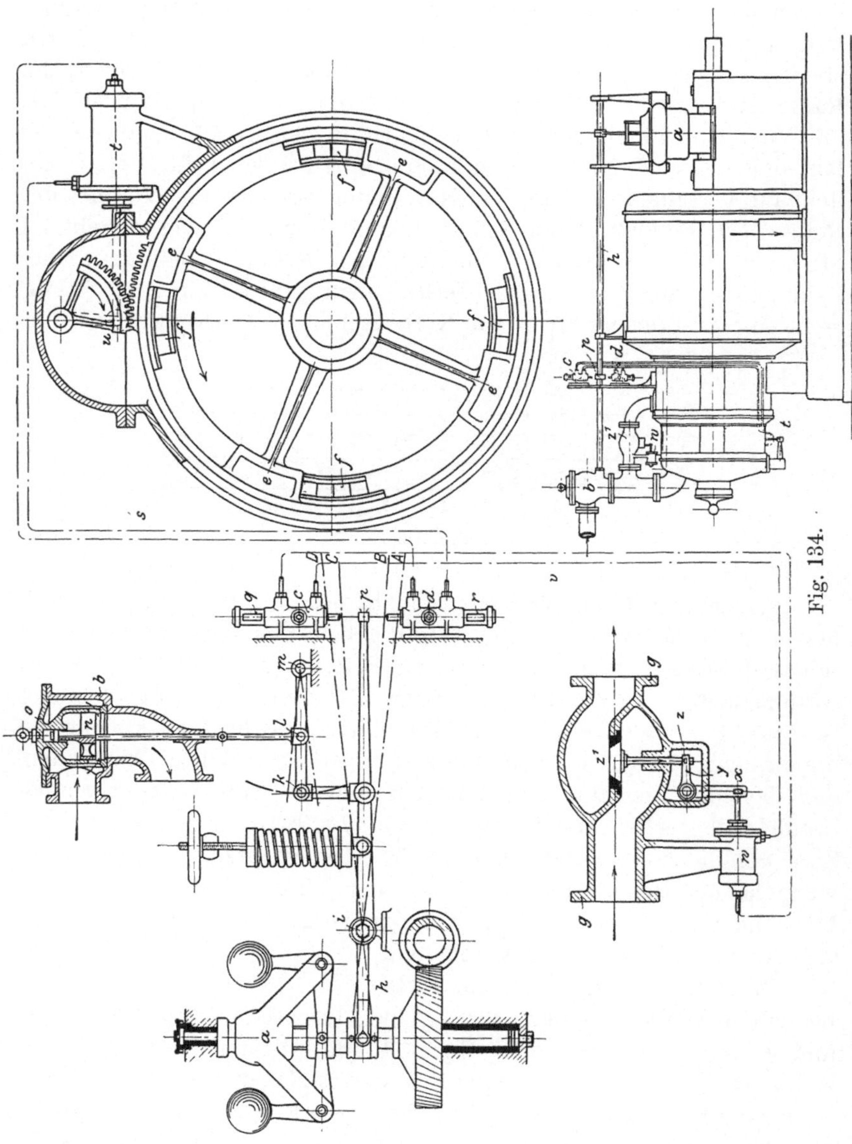

Fig. 134.

licht, daß die Turbine ihre Normalleistung bei höchster Ökonomie, d. h. bei vollem Admissionsdruck liefert, während für die nur stellenweise vorkommende Überlastung die Einbuße an Ökonomie durch Benutzung des Überlastungsventils sehr wohl zulässig ist. Der Dampfverbrauch pro Einheit der Leistung wird hierdurch dem der Dampfmaschine ähnlich, welche ja bei Überlastung auch unökonomisch arbeitet.

Die Akt.-G. Brown Boveri & Cie., Baden, hat im Schweiz. Pat. No. 25439 die Idee geschützt, im Falle der Überlastung frischen Dampf nicht bloß einer, sondern allmählich mehreren aufeinander folgenden Stufen der Turbine zuzuführen. In Fig. 135 betätigt der Regler einen Kolbenschieber *K*, der sowohl die normale Drosselung bewirken als auch die Überlastungskanäle *a*, *b*, *c* öffnen soll. Hier ist also die oszillierende Bewegung des Drosselorganes, welche der Parsons-Turbine sonst eigentümlich ist, aufgegeben. In Fig. 136 erfolgt die Betätigung des Überlastungsschiebers *K* durch den Druck, der hinter dem gewöhnlichen Drosselventil *D* herrscht, und die Feder *F* mehr oder weniger stark komprimiert. *S* bedeutet ein Solenoid mit Eisenkern, um auch direkt elektrisch (durch die Spannung) regulieren zu können. Nach dieser Ausführung ist voller Admissionsdruck vor dem ersten Leitrad unzertrennlich von der sekundären Dampfzuführung; bei niedriger Leistung wird wie bis jetzt mit einfacher Drosselung gearbeitet.

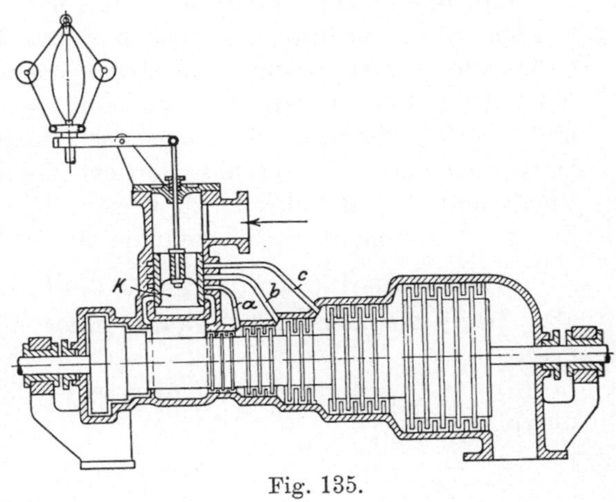

Fig. 135.

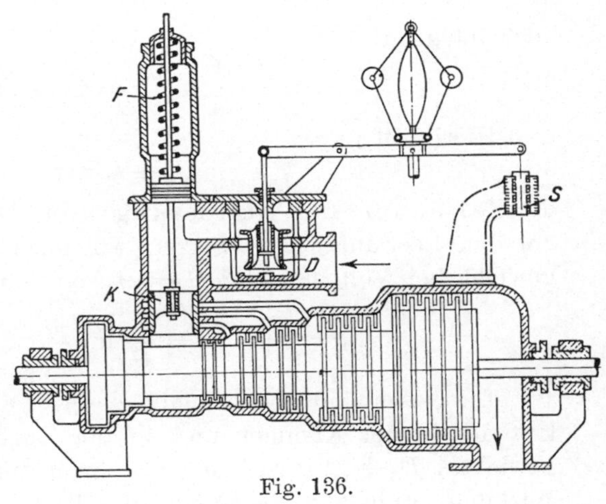

Fig. 136.

In allen Fällen ist die Regulierung der Dampfturbine eine sehr wirksame, auch bei den vielstufigen Ausführungen, obwohl man hier befürchten könnte, daß die in der Turbine selbst enthaltene relativ große Dampfmenge bei plötzlicher Entlastung, trotz augenblicklicher Absperrung der Einströmung, zuviel Arbeit aus dem eigenen Energievorrat auf die Laufräder übertragen könnte.

Daß dem nicht so ist, lehrt folgende kleine Rechnung: Wir werden später nachweisen, daß das durch die Turbine in 1 sk strömende Dampfgewicht dem Anfangsdrucke angenähert proportional ist. Denken wir uns zur Zeit $t = t_0$ die Turbine entlastet und das Regulierventil plötzlich geschlossen, und verfolgen wir die Druckabnahme. Es sei das Gewicht des Dampfinhaltes zwischen Ventil und erstem Leitrade zu Beginn D_0, zu einer späteren Zeit D kg. Während der Elementarzeit dt fließt ein Anteil

$$-dD = \alpha p\, dt$$

ab. Der vorhandene Inhalt kann unter Annahme des Näherungsgesetzes

$$pv = K$$

durch

$$D = \frac{V}{v} = \frac{V}{K} p$$

ausgedrückt werden, wenn V das Volumen des betreffenden Raumes ist. Dieser Wert, oben eingesetzt, ergibt

$$-\frac{V}{K}\frac{dp}{dt} = \alpha p,$$

oder integriert

$$-\frac{V}{K} \ln \frac{p_2}{p_1} = \alpha (t_1 - t_0) \quad \ldots \ldots \quad (1)$$

Hierin ist

$$t_1 - t_0 = \tau$$

die Zeitdauer der Entleerung vom Drucke p_1 auf p_2, d. h. auf den Leerlaufdruck. Setzen wir noch das sekundliche Dampfgewicht bei Vollbelastung $G = \alpha p_1$ ein, so erhalten wir

$$\tau = \frac{D_0}{G} \ln \left(\frac{p_1}{p_2}\right) \quad \ldots \ldots \ldots \quad (2)$$

Die Geschwindigkeitszunahme ergibt sich aus der Arbeitsfähigkeit des in der Kammer und in der Turbine befindlichen Dampfgewichtes $D_0 + D_t$, welche mit einem nicht stark veränderlichen Wirkungsgrade auf die Massen der Turbine übertragen wird. Man wird die abgegebene Arbeit

$$L = \left(D_0 + \frac{D_t}{2}\right) L_0 \eta_m \quad \ldots \ldots \quad (3)$$

setzen dürfen, unter L_0 die theoretische Leistung für 1 kg Dampf und unter η_m ein Mittelwert verstanden, und D_t halbiert, weil der mittlere Zustand des Dampfes in der Turbine etwa der halben Arbeitsfähigkeit L_0 entspricht. Ist nun Θ das Massenträgheitsmoment der rotierenden Teile, ω die Winkelgeschwindigkeit, so bildet L die Änderung der lebendigen Kraft $\frac{1}{2}\Theta\omega^2$, oder angenähert

$$L = \Theta\omega\delta\omega = \Theta\omega^2\frac{\delta\omega}{\omega} \quad . \quad . \quad . \quad . \quad . \quad (4)$$

und die verhältnismäßige Geschwindigkeitsänderung ist

$$\frac{\delta\omega}{\omega} = \frac{L}{\Theta\omega^2} \quad . \quad . \quad . \quad . \quad . \quad . \quad . \quad (5)$$

Beispielsweise wird bei einer Turbine von 1000 KW Leistung D_0 bei 10 Atm. Anfangsdruck etwa 0,6 kg (bei knappster Anordnung des Ventiles), D_t etwa 0,75 kg und AL_0 etwa 150 WE, woraus mit $\eta_m = 0,5$ und $\omega = 157$, d. h. $n = 1500$ in der Minute, und mit $\Theta = 50$ (mäßig geschätzt)

$$\frac{\delta\omega}{\omega} = 0,027, \text{ d. h. } 2,7 \text{ vH folgt.}$$

Die Entleerungszeit beträgt mit $p_2 = 0,6$ Atm. als Leerlaufdruck

$$\tau = 0,68 \text{ Sek.}$$

Bei teilweiser Entlastung haben wir natürlich noch viel kleinere Änderungen zu gewärtigen. Diese ausgezeichneten Ergebnisse werden durch alle bisherigen Versuche, z. B. an der Parsons-Turbine, vollauf bestätigt.

IV.

Die Dampfturbinensysteme.

Irgend eines der bekannten Wasserturbinensysteme könnte, wie sich von selbst versteht, ohne weiteres als Dampfturbine Verwendung finden. Wir schöpfen indessen aus dieser Möglichkeit nur geringen Vorteil, denn das Bestreben des modernen Wasserturbinenbaues ist vornehmlich darauf gerichtet, bei dem Vorherrschen der kleinen Gefälle die Umlaufzahl der Turbine zu erhöhen. Die Hauptaufgabe, welche jedes Dampfturbinensystem lösen muß, ist demgegenüber die Herabsetzung der Umlaufzeit auf ein praktisch zulässiges Maß unter Wahrung der erforderlichen Betriebszuverlässigkeit und Wirtschaftlichkeit.

Welche Umlaufzahl aber praktisch zulässig ist, darüber wird bei den heutigen Beziehungen des Maschinenbaues zur Elektrotechnik in erster Linie der Dynamobau zu entscheiden haben, und zwar im besonderen die Anforderungen der Wechselstrommaschine. Die in Europa sehr allgemeine Periodenzahl 50 i. d. Sek. läßt uns im großen ganzen nur die Wahl zwischen 3000 oder 1500 Uml./min für die zwei- bezw. vierpolige Maschine (bei der sogen. Induktortype kommt wegen des Ausfalles der Hälfte der Pole im wesentlichen nur letztere in Betracht). Die Mehrzahl der Dynamokonstrukteure teilt heute wohl die Ansicht, daß Einheiten von etwa 1000 KW nach aufwärts nicht mehr als 1500 Uml./min machen sollten. Die Länge der Trommeln, die Schwierigkeit des Massenausgleiches, die mögliche Unterstützung der Wellenschwingung durch Unsymmetrie des magnetischen Feldes, die hohe Gleitgeschwindigkeit in den schwer belasteten Dynamolagern lassen den Bau rascher laufender Maschinen als ein gewagtes Problem erscheinen, für dessen Gelingen keine Gewähr aus schon bekannten Erfahrungen abgeleitet werden kann.

Das Ideal der Einfachheit wäre nun offenbar eine Turbine, die das gesamte Nutzgefälle in einem einzigen Rade mit einziger Wirkung, d. h. als einstufige Druckturbine, in mechanische

Arbeit umwandelte. Versuchen wir eine Lösung für diese unmittelbarste Energieumwandlung bei der kleineren der praktischen Umlaufzahlen, d. h. bei 1500 i. d. Min., so stellt sich indessen sofort die Unmöglichkeit auf Seite des Turbinenbauers heraus. Um einen richtigen hydraulischen Wirkungsgrad zu erhalten, sollte bei der erreichbaren Dampfgeschwindigkeit von rd. 1200 m und darüber die Umfangsgeschwindigkeit der Turbine doch mindestens $^1/_3$, d. h. 400 m betragen; dies entspräche aber einem Raddurchmesser von rd. 5 m, an welchen man sich denn doch nicht so leicht heranwagen wird. Außerdem würde man an diesem Rade gemäß unsern Formeln eine ganz beträchtliche Leerlaufarbeit zu erwarten haben. Es bleiben mithin, wenn wir an einem Rade festhalten, folgende Auswege:

a) Zwischenschaltung eines Zahnradvorgeleges, wie es de Laval bei Kräften bis zu 300 PS mit Erfolg anwendet. Für große Kräfte ist aber dieser Weg ausgeschlossen.

b) Erhöhung der Umlaufzahl auf 3000 p. Min. Der bei 400 m immer noch rd. 2,5 m betragende Durchmesser würde aber die Turbine für kleine Leistungen zu teuer machen, und bei großen Leistungen wird man sich schwerer zu so hohen Umlaufzahlen entschließen, obwohl die Konstruktion der zugehörigen Scheibenräder nach unseren Formeln keine Schwierigkeit bereiten würde.

c) Anwendung von Geschwindigkeitsstufen, wie sie zuerst wohl Farcot in seinen Patenten vorgeschlagen hat. Die moderne Form der Geschwindigkeitsabstufung finden wir in den Turbinen von Curtis und Riedler-Stumpf bei mäßigen Umgangszahlen in mannigfacher Ausführung praktisch verwirklicht.

Das wirksamste Mittel, die Umlaufzahl herabzudrücken, bildet die Anwendung mehrstufiger Expansion, für welche bekanntlich Parsons der erfolgreiche Vorgänger ist. Seine Turbine arbeitet mit Reaktion und 50—70 oder mehr Stufen. Das Gegenstück hierzu bildet die Aktionsturbine von Rateau mit 15—25 Stufen und partieller Beaufschlagung. An diese schließen sich die Konstruktionen von Zölly und Schulz an, während die Lindmark-Turbine ein neues Prinzip, die teilweise Rückverwandlung kinetischer Energie in potentielle zur Anwendung bringt. Diese teils im praktischen Betrieb befindlichen, teils in Versuchsausführungen vorhandenen Konstruktionen werden im Nachfolgenden ausführlicher besprochen, und zwar ohne Rücksicht auf die geschichtliche Folge zuerst die Druck-, dann die Überdruckturbinen. Ältere und neuere Vorschläge die nicht zur Ausführung kamen, sind in Abschn. 66 und 67 gedrängt zusammengefaßt.

56. Turbine von de Laval.

Die wesentlichen Elemente dieser Turbine sind schon oben bei der Besprechung der Düse, der Radscheiben und der biegsamen Welle erörtert worden.

In Fig. 137 finden wir das Rad einer 10pferdigen, in Fig. 105 S. 140 dasjenige einer 200pferdigen Turbine dargestellt. Beim ersteren ist die Welle im Rade abgesetzt, um an Federungslänge zu gewinnen; bei letzterem ist sie unterbrochen, um die Scheibe ohne Bohrung herstellen zu können.

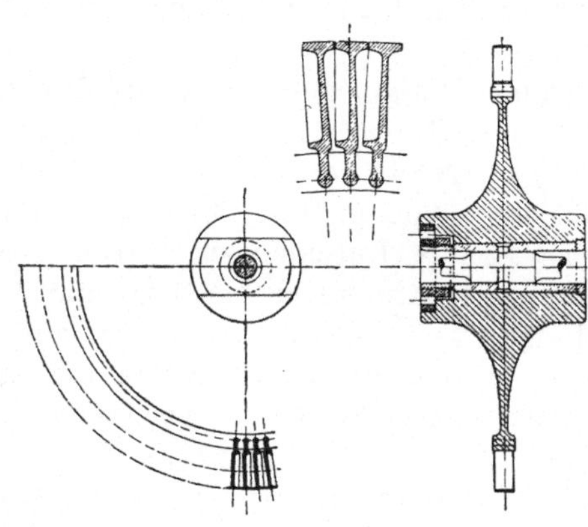

Fig. 137.

Die Schaufeln sind leicht verstemmt und können ohne Gefährdung des Rades ausgewechselt werden. Die Gesamtzeichnung einer 300pferdigen Turbine (Fig. 138 und 139) zeigt die beweglichen, aus zwei Teilen zusammengesetzten Stopfbüchsen und das bei dieser Ausführung aus dem Vakuum herausgesetzte Endlager mit Kugelgelenk. Die Düsen sind unter einem Neigungswinkel von 17 bis 20^0 gleichmäßig im Kreise verteilt. Neuerdings setzt man sie in Gruppen unmittelbar nebeneinander, um den Dampfstrahl nicht zu zersplittern. Die Regulierung erfolgt durch Drosselung mittels eines Doppelsitzventiles (Fig. 140), das von dem auf der Achse des einen Zahnrades sitzenden Kegel-Federregler (Fig. 140) durch eine metallisch dichtende Spindel und Hebel bewegt wird. Bei neueren Ausführungen wird neben dem erwähnten Ventil die in Fig. 141 dargestellte selbsttätige Absperrung angewendet. Der Dampfdruck auf die eingeschliffene Spindel hält die Feder bei der größten Leistung mit geringem Kraftüberschuß gespannt. Sinkt die Belastung, und fängt der Regler an zu drosseln, so erhält die Federkraft das Übergewicht und schließt die Düsenöffnung ab. Auf diese Weise wird die unwirtschaftliche starke Drosselung des Dampfes vermieden und die Druckabnahme auf etwa 1 Atm. beschränkt. Die Zahnräder sind mit ungemein kleiner Teilung als Doppelschraubenräder ausgeführt, damit der axiale Schub aufgehoben werde; es werden Übersetzungen von 1 : 10 bis 1 : 13 angewendet. Die Breite der Zahnräder beträgt bei der 300 PS. Turbine, wie in Fig. 138 ersichtlich ist, 500 mm.

In Fig. 142 ist eine 200 PS. von der Maschinenbauanstalt Hum-

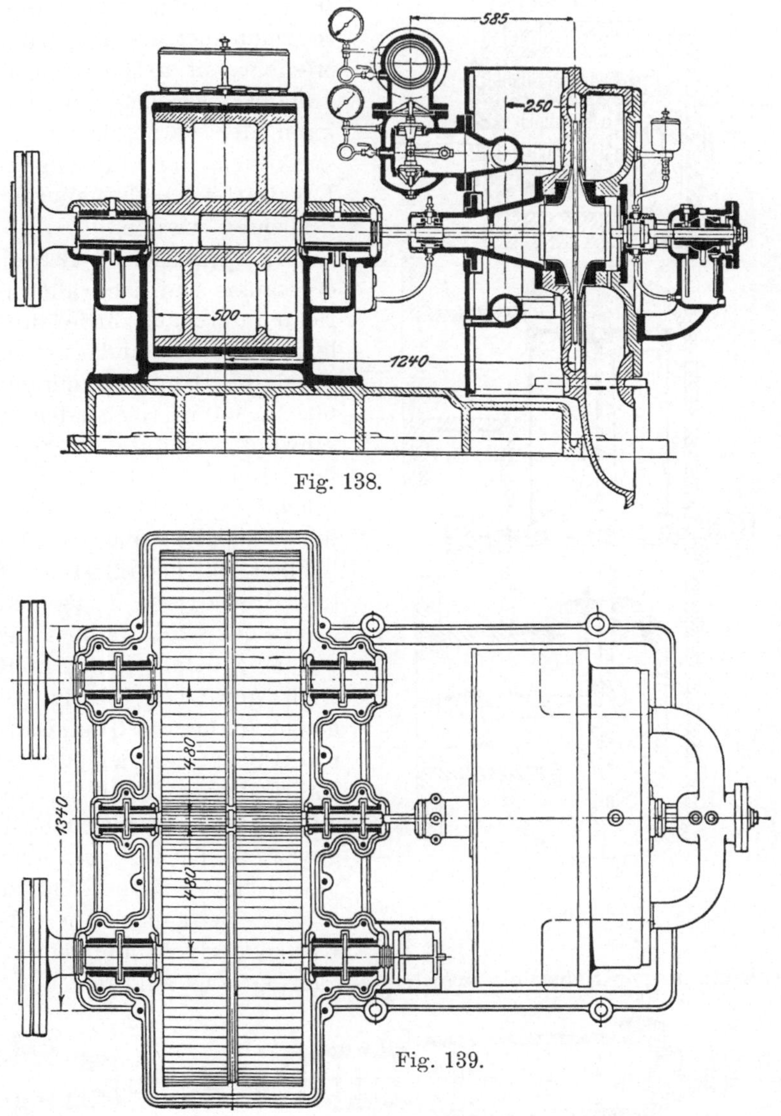

Fig. 138.

Fig. 139.

boldt in Kalk bei Cöln ausgeführte Turbine dargestellt. Die Detailfigur 143 veranschaulicht das Kugellager des freien Wellenendes, an welchem die in Spirallinie laufende Ölnut bemerkenswert ist. Fig. 144 bringt Einzelheiten der Stopfbüchse, welche durch die

Kugelpaßfläche sowohl eine Schrägstellung der Welle, als auch wegen des radial vorhandenen Spieles in den Beilagen, eine seitliche Auslenkung gestattet. Da die Stopfbüchse zweiteilig ist, muß bei der Herstellung offenbar mit größter Sorgfalt verfahren werden. Überhaupt kann der vorzüglichen konstruktiven Durchführung der Lavalturbine nicht genug Lob gespendet werden.

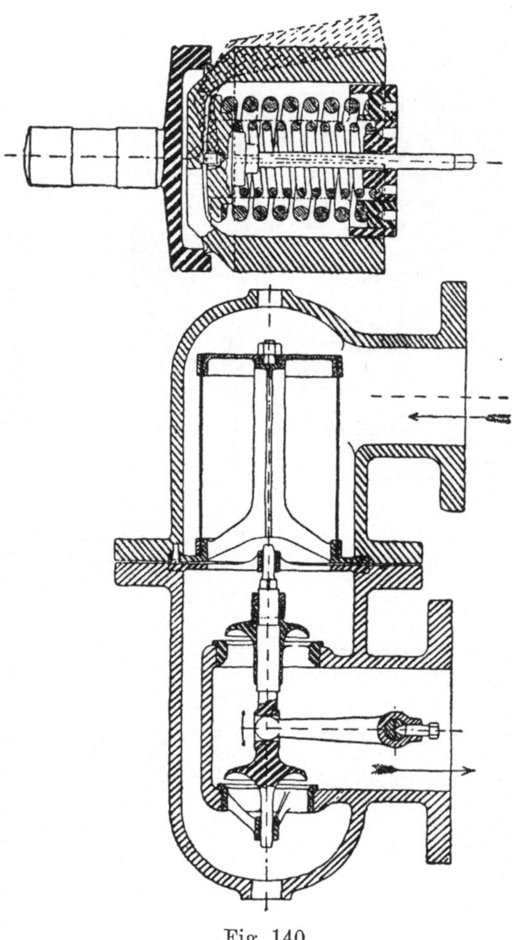

Fig. 140.

Die praktischen Betriebsergebnisse sind nach allen Berichten durchaus zufriedenstellend. Die Schaufelabnutzung durch den Dampf der mit einer bis zu 800 m reichenden Geschwindigkeit durch die Schaufel strömt, wird zugegeben, scheint indes auf Jahre hinaus den Dampfverbrauch nicht erheblich zu beeinflussen. So teilt Sosnowski in Revue de Mécanique 1902, Juliheft, mit, daß eine 5 Jahre lang in Betrieb gewesene Turbine bei 64 cm Vakuum 10,07 kg Dampf pro PS_e-st verbraucht habe, während diese Zahl bei einer ganz neuen, am gleichen Orte geprüften Turbine bei einem um 7 cm besseren Vakuum 9,7 kg betragen habe. Die Kosten der vollständigen Auswechselung der Schaufeln werden als geringfügig angegeben.

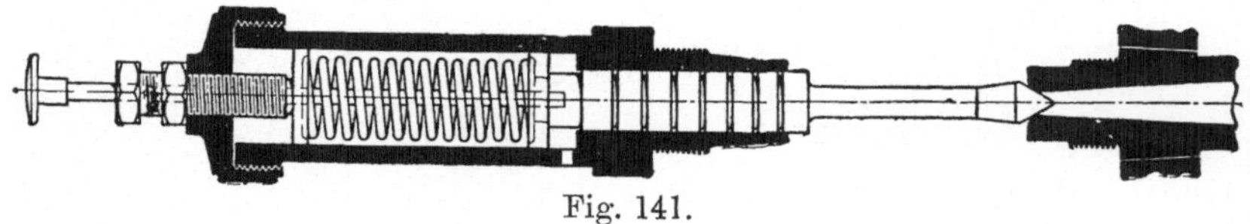

Fig. 141.

Über den Dampfverbrauch liegen ausgedehnte Versuche von Delaporte vor (Revue de Mécanique 1902 S. 406). Abweichend von

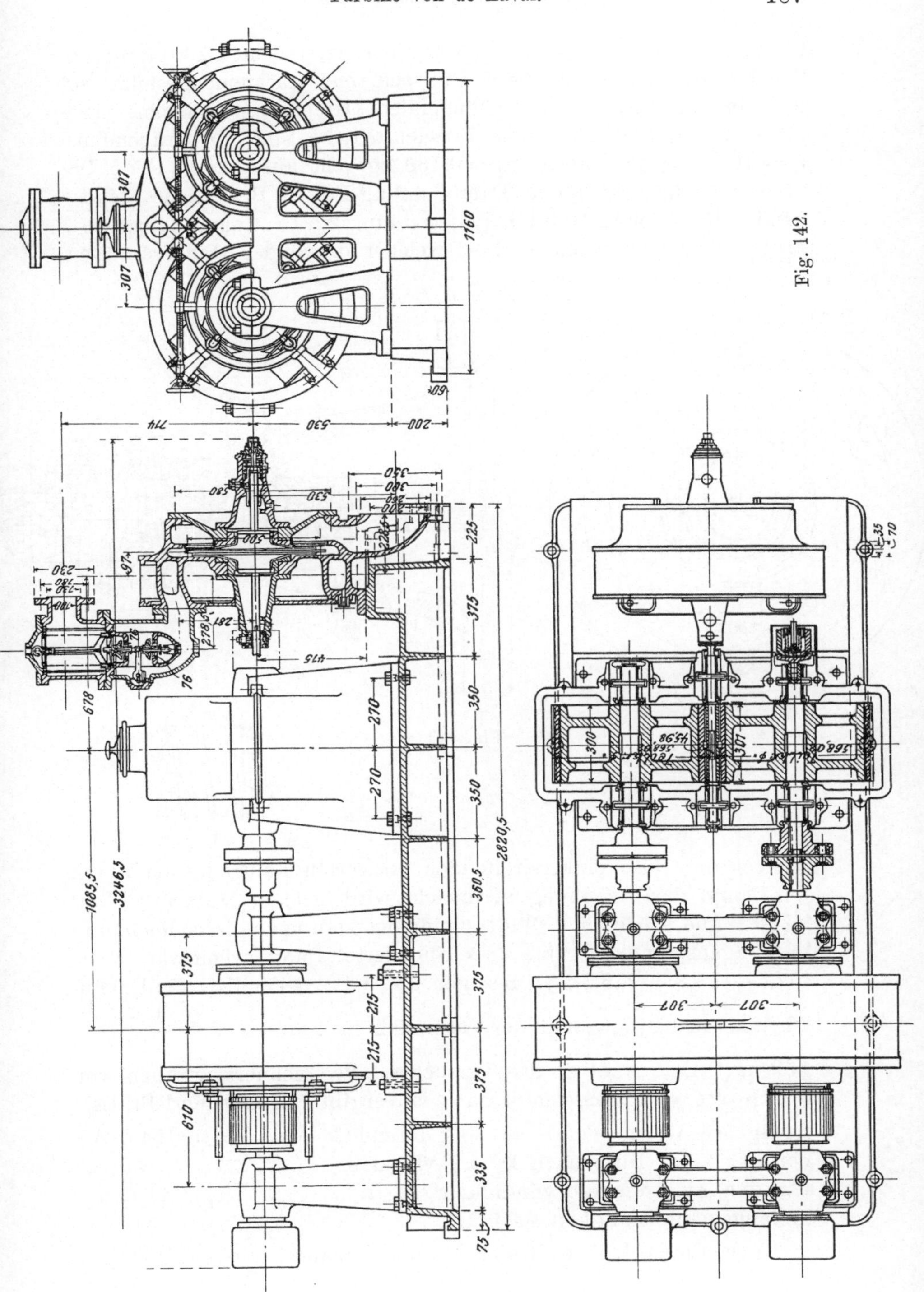

Fig. 142.

der üblichen Anordnung wurden bei der untersuchten 200pferdigen Turbine die Düsen in zwei Gruppen eng zusammengestellt, so daß ein tunlichst zusammenhängender Dampfstrahl entsteht. Die näheren Angaben über den Versuch Nr. 10 sind die folgenden: $p_1 = 10{,}72$ kg/qcm abs.; $p_2 = 0{,}166$ kg/qcm abs.; $N_e = 197{,}5$ PS Verbrauch an gesättigtem Dampf 6,9 kg/PS-st. Schädliche Widerstände: Radreibung 10,2 PS, Lagerreibung 2,5 PS, Zahnradvorgelege 2,0 PS. Einen weiteren Verlust, welcher durch das Wiederanfüllen

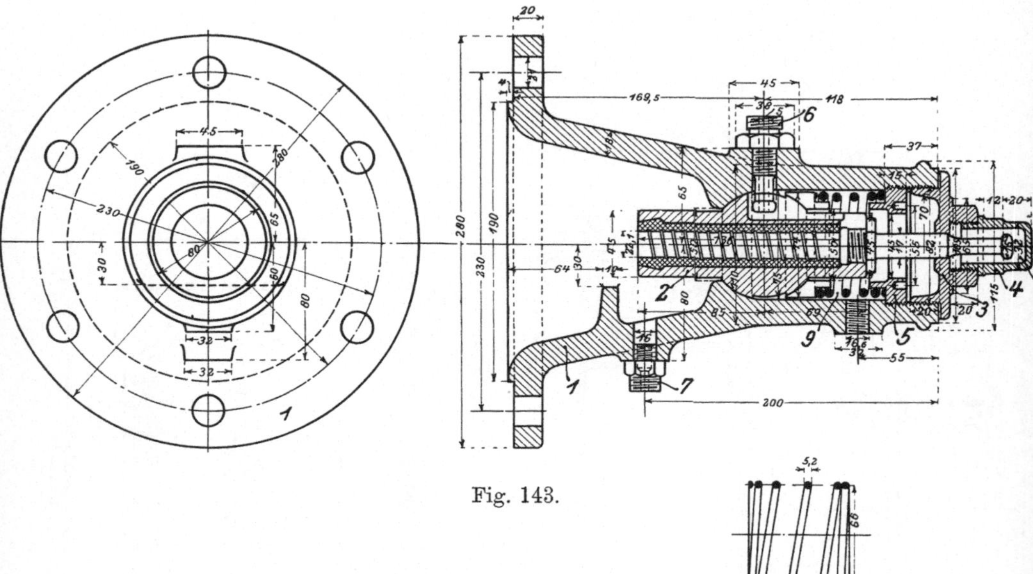

Fig. 143.

der vor der Düse einherstreifenden entleerten Laufradzellen durch den Dampf der Umgebung verursacht wird, schätzt Delaporte auf 1,1 PS. Die schädlichen Widerstände machten nach dieser Rechnung 15,8 PS aus, und die reine oder „indizierte“ Dampfarbeit wäre $N_i = 197{,}5 + 15{,}8 = 213{,}3$ PS. Bezogen auf 1 PS der indizierten Dampfarbeit allein beträgt somit der Verbrauch in 1 Stunde $6{,}90 \cdot \frac{197{,}5}{213{,}3} =$ 6,39 kg. Eine Analyse des Versuches, die rechnerisch auch von Delaporte vorgenommen worden ist, ergibt folgende Verhältnisse:

verfügbare Wärmeenergie in 1 kg Dampf . . . . . . 154,0 WE
Verlust in der Düse nach D. 5,2 vH, d. s. . . . . . 8,0 „
effektive Ausströmgeschwindigkeit . . . . $c_1 = 1102$ m
Umfangsgeschwindigkeit nach D. . . . . $u = 343$ „

Der Entwurf eines Geschwindigkeitsplanes mit $\alpha = 20^0$ gibt

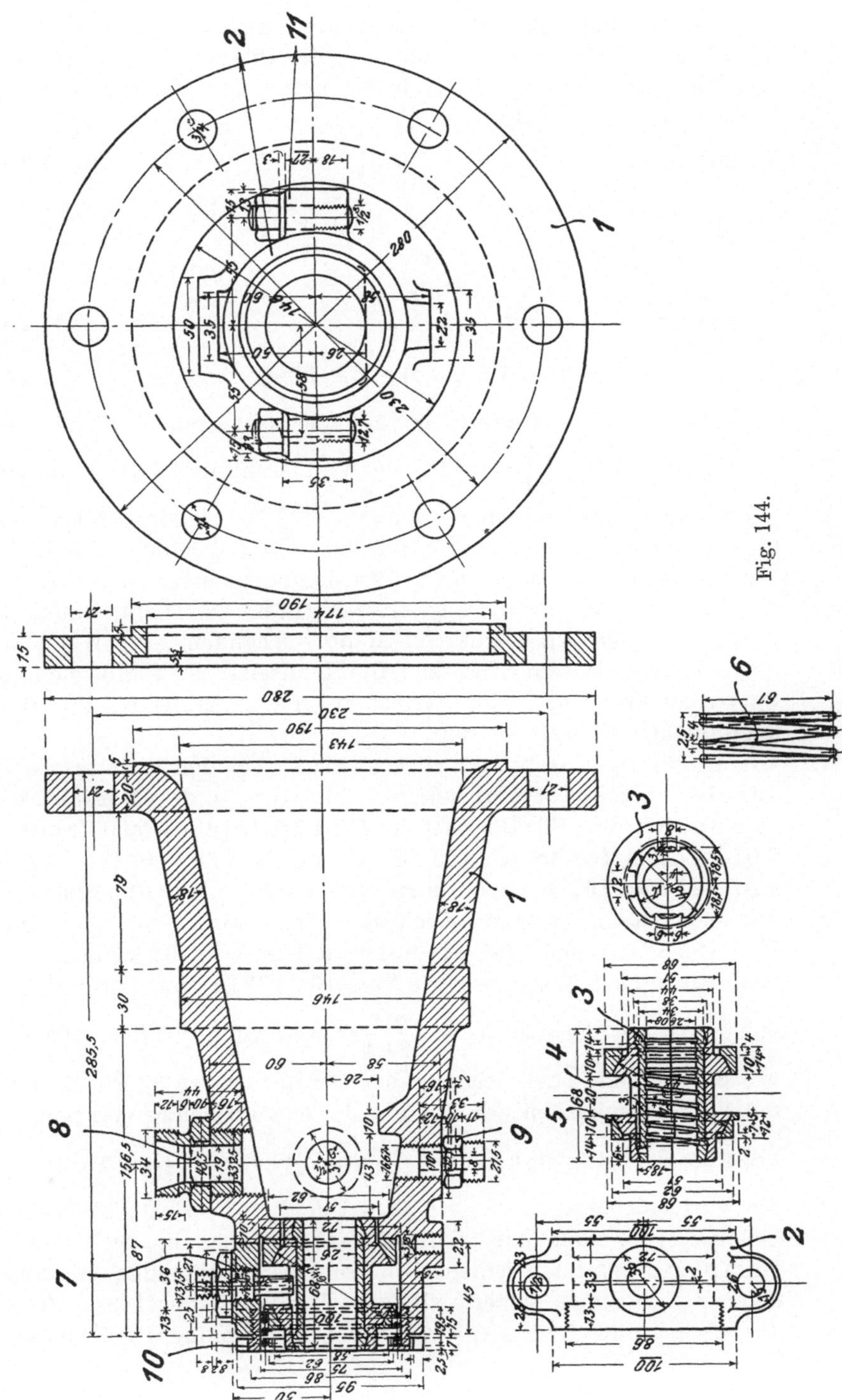

Fig. 144.

$w_1 = 787$ m und mit dem probeweise angenommenen $w_2 = 0,74$ $w_1 = 582$ m schließlich $c_2 = 326$ m. Die „Bilanz“ der Turbine stellt sich nun mit Angabe des Verlustes in vH der theoretisch verfügbaren Energie wie folgt:

Verlust in der Düse . . . . 8,0 WE, d. s. 5,2 vH,

„ „ „ Schaufel $\left(\frac{787}{91,2}\right)^2 - \left(\frac{582}{91,2}\right)^2 = 33,7$ WE, d. s. 21,9 vH,

„ beim Austritt $\left(\frac{326}{91,2}\right)^2$ . . . $= 12,8$ WE, d. s. 8,3 vH,

Gesamtverlust . . . . 35,7 vH.

Da nun bei 154 WE pro kg die ideale Turbine $\frac{637}{154} = 4,14$ kg Dampf pro PS-st erfordert, beträgt der Gütegrad der indizierten Dampfarbeit $\eta = \frac{4,14}{6,39} = 0,647$, der Verlust mithin 35,3 vH, in guter Übereinstimmung mit obigen Annahmen. Die Analyse führt somit, falls wir den von Delaporte für die Düse angenommenen kleinen Verlust als richtig zulassen, auf einen ungemein großen Verlust in der Laufschaufel, nämlich $1 - (0,74)^2$, d. h. 45 vH der kinetischen Energie, welche zu Beginn im Rade vorhanden ist. Wenn man hingegen den Düsenverlust zu 10 vH ansetzt, so ergibt sich, daß $w_2 =$ rd. $0,83\,w_1$, also der Verlust in der Schaufel rd. 30 vH der anfänglichen Energie beträgt.

Ungünstiger stellt sich dieser Verlust bei den Versuchen von Jacobson an der 300pferdigen Turbine in der Pötschmühle (Z. 1901, S. 150). Für Überlast bei 342,1 PS_e Leistung fand Jacobson 7,01 kg Dampfverbrauch pro PS_e-st, und es war $p_1 = 11,28$ kg/qcm abs. und $t_1 = 192,3^0$ C. vor dem Ventil; mit $p_1' = 9,61$ kg/qcm abs. vor den Düsen errechnet sich die Temperatur vor den Düsen $t_1' = 189,8^0$ C., und die Expansion auf $p_2 = 0,101$ kg/qcm liefert eine verfügbare Wärmeenergie von 164,4 WE; der Verbrauch der vollkommenen Turbine ist $= \frac{637}{164,4} = 3,87$ kg pro PS-st. Schätzen wir den Leerlauf nach den Angaben de Lavals zu 30 PS, so ist die indizierte Dampfarbeit $= 372,1$ PS, der entsprechende Verbrauch pro PS_i-st $= 6,44$ kg, mithin der Gütegrad $\eta = \frac{3,87}{6,44} = 60,1$ vH, und die Verluste betragen rd. 40 vH. Um diese Verluste zu erklären, bedarf es der Annahme viel größerer Reibung in der Düse, als Delaporte gefunden haben will. In Übereinstimmung mit unsern eigenen Versuchen setzen wir den Verlust in der Düse mit etwa 15 vH an und finden $c_1 = 1078$ m. Die Umfangsgeschwindigkeit darf gemäß einer Tabelle von de Laval zu 400 m geschätzt werden. Auf graphischem Wege ermitteln wir $w_1 = 720$ m, $w_2 = 0{,}666\, w_1 = 480$ m, $c_2 = 250$ m und finden folgende Bilanz:

Verlust in der Düse	23,7 WE	= 15,0 vH	der verfügb. Energie
„ „ „ Schaufel	34,6 „	= 21,0 „	„ „ „
„ beim Austritt	7,5 „	= 4,6 „	„ „ „
	Gesamtverlust	40,6 vH	

in naher Übereinstimmung mit der oben genannten Zahl. Bei diesem Versuche muß man mithin in der Schaufel den ganz bedeutenden Verlust von $1 - (0{,}666)^2 =$ rd. 56 vH der zugeführten kinetischen Energie voraussetzen, um mit dem wirklichen Gesamtergebnis in Übereinstimmung zu bleiben.

Dieser starke Verlust dürfte durch folgende Faktoren erklärbar sein:

a) Der aus der Düse tretende zylindrische Dampfstrahl wird von der Radebene in einer sehr flachen Ellipse geschnitten, deren Spitzen die Schaufelräume nur unvollständig ausfüllen, also schlecht arbeiten. Bei neueren Turbinen ist dieser Übelstand teilweise behoben.

b) Durch die Ventilation der Scheibe und der jeweilen unbeaufschlagten Schaufeln entsteht, wie Baumann bemerkt hat, unter und zwischen den Düsen ein tangentialer Dampfstrom, der gegen den Düsenstrahl anprallt und ihn teilweise in Wirbel auflöst. Auch hier bildet das Zusammenrücken der Düsen Abhilfe.

c) Von besonderem Einfluß ist die Wirbelung und eventuelle Dampfstöße in der Schaufel, wie auf S. 79 erörtert wurde.

Weitere Versuche sind notwendig um uns über den Zahlenbetrag der Einzelverluste aufzuklären. Da die Turbine von Delaporte sich von derjenigen in der Pötschmühle nur durch die eng zusammengerückten Düsen unterscheidet, scheint der Verlust unter a) von besonderer Bedeutung zu sein.

Beziehen wir uns auf die effektive Leistung, so ist der thermodynamische Wirkungsgrad beim Versuche von

$$\text{Delaporte} \quad \eta_e = \frac{4{,}14}{6{,}90} = 0{,}600,$$

$$\text{Jacobson} \quad \eta_e = \frac{3{,}87}{7{,}01} = 0{,}554,$$

und es erreicht der Verbrauch von 6,9 bezw. 7,0 kg pro PS_e-st bereits die Zahlen einer guten Verbundmaschine.[1])

[1]) In der Zeitschrift des Vereins deutscher Ingenieure 1903 hat Lewicki über Versuche mit hochgradiger bis 460° C. reichender Überhitzung berichtet,

57. Turbine von Seger.

Die Turbine von Seger wurde mit einer Druck- und zwei Geschwindigkeitsstufen ausgeführt, indessen ohne zweiten Leitapparat, indem der aus dem ersten Laufrade tretende Dampf unmittelbar in ein zweites entgegengesetzt rotierendes Laufrad einströmt. Seger übertrug die Leistung der beiden Räder durch einen einzigen Riemen auf die rechtwinklig geschränkte Hauptwelle, s. Fig. 145, und erzielte durch geeignete Wahl der Scheibengrößen auch die nötige Übersetzung.

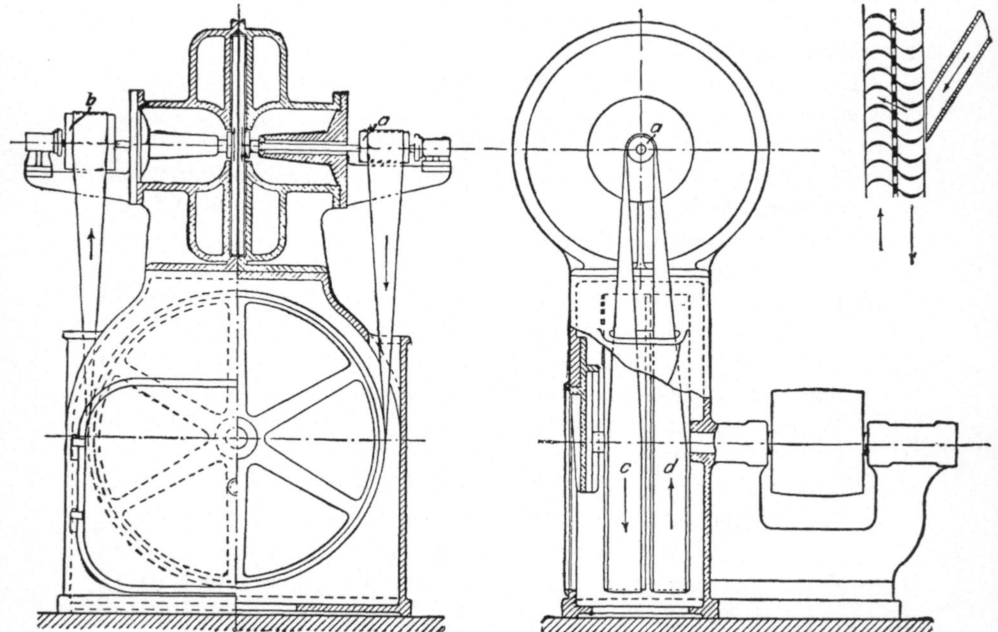

Fig. 145.

Über den Dampfverbrauch gibt folgender Versuch[1]) Aufschluß:

Umdrehungszahl des ersten Rades .	8400 p.M.
Umdrehungszahl des zweiten Rades .	4200 „
Umdrehungszahl des Vorgeleges . .	700 „
Eintrittsdruck als	$p_1 = 7{,}5$ kg/qcm

---

durch welche erwiesen wird, daß die Laval-Turbine, wenn man nur die Düsen aus Stahl anfertigt, ohne weiteres mit so hohen Temperaturen betrieben werden kann. Eine Verwertung der Ergebnisse für eine thermodynamische Bilanz ist wegen Unkenntnis des genauen Wertes der spezifischen Wärme derzeit nicht möglich.

[1]) Zeitschr. d. Ver. deutsch. Ing. 1901. S. 641.

Kondensatordruck als . . . . $p_2 = 0{,}111$ kg/qcm
Bremsleistung . . . . $N_e = 60{,}85$ PS_e
Dampfverbrauch pro PS_e-st . . . . $D_e = 10{,}50$ kg

Mit freiem Auspuff betrug der Dampfverbrauch nach anderweitiger Mitteilung bei 6600 bezw. 3300 Umdrehungen p. M. 7,79 kg/qcm, Eintrittsüberdruck 61,37, PS_e Leistung 16,7 kg pro PS_e-st.

Die Fabrikation der Seger-Turbine ist dem Vernehmen nach wegen Liquidation der sie herstellenden Gesellschaft aufgegeben; die Grundidee derselben findet indes bereits in anderen Konstruktionen Verwendung.

58. Turbine von Riedler-Stumpf.[1])

Das wesentliche Kennzeichen der Riedler-Stumpf-Turbine ist die eigenartig geformte Pelton-Schaufel, die auf S. 122 besprochen worden ist, ferner die quadratischen Düsen, die geeignet sind einen zusammenhängenden Dampfstrahl auf das Rad zu richten. Fig. 146 stellt das Bild eines Rades mit einseitiger Strahlablenkung

Fig. 146.

dar; Fig. 147 Schnitte eines Rades mit symmetrischer Doppelschaufel, die in Fig. 148 nochmals perspektivisch abgebildet ist. Die Turbine wird durch die Allgemeine Elektrizitäts-Gesellschaft in Berlin auch mit Rückleitung des Dampfes auf dasselbe, oder auf ein zweites Schaufelsystem des gleichen Rades, d. h. als Aktionsturbine mit einer Druck- und zwei Geschwindigkeitsstufen ausgeführt. In Fig. 149 erblicken wir die Bauart mit zweiseitigem Schaufelkranz, bei welcher der Strahl durch den scharfen Mittelsteg in zwei symmetrisch abgelenkte Hälften gespalten wird, die durch die Umkehrschaufeln

[1]) Nach einem Vortrag von Prof. Dr. Riedler im Jahrbuch der Schiffbautechnischen Gesellschaft, V. Bd. 1904, dem auch die Figuren 147, 149 bis 153, 156 und 157 entnommen sind, und nach Mitteilungen der Allgem. Elektriz.-Gesellschaft Berlin.

gefaßt abermals in die Mittelebene des Rades zurükgeführt und als vereinigter Strahl auf das Rad geleitet werden. In Fig. 150

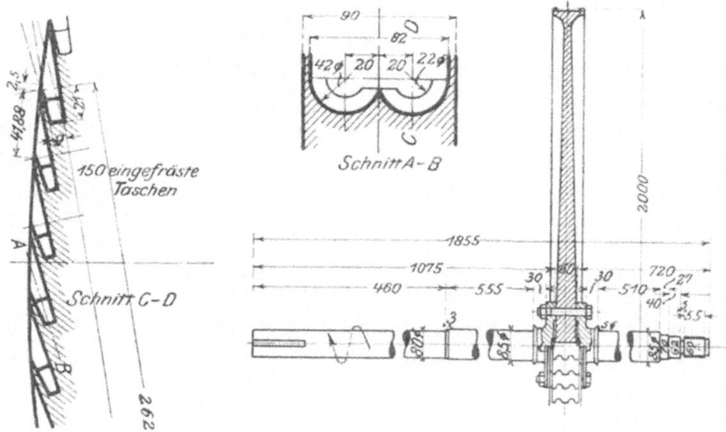

Fig. 147.

findet erste Beaufschlagung einer schmalen einseitigen Schaufel und Rückführung des Strahles auf einen besonderen, ebenfalls einseitigen und breiteren Schaufelkranz desselben Rades statt.

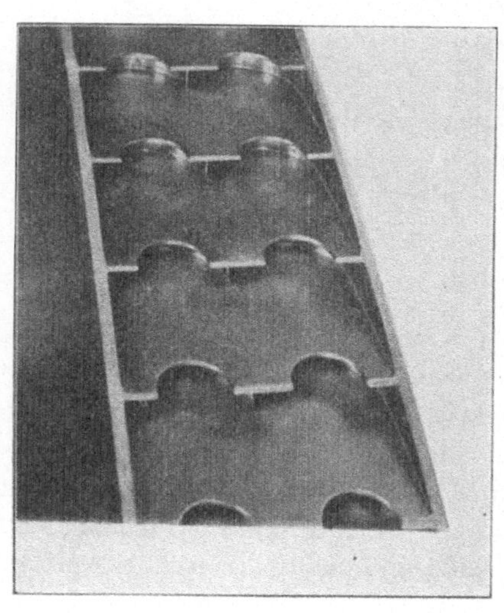

Fig. 148.

Im ersten Falle ist das Prinzip des zusammenhängenden Dampfstrahles aufgegeben. indem die Umkehrschaufeln einen gewissen Raum zwischen je zwei Düsen beanspruchen. Indessen ist nahezu der ganze Umfang primär oder sekundär beaufschlagt und hierdurch die Ventilation der untätigen Schaufeln auf ein Minimum reduziert. Auch wird der Dampfstrahl stets in gleichem Sinne umgebogen, was mit Rücksicht auf die in Abschnitt 27 erörterte Druckverteilung von Wichtigkeit ist. Die Umkehrschaufeln müssen einen etwas stumpferen Aufnahmewinkel für den austretenden Dampf und einen sehr spitzen Winkel für den Wiedereintritt in das Rad besitzen, was eine eigenartig gewundene Form derselben bedingt.

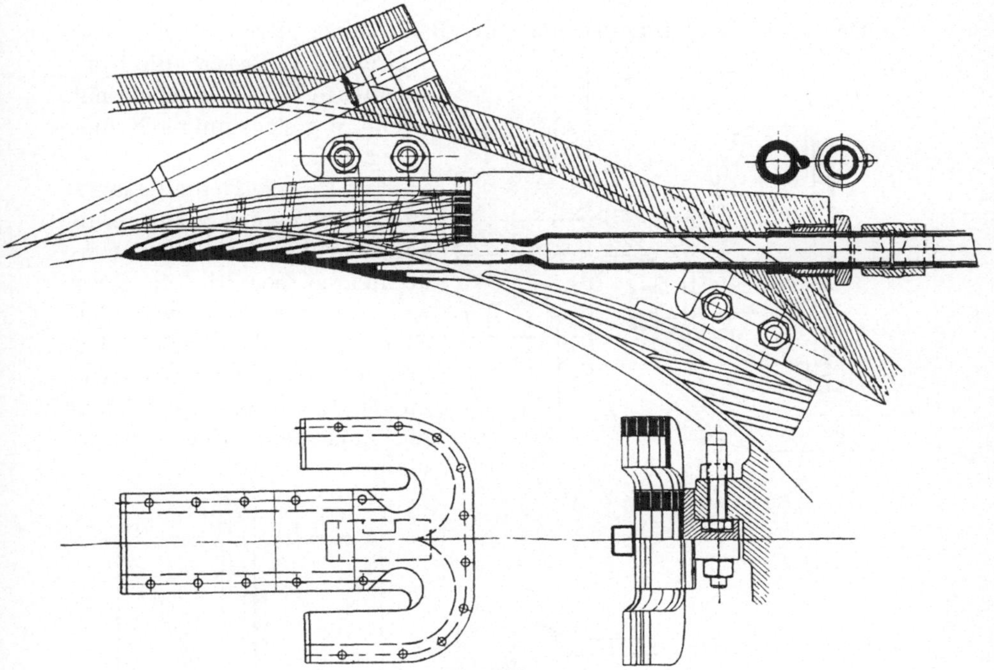

Fig. 149.

Führt man das Rad mit zwei Schaufelkränzen aus, so kann die Umkehrschaufel eben bleiben, und die zweite Radschaufel erhält den erforderlichen stumpferen Neigungswinkel. — Wie Fig. 150 lehrt, ist die Umkehrschaufel in äußerst sinnreicher Weise zwischen den abgebogenen Düsenhälsen durchgeleitet, so daß die Düsenenden sich trotzdem berühren und einen nahezu zusammenhängenden Strahl ergeben. Fig. 151 veranschaulicht die Befestigung der Umkehrschaufeln. Der etwas lange Weg der Umkehrung könnte gekürzt werden, wenn man sich

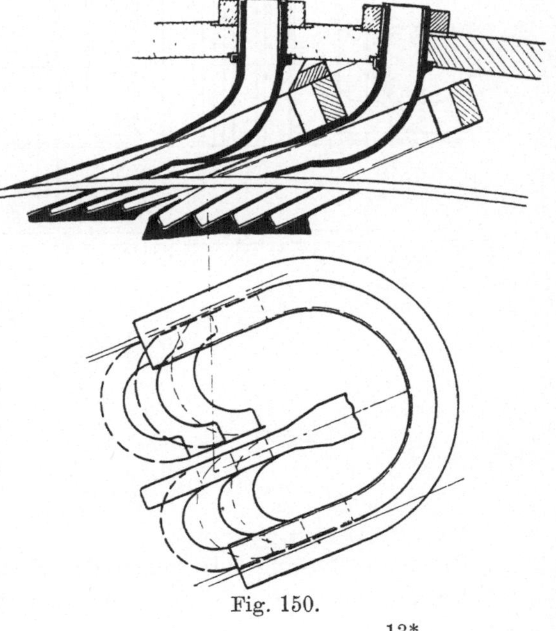

Fig. 150.

entschlösse, den Dampfstrahl die Bahn einer Kreuzschleife beschreiben zu lassen; die Konstrukteure halten indessen mit Recht an gleichsinniger Krümmung fest.

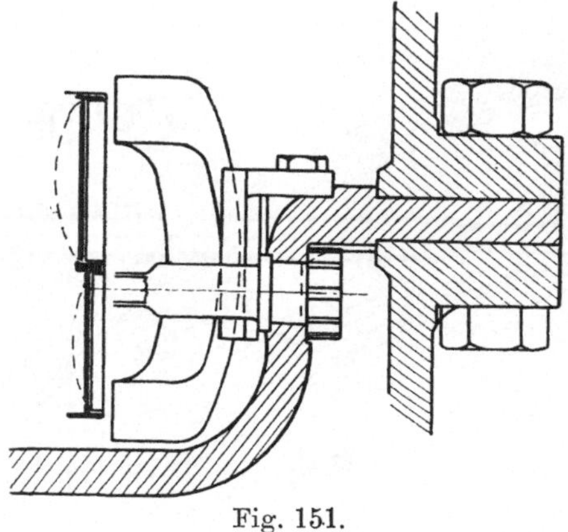

Fig. 151.

Fig. 152 zeigt die Gesamtanordnung einer 2000pferdigen Turbine bei 3000 Umdrehungen per Min. in ihrer wohl nicht zu übertreffenden Einfachheit. Die Turbine hat die gleichen Abmessungen wie die im Elektrizitätswerk Moabit aufgestellte Versuchsturbine.

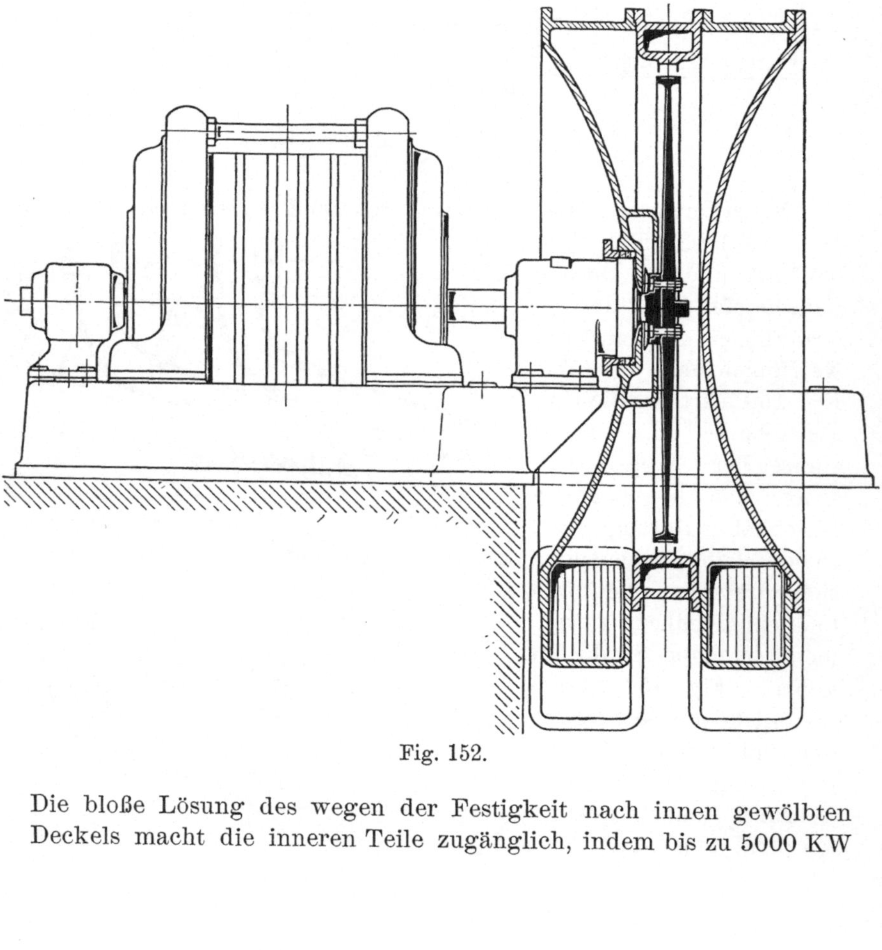

Fig. 152.

Die bloße Lösung des wegen der Festigkeit nach innen gewölbten Deckels macht die inneren Teile zugänglich, indem bis zu 5000 KW

Leistung die Anordnung eines fliegenden Rades geplant wird. Das Gehäuse ist gegen das Lager durch eine nachgiebige Stopfbüchse gedichtet; an der Welle ist Lufteintritt durch Büchsenschalen ver-

Fig. 153.

hindert, welchen so viel Öl zugeführt wird, daß das Spiel zwischen Schale und Welle ganz ausgefüllt wird. Das in die Turbine hineingesaugte Öl wird herausgepumpt; ein Ölverlust sei im Betriebe nicht

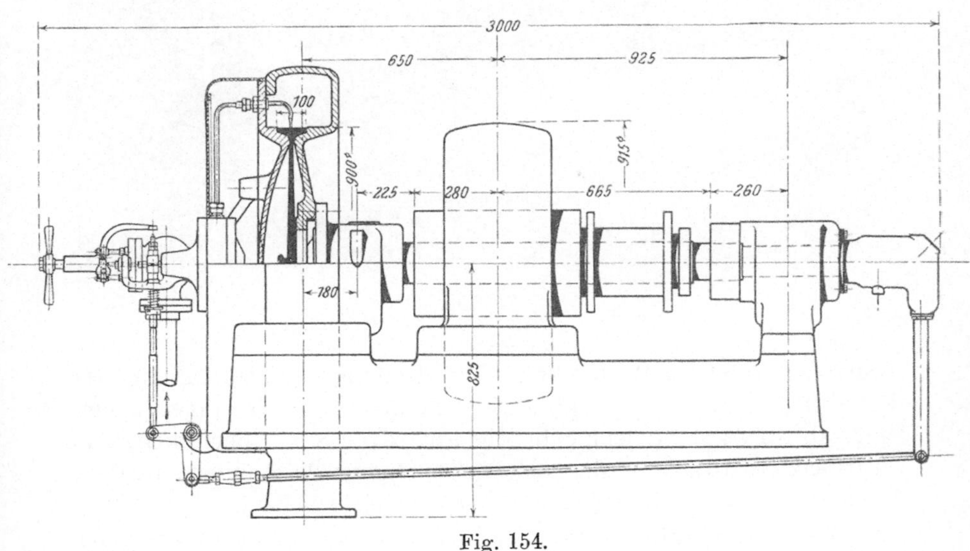

Fig. 154.

feststellbar gewesen. Fig. 153 zeigt die Außenansicht der Moabiter Turbine mit Dynamo. In Fig. 154 finden wir den Schnitt, Fig. 155 die Ansicht einer von der A. E.-G. insbesondere für Schiffszwecke ungemein kompendiös konstruierten Turbine mit einer Leistung von etwa 100 KW.

Da wo die einfache Druckstufe mit Geschwindigkeitsabstufungen nicht ausreicht, um die Umlaufszahl nach Wunsch herabzusetzen, wird die Anwendung mehrerer Druckstufen geplant. So stellt Fig. 156 den Entwurf einer 500 KW-Turbine mit 4 Druck- und je 2 Geschwindigkeitsstufen, die bloß 500 min. Umläufe machen soll, dar, und in Fig. 157 ist eine vertikale Turbine für 2000 KW mit 2 Druck- und je 2 Geschwindigkeitsstufen abgebildet, deren

Fig. 155.

Umlaufzahl 750 p. M. beträgt. Die Umfangsgeschwindigkeit des Entwurfes, Fig. 156, beträgt nach dem in der Quelle angegebenen Maßstab rd. 53 m, diejenige in Fig. 157 rd. 118 m. Bemerkenswert ist in letzterem Entwurf der auf der Turbinenwelle montierte Kreiselkondensator, der mit Erfolg erprobt worden sein soll.

Mit der 2000 pf. Turbine des Elektrizitätswerkes sind nach der angezogenen Quelle Versuche durchgeführt und folgende Ergebnisse erzielt worden:

a) Bei 1365 KW Leistung, 3000 Umdr., 9 Atm. Düsenspannung; 13,25 Atm. vor der Turbine; 294,5° C. Dampftemperatur;

0,15 Atm. Kondensatorspannung, ein Dampfverbrauch von 8,89 kg/KW-st.

β) Bei 1917 PS Leistung (mit hydraulischer Bremse gebremst); auf 3800 min. erhöhter Umlaufzahl 12 Atm. Dampfspannung; 300° C. Dampftemperatur; 0,0855 Atm. Kondensatordruck; ein Dampfverbrauch von 7,9 kg/KW-st.

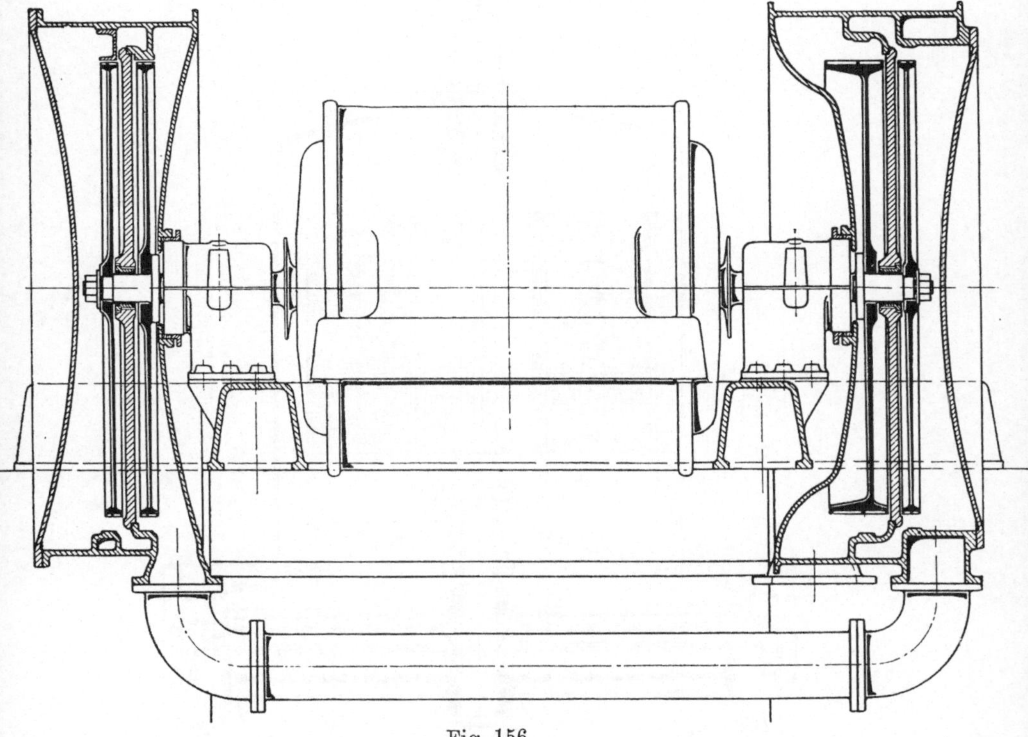

Fig. 156.

Es hat besonderes Interesse, die thermodynamische Bilanz des letzten Versuches aufzustellen, wenn dies auch wegen Unvollständigkeit der Angaben nur angenähert möglich ist. Die in PS angegebene Leistung von 1617 PS, welche wir wohl als „effektive" (weil gebremste) aufzufassen haben, ergibt bei 0,95 Dynamowirkungsgrad $1617 \cdot 0{,}736 \cdot 0{,}95 = 1340$ KW elektrische Nutzarbeit. Die verlustfreie Expansion von 12 Atm. Überdruck und 300° Temperatur vor der Turbine auf 0,0855 Atm. Vakuum entspricht einer verfügbaren Arbeit von rd. 198 WE pro kg Dampf, mithin einem theoretischen Verbrauch von $637 : 0{,}736 \cdot 198 = 4{,}37$ kg pro KW-St. Der gesamte Wirkungsgrad ist mithin

$$\eta = 4{,}37 : 7{,}9 = 0{,}553.$$

Um die Verluste im einzelnen zu untersuchen, müßte der Druck vor der Düse bekannt sein, damit die Ausströmgeschwindigkeit gerechnet werden kann. Eine Schätzung desselben ist aus der Angabe möglich, daß bei 850 KW Leistung und 8 bis 8,1 Atm. Druck vor der Düse bei ähnlich hoher Überhitzung wie in Versuch (β)

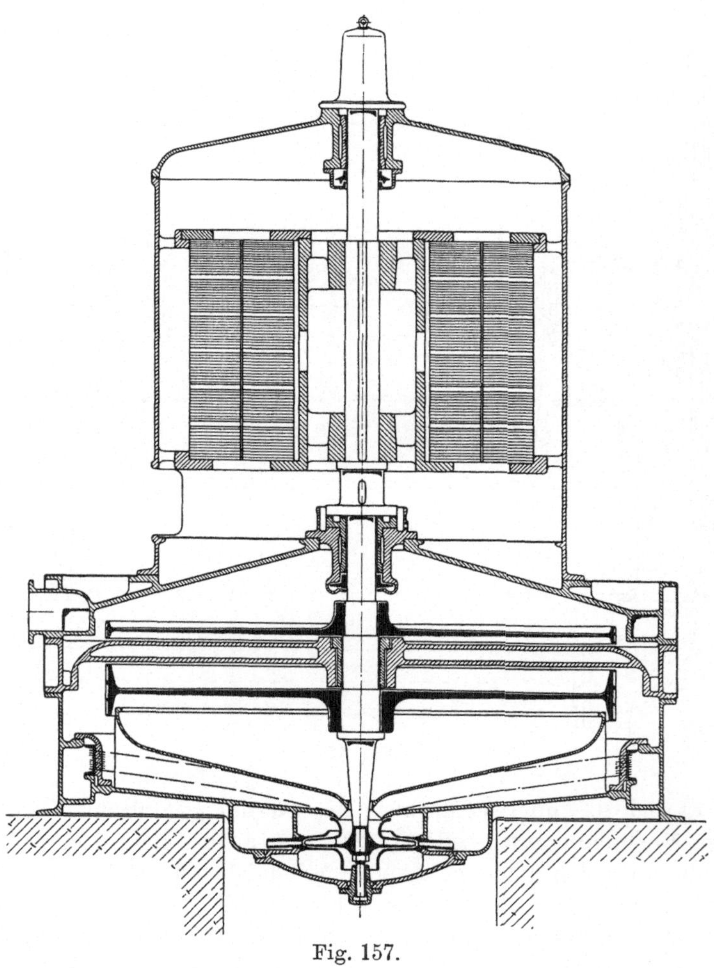

Fig. 157.

der Dampfverbrauch 9,2 bis 9,4 kg pro KW-St betrug. Halten wir dies mit den Angaben des Versuches (α) zusammen, so werden wir auf rd. 8,7 Atm. Überdruck, d. h. 9,7 Atm. absol. als wahrscheinlichen Mindestwert geführt, auf welchen wir den Dampf von 13 Atm. absol. abgedrosselt denken. Schätzen wir nun die Leerlaufarbeit auf 150 PS, was genügend sicher sein dürfte, so erhalten wir 2065 PS_i

als „indizierte“ Leistung, und 5,12 kg als Dampfverbrauch pro ind. PS-St. Auf den Zustand vor der Düse bezogen beträgt aber der Verbrauch pro PS-St 3,39 kg, mithin der „indizierte“ Wirkungsgrad für den gleichen Anfangszustand

$$\eta_i = 3{,}39 : 5{,}12 = 0{,}662.$$

Diesen Wirkungsgrad können wir aus dem Geschwindigkeitsplan ableiten, indem wir die Raddimensionen und Winkel aus Fig. 147, die Düsenneigung aus Fig. 96 entnehmen. Es stellt sich heraus, daß man einen Düsenverlust von 10 vH annehmen und das Verhältnis

$$w_2 : w_1 = 0{,}7$$

wählen muß, um die Übereinstimmung zu erreichen. Dabei gehen durch Reibung in der Radschaufel 20,6 vH und durch die Auslaßgeschwindigkeit 3,2 vH der verfügbaren Arbeit verloren. Setzen wir als Düsenverlust 15 vH an, so muß das uns vor allem interessierende Verhältnis $w_2 : w_1 = 0{,}78$ gewählt werden, und dieser Wert ist jedenfalls dessen obere Grenze. Die thermische Bilanz steht mithin in ziemlich naher Übereinstimmung mit derjenigen, welche die Laval-Turbine bei ebenfalls rd. 400 m Umfangsgeschwindigkeit erreicht.

Bemerkenswerte Mitteilungen werden über den Dampfverbrauch einer 20pferdigen Auspuffturbine mit 800 mm Laufraddurchmesser und 3500 Umdrehungen p. Min. gemacht. Dieser betrug bei einstufiger Expansion ohne Umkehrschaufeln 26 kg — mit Umkehrschaufeln bloß 17 kg Dampf pro eff. PS-st. Ob gesättigter oder überhitzter Dampf benützt wurde, wird nicht angegeben. Welche Annahmen man hierüber indes auch machen möge, so ergibt eine Analyse, daß beim ersten Durchströmen der Laufschaufel unter allen Umständen größere Verluste auftreten müssen, daß hingegen die Umkehrung und die zweite Beaufschlagung des Rades offenbar mit sehr gutem Wirkungsgrad zu arbeiten scheinen, da eine so starke Reduktion des Verbrauches sonst unmöglich wäre.

Die Konstruktionen von Riedler-Stumpf für Schiffpropulsionszwecke werden weiter unten besprochen.

59. Turbine von Zölly.

Die neue Turbine von Zölly, im Längenschnitt durch Fig. 158 und in Ansicht durch Fig. 159 dargestellt, ist eine vielstufige Aktionsturbine und liegt gewissermaßen an der Grenze zwischen der „Düsen“- und der „Schaufel“-Turbine, indem nur so viele Stufen gewählt werden, daß die Leitvorrichtung ohne die als schädlich

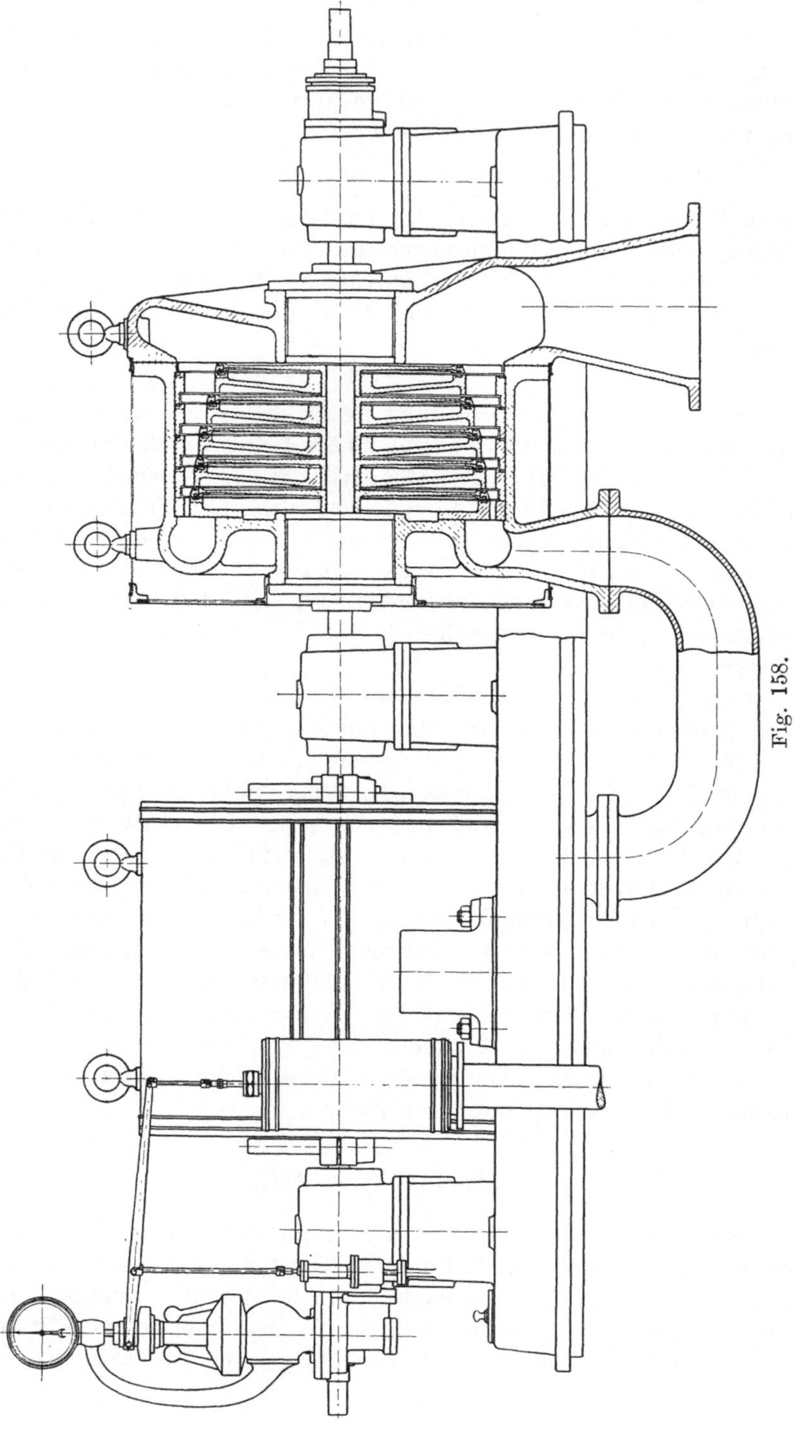

Fig. 158.

angesehene Erweiterung, d. h. ohne Düsenform, mit gewöhnlichen Schaufeln ausgeführt werden kann. Die Versuchsturbine erhielt 10 Räder mit rein axialer Beaufschlagung[1]) und ist in zwei Gruppen getrennt. In Fig. 158 wurde die Niederdruckseite im Schnitt dargestellt. Die kleine Räderzahl ergibt auch eine kleine Zahl von Schaufeln, und diese können mit höchster Genauigkeit durch reine Fräsarbeit hergestellt werden. Auch die aus Stahl geschmiedeten Räder sind beidseitig blank gedreht, um die Reibung herabzusetzen. Die Konstruktion der Schaufeln ist auf S. 121 besprochen. Die auf ebenfalls hohe Genauigkeit hinzielende Herstellung der Leitvorrichtung wurde auf S. 129 dargestellt. Kennzeichnend ist die radiale

Fig. 159.

Erweiterung der Laufschaufel, durch welche die Anwendung kleinerer Austrittswinkel möglich wird, und es gebührt Zölly das Verdienst, sich als erster von der bis anhin üblichen Lavalschen Form mit gleichen Ein- und Austrittswinkeln frei gemacht zu haben.

Die Welle ruht in drei Lagern und wird durch ein am Niederdruckende befindliches Spurlager in der Achsenrichtung gehalten. Am Hochdruckende befindet sich der Antrieb des Regulators.

Die Regulierung erfolgt indirekt unter Einschaltung des Kraftzylinders *A* (Fig 160), dessen Kolben unmittelbar mit dem Drosselschieber *B* verbunden ist. Letzterer erhält dreieckförmige Schlitze, damit auch bei kleiner Belastung die Regulierung eine hinreichend empfindliche bleibe. Gegen das „Durchgehen“ zufolge Undichtheit des bloß eingeschliffenen Schiebers ist dieser mit den dichtenden

[1]) Die Peltonschaufel der ersten Ausführung ist hier verlassen.

Ansicht von unten
Schnitt a-b
60 Oeffnungen
Kolbenschieber hat in Durchm. 2/100 mm Spiel
bis Gehause Mitte 575
bis Gehause Mitte 810
Ganze Länge 542
5 Stück
6 Stück
3 Stück

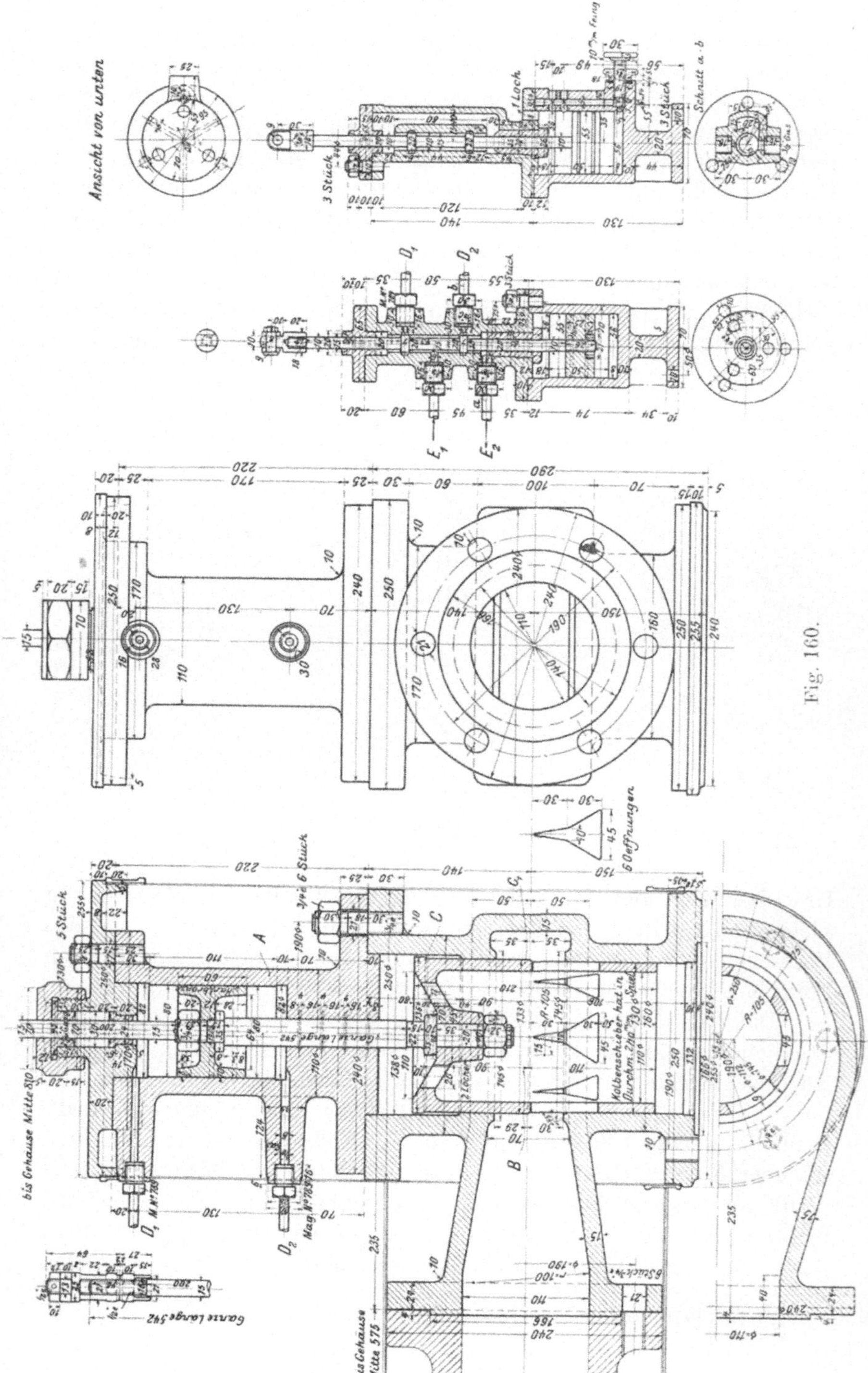

Fig. 160.

Sitzflächen CC_1 versehen. Die Steuerung des Kraftkolbens erfolgt durch den Hilfsschieber (Fig. 160), welcher durch Röhrchen E_1 Drucköl erhält und es durch die beiden Leitungen $D_1 D_2$ den gleichnamigen Nocken des Zylinders zuführt. Aus Fig. 158 ist ersichtlich, daß das Prinzip der eindeutigen Zuordnung von Regulator und Drosselventilstellung, d. h. die Servomotorwirkung gewahrt wurde, indem die Mitte des Regulatorhebels zum Steuerschieber führt, das Ende aber mit dem Kraftkolben verbunden ist. Die Ölbremse findet sich mit dem Steuerschieber vereinigt. In Fig. 159 kommen die Kühlwasser und Druckölleitungen klar zum Vorschein. Das Öl wird durch eine von der Regulatorspindel betätigte Rotationspumpe geliefert. Der Rahmen dient zugleich als Behälter und als Kühler des Schmieröles und wird zu letzterem Behufe durch ein System von Kühlröhren durchsetzt. Man kühlt indessen die Lagerkörper und Deckel noch für sich.

Eine in den Werkstätten der A.-G. der Maschinenfabriken von Escher Wyß & Cie. aufgestellte Dampfturbine, System Zölly für eine Normalleistung von 500 PS_e bei 10 Atm. Kesselüberdruck und 3000 Umdrehungen per Minute gebaut, wurde vom Verfasser im Verein mit Herrn H. Wagner, Direktor der städt. Elektrizitätswerke Zürich, und Herrn Prof. Dr. Weiß vom Eidgen. Polytechnikum (für die Eichung der elektrischen Meßinstrumente) eingehend geprüft. Die erzielten Ergebnisse sind in der unten folgenden Zahlentafel vereinigt. Die Turbine überträgt die Kraft auf eine direkt gekuppelte Drehstromdynamo von Siemens & Halske in Berlin, deren Erregung von einer fremden Quelle aus erfolgte; die entsprechende Leistung (Produkt aus Erregerstromstärke und Spannung an den Klemmen der Dynamo) wurde von der Bruttoleistung des Generators abgezogen. Zur Kondensation diente ein Oberflächenkondensator mit durch unabhängige Dampfmaschine angetriebener Luftpumpe. Das Kühlwasser wurde teils dem städtischen Leitungsnetz entnommen, teils durch eine mittels Elektromotor angetriebene Zirkulationspumpe aus dem Fabrikbrunnen geschöpft. Da bei dieser Sachlage eine Bestimmung des Kraftverbrauches der Kondensation schwer durchführbar gewesen wäre, ist derselbe in den angegebenen Dampfverbrauchszahlen nicht berücksichtigt.

Der Druck und die Temperatur des Dampfes an der Leitung wurde vor dem knapp bei der Turbine befindlichen Wasserabscheider gemessen, da aus örtlichen Gründen die Beobachtung vor dem Anlaß (bezw. Drosselventil) untunlich war. Das Vakuum wurde direkt durch eine Quecksilbersäule gemessen, deren Höhe man auf 0^0 Temperatur reduzierte, weil sich diese Korrektur bei der starken Erwärmung des Maschinenhauses als notwendig erwies. Eine

Messung des Speisewassers war wegen anderweitiger Inanspruchnahme der Kessel im allgemeinen untunlich; man beschränkte sich aus diesem Grunde auf eine Wägung des Kondensates aus der Luftpumpe, welches zunächst in einen höher gelegenen Behälter von hier auf die Wage gelangte.

Daß man den Beharrungszustand erreicht hatte, wurde einmal an der Gleichheit der in gleichen Zeiten gelieferten Kondensatmenge erkannt, dann aber an der Beständigkeit der Temperatur gewisser außenliegender Teile der Turbine, so des Fußes am Hochdruckgehäuse und eines Auges des Niederdruckkörpers. Diese Messung erwies sich als ein äußerst feines Kennzeichen des inneren Temperaturgleichgewichtes.

Versuche 1 bis und mit 8 bezogen sich auf abnehmende Belastung bei möglichst konstanter Umdrehungszahl und konstantem Dampfdruck. Die Versuche sind in der umgekehrten Reihenfolge, d. h. mit dem Leerlaufe beginnend, angestellt worden und es zeigt die Temperatur des Fußes am Hochdruckgehäuse im allgemeinen einen steigenden Gang, d. h. der volle Beharrungszustand war nicht erreicht worden. Ein solcher würde sich indessen erst nach Stunden eingestellt haben, wie insbesondere das Beispiel des Leerlaufes, Versuch Nr. 8, gelehrt hat. Bei diesem Versuch wurde die Maschine etwa 20 Minuten und halber Belastung betrieben, um versuchsweise kräftiger angewärmt zu werden, und es zeigte sich, daß die Temperatur des Fußes noch nach zwei Stunden im Sinken begriffen war. Bei stärkerer Belastung ist der Ausgleich ein viel rascherer und schon eine Betriebsdauer von 15 Minuten genügte, um den eigentlichen Versuch beginnen zu können.

Die Versuche 9, 10, 11 sind bei konstant gehaltenem Admissionsdrucke und möglichst stark veränderter Umdrehungszahl durchgeführt worden, um festzustellen, ob und inwieweit die stündlich durchströmende Dampfmenge sich mit der Umlaufszahl ändert. Da bei kleiner Geschwindigkeit die Spannung der Dynamo nicht auf die erforderliche Höhe gebracht werden kann, mußte man mit der Belastung heruntergehen. Es stellt sich heraus, daß die durchströmende Dampfmenge von der Umdrehungszahl so gut wie unabhängig ist.

Mit Versuchen 12 bis 15 bezweckte man den Einfluß erhöhter oder verkleinerter Umlaufszahl auf den Wirkungsgrad der Normalleistung zu ermitteln. Die Versuche konnten, auf das vorhin festgestellte Ergebnis fußend, auf eine kleine Zeitdauer beschränkt werden; es genügte, den Admissionsdruck konstant zu halten und die elektrische Leistung sowie die Umdrehungszahl abzulesen. Der Dampfverbrauch durfte auf dem Wege der Intrapolation bestimmt werden. Trägt man die gewonnenen Punkte als Funktion der Umdrehungszahl auf, so wird eine Tangente an die sog. Leistungsparabel gewonnen, aus welcher man die Parabel selbst entwickeln könnte.

Versuche 16 und 17 beziehen sich auf künstlich herabgesetztes Vakuum, welches auf 87 und 81 % vermindert wurde. Wegen Zeitmangel wurde der Dampfverbrauch ebenfalls durch Intrapolation nach der Zeunerschen Formel bestimmt.

Versuche 18 bis 20 sind mit überhitztem Dampf angestellt, wobei aus Versuch 18 ein 20 Minuten umfassender Zeitraum als besonderer Versuch 18a herausgegriffen wurde, indem während dieser Zeit das höchste Temperaturmittel von 258,5° C. geherrscht hat. Versuch 18 ist ein Mittel aus allen auf 70 Minuten ausgedehnten Beobachtungen.

Versuch 20 wurde bei Überhitzung, aber schlechtem Vakuum durchgeführt und mußte der Dampfverbrauch wieder durch Intrapolation berechnet werden. Die nicht unmittelbar beobachteten Werte sind in der Tabelle eingeklammert.

Als wichtigste Ergebnisse der Versuche sind die folgenden anzuführen:

Wenn die Turbine bei konstantem Kesseldrucke und konstanter Umdrehungszahl mehr und mehr belastet wird, so nimmt die Nutzleistung an den Klemmen der Dynamo mit dem vor dem 1. Leitrad zu messenden absoluten Admissionsdruck fast genau linear zu. Sie erreicht den Wert Null (wenn wir von dem ca. 0,5 KW betragenden Arbeitsaufwand für die Erregerstromwärme absehen) beim Admissionsdrucke des Leerlaufes (mit Erregung), d. h. bei 1,22 kg/cm^2 absol.

Die pro Zeiteinheit durch die Turbine strömende Dampfmenge wächst mit dem absoluten Admissionsdrucke nur angenähert linear. Eher kann der Wert des Verhältnisses der stündlichen Dampfmenge zum Admissionsdrucke als linear gelten und zwar nimmt dieser Wert im Verhältnisse von etwa 106 vH im Leerlauf (ohne Erregung) auf 100 vH bei Vollbelastung ab. Bei Versuch No. 1 fällt der Admissionsdruck vor dem ersten Leitrade aus der Reihe heraus und dürfte zu groß sein. Bildet man hingegen das Verhältnis aus dem stündlichen Dampfgewicht und dem Drucke hinter dem ersten Laufrade, so stimmen die erhaltenen Werte befriedigend überein. Ist der Dampf überhitzt, so strömt bei gleichem Admissionsdrucke und gleichem Vakuum ein geringeres Dampfgewicht aus, als im gesättigten Zustand.

Der Dampfverbrauch des Leerlaufes beträgt ohne Erregung, aber angehängter Dynamo bloß 7,84 % des Verbrauches an ge-

Versuche an einer Zölly-Turbin

	Trockener Dampf							
1. Versuch No.	1.	2.	3.	4.	5.	6.	7.	8.
2. Datum	21/XII. 03	25/I. 04	25/I. 04	25/I. 04	25/I. 04	18/I. 04	25/I. 04	25/I. 0
3. Beginn	3h 10	3h 15	3h 55	2h 45	1h 30	4h 00	11h 25	10h 35
4. Ende	6h 10	4h 35	4h 45	3h 35	2h 20	5h 00	12h 25	11h 10
5. Dauer . . . . . Minuten	180	80	50	50	50	60	60	35
6. Brutto-Leistung . . . KW	363,78	388,47	335,31	240,78	182,85	80,62	—	—
7. Erreger-Voltampere . "	0,72	0,82	0,80	0,68	0,63	0,49	0,497	—
8. Nutzleistung (abzüglich Erregung, doch ohne Abzug der Luftpumpenarbeit) . . "	363,06	387,65	334,51	240,1	182,22	80,13	—	—
9. Tourenzahl . . . . p. Min.	2967	2967	2977	2983	2984	2995	2995	3000
10. Druck (vor d. Wasserabscheider) Atm. abs.	11,16	11,16	10,90	11,01	10,97	11,04	11,03	11,19
11. Temperatur (vor d. Wasserabscheider) ° C.	187,2	187,6	184,7	185,3	185,1	184,9	184,9	185,7
12. Sättigungstemperatur (vor d. Wasserabscheider) ° C.	183,7	183,7	182,6	183,1	182,9	183,2	183,15	183,8
13. Überhitzung Pos. (11) — Pos. (12) (vor d. Wasserabscheider) ° C.	3,5	3,9	2,1	2,2	2,2	1,7	1,8	1,9
14. Druck (vor dem I. Leitrad) Atm. abs.	(10,1)?	10,11	9,03	6,92	5,47	3,07	1,22	0,747
15. Temperatur (vor dem I. Leitrad) ° C.	179,9	180,0	175,1	164,9	156,6	136	108,8	102,9
16. Sättigungstemperatur (vor dem I. Leitrad) ° C.	178,9	179,4	174,5	163,6	154,4	133,6	104,7	91,2
17. Überhitzung Pos. (15) — Pos. (16) (vor dem I. Leitrad) ° C.	1,0	0,6	0,6	1,3	2,2	2,4	4,1	11,7
18. Druck hinter dem I. Leitrad . . . . Atm. abs.	6,03	6,32	5,59	4,29	3,44	1,84	0,652	0,383
19. Druck im Verbindungsrohr . . . . " "	1,068	1,11	0,982	0,739	0,58	0,32	0,197	0,176
20. Druck im Auspuffrohr . . . . . " "	0,0715	0,0721	0,0679	0,0657	0,0661	0,0521	0,051	0,051
21. Temperatur im Auspuffrohr . . . . . . ° C.	39,1	39,9	38,9	37,1	36,6	32,7	32,2	42,1
22. Druck im Kondensator . . . . . . Atm. abs.	—	0,046	0,0471	0,051	0,053	0,044	0,044	0,046
23. Temperatur des Kondensates- Rohr ° C.	22,5	22,4	22,2	22,8	24,1	—	16,5	16,5
Behälter ° C.	23,9	23,9	24,8	26,2	26,8	23,6	26,2	27,1
24. Barometerstand . . mm Hg	736	731	730	730	730	733	730	731
25. Gesamter Dampfverbrauch pro Stunde . kg	3585	3776,6	3368,5	2621,0	2124,2	1202,0	465	295,4
26. **Dampfverbrauch pro Nutz-KW-Stunde** . . . "	9,874	9,742	10,070	10,916	11,657	15,00	—	—
27. Theoretischer Dampfverbrauch pro KW, bezogen auf Zustand vor dem Wasserabscheider und Vakuum im Auspuffrohr "	4,885	4,887	4,873	4,835	4,85	4,702	—	—
28. Thermod. Wirkungsgrad vH	52,3	50,2	48,4	44,3	41,6	31,3	—	—

von 500 PS Leistung.

Veränderte Umlaufszahl							Schlechtes Vakuum		Überhitzung			Schlecht. Vakuum
Kleinere Leistung			Normale Leistung									
9.	10.	11.	12.	13.	14.	15.	16.	17.	18.	18a.	19.	20.
26/I. 04	26/I. 04	25/I. 04	26/I. 04	26/I. 04	26/I. 04	26/I. 04	26/I. 04	26/I. 04	5/II. 04	5/II. 04	5/II. 04	5/II. 04
1h 45	11h 35	10h 10	4h 50	5h 02	5h 15	5h 32	5h 55	6h 19	3h 50	3h 50	11h 15	5h 35
2h 35	12h 35	11h 10	4h 55	5h 12	5h 23	5h 42	6h 10	6h 30	5h 00	4h 10	12h 35	5h 45
50	60	60	5	10	8	10	15	11	70	20	80	10
296,4	280,03	243,15	297,4	400,6	404,4	375,2	289,25	319,42	392,5	390,41	391,2	306,21
0,498	0,511	1,09	(0,8)	(0,7)	(0,5)	(1,1)	0,55	0,74	0,81	0,806	0,816	0,78
295,9	279,52	242,06	(396,6)	(399,9)	(403,9)	(374,1)	288,7	318,68	391,66	389,6	390,4	305,43
3229	2430	1890	3048	3122	3229	2649	2982	2982	2972	2973	2968	2960
11,12	10,61	11,00	10,87	11,03	11,13	10,71	10,54	10,48	12,81	13,13	11,26	(10,23)
188,5	188,2	190,2	189,1	190,0	190,6	184,9	184,6	183,7	247,1	258,5	226,6	247,7
183,5	181,57	183,05	182,5	183,15	183,68	181,9	181,2	180,95	189,95	191,02	184,1	179,9
5,0	6,7	7,2	6,6	6,9	7,0	3,0	3,4	2,8	57,2	67,5	42,5	67,8
7,96	7,96	7,96	10,08	10,08	10,08	10,08	9,41	9,48	9,72	9,72	9,80	9,43
171,2	172,0	172,2	180	180,1	180,2	179,2	176,7	176,9	216,5	219	216,5	224,5
169,2	169,2	169,2	179,2	179,2	179,2	179,2	176,3	176,6	177,6	177,6	178,0	178,9
2,0	2,8	3,0	0,8	0,9	1,0	0,0	0,4	0,3	38,9	41,4	38,5	45,6
4,76	4,95	4,95	6,36	6,34	6,30	6,35	5,93	6,0	6,23	6,212	6,28	6,15
0,84	0,87	0,862	1,12	1,14	1,15	1,12	1,05	1,06	1,07	1,056	1,09	1,06
0,0683	0,0665	0,0682	0,0696	0,0695	0,0696	0,0690	0,1922	0,137	0,0653	0,0664	0,0692	0,213
38,5	38,0	38,5	39,6	39,5	39,1	39,2	59,3	51,8	38,0	38,8	38,0	61
0,051	0,046	0,048	—	—	—	—	—	—	0,040	0,042	0,042	0,203
23,3	21,8	21,1	—	—	—	—	—	—	20,2	20,5	20,4	44,25
25,3	23,2	23,3	—	—	—	—	—	—	22,4	22,4	23,7	34,15
731	731	731	731	731	731	731	731	731	715	715	715	715
2980,1	2978,4	2974,9	(3770)	(3770)	(3770)	(3770)	(3500)	(3516)	3381,1	3327	3505,7	(3225
10,07	10,653	12,29	(9,50)	(9,43)	(9,33)	(10,08)	(12,12)	(11,03)	8,633	8,339	8,98	(10,56
4,825	4,876	4,846	4,867	4,855	4,843	4,897	5,87	5,60	4,460	4,41	4,683	5,642
47,9	45,8	39,4	(51,2)	(51,5)	(51,8)	(48,5)	(48,4)	(50,8)	51,7	51,3	52,2	(53,4)

sättigtem Dampf der Vollbelastung. Einschließlich der Erregung ist der Verbrauch bloß etwa 12,5 %.

Wenn das Vakuum um 0,01 kg/cm² (sei rund 1 %) schlechter wird, so nimmt, von 0,06 kg/cm² angefangen, der Verbrauch bei gesättigtem Dampfe um ca. 1,8 % seines Wertes zu. Bei überhitztem Dampfe ist die Zunahme geringer und beträgt etwa 1,5 %.

Beim Übergange von 3229 Umdrehungen auf 1800 Umdrehungen per Minute ändert sich, falls der Admissionsdruck unverändert bleibt, die stündliche Dampfmenge um kaum mehr als 1 ‰, sie ist mithin praktisch gesprochen konstant.

Die Umdrehungszahl 3000 per Minute liegt bei normalem Admissionsdrucke (10,0 kg/cm² absol.) etwas unterhalb des günstigsten Wertes. Eine Steigerung der Umlaufszahl von 3048 auf 3229 ergab unter sonst gleichbleibenden Umständen eine Erhöhung der Leistung von 396,6 KE auf 403,9 KW, d. h. einen Gewinn von 7,3 KW oder ca. 1,9 %.

Das beste Ergebnis erzielte Versuch No. 18a mit 8,539 kg Dampfverbrauch pro eff. KW-St. bei 258,5° C. Dampftemperatur, d. h. 67,7° C. Überhitzung. Der Vergleich mit dem Verbrauch bei trocken gesättigtem Dampfe und gleichem Anfangsdrucke ergibt, daß die Überhitzung 1 % Gewinn im Dampfverbrauch auf je 5° C. der Differenz zwischen der wahren und der Sättigungstemperatur des Dampfes gebracht hat.

Alle Versuche verliefen vollkommen störungsfrei. Die Erschütterung der Turbinenwelle war minimal, praktisch belanglos. Die Lager wurden mit Öl von 30—35° C. Temperatur gespeist, welches mit 40—50° C. abströmte. Der Kraftverbrauch der Zirkulationspumpen und der Luftpumpe wird bei 0,06 kg/qcm Gegendruck von der Erbauerin der Turbine auf Grund eigener Messungen auf 3 vH der Normalleistung geschätzt.

60. Turbine von Curtis.

Die ursprünglichen Patente von Curtis betrafen verschiedene Ausführungsformen einer 4- bis 6stufigen Aktionsturbine, die im wesentlichen aus ebensoviel hintereinander geschalteten Laval-Turbinen bestand. Seither ist der Bau dieses Systemes von der General Electric Company (Schenectady, N. Y.) aufgenommen worden, welche dasselbe weiter vervollkommnete.[1]) Fig. 161 zeigt eine Abwicklung des Düsen- und Schaufelprofiles. Der aus den

---

[1]) Nach einem Berichte in Electrical World and Engineer 11. April und 23. Mai 1903, sowie Mitteilungen der ausführenden Gesellschaft.

Düsen A_1 axial austretende Dampf trifft zunächst auf die Schaufeln des ersten Laufrades B_1; beim Austritte besitzt er eine noch so bedeutende Geschwindigkeit, daß es sich lohnt, ihn durch ein zweites Leitschaufelsystem A_2 auf ein zweites Laufrad B_2 zu leiten, und diesen Vorgang mit Leitrad A_3 und Laufrad B_3 nochmals zu wiederholen. Die Laufschaufeln B_1 B_2 B_3 können an einem einzigen Scheibenrade in gemeinsamem Kranze befestigt werden. Damit dieses Rad keinem Überdrucke ausgesetzt sei, muß Gleichheit des Druckes auf seinen beiden Seiten herrschen, der Dampf muß also in der Düse bis auf diesen Druck herab expandieren. Die Strömung in den Schaufeln erfolgt dann unter konstantem Druck, der Dampf wirkt nur durch seine lebendige Kraft. Die Geschwindigkeit nimmt

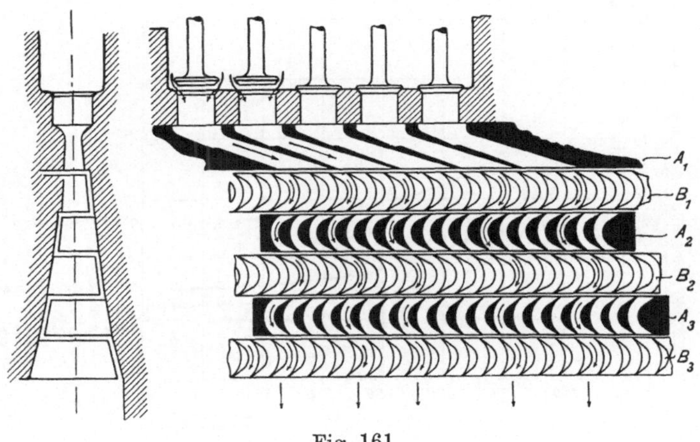

Fig. 161.

hierbei stark ab, einmal weil Arbeit abgegeben wird, dann wegen der Reibung; im umgekehrten Verhältnis muß der Schaufelquerschnitt zunehmen. Durch Aufzeichnen eines Geschwindigkeitsplanes überzeugt man sich, daß diese Zunahme sehr bedeutend ausfällt, und nicht anders als durch Verbreiterung der Schaufeln erreichbar ist. Allein auch dann ist man gezwungen, mit verhältnismäßig großen Winkeln zu arbeiten, da die Verbreiterung sonst zu stark ausfällt, so daß Zweifel entstehen könnten, ob der Strahl sich den stark divergierenden Seitenflächen noch anschmiegen würde.

Die Turbine besteht aus zwei oder mehreren gleichen Gruppen, die hintereinander geschaltet sind. Eine ausgeführte 600 KW-Maschine arbeitet mit 1500 Uml./min und rund 130 m Umfangsgeschwindigkeit. Die Düsen sind in Gruppen dicht beisammen angeordnet, so daß nach dem angezogenen Bericht, der Dampf den Rädern in einem breiten Streifen zufließt. Die Regulierung erfolgt durch Schließen einzelner Düsen, jedoch nur für den Eintritt ins erste Rad, der Zufluß zu den andern Gruppen bleibt unverändert.

In Fig. 162 ist der Dampfverbrauch für gesättigten und mäßig überhitzten Dampf pro KW-st dargestellt, der nach Angaben der Firma an der 600 KW-Maschine ermittelt worden ist. Die gestrichelte Kurve gibt an, welche Ergebnisse die Firma bei höheren Pressungen und hoher Überhitzung erwartet. Es wird bemerkt, daß auch die Kurve für kleine Überhitzung nicht an der 600 KW-Maschine ermittelt sei, vielmehr auf Grund der Ergebnisse bei kleineren Einheiten umgerechnet worden ist. Ein Verbrauch von rd. 8,6 kg gesättigten Dampf pro KW-st wäre übrigens ein Ergebnis, welches diese Turbine als ebenbürtig an die Seite anderer Systeme stellen würde.

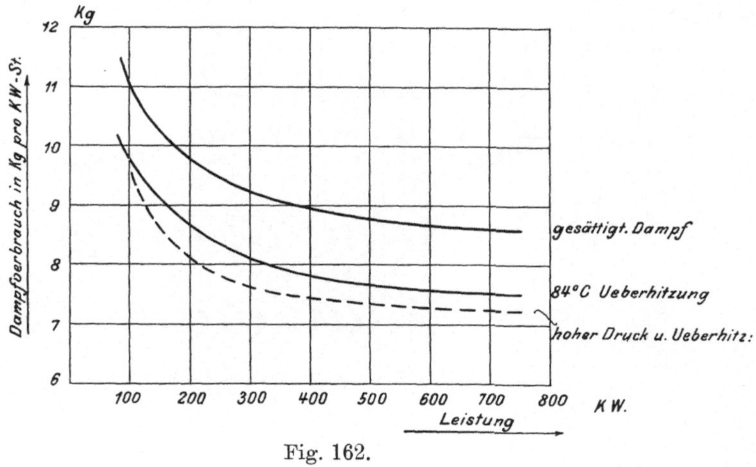

Fig. 162.

Die British Thomson Houston Cie. in Rugby berichtet[1]) folgendes über die Ergebnisse einer von ihr gebauten Curtisturbine von 500 KW Nennleistung. Bei der Höchstleistung betrug:

Der Dampfdruck vor der Turbine	10,55 kg/qcm
Überhitzung	64° C.
Vakuumdruck (absol.)	0,0516 kg/qcm
Umdrehungszahl p. Min. . . .	1800
Leistung	660 KW
Dampfverbrauch pro KW-st. . .	8,35 kg.

Ob hierbei die Arbeit zum Antriebe der Kondensation einbegriffen ist, wird nicht mitgeteilt. Bei 470 KW Leistung benötigte die Luftpumpe bloß 1,8 KW und die Zirkulationspumpe 7,1 KW im ganzen also bloß 1,9 vH Arbeitsaufwand.

[1]) Engineering 1904, I. S. 182.

Von Wichtigkeit sind die Angaben über die **Zunahme des Dampfverbrauches mit abnehmender Luftleere.** Diese Zunahme beträgt zwischen etwa 0,025 und 0,10 kg/qcm absol. Kondensatordruck 2,3 vH des Anfangswertes auf je 0,01 kg/qcm Verschlechterung der Luftleere; zwischen etwa 0,1 und 0,35 kg/qcm je 1,5 vH auf 0,01 kg/qcm Luftleere.

Die **Abnahme des Dampfverbrauches mit wachsender Überhitzung** ist der Differenz zwischen der wirklichen und der Sättigungstemperatur sehr nahe proportional und beträgt fast genau 1 vH auf je 5° C. Überhitzung.

Eine eingehende Analyse des Dampfverbrauches wird erst durchführbar, wenn wir genauer über den Betrag der Schaufelreibung unterrichtet sind. Wenn wir dieselben Verluste voraussetzen wie in einer Laval-Schaufel, so ist der angegebene Dampfverbrauch nicht erreichbar. Im allgemeinen kann bemerkt werden, daß **Curtis** mit höheren Strömungsgeschwindigkeiten, mithin auch größeren Reibungen arbeitet, als wenn er das Druckgefälle auf ebensoviele Stufen verteilt hätte, als Laufräder vorhanden sind. Dem gegenüber ist die Radreibung vermindert, indem zwei oder drei Laufräder zu einer einzigen Scheibe vereinigt sind, welche in stärker verdünntem Dampfe rotiert, als bei der erwähnten Aufteilung der Fall wäre. Die Leerlaufarbeit wird weiter dadurch herabgesetzt, daß die General Electric Company die vertikale Aufstellung mit oben liegender Dynamomaschine bevorzugt, so daß die Lagerreibung, welche dem

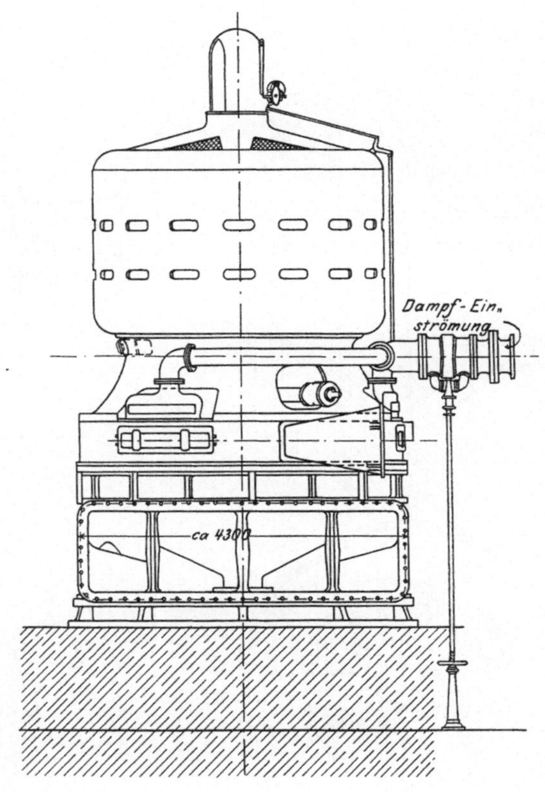

Fig. 163.

Flächeninhalte der Laufflächen sehr nahe proportional ist, sozusagen aus dem Spiele fällt.

Über die Konstruktion geben unsere Abbildungen Auskunft.

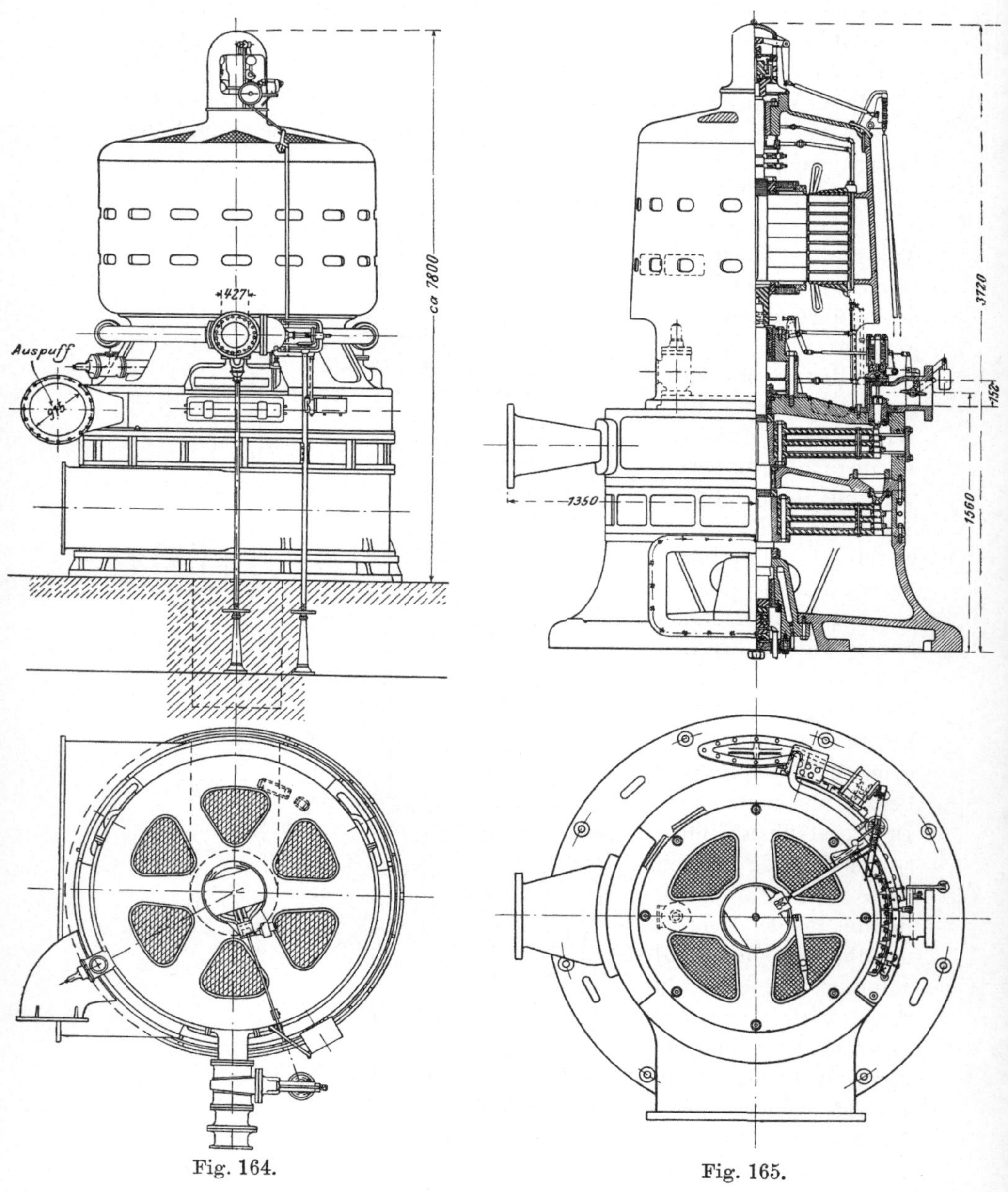

Fig. 164. Fig. 165.

Fig. 163 und 164 zeigt die Außenumrisse einer 5000 KW-Turbine mit einigen Hauptmaßen, aus welchen man auf den ungemein geringen Raumbedarf dieses Motors schließen kann. Das Gewicht

Fig. 166.

dieser Turbine mit Dynamomaschine soll sich auf nur ungefähr $^1/_8$ des Gewichtes der ungefähr gleichstarken Dampfdynamos für die Zentrale der Manhattan Railway Company in New York stellen.

Die Gewichte und die Umlaufzahlen einiger Einheiten werden wie folgt angegeben:

Leistung . . KW	15	500	1500	1500	5000
Umlaufzahl pro min	3000	1800	1800	800	500
Gewicht samt Dynamo . . kg rd.	830	16400	43000	55000	55000—175000

Fig. 167.

Das Gewicht bezogen auf die Einheit der Leistung ist also ungemein klein. Die Fig. 165 und 166 stellen Längenschnitt, Grundriß und Außenansicht einer kleineren Einheit (etwa 500 KW) dar, welche in zwei Hauptstufen mit je drei „Geschwindigkeitsstufen" ausgeführt ist. Die Räder waren hier der Skizze gemäß als Scheiben konstanter Dicke gedacht, die man mit der Nabe durch axiale Schrauben verbindet. Die Abbildung läßt deutlich erkennen, wie frei der Dampf auch die Zwischenleiträder umspült, da eine besondere Abdichtung hier eben zwecklos wäre. Über die Schaufelherstellung ist auf S. 123 berichtet worden. In Fig. 167 erblicken wir ein Laufrad mit drei Schaufelsystemen.

Die Regulierkegel der Hochdruckdüsen sind durch Gegenkolben entlastet, und werden durch Solenoide bewegt, die den Dampfzufluß zu den Entlastungskolben regeln. Der Regler befindet sich in einem Gehäuse über der Dynamomaschine. Ein weiterer einfacher Sicherheitsregler löst bei Überschreitung der normalen Geschwindigkeit die im Einströmrohre untergebrachte Drosselklappe aus. Eigenartig ist die Verkupplung der Turbinen- und der Dynamowelle durch einen Konus und Querkeile, welche Konstruktion bei der ungemein stark gehaltenen Welle hinsichtlich der Festigkeit zu keinen Bedenken Veranlassung gibt, und wesentlich an vertikaler Bauhöhe zu sparen gestattet. Das Gesamtgewicht der drehenden Teile wird durch ein Spurlager mit gußeisernen Gleitplatten und reichlicher Druckschmierung getragen, welche Konstruktion bei großen Wasserturbinen vielfach angewendet worden ist, bei der Dampfturbine freilich, was die Geschwindigkeit anbelangt, ungleich höheren Anforderungen zu genügen hat. In Fig. 165 ist die Spurplatte mehrteilig, wohl um bei gleichzeitiger Drehung mehrerer Platten kleinere Gleitgeschwindigkeiten zu erhalten, welcher Zweck vielleicht bei überaus reichlicher Ölzufuhr erreichbar

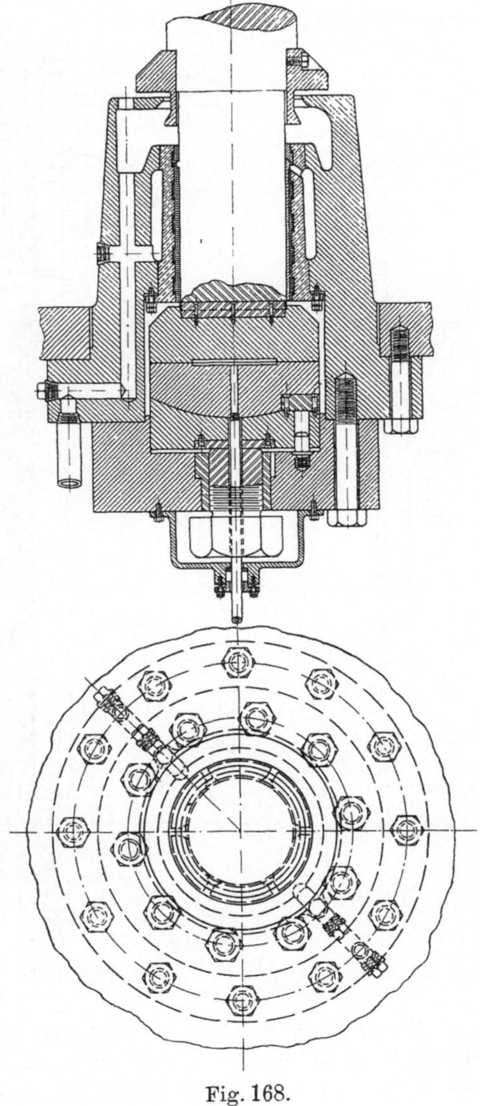
Fig. 168.

ist. Doch verwendet Curtis, wie Fig. 168 zeigt, auch Fußlagerkonstruktionen mit der üblichen einfachen Spurplatte. In beiden Fällen schmiert das Drucköl auch das unmittelbar anschließende Halslager, welches in der Ausführung der Fig. 165 auch mit äußerer Wasserkühlung versehen ist.

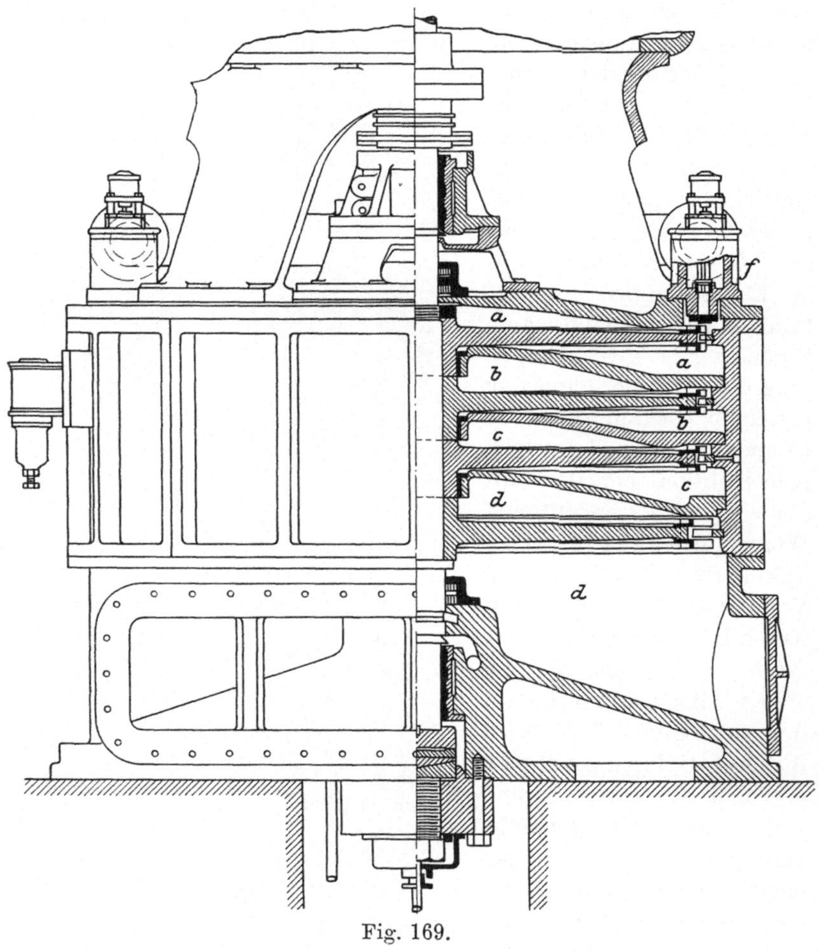

Fig. 169.

Neuerdings werden die mehrfachen Scheibenräder ersetzt durch einteilige Scheiben mit starker Verdickung gegen die Nabe hin, für welche gemäß den Festigkeitsformeln des Abschnittes 39 weit geringere Beanspruchung bei gleichem Gewicht erreichbar ist. Die Schaufelkränze sind indessen getrennt aufgesetzt, wie aus Fig. 169 (dem Engineering a. a. O. entnommen) ersichtlich ist. Die wichtige Frage nach dem Betrage, um welchen sich die Scheiben, vermöge ihres Eigengewichts, durchbiegen und um wieviel sie durch die Fliehkraft während der Rotation wieder gerade gerichtet werden, wird in Abteilung V genauer untersucht. Der recht verwickelte Bau der Gehäuse, welche entgegen der unvollständigen Darstellung in Fig. 169 für jede Kammer sowohl im Umfange als auch in der Zylindererzeugenden geteilt sein müssen, geht aus Fig. 170 hervor.

Fig. 170.

Nach einem Vortrage von Emmet wird bei den vertikalen Turbinen ein Gußeisen-Stützteller ausgeführt, auf welchen die rotierenden Teile niedersinken und sich abbremsen, falls das Spurlager eingerieben und zu stark verschlissen würde. Für die Reserveschmierung der Spurlager sind Ölakkumulatoren vorgesehen. Neuere große Einheiten für Kondensation sollen mit 4 Druckstufen zu je 2 Geschwindigkeitsstufen ausgeführt werden.

Nach Blättermeldungen hat die Allgemeine Elektrizitätsgesellschaft in Berlin das Ausführungsrecht der Curtis-Turbine für Europa erworben.

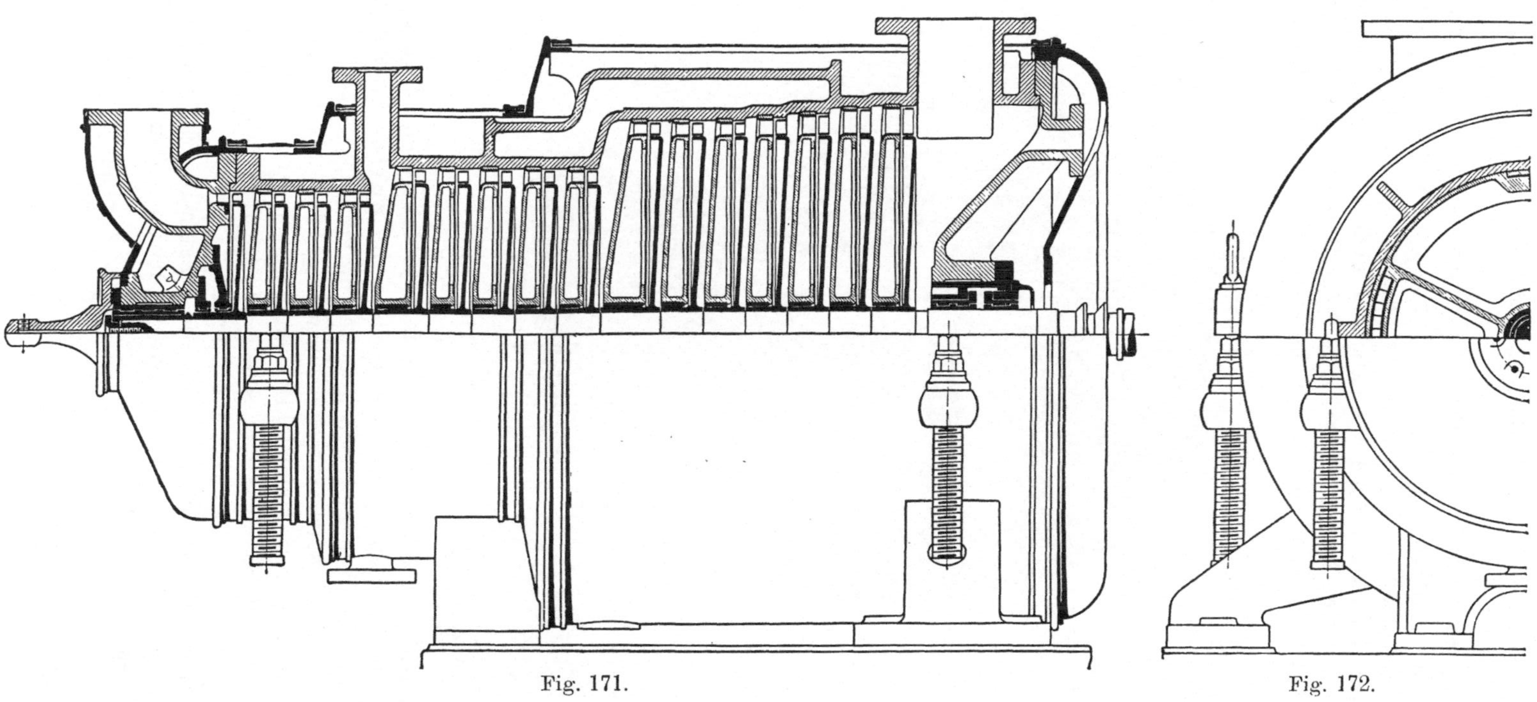

Fig. 171.

Fig. 172.

Fig. 173.

61. Turbine von Rateau.

Die Turbine von Rateau ist eine reine Druckturbine und benützt aus dünnen Blechplatten hergestellte, auf schwach konische Form gepreßte Räder, die auf gemeinschaftlicher Achse aufgekeilt und durch Scheidewände voneinander getrennt sind. Die ersten Räder sind teilweise beaufschlagt, so daß die Umfangsgeschwindigkeit von Anfang an hoch gewählt werden kann, ohne daß man zu

Fig. 174.

kurze Schaufeln erhielte. Die Leitschaufeln sind in die Scheidewände eingesetzt, die Laufschaufeln aus einem Stück Bronze- oder Stahlblech gebogen und auf den doppelt umgebörtelten Rand der Radscheibe aufgenietet. Die Wellenlager waren anfänglich in die Deckel der Turbine eingebaut, werden aber neuerdings von der Turbine getrennt. Am Niederdruckende wird die Welle durch eine einfache Büchse gedichtet, in welche man durch eine Ringnut so viel Wasser einströmen läßt, daß ein vollständiger Abschluß erzielt wird. Da auf beiden Seiten jedes Laufrades gleicher Druck herrscht, so entfällt der axiale Schub bis auf den kleinen Betrag, den der

Dampfdruck auf die Vorderfläche des Stirnzapfens ausübt. Fig. 171 und 172 zeigen Schnitte durch die Maschine, wobei zu bemerken ist, daß die Radscheiben durch Nietung mit ihren Naben verbunden sind. Fig. 173 stellt die Außenansicht der Maschine mit Dynamo und Schmiervorrichtungen dar. Der Massenausgleich der einzelnen Räder erfolgt auf der in Fig. 174 abgebildeten Wägevorrichtung durch Auswägen der Scheiben in zwei um 90^0 verdrehten Stellungen. Die Beschaffenheit der Räder und Scheidewände ist aus Fig. 175, 176 und 176a gut zu erkennen. Die Bauart gemäß der letzten Figur mit geteilten Scheidewänden wird bevorzugt, indem nach dem

Fig. 175.

Lösen des Gehäusedeckels alle inneren Teile vollkommen frei zugänglich werden.

Die Bauart der von Sautter, Harlé & Co. in Paris konstruierten Turbinen geht aus Fig. 177 hervor, in der eine 500 KW-Maschine dargestellt ist. Die Welle ist hier sowohl am Hochdruckende als auch in den anderen Deckeln durch die auf S. 172 beschriebene Stopfbüchse gedichtet, Fig. 178, 178a veranschaulicht die benutzte Reguliervorrichtung mit dem sog. Kompensator Denis. K ist ein Pendelfederregulator mit der zentralen Feder K_1 und der zur Tourenverstellung dienenden Hilfsfeder N. Die Verbindung des Regulatorhebels L, mit dem Drosselventil E ist, solange man vom Getriebe

Fig. 176 und 176 a.

SUV absieht, eine direkte. Nun erhält *S*, s. vergrößerte Fig. 178b, eine konstante Rotation, durch welche die festgelagerten Zahnräder *V*, *X*, in entgegengesetzte Drehung versetzt werden. Der in Spindel *P* befestigte vorstehende Keil *U* gerät z. B. beim Anheben in die Ausschnitte der Naben von *V*, und veranlaßt die Spindel zur Mitrotation, so daß dieselbe sich in die Schraubenmuttern *T* und *Q* vermöge Links- und Rechtsgewinde zum Teile hereinschraubt, und das Drosselventil mehr als der Regulator gewollt hat schließt. Die Geschwindigkeit wird also zu stark verlangsamt, der Regler begibt sich gegen seine frühere Lage zurück, und die Maschine erreicht (eventuell mit kurzer Gegenregulierung) den neuen Beharrungszustand bei derselben Umlaufzahl, die früher geherrscht hat. Der Regler selbst darf und muß sogar stark stabil, d. h. mit großer Ungleichförmigkeit gebaut werden. Die Regelung auf konstante Beharrungsgeschwindigkeit bewährt sich vorzüglich.

Die Maschinenfabrik Örlikon teilt dem Verfasser mit, daß sie in ihrem Versuchsraum die durch Fig. 173 veranschaulichte Rateau-Turbine von 1000 KW einer Dampfverbrauchprobe unterworfen und die Werte in Zahlentafel 1 erhalten habe.

Zahlentafel 1.

Versuche der Maschinenfabrik Örlikon mit einer Rateau-Turbine von 1000 KW.

	Leistung KW	Druck in kg/qcm abs. im Kessel	Druck in kg/qcm abs. vor dem 1. Leitrade	Druck in kg/qcm abs. im Kondensator	Temperatur vor dem 1. Leitrade °C.	wirklich. Dampfverbrauch pro KW-st D_{el} kg	theoret. Dampfverbrauch pro KW-st D_0 kg	$\eta=\frac{D_0}{D_{el}}$
1	194	13,1	2,14	0,078	148	14,5	7,36	0,504
2	425	10,9	4,06	0,083	155	11,3	6,22	0,552
3	659	11,3	5,99	0,140	162	10,8	6,31	0,583
4	871	12,7	7,89	0,222	175	11,2	6,48	0,578
5	1024	12,6	8,19	0,171	176	9,97	6,05	0,607

Die mittlere Umlaufzahl betrug 1500. Der theoretische Verbrauch bezieht sich auf den Zustand, in dem sich der Dampf beim Eintritt in die Turbine vor dem 1. Laufrad befand. Bemerkenswert ist die langsame Abnahme des Wirkungsgrades, die ihren Grund jedenfalls darin hat, daß bei kleiner Leistung die Turbine mit Dampf von geringer Spannung angefüllt ist und der Ventilationswiderstand der Räder abnimmt. Bei verbessertem Vakuum hofft die Maschinenfabrik Örlikon einen Dampfverbrauch von 8,4 kg pro KW-st zu erreichen.

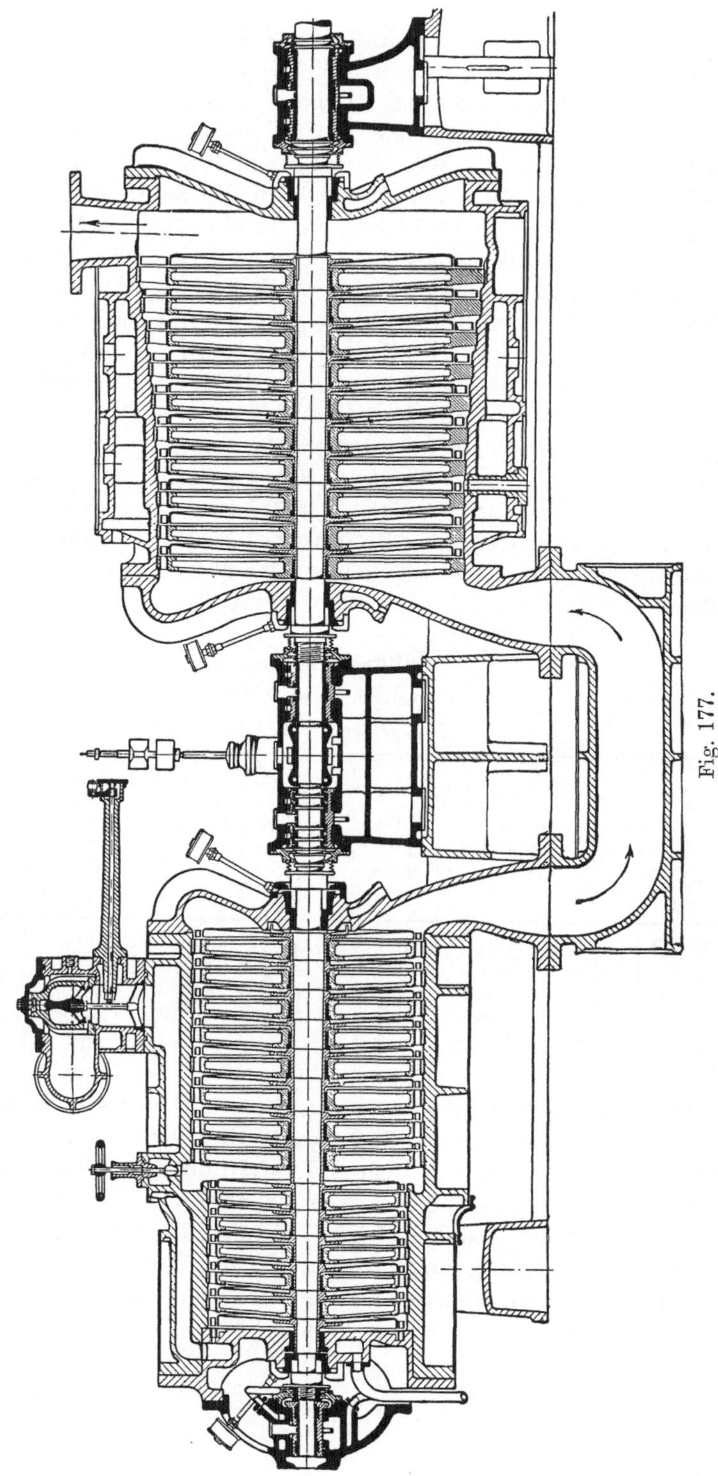

Fig. 177.

Die Firma Sautter, Harlé & Co. in Paris hat letzthin eine Niederdruckturbine in Betrieb gesetzt, welche von den Sachverständigen Sauvage und Picou in Paris geprüft worden ist, nach

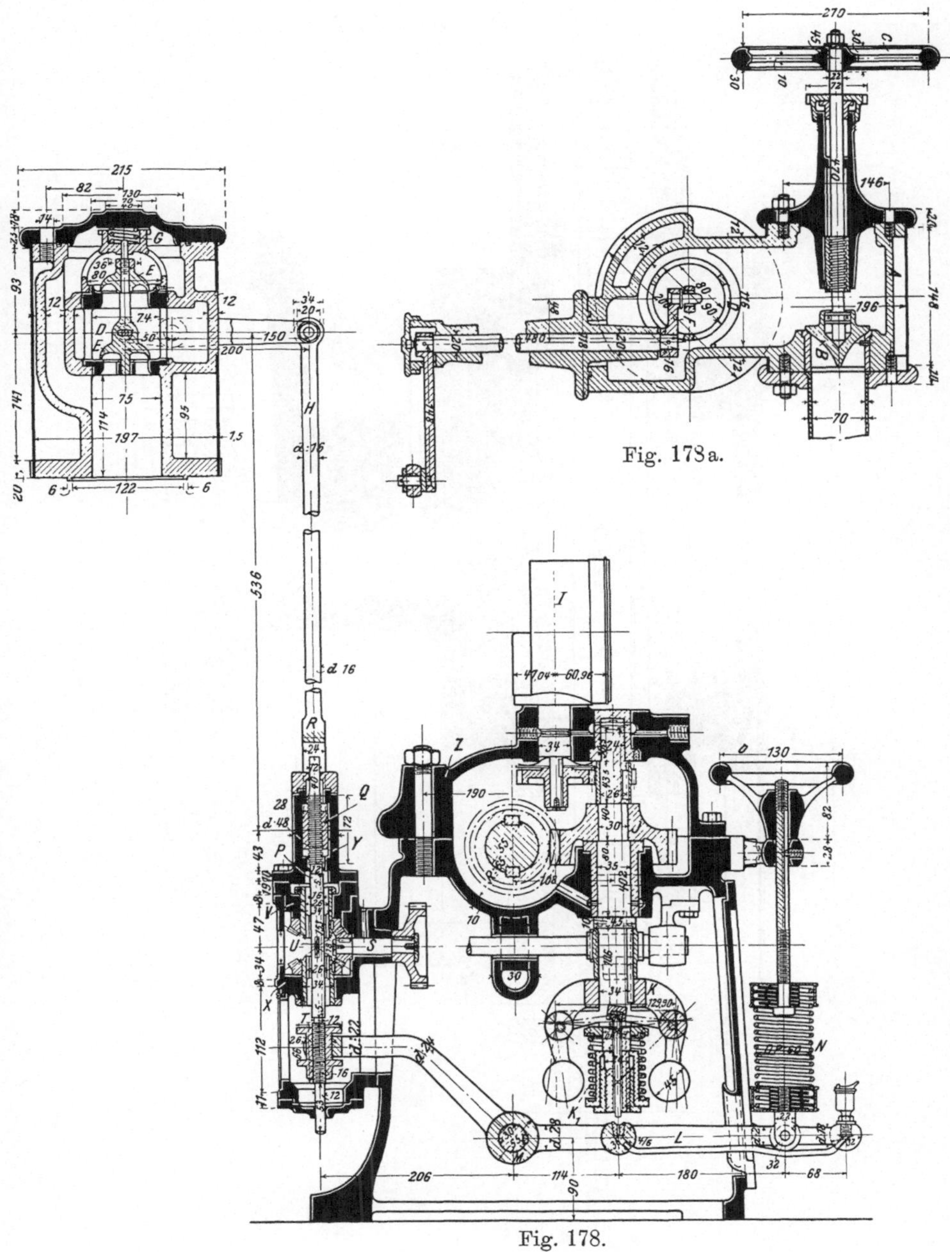

Fig. 178a.

Fig. 178.

deren mir in Abschrift mitgeteiltem Bericht (vom 19. April 1902) die Turbine mit dem interessanten und vielversprechenden Rateauschen Wärmeakkumulator zusammenwirken soll. Dieser Akkumu-

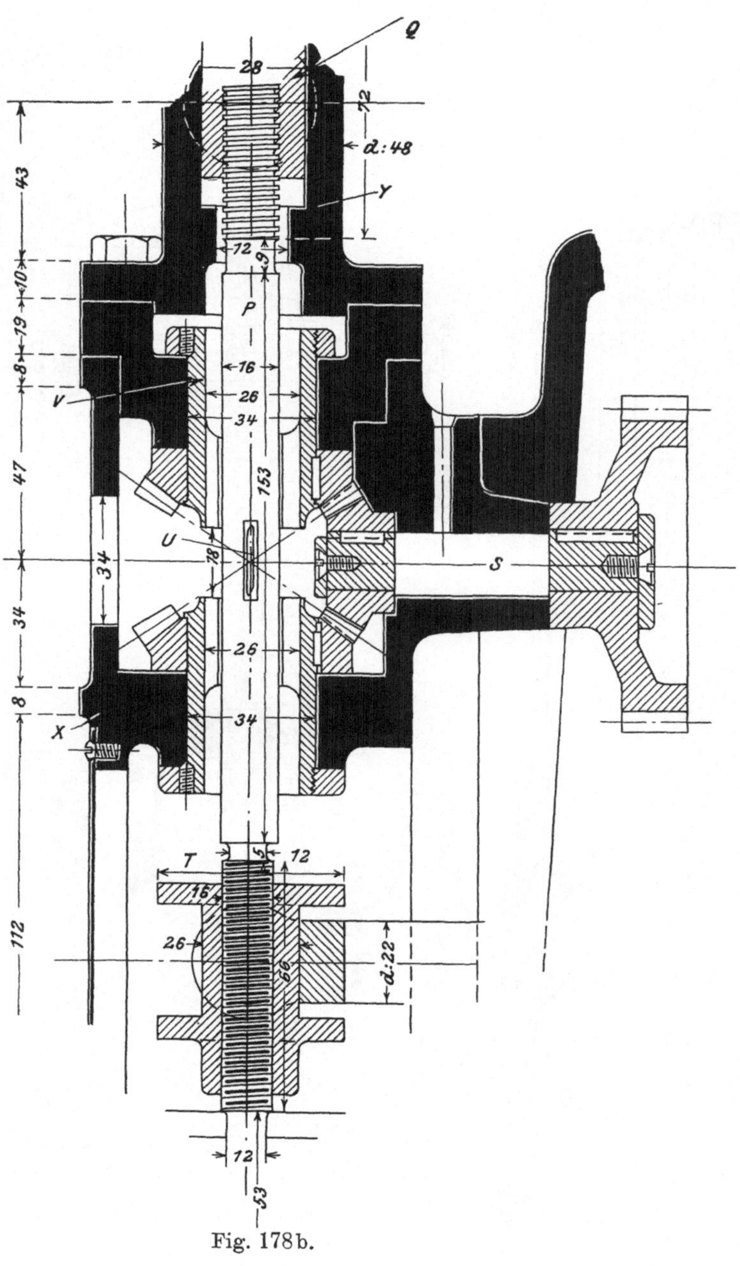

Fig. 178b.

lator ist eine geeignet große Gußeisenmasse, welche den von Fördermaschinen absatzweise gelieferten Dampf kondensieren und ihn während der Ruhepausen durch die aufgehäufte Wärme wieder verdampfen soll, damit die aufgestellte Turbine in stetigem Betriebe erhalten werden kann. Die Turbine besteht aus 7 Rädern von je 880 mm Dmr. Die Versuchsergebnisse mit dem berechneten thermodynamischen Wirkungsgrad, bezogen auf die elektrische Leistung, sind in der nachfolgenden Zahlentafel vereinigt.

Zahlentafel 2.

Versuche von Sauvage und Picon mit einer Rateau-Turbine.

	Uml./min	Leistung KW	Leistung PS_{el}	Druck vor der Turbine kg/qcm abs.	Druck im Kondensator kg/qcm abs.	Eintrittstemperatur °C.	wirkl. Dampfverbrauch pro elektr. PS-st D_{el} kg	theoret. Dampfverbrauch pro elektr. PS-st D_0 kg	thermodyn. Gütegrad $\eta_{el} = \frac{D}{D_{el}}$
1	1610	Leerlauf ohne Erregung		0,136	0,087	111,4	(570 pro st)	—	—
2	1589	70,3	95,6	0,381	0,088	111	23,26	11,8	0,506
3	1600	140,9	191,4	0,659	0,128	135	19,14	10,1	0,526
4	1591	202,0	274,4	0,902	0,163	137	18,03	9,66	0,535
5	1598	232,5	315,8	1,034	0,196	147	17,88	9,80	0,548

Im Februar 1903 wurde Verfasser in Gemeinschaft mit den Herren Prof. Dr. Wyssling und Prof. Farny, welchen die elektrischen Messungen oblagen, von den Herren Sautter, Harlé & Co. in Paris eingeladen, eine rd. 500pferdige Rateau-Turbine zu prüfen. Die erzielten Ergebnisse finden sich in Zahlentafel 3 vereinigt.

Die Messung des Dampfverbrauches erfolgte durch Auffangen des Kondensates aus einer Oberflächenkondensation in zwei wechselweise benutzten geeichten Gefäßen. Die Kessel liegen weit ab, und es wurde, um den Dampf zu trocknen, mit höherer Spannung gearbeitet und vor der Turbine gedrosselt. Die Tafel zeigt, daß es gelang, den Dampf sogar um einige Grade zu überhitzen. Der zum Antrieb der Luftpumpe notwendige Kraftbedarf ist, wie angemerkt, von der Bruttoleistung an den Klemmen der Dynamo nicht abgezogen, dürfte aber, nach anderweitigen Angaben zu schließen, einige Prozente nicht überschreiten. Die Turbine trieb zwei gekuppelte Gleichstromdynamomaschinen an, welche auf die sehr reichlichen metallischen Widerstände des Versuchsraumes arbeitend, ungemein konstante Leistung aufwiesen. Die Ablesung der Kondensatmenge erfolgte alle 5 bis 10 Minuten, wodurch in kürzester Zeit das Vorhandensein des Beharrungszustandes festgestellt, und die Dauer der Versuche selbst stark eingeschränkt werden konnte. Nur die Normalbelastung (Nr. VIII) wurde der Form halber auf drei Stunden ausgedehnt. Bei Versuch No. X war das Überlastungsventil teilweise geöffnet.

Von besonderem Interesse ist der bei halber Umdrehungszahl durchgeführte Versuch Nr. VII, dessen Vergleich mit Nr. V ergibt, daß auch hier die stündlich durchströmende Dampfmenge bei gleichem Admissionsdrucke unabhängig ist von der Umlaufzahl.

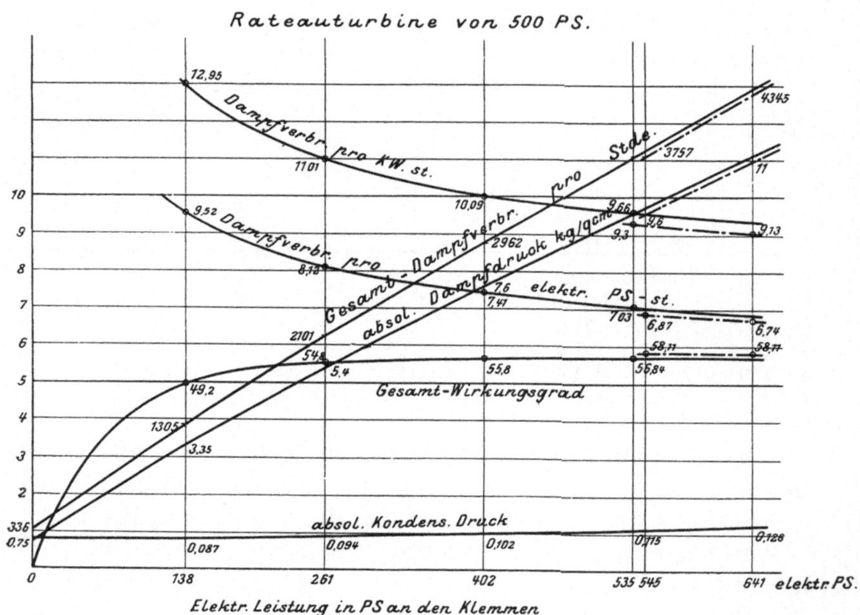

Fig. 179.

Der Verbrauch von rd. 9,9 kg pro KW-st bei bloß 0,13 kg/qcm Vakuum und 10,3 kg/qcm absol. Admissionsdruck muß als sehr günstig bezeichnet werden.

Die Firma hat seither eine dritte Turbine fast gleicher Größe gebaut, bei welcher neben anderen Verbesserungen durch Verkleinerung der Leitradquerschnitte bei gleicher Leistung eine Erhöhung des Admissionsdruckes möglich wurde. Die mit dieser Turbine von der Firma selbst durchgeführten Versuche lieferten die in Fig. 179 graphisch zusammengestellten Ergebnisse. Die voll gezogenen Linien beziehen sich auf gesättigten, die strichpunktierten auf einen nach Angabe um etwa 10^0 überhitzten Dampf. Die Verbesserung ist eine erhebliche, und neben der Erhöhung des Admissionsdruckes wohl auch durch die Wahl einer Umdrehungszahl von 2400 bedingt. Fig. 180 bringt zum Vergleich eine Darstellung des stündlichen Dampfgewichtes und der Leistung in KW als Funktion der absol. Eintrittspannung, und beziehen sich rund bezeichnete Punkte auf meine Versuche, Kreuze auf diejenigen von Sautter, Harlé & Co. mit der neuen Turbine. Sowohl Dampfmenge wie Leistung nehmen fast genau linear mit dem Drucke zu. Wenn

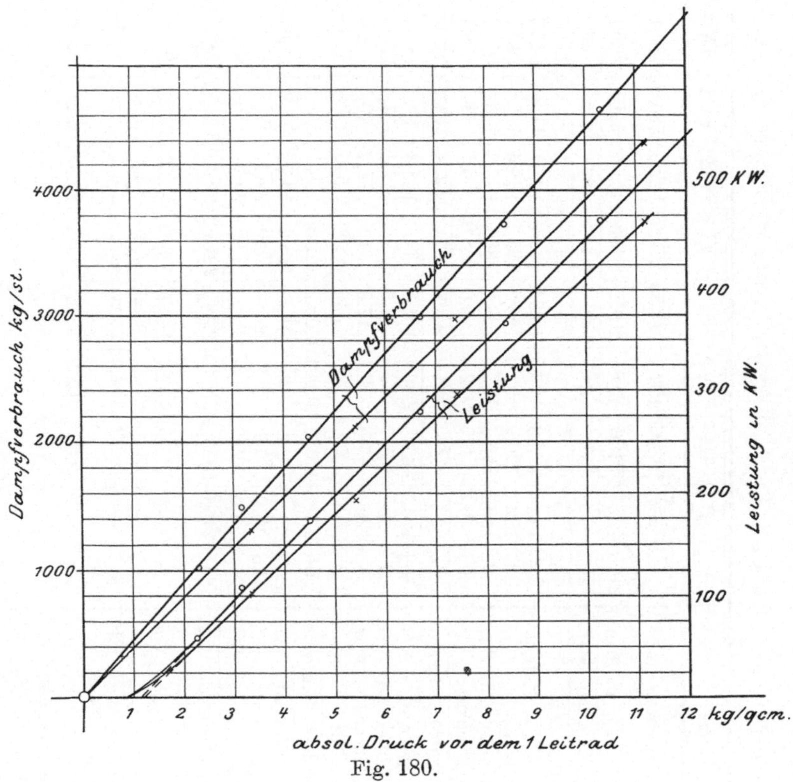

Fig. 180.

wir aus Fig. 179 den Verbrauch an gesättigtem Dampf zu 9,3 kg pro KW-St bei 11,1 g/qcm absol. Druck vor dem 1. Leitrad und 0,128 kg/qcm Vakuum einschätzen, so erhalten wir als thermodynamischen Wirkungsgrad 57,8 vH. Zwar wird diese Zahl bei größerer Luftleere etwas abnehmen, da dann der Auslaßverlust wächst; trotzdem bleibt das Ergebnis ungemein günstig. Auch die an der älteren Turbine vom Verfasser festgestellten Wirkungsgrade dürften die höchsten Werte darstellen, die bei so geringer Überhitzung an Motoren der vorliegenden Größe festgestellt worden sind.

Zahlentafel 3.

Versuche mit einer Rateau-Turbine von Sautter, Harlé & Cie., Paris.

Bezeichnung des Versuches	No.	I	II	III	IV	V	VI	VII	VIII	IX	X	XI	XII	XIII
1. Leistung an den Dynamoklemmen	KW	Leer ohne Erreg.	Leer mit Erreg.	58,45	107,5	172,35	279,9	127,9	366,0	440,1	436,5	344,7	462,9	470,27
2. Tourenzahl . . . . p.	Min.	2196	2181	2186	2184	2181	2190	1054	2101	2200	2200	1998	2360	2310
3. Dauer	Min.	30	18	25	40	50	35	20	180	30	26	10	22	30
4. Absol. Dampfdruck vor dem Anlaßventil	kg/qcm	12,33	12,66	12,26	12,38	12,31	11,99	10,91	11,84	12,73	11,36	11,45	15,73	15,20
5. Temperatur vor dem Anlaßventil	° C.	188,2	189,6	190,9	191,2	193,2	195,1	188,6	197,5	197,7	195,9	(195,9)	212,6	209,6
6. Sättigungstemp. vor dem Anlaßventil	° C.	188,2	189,3	190,2	188,3	188,2	186,9	182,6	186,4	189,6	184,5	184,8	199,5	197,8
7. Überhitzung vor dem Anlaßventil	° C.	0,0	0,3	0,7	2,9	5,0	8,2	6,0	11,1	8,1	11,4	(11,4)	13,1	11,8
8. Absol. Druck vor dem 1. Leitrad	kg/cm	0,66	0,875	2,28	3,14	4,49	6,71	4,54	8,43	10,1	8,68	8,65	10,71	10,32
9. Temperatur vor dem 1. Leitrad	° C.	118,3	124,6	141,5	152,4	164,9	174	165,3	182,1	185,9	185,1	182,1	193,9	192,1
10. Sättigungstemp. vor dem 1. Leitrad	° C.	83,7	95,4	123,7	134,3	147,0	162,4	147,4	171,6	179,3	172,3	172,3	181,8	180,3
11. Überhitzung vor dem 1. Leitrad	° C.	34,6	29,2	17,8	18,1	17,9	11,6	17,9	10,5	6,6	12,8	9,8	12,1	11,8
12. Absol. Druck am Zwischenrohr	kg/qcm	0,120	0,140	0,266	0,383	0,545	0,802	0,546	0,999	1,20	1,26	0,99	1,24	1,27
13. Absol. Druck am Auspuffrohr	kg/qcm	0,106	0,103	0,088	0,091	0,0935	0,106	0,091	0,115	0,131	0,141	0,128	0,151	0,13
14. Temperat. des Kühlwassers, Eintritt	° C.	12,9	11,5	12,2	17,5	16,5	18,2	16,72	15,8	16,04	—	—	21,5	13,9
15. Temperat. des Kühlwassers, Austritt	° C.	14,3	13,2	16,6	22,9	24,0	28,0	24,4	26,8	27,7	—	—	33,8	27,2
16. Temperat. des Kondensates . . .	° C.	—	23,0	20,0	21,4	22,5	27,0	23,7	29,8	32,5	33	37	40	33
17. Totaler Dampfverbrauch pro Stunde	kg	338,0	445,0	1003,2	1483,5	2044,8	2976,0	2085,0	3754,0	4385,0	4592,3	3768,0	4640,5	4647,0
18. Dampfverbrauch pro KW-st exklus. Luftpumpenarbeit	kg	—	—	17,16	13,80	11,86	10,63	16,30	10,25	9,96	10,52	10,93	10,02	9,88
19. Wirkungsgrad der Dynamos . . .	%	—	—	74,0	84,0	90,2	92,0	86,0	92,4	93	92,9	92,3	93,3	93,4
20. Effektive Leistung der Turbine . .	HP	—	—	107,3	174,0	260,2	422,5	202,0	538,2	643	637,7	507,4	674,1	684,0
21. Dampfverbrauch pro effekt. PS-st (exklus. Luftpumpenarbeit) . . .	kg	—	—	9,35	8,52	7,86	7,04	10,32	6,97	6,82	7,20	7,42	6,88	6,79
22. Thermodyn. Wirkungsgrad bezogen auf die elektrische Nutzleistung an den Klemmen der Dynamos und auf den Dampfzustand vor dem 1. Leitrad	vH	—	—	43,3	49,5	52,4	54,4	37,7	54,3	54,9	54,6	51,6	55,2	54,9

62. Turbine von Parsons.

Die Konstruktion dieser ältesten praktisch erprobten Turbine ist aus dem schematischen Längenschnitt (Fig. 181) ersichtlich. Der Dampf tritt durch die punktierte Rohröffnung ein und durchströmt in der Richtung nach rechts die unmittelbar aufeinander folgenden Leit- und Laufräder. Der Aufbau der Trommeln ist staffelartig mit sprungweise zunehmender Umfangsgeschwindigkeit. Auch die Schaufellänge nimmt in kleineren und größeren Sprüngen zu.

Links befinden sich die mit der früher besprochenen Labyrinthdichtung versehenen Druckausgleichkolben,[1]) je einer für jede Trommel. Die Räume vor jedem Kolben werden mit dem Dampf-

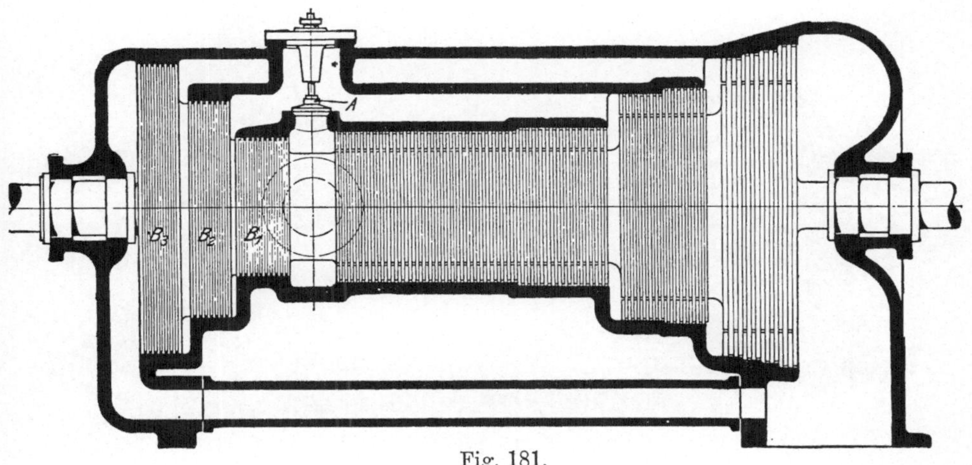

Fig. 181.

[1]) Der axiale Druck, der auf ein bestimmtes Laufrad ausgeübt wird, ist bekanntlich durch den Ausdruck

$$P = F(p' - p'') - M\,(c_{o2} - c_{o1})$$

gegeben, worin p' den Druck im Spalt vor dem Laufrade, p'' hinter dem Laufrade, F den Inhalt der Ringfläche zwischen dem äußeren und dem inneren Schaufelradius, M die sekundliche Dampfmasse, c_{o1} und c_{o2} die axialen Komponenten der absoluten Geschwindigkeiten beim Ein- und Austritt am Laufrade bedeuten. Zu der Summe der Kräfte P kommen die Pressungen, welche der Dampf auf die Ringflächen zwischen zwei Trommeln ausübt, und schließlich der Bodendruck auf das letzte Rad. Es ist bemerkenswert, daß der Druckausgleich durch die Labyrinthkolben, wenn er bei einem bestimmten Anfangsdrucke bestand, auch bei Änderungen der Belastung gut erhalten bleibt. Wie wir später nachweisen werden, ändert sich der Druck an irgend einer Stelle mit dem Anfangsdrucke angenähert proportional; es werden also die Pressungen auf die Räder, die Trommeln und auf die Ausgleichkolben annähernd gleichmäßig zu- oder abnehmen, und das Gleichgewicht wird um so weniger gestört, als auch der Vakuumdruck bei kleiner Belastung erheblich zu sinken pflegt.

eintritt zur betreffenden Trommel in der doppelten Absicht verbunden, einmal in beiden Räumen den gleichen Druck herzustellen, dann den durch Undichtheit der Labyrinthliderung austretenden Dampf wenigstens teilweise in der Turbine nutzbar zu machen. Bei *A* hat man sich das „Überlastungsventil" zu denken, das, wie in der Bezeichnung angedeutet ist, bei einer Beanspruchung der Turbine über die normale Leistung hinaus von Hand oder durch den Regulator geöffnet wird und der nachfolgenden Trommel frischen Kesseldampf zuführt (s. S. 179). Hierdurch wird zwar gegen die erste Trommel ein Rückstau ausgeübt, und die Ausnutzung des Dampfes sinkt; allein dieser Übelstand wird durch den Vorteil mehr als aufgewogen, daß die Turbine bei normaler Leistung angenähert

Fig. 182.

mit vollem Kesseldruck vor dem ersten Laufrade arbeiten kann, während sonst eine erhebliche Abdrosselung wegen der erforderlichen Kraftreserve notwendig wäre. Die austretende Welle wird ebenfalls durch ineinandergreifende Labyrinthnuten abgedichtet, in welche auf der Vakuumseite der Abdampf der Steuerung geleitet wird, um das Ansaugen von Luft zu verhüten.

Fig. 182 stellt die Ansicht der Lauftrommeln und der Entlastungskolben zu einer von der Westinghouse Machine Co. in Pittsburg gebauten 3000pferdigen Turbine dar.[1]) Das Gesamtgewicht beträgt rd. 12 600 kg, die Lagerentfernung 3,75 m, der größte Durchmesser 1,83 m. Fig. 183 und 184 zeigt die Gesamtansicht der konstruktiv äußerst elegant durchgeführten Turbine, welche im

[1]) Nach einem Vortrag von Fr. Hodgkinson in Proceedings of Eng. Soc. of Western Pennsylvania, Nov. 1900.

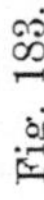

Fig. 183.

Fig. 184.

Elektrizitätswerk Hartford, Conn., aufgestellt ist. Die allzu sichtbaren Rohrleitungen würden freilich bei uns unterirdisch angelegt worden sein. Europäische Konstrukteure trennen die Turbine bei großen Einheiten in zwei Teile, wie die von Brown, Boveri & Co. 5000pferdige Turbine für Frankfurt[1]) (Fig. 185) erkennen läßt. Mit dieser Anordnung ist freilich der Nachteil einer großen Wellenlänge verknüpft, der z. B. Parsons dazu geführt hat, zwischen die Hoch- und Niederdruckgruppe der Elberfelder Turbine eine bewegliche Kupplung einzubauen, damit die Labyrinthkolben jeder Gruppe durch Schrauben auf das erforderliche kleine Spiel eingestellt werden können. Bei Anwendung überhitzten Dampfes ist diese Vorsicht doppelt notwendig, da die große Ausdehnung der Welle die Kämme der Dichtungskolben aufeinander drücken oder eine klaf-

Fig. 185.

fende Fuge hervorbringen würde. Es wird nicht angegeben, wie man dieser Ausdehnung bei den rückwärtigen Stopfbüchsen Rechnung trägt. Nach neueren Mitteilungen werden indessen auch 10000pferdige Turbinen mit bloß zwei Lagern, nach Art der Hartford-Turbine gebaut.

Die Lager bestehen nur bei kleinen Turbinen aus den von Parsons ursprünglich verwendeten mehrfachen Büchsen. Bei großen Maschinen verwendet man Lager mit Kugelschalen und Wasserkühlung, und es ist hier selbstverständlich, daß alle Lager eine Druckschmierung durch eigene Pumpen erhalten. Das Öl wird in Röhrenapparaten mit Wasserumlauf gekühlt und wieder auf die Lager geleitet.

Die österreichische Dampfturbinen-Gesellschaft, Brünn, verwendet die in Fig. 186 und 186a dargestellte Reguliervorrich-

[1]) Schweiz. Bauzeitung 1902, I, S. 240 u. f.

tung. *A* ist das (für hohe Überhitzung) mit Nickelsitzflächen versehene Absperrventil, *B* das doppelsitzige Regulierventil, welches nach Parsons Vorgang durch den Kolben *C* eines Kraftzylinders in periodischer Auf- und Abschwingung erhält. Der Kolben ist

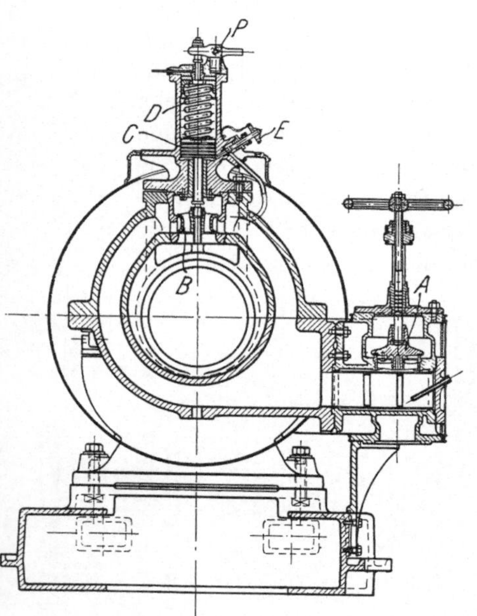

Fig. 186.

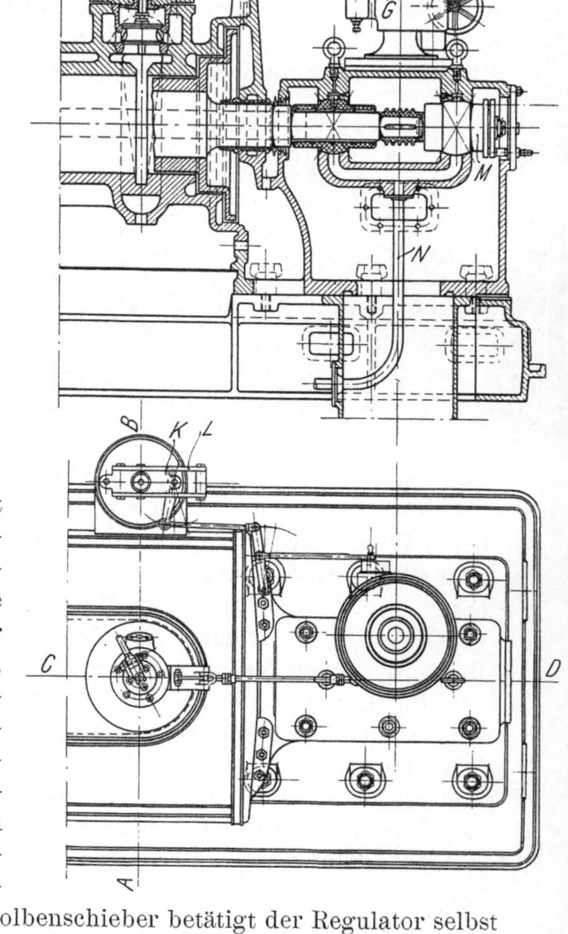

durch die Feder *D* belastet und erhält durch das einstellbare Ventil *E* Frischdampf von unten. Die Steuerung bewirkt der kleine Kolbenschieber *F*, der den unteren Zylinderraum abwechselnd abschließt und mit einem Abflußrohre verbindet, wodurch der Kraftkolben zu einer Bewegung nach aufwärts, bez. zum Niedersinken veranlaßt wird. Den Kolbenschieber betätigt der Regulator selbst durch die als unrunde Scheibe ausgeführte Nabe *G*, welche vergrößert in Fig. 186b dargestellt ist. Gehäuse *H* nimmt die Feder der Tourenverstellung auf. Das Absperrventil ist als Sicherheitsabschließung für den Fall einer zu hohen Geschwindigkeit eingerichtet, indem der labil konstruierte Hilfsregulator *A* in Fig. 186a bei seinem Ausschlage die auf der Regulatorwelle lose Schnecke *B* mitnimmt, und durch Bolzen *Z* die Knaggen *K*, Fig. 186, verdreht,

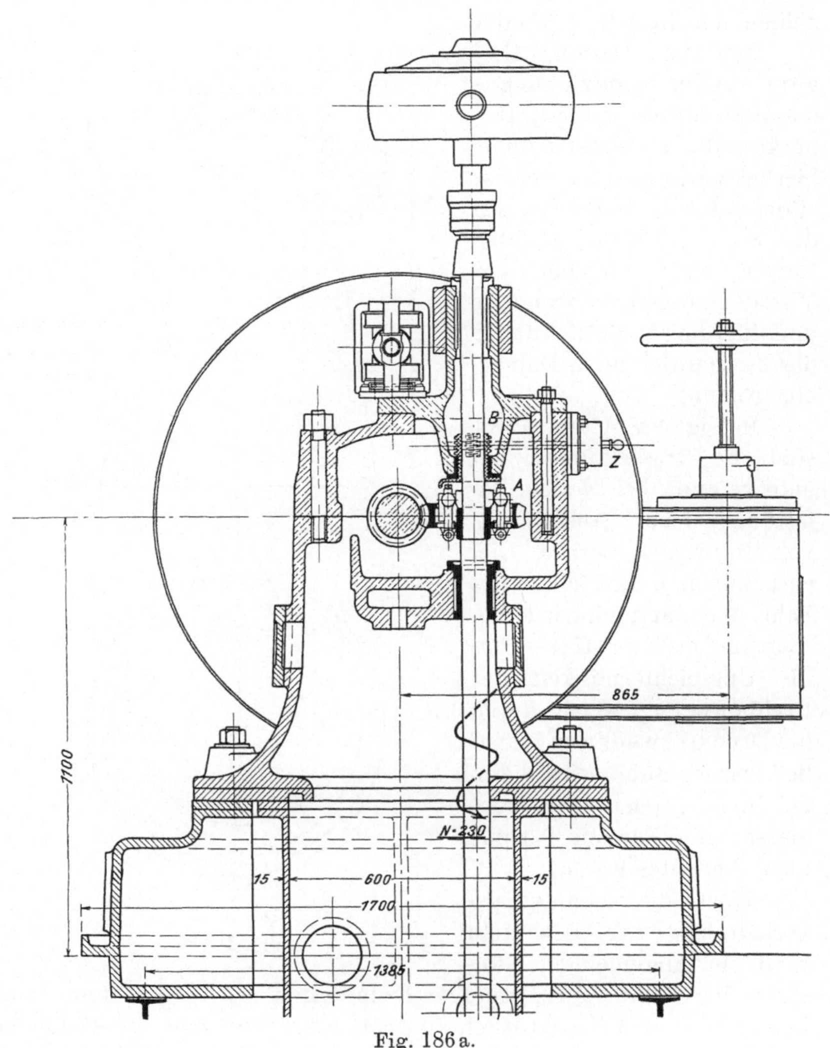

Fig. 186a.

welche den mit Gewichten belasteten Hebel *L* frei lassen, der seinerseits das Ventil schließt. Die Abbildung läßt auch die Lagerung des vorderen Wellenendes mit Kugelschalen und dem stellbaren Kammlager bei *M* erkennen. *N* ist die Zuleitung des Drucköles.

Der Kraftkolben ist mit Hebel P versehen zum Anheben des Regulierventiles von Hand.

Die Zeitdauer der Eröffnung ist um so kleiner, je weniger die Turbine belastet ist; die Dampfpressung hinter dem Drosselventil schwankt mithin periodisch, indessen so, daß ihr Mittelwert bei abnehmender Belastung abnimmt.

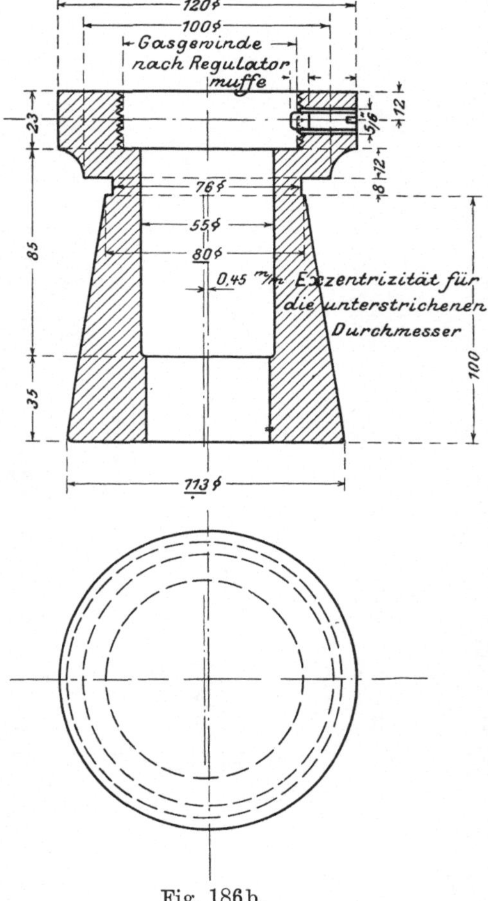

Fig. 186b.

Die von Brown, Boveri & Cie. benutzte Regulatoranordnung ist in Fig. 187 dargestellt. Exzenter x dient hierbei zum Erzeugen der oszillierenden Grundbewegung des Steuerschiebers g. Der Regler aber verstellt die Mittellage dieser Schwingung und hierdurch die Zeitdauer der intermittierenden Dampfeinströmung.

In Fig. 188[1]) und 188a sind die Drosselkurven bei halber und bei voller Belastung, einer Ausführung von Brown, Boveri & Cie. entnommen dargestellt. Die Zahl der Dampfeintritte beträgt neuerdings 150—250; die Ungleichförmigkeit der Drehbewegung, welche durch die Druckschwankung künstlich herbeigeführt wird, kann bei den großen Schwungmassen der Parsons-Turbine nicht bedeutend sein.

Über die Abnutzungsverhältnisse der Schaufeln wird im allgemeinen Günstiges berichtet. Die Dampfgeschwindigkeit wird wohl nur selten und nur in den Niederdruckrädern Beträge von 350 bis 450 m erreichen, ist mithin um die Hälfte geringer als bei de Laval; die lebendigen Kräfte pro Masseneinheit verhalten sich wie 1 : 4, und dies scheint der Grund der geringeren Abnutzung zu sein.

[1]) Schweiz. Bauzeitung 1902, I, S. 238.

Hier wie dort dürfte die Einführung der Überhitzung durch Beseitigung der Wassertropfen auch auf den Verschleiß einen günstigen Einfluß ausüben.

Über den Dampfverbrauch der Parsons-Turbine liegt eine größere Anzahl von Versuchen vor. In erster Linie sind zu nennen die ausgezeichneten Untersuchungen von Lindley, Schröter und Weber an den Turbinen von Elberfeld.[1]) Die unten folgende Zahlentafel 4 enthält weitere Ergebnisse, über welche Stoney[2])

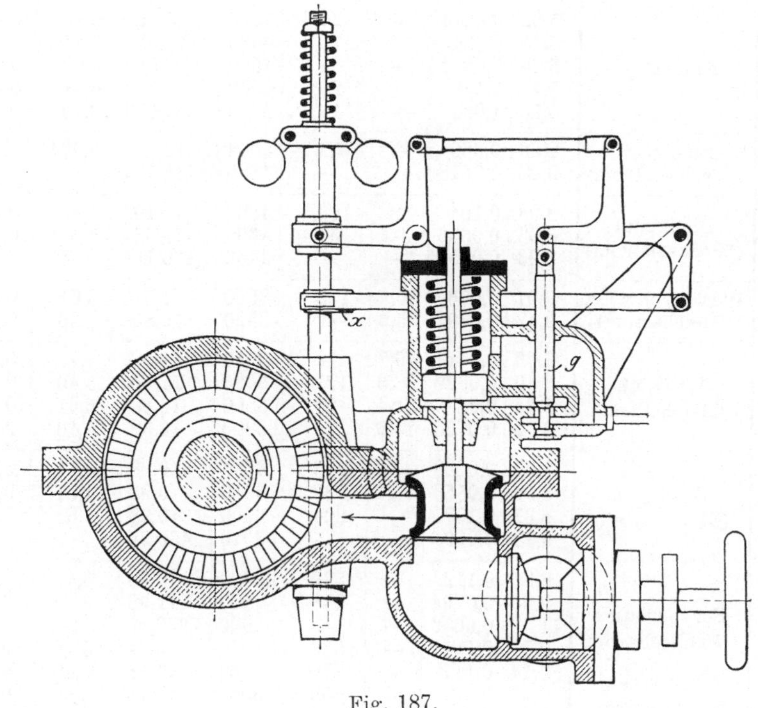

Fig. 187.

auf dem Internationalen Ingenieurkongreß zu Glasgow 1901 Mitteilung gemacht hat.

In der Spalte des Dampfverbrauches pro KW-st ist beim Leerlauf der gesamte stündliche Verbrauch (in Klammern) eingetragen. Da Angaben über den Wirkungsgrad der Dynamomaschinen nicht vorhanden sind, so ist in der letzten Spalte die wirkliche Leistung verglichen mit der Leistung einer vollkommenen Turbinendynamo, in der die ganze verfügbare Wärme $\lambda_1 - \lambda_2'$ ohne Verlust in elek-

[1]) Zeitschr. d. Ver. deutsch. Ing. 1900, S. 829 u. f.

[2]) Leitender Ingenieur bei C. A. Parsons & Co., Newcastle-on-Tyne.

Zahlentafel 4.

Ergebnisse von Versuchen an Parsons-Turbinen nach Stoney.

	Ort der Aufstellung und Art des elektrischen Stromes	Dampfüberdruck kg/qcm	Kondensatordruck kg/qcm abs.	Überhitzung °C.	Leistung KW	Uml./min	wirklicher Dampfverbrauch D_e kg/KW-st	theoretischer Dampfverbrauch D_0 kg/KW-st	$\eta = \frac{D_0}{D_e}$
1	Newcastle	5,62	0,0414	—	24,7	4990	13,06	5,19	0,397
2		5,41	0,0345	—	11,8	4630	15,38	5,11	0,332
3		5,20	0,0311	—	5,15	4570	20,68	5,09	0,246
4		5,48	0,138	—	23,8	4900	15,19	6,41	0,422
5		5,55	1,036	—	19,7	4780	31,07	12,79	0,412
6	Blackpool (Wechselstrom)	8,86	0,0691	—	52,7	5044	12,7	5,074	0,400
7		9,28	0,0518	—	—	4880	(145,1)	—	—
8	Blackpool (Wechselstrom)	8,93	0,104	—	108,5	4800	12,16	5,40	0,445
9		8,93	0,0656	—	51,4	4600	13,56	5,04	0,372
10		8,93	0,0553	—	—	4450	(136,1)	—	—
11	West-Bromwich (Gleichstrom)	9,07	0,076	30	123	3500	11,57	5,01	0,433
12		9,42	0,079	35,6	122	3520	10,80	4,96	0,459
13	Winwick (Gleichstrom)	7,03	0,0414	46,7	119	3640	11,02	4,75	0,431
14		6,40	0,0829	38,3	121	3685	11,48	5,40	0,470
15		6,54	0,0829	34,4	80	3500	12,88	5,41	0,420
16		6,82	0,0760	15,6	42	3200	16,33	5,40	0,331
17	Blackpool (Gleichstrom)	9,07	0,0829	32,2	226	3045	9,98	5,14	0,515
18		8,58	0,0553	33,3	232	3010	9,93	4,81	0,484
19		8,37	0,107	—	204	3000	10,98	5,52	0,503
20		9,14	0,0691	—	—	3010	(430,9)	—	—
21	Scarborough (Wechselstrom)	8,86	0,112	—	529	2400	10,30	5,47	0,531
22		9,00	0,0794	—	258	2400	11,98	5,15	0,430
23		11,53	0,0656	—	—	2600	(670,0)	—	—
24		9,14	0,114	—	553	3000	9,84	5,46	0,554
25	Cheltenham (Wechselstrom)	9,14	0,117	—	278	3000	11,88	5,49	0,462
26		9,35	0,207	—	553	3000	10,70	6,12	0,572
27		9,14	0,207	—	453	3000	11,25	6,15	0,547
28		9,49	0,207	—	276	3000	13,45	6,11	0,455
29	Blackpool (Wechselstrom)	10,26	0,100	38,9	515	2500	9,68	5,04	0,520
30		10,55	0,104	—	502	2500	10,48	5,18	0,495
31		9,49	0,0932	—	497	2500	10,89	5,26	0,483
32		9,35	0,0932	36,7	507	2500	9,57	5,08	0,531
33		10,69	0,0345	—	—	2500	(680,4)	—	—
34		11,25	0,221	—	—	2500	(1147,6)	—	—
35		10,97	0,038	2,8	—	2500	(664,5)	—	—
36	Elberfeld (Drehstrom)	9,11	0,063	10,2	1190,1	1487	8,81	4,82	0,547
37		9,47	0,053	11,1	994,8	1461	9,14	4,69	0,513
38		9,76	0,054	8,0	745,3	1470	10,12	4,70	0,464
39		9,40	0,046	29,1	498,7	1473	11,42	4,54	0,398
40		9,14	0,050	17,0	246,5	1485	15,21	4,66	0,304
41		9,49	0,037	13,5	—	1488	(1183)	—	—

trische Energie umgewandelt würde. Der theoretische Verbrauch pro KW-st ist mithin

$$D_0 = \frac{637}{0{,}736\,(\lambda_1 - \lambda_2')} = \frac{865{,}5}{A L_0}\,\text{kg},$$

und das Verhältnis $\eta_{el} = \frac{D_0}{D_e}$ stellt den thermodynamischen Wirkungsgrad bezogen auf den Dampfzustand vor der Turbine und die elektrische Leistung dar; es sind in dieser Zahl also die Verluste der Dynamo, welche natürlich von Fall zu Fall andere sein werden, mit einbegriffen.

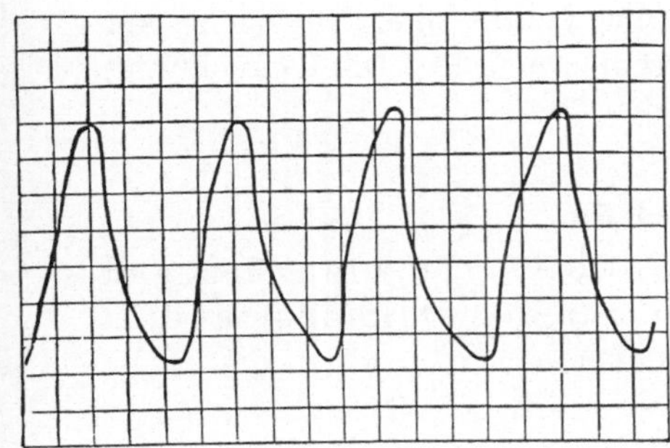

Fig. 188. Fig. 188a.

Über die zweiten Abnahmeversuche an den Elberfelder Turbinen bringt die Schweizerische Bauzeitung a. a. O. folgende Angaben (Zahlentafel 5):

Zahlentafel 5.

Turbine	Leistung	Dampftemperatur	gesättigt oder überhitzt	Dampfverbrauch pro KW-st	Dampfverbrauch pro elektr. PS-st ab Dynamo	Dampfverbrauch pro effekt. PS-st ab Turbinenwelle	mechan. Wirkungsgrad der Dynamo
No.	KW	° C.		kg	kg	kg	
I	1030	182,0	gesättigt	9,42	6,93	6,37	0,919
	735	183,0	„	10,12	7,43	6,80	0,915
	470	184,8	„	11,31	8,32	6,73	0,809
	1022	208,7	überhitzt	9,10	6,69	6,17	0,922
	758	211,0	„	9,64	7,09	6,47	0,912
	481	207,0	„	10,87	8,00	7,11	0,888
II	1042	181,0	gesättigt	9,69	7,13	6,48	0,909
	506	185,0	„	11,34	8,35	6,77	0.811
	1030	226,9	überhitzt	8,96	6,59	6,06	0,920
	510	219,0	„	10,71	7,83	7,01	0,880

Die Wirkungsgrade der Dynamo sind durch Division der beiden vorletzten Spalten von mir berechnet und zeigen auffallende Unterschiede bei halber Belastung. Nimmt man etwa 86 KW als Mittelwert des Verlustes durch Hysteresis, Erregung, Luft- und Lagerreibung an und (gestützt auf eine Bemerkung im Versuchsbericht von Lindley, Schröter, Weber) 4 KW als Ankerkupferwärme, mithin 90 KW insgesamt bei normaler Belastung, so können die Versuche in Newcastle auf die effektive Leistung umgerechnet werden. Hierbei werde der Vergleich gezogen mit einer vollkommenen Maschine, welche mit gleichem Druck und gleicher Temperatur wie in der Kammer hinter dem Regulierventil arbeitet, wobei die Temperatur aus dem Zustand vor dem Ventil ohne Rücksicht auf Wärmeverluste durch Strahlung berechnet wurde. Die Umrechnung ergibt die Werte der folgenden Zahlentafel.

Zahlentafel 5 a.

Versuche in Newcastle an einer 1000 KW-Turbine, bezogen auf die effektive Leistung und auf den Dampfzustand in der Dampfkammer.

Versuch No.		II	I	III	IV	V	VI	VII
							Dynamo	
Elektrische Leitung	KW	1190	995	745	499	246	erregt	unerregt
Gesamtverlust in der Dynamo (geschätzt)	KW	92	90	88	87	86	86	10
Gesamter Arbeitsaufwand	KW	1282	1085	833	586	332	86	10
D. h. effektive Leistung an der Turbinenwelle	PS_e	1742	1474	1132	796	451	117	13,6
Mechan. Wirkungsgrad der Dynamo	vH	92,8	91,7	89,4	85,2	74,2	—	—
Beob. Dampfverbr. pro PS_e-st	kg	6,02	6,17	6,66	7,15	8,36	15,8	87,0
Theor. " " "	kg	3,73	3,77	3,89	3,96	4,48	5,54	6,47
Thermischer Wirkungsgrad η_e bez. auf effekt. Leistung	vH	61,9	61,0	58,5	55,3	53,5	35,0	7,5

Zur Ermittelung der „indizierten" Leistung reichen die Angaben der New-Castler Versuche nicht hin. Es hat indessen Interesse, eine wenn auch nur angenäherte Untersuchung hierüber anzustellen. Unter „indizierter" Leistung haben wir, wie früher erörtert, die Summe aus der effektiven Leistung (an der Welle), und aus den gesamten von der Turbine überwundenen Reibungsarbeiten, allein mit Ausschluß der Dampfreibung in den Schaufeln zu verstehen. Die letztere wird von vornherein in der Zustandsgleichung (bez. ihrer Darstellung im Entropiediagramm) berücksichtigt. — Über die Reibung, welche die Stirnflächen der Laufschaufeln und der freie Tommelumfang zwischen zwei Laufrädern verursachen, kann folgendes bemerkt werden.

Der knapp am Umfange des ruhenden Gehäuses in den Spalt x (Fig. 189) aus einer Leitschaufel tretende Dampfstrahl besitzt eine Geschwindigkeit c_x, deren Umfangskomponente c_{ux} bei den üblichen Winkeln jedenfalls größer ist wie die Umfangsgeschwindigkeit u. Im Spalte x wird also der Dampfstrom auf die Stirnflächen der Schaufeln eine Reibung im treibenden Sinne ausüben, und wir tun am besten, wenn wir die geleistete positive Arbeit zur indizierten Arbeit hinzuzählen, die Wirbelungsverluste aber ebenfalls in der Zustandskurve aufgerechnet denken. Die Strömung im Spalte y, d. h. am Umfange der Trommel, bietet, wenn wir sie als Relativbewegung gegen die Trommel auffassen, dasselbe Bild, da die Winkel der Leit- und der Laufschaufel gleich zu sein pflegen; allein die Umfangskomponente c_{uy} hat die entgegengesetzte Richtung von u, d. h. nur hier wirkt auf die Trommel eine verzögernde Reibung ein. Die entsprechende Arbeit ist aber geringfügig, da es sich um die Reibung glatter Oberflächen handelt. Dasselbe dürfte mit der Reibung der Labyrinthkolben der Fall sein, indem die reibende Oberfläche klein ist. Es

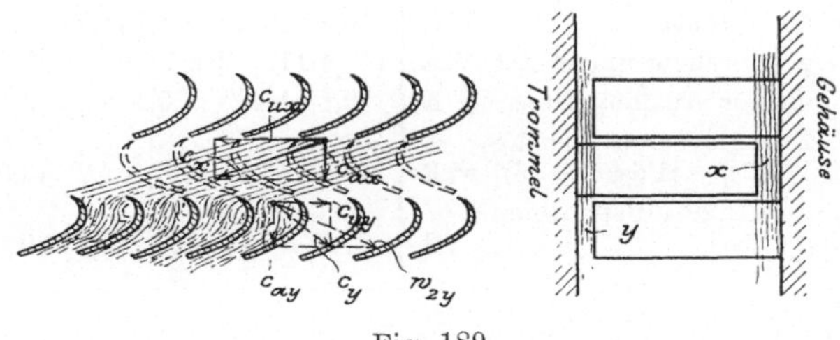

Fig. 189.

bleibt mithin als wesentlicher Teil der zusätzlichen Reibung die Lagerreibung übrig, und diese wird bei steigender Belastung kleiner, da die Turbine besser durchwärmt ist, mithin die Lagertemperatur steigt. Da nun die Trommel- und Labyrinthreibung mit wachsender Leistung wegen größerer Dampfdichte zunimmt, so ist es nicht unwahrscheinlich, daß die gesamte Reibungsarbeit sich mit der Belastung nur unwesentlich ändert und der Reibung im unbelasteten Zustande, d. h. der Leerlaufarbeit gleichgesetzt werden kann. Hiernach könnte man für die Parsons-Turbine näherungsweise wie bei einer Kolbenmaschine die Beziehung

$$\text{Indizierte Leistung} = \text{Effektive Leistung} + \text{Leerlauf}$$

aufstellen.

Eine ungefähre Schätzung des möglichen Gewichts für die Elberfelder Turbine und Berechnung der Lagerreibung nach Lasche macht es wahrscheinlich, daß die Leerlaufarbeit in der Gegend von 125 PS gelegen sein könnte. Mit dieser Annahme liefern die Newcastler Versuche die Ergebnisse in Zahlentafel 5b, S. 246.

Das Bemerkenswerte an den Zahlen dieser Tabelle ist die langsame Abnahme des Energieverlustes pro kg Dampf mit der Belastung. Was man aus diesen Angaben für die Leerlaufarbeit folgern kann, wird weiter unten mitgeteilt (s. Abschn. 79).

Die hervorragendsten Ergebnisse wurden bis jetzt (Ende Januar 1904) erzielt mit den von Brown, Boveri & Cie. in Baden gelieferten 3000 KW-Maschinen des Frankfurter Elektrizitätswerkes. Die Ver

Zahlentafel 5b.

Versuch No.		II	I	III	IV	V	VI	VII
1. Effekt. Leistung wie in Tafel 6	PS_e	1742	1474	1132	796	451	117	13,6
2. Angenommene Leerlaufarbeit .	PS	125	125	125	125	125	125	125
3. „Indizierte" Leistung . . .	PS_i	1867	1599	1257	921	576	242	138,6
4. Beob. Dampfverbr. pro PS_i-st .	kg	5,61	5,69	6,00	6,18	6,55	7,62	8,54
5. Theoret. „ „ PS-st .	kg	3,73	3,77	3,89	3,96	4,48	5,54	6,47
6. Therm. Wirkungsgrad bezogen auf die indizierte Leistung .	vH	66,5	66,3	64,8	64,1	68,4	72,7	75,8
7. Disponibles Wärmegefälle pro kg Dampf bezogen auf den Zustand in der Dampfkammer (hinter dem Ventil)	WE	170,8	169,2	163,5	161,0	142,3	115	98,5
8. In indizierte Arbeit umgesetzt	WE	113,4	112,0	106,2	103,0	97,2	83,6	74,6
9. Angenommener Auslaßverlust .	WE	10,8	10,8	7,0	5,8	2,1	0,7	0,4
10. Eigentl. Energieverlust pro kg Dampf Pos (7) — [Pos (8) + (9)]	WE	46,6	46,4	50,3	52,2	43,0	30,7	23,5
11. Dasselbe in vH des disponiblen Gefälles	vH	27,3	27,4	30,7	32,4	30,2	26,7	23,9

suche wurden von der Direktion des Werkes selbst während des Betriebes angestellt, und sind Tafel 6 wiedergegeben.[1])

Zahlentafel 6.

Versuche der Direktion des Elektrizitätswerkes Frankfurt mit einer 3000 KW-Turbine.

Versuch	No.	I	II	III
Dampfdruck vor dem Einlaßventil (Überdruck?)	Atm.	12,63	12,8	10,6
Temperatur des überhitzten Dampfes .	°C.	298	295	312
Vakuum in vH des Barometerstandes .	vH	93,2	91,8	90,0
Belastung	KW	1945	2518	2995
Dampfverbrauch pro KW-st	kg	7,20	7,09	6,70

Die Umdrehungszahl beträgt normal 1360 pro Min.

Der Erreger-Gleichstrom wurde durch zwei besondere Umformer erzeugt. Die Oberflächenkondensation erhält ebenfalls getrennten Dampfantrieb. Es ist nicht angegeben, ob der erforderliche Kraftaufwand von der Bruttoleistung abgezogen wurde.

[1]) Besprochen im Werke „Die Städtischen Elektrizitätswerke zu Frankfurt a. M.", bearbeitet von S. Singer, Betriebsdirektor. Frankfurt 1903. S. 35.

Schließlich teilt die Firma Brown, Boveri & Cie. mit, daß an einer 2000 KW-Dampfturbine bei bloß 1440 KW-Belastung, 11,9 Atm. Druck, 252° C. Dampftemperatur, 96 vH Vakuum, 1500 Umdrehungen ein Dampfverbrauch von 7,165 kg pro KW-st erreicht worden ist. Im Leerlauf mit Erregung betrug bei 12,3 Atm. Druck, 205° C. Dampftemperatur, 96,8 vH Vakuum der Konsum pro Stunde 1208,4 kg. Für Zwischenbelastungen ändert sich der Gesamtverbrauch linear mit der Leistung. Besonderes Interesse verdient die Angabe, daß der Kraftbedarf der getrennt angetriebenen Oberflächenkondensation bloß 20 KW, d. h. $1^1/_2$ vH betrug.

Die Westinghouse Machine Co. in Pittsburg teilt mir mit, daß die in Fig. 183 abgebildete Turbine von 1500 KW Leistung bei 150 Pfd. = 10,54 kg/qcm Kesseldruck und 26″ = 660 mm Vakuum folgende Dampfverbrauchzahlen ergeben habe:

bei Vollbelastung	8,67 kg	pro KW-st
„ $^3/_4$-Belastung	9,20 „	„ „
„ $^1/_2$ „	10,44 „	„ „
„ $^1/_4$ „	12,70 „	„ „

Die Versuche, auf welche sich diese Angaben wahrscheinlich stützen, sind inzwischen in Electrical World Sept. 1902 von Prof. Wm. Lispenard Robb veröffentlicht worden und finden sich in der nachfolgenden Zahlentafel zusammengefaßt.

Zahlentafel 7.

Versuchsergebnisse einer 1500 KW-Westinghouse-Turbine in Hartford, Conn.

No.	Datum 1902	Leistung mittlere KW	Leistung größte KW	Leistung kleinste KW	Versuchsdauer st	Dampfdruck kg/qcm	Vakuum kg/qcm abs.	Überhitzung ° C.	Kohle kg/KW-st	Dampfverbrauch kg/KW-st
1	8. Febr.	1998	2185	1900	4	10,92	0,111	23,2	0,772	8,67
2	28. Jan.	1675	1820	1480	6	10,62	0,095	22,2	0,779	9,17
3	9. Mai	1371	1570	1110	6	10,66	0,122	17,8	0,922	9,96
4	12. „	834	940	660	6	10,76	0,105	19,7	1,067	11,17
5	8. „	888	980	750	6	10,72	0,145	18,2	1,117	12,04
6	7. „	471	730	310	6	10,66	0,113	10,6	1,330	14,51
7	13. „	364	520	150	6	10,75	0,091	16,1	1,507	15,19

Die Versuche mußten während des gewöhnlichen Betriebes stattfinden, weshalb denn auch Schwankungen der Belastung unvermeidlich waren. Die a. a. O. mitgeteilten Schaulinien zeigen indessen keinen so sprunghaften Verlauf, daß man obigen Ergebnissen nicht Vertrauen entgegenbringen könnte. Der Verbrauch wurde durch Wägung der Speisewassermenge gemessen. Es ist nicht angegeben, ob der Dampfdruck „absolut“ verstanden ist. Die aus der Reihe fallende Zahl des Versuches 5 dürfte auf das minderwertige Vakuum zurückzuführen sein.

Aus diesen Angaben, insbesondere den Versuchen von Stoney, geht mit besonderer Deutlichkeit der große Einfluß der Überhitzung und der Tiefe der Luftleere auf den Dampfverbrauch hervor. Die Parallelversuche an den 500 KW-Maschinen in Blackpool, Zahlentafel 4 Nr. 29 und 30, weisen eine Verbesserung von 1 vH auf je 5,1° C. Überhitzung auf, während die Abnahme des theoretischen Verbrauches nur 5,18 — 5,04 = 0,14 kg/KW-st = 2,7 vH von 5,18 beträgt, d. h. nur auf $\frac{38,9}{2,7} = 14,4^0$ eine Ersparnis von 1 vH des Verbrauches ergibt. Ähnlich geben Nr. 31 und 32 1 vH auf 3,3° C., während theoretisch 1 vH auf 11° entfällt. In absoluten Zahlen stellen sich die Verhältnisse für Nr. 29 und 30 wie folgt: Bei einem vorausgesetzten Wirkungsgrade der Dynamo von 0,90 und einem Austritt- und Lagerreibungsverlust der Turbine von 8 vH betragen die gesamten Dampfreibungsverluste pro kg Dampf 61,6 WE bei gesättigtem und 58,5 WE bei überhitztem Dampfe. Die Ermäßigung der Reibung beträgt also 3,1 WE auf 61,6 WE, d. h. 5,7 vH. Da die Überhitzung 38,9° C. betrug, so ergibt sich eine Abnahme der Dampfreibungsarbeit von 1 vH auf rd. 6,8° Überhitzung. Weitere Versuche müssen eine Bestätigung dieses Fallens der Reibungskoeffizienten bringen, welches sehr bemerkenswert ist, da die geringe Überhitzung nur auf eine kurze Strecke in der Turbine wirksam sein konnte, und der größere Teil der Zustandsänderung dennoch im gesättigten Gebiet vor sich geht.

Wenn man annimmt, daß die Parallelversuche in Elberfeld je unter sonst genau gleichen Umständen durchgeführt worden sind, so ergibt der Vergleich einen Gewinn von 1 vH auf rd. 8° bei Turbine I (27° Überhitzung) und auf rd. 6° bei Turbine II (46° Überhitzung), also auch merklich weniger als bei Versuch 31 und 32.

Über den Einfluß der Luftverdünnung geben die Versuche 24 und 26 an den 500 KW-Maschinen von Cheltenham Aufschluß. Der Übergang von 0,207 kg/qcm Gegendruck auf 0,114 kg/qcm ergibt einen Gewinn im Dampfverbrauch von $\frac{10,70 - 9,84}{10,70} = 8,95$ vH, während theoretisch $\frac{6,12 - 5,46}{6,12} = 12,4$ vH zu erwarten wären. Auf 0,1 kg/qcm Erniedrigung des Gegendruckes bezogen, sind die entsprechenden Zahlen 4,65 vH und 6,40 vH; es werden mithin bei der Steigerung des Vakuums $\frac{4,65}{6,40} = 0,73$, d. h. $^3/_4$ des theoretischen Gewinnes tatsächlich erzielt. Nun ist aber zu beachten, daß bei einer und derselben Turbine die Austrittgeschwindigkeit bei kleinem Vakuum nahezu im einfachen Verhältnis mit dem größeren Dampfvolumen, der Austrittverlust mithin im quadratischen Verhältnis wachsen muß. War dieser Verlust bei 0,114 Atm. Vakuum 5 vH, so wird er bei 0,207 Atm. = rd. $\left(\frac{0,114}{0,207}\right)^2 5 = 1,4$ vH, und der Unterschied 5 — 1,4 vH = 3,6 vH ist nahezu der Betrag, der sich oben als Unterschied zwischen dem theoretischen (12,4 vH) und dem wirklichen Gewinn (8,95 vH) herausgestellt hat. Hieraus folgt, wie wichtig es für die Dampfturbine ist, ein möglichst tiefes Vakuum herzustellen. Die Versuche von Stoney lassen erkennen, daß dies bei den Turbinen von Parsons in ausgezeichneter Weise gelungen ist.

63. Turbine von Schulz.

Die Turbine von Schulz für ortsfeste Aufstellung, welche wir in erster Linie zu besprechen haben, ist eine Reaktionsturbine mit einer hohe Beachtung verdienenden Methode, den axialen Dampfdruck auszugleichen. Die Turbine wird in eine Hochdruck- und eine Niederdruckgruppe geteilt mit entgegengesetzter Richtung der Dampfströmung. Fig. 190, der Deutschen Patentschr. Nr. 137792 (Novbr. 1900) entnommen, zeigt bei *E* Dampfeintritt zur Hochdruckseite, bei *F* Austritt und Überleitung durch Regulierventil *G* und Rohr *K* zur Niederdruckseite *H*, aus welcher der Dampf bei *I* zum Kondensator entweicht. *M* ist die Frischdampfleitung zu einer eventuell benötigten Reversionsturbine, *N* ein Kammlager zur Aufnahme etwa übrig bleibender Achsenkräfte. Der Ausgleich kann für einen bestimmten Dampf- und Kondensatordruck und eine bestimmte Umlaufzahl zu einem vollkommenen gemacht werden. Er bliebe vollkommen, wenn sich Admissions- und Vakuumdruck proportional änderten; dies trifft in Wahrheit nicht genau zu, doch wird

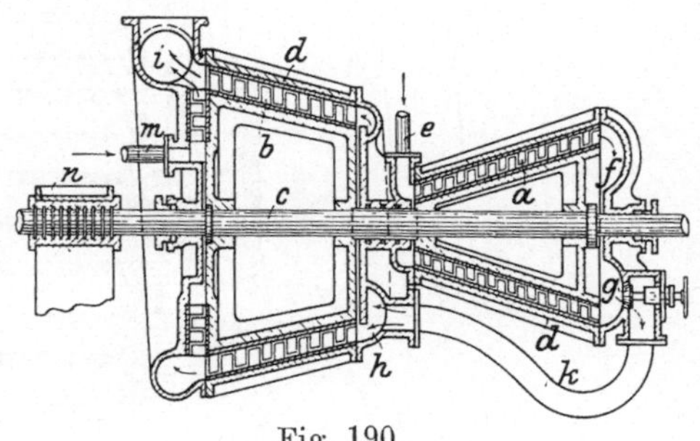

Fig. 190.

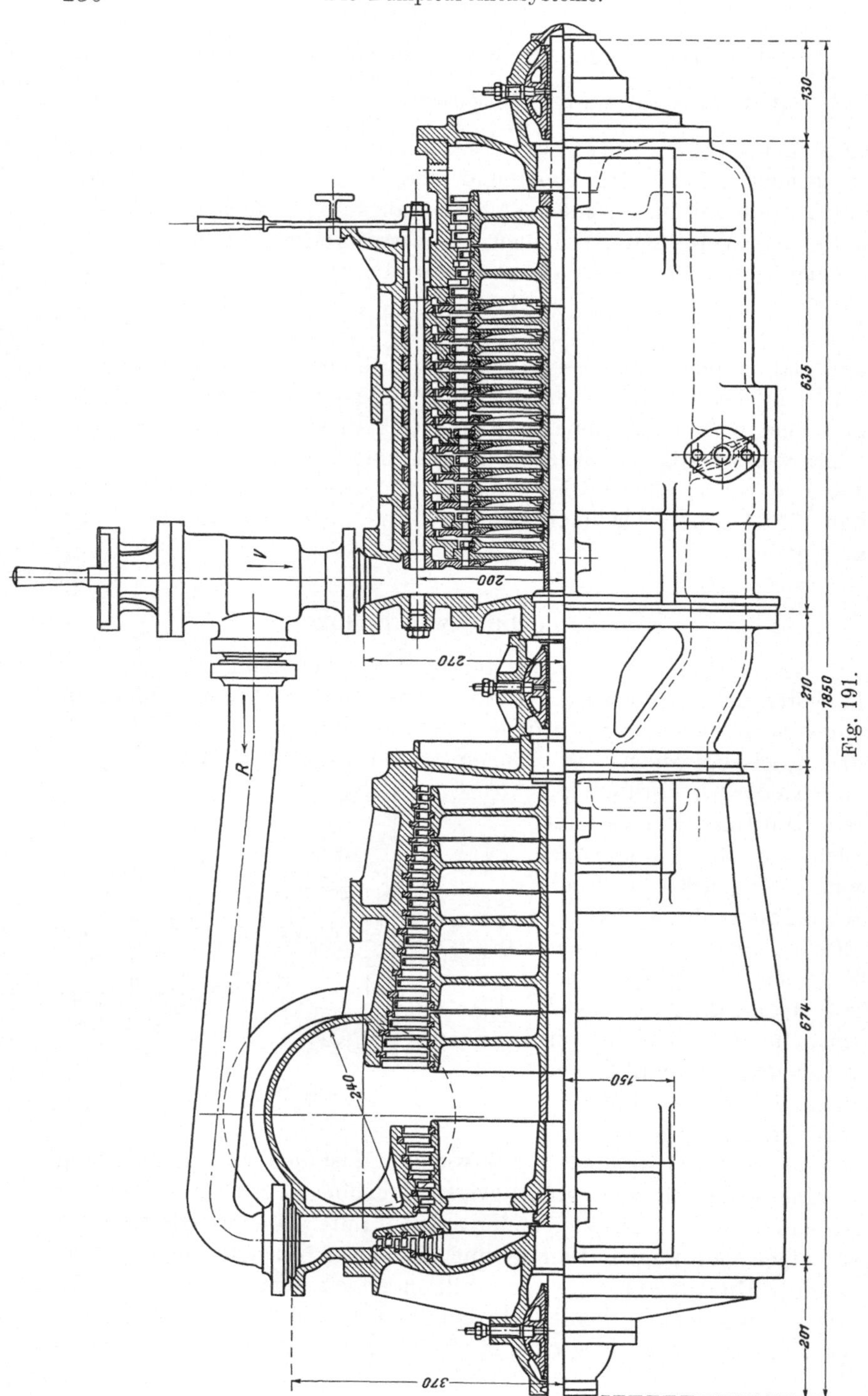

Fig. 191.

die Achsenkraft bei richtiger Bemessung der Trommelabmessungen von A und B nicht von Belang (ähnlich wie bei Parsons, wo analoge Verhältnisse herrschen) und der Gebrauch des Regulierventiles kann überflüssig werden.

Für Schiffszwecke konstruiert Schulz die Hochdruckseite zum großen Teile als Aktionsturbine, und läßt den Axialdruck der Niederdruckseite bestehen, um dem Propellerschub das Gleichgewicht zu halten. Eine Versuchsturbine dieser Art, von der Kruppschen Germaniawerft in Kiel ausgeführt, wird in Fig. 191 dargestellt. Die

Fig. 192.

10 ersten Aktionsräder sind mit der auf S. 177 besprochenen Regulierung (hier von Hand betätigt) versehen. In Fig. 192 finden wir die photographische Wiedergabe des Motors auf dem Probierstande. Die am Hochdruckmantel sichtbaren langen Schrauben sollen zu einer Verstellung der Leiträder gegenüber ihren Schiebern dienen, um den Durchgangsquerschnitt nach Belieben zu ändern. Das in Fig. 191 mit R bezeichnete Rohr führt Dampf vom Wechselventil V zur Rücklaufturbine, welche nach einer ebenfalls patentlich geschützten Idee eine axiale und eine radiale Turbine umfaßt. Letztere vertritt die Stelle der bei Parsons vorhandenen Labyrinthdichtung und kann den Propellerschub des Rückwärtsganges aufheben.

Die Bauart der stählernen Hochdruckräder ist aus Fig. 132

ersichtlich. Die Schaufeln bestehen aus gezogenem Deltametall, der Deckring aus Stahl. Die Werkzeichnung eines Niederdruckrades, welches drei Laufkämme vereinigt, stellt Fig. 193 dar, an welchen man wieder das Sägezahnprofil zur Verringerung der Dampfdurchlässigkeit wahrnehmen kann.

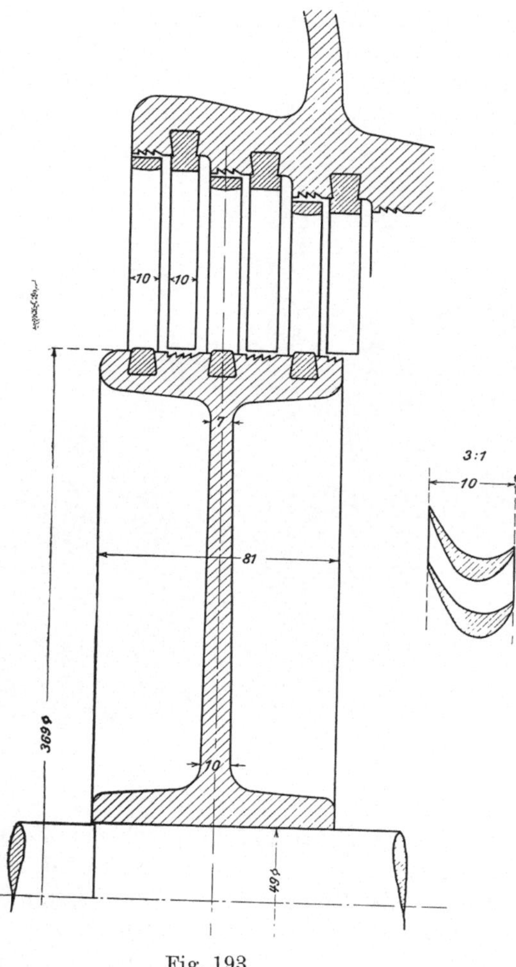

Fig. 193.

Mit einer Probeturbine hat der Konstrukteur eine Reihe von Belastungsversuchen durchgeführt, deren Ergebnis in Fig. 194 graphisch dargestellt ist. Bei der bis auf 5000 Umgänge gesteigerten Geschwindigkeit wurde deutlich der Scheitel der Leistungsparabel erreicht. Der Kesseldruck blieb konstant, die Pressung hinter der Hochdruckturbine in der Reihenfolge der Kurven *A* bis *F* war 1,09; 1,12; 1,35; 1,60; 1,80; 1,90 kg/qcm abs. im Mittel, die Kondensatorspannung im Mittel 0,3 kg/qcm abs. Ob die Einkerbung der Linien *A* und *B* eine organische Erscheinung ist (wie bei vielen hydraulischen Turbinen), läßt sich aus den vorliegenden Angaben nicht beurteilen.

Weitere interessante Versuche über den Druckverlauf bei Veränderung des Leitradquerschnitts sind in Fig. 195 dargestellt. Die Tourenzahl betrug rd. 1440. Der Druck wurde durch einen Indikator in Verbindung mit Umschalthähnen (Fig. 196), die auch in Fig. 192 sichtbar sind, ermittelt. Kurve *A* entspricht normalem Betrieb. Bei *B* erhielten die 10 ersten Stufen $^1/_6$ Durchgang. Bei *C* erhielt

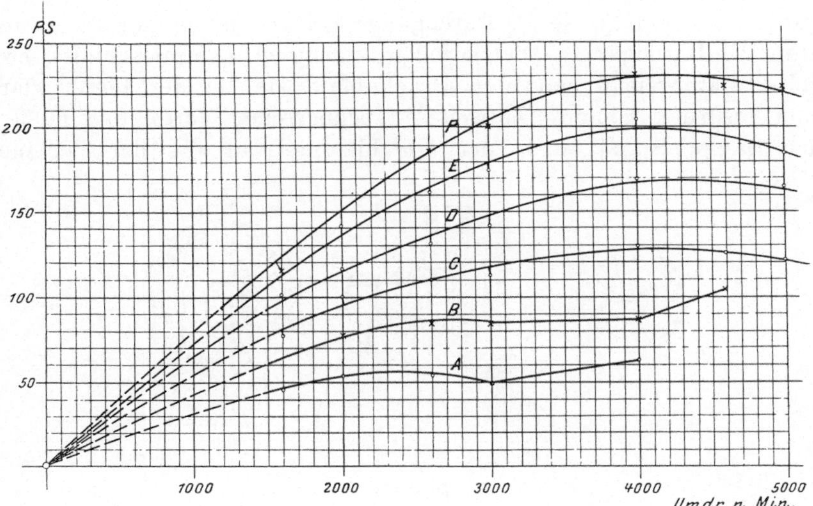

Fig 194.

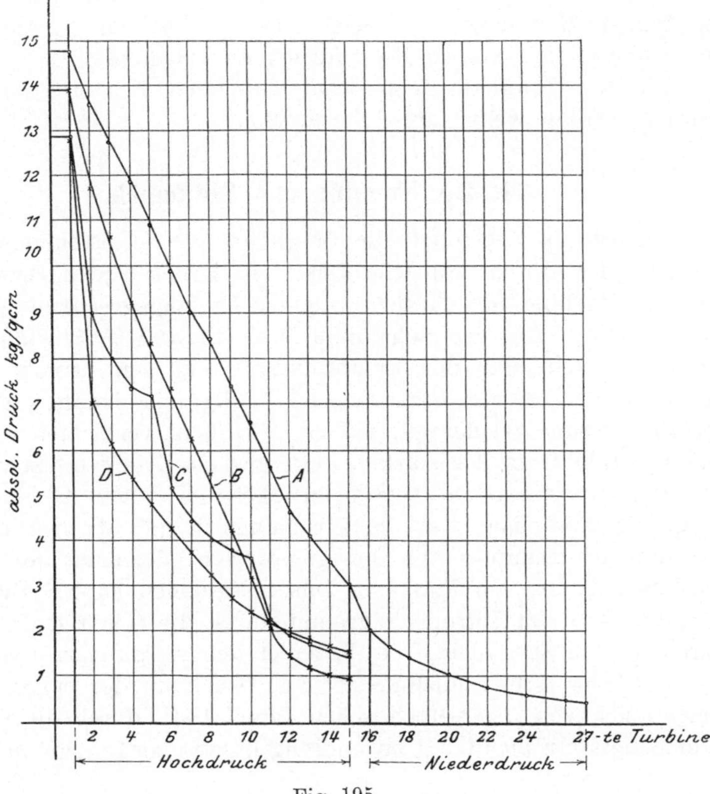

Fig. 195.

Stufe 1, 5, und 10, je $^1/_6$ Durchgang; bei D endlich nur die erste Stufe $^1/_6$ Durchgang. Die jeweilen verengten Leitquerschnitte ergeben naturgemäß stärkeren Druckabfall, der in der Figur klar zum Ausdruck kommt. Zu weiterer rechnerischer Verfolgung müßte der Dampfzustand, d. h. der Überhitzungsgrad vor der Turbine

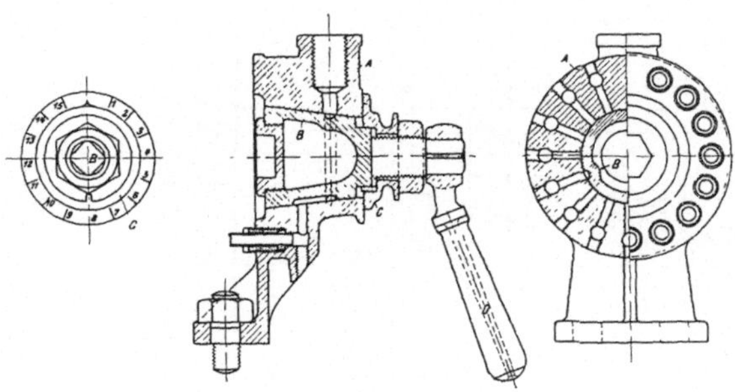

Fig. 196.

bekannt sein, doch geht die gute Wirkung der Regulierung nach der Methode B klar hervor, da sie gestattet, bei auf $^1/_6$ reduzierten Querschnitten mit vollem Dampfdruck zu arbeiten.

Die auf Schiffsturbinen Bezug habenden Konstruktionen von Schulz werden weiter unten besprochen.

64. Die Turbine von Lindmark.

Lindmark[1]) benützt die Möglichkeit, die Strömungsenergie des Dampfes durch konische Düsen in Druck rückzuverwandeln, um eine Turbine mit tunlichst kleiner Umfangsgeschwindigkeit zu konstruieren. An der Schaulinie C in Fig. 29 S. 51 kann festgestellt werden, daß der Dampf mit 10,5 kg/qcm Druck vor der Düse, an der engsten Stelle auf rd. 7,5 kg/qcm expandiert und in der Erweiterung wieder auf nahezu 9 kg/qcm verdichtet wird. Es findet mithin trotz des starken Abstieges ein Druckverlust von bloß etwa $^1/_2$ Atm. statt. Die Geschwindigkeit am weiten Düsenende ist so gering, daß man von der Strömungsenergie absehen und den Zustand des Dampfes aus der geforderten Gleichheit des Wärmeinhaltes vor und am Ende der Düse bestimmen kann. Der ganze Vorgang wird im Entropiediagramm durch die (nicht maßstäbliche) Fig. 197 veranschaulicht. A_1 bedeutet den Ausgangszustand, $A_1 A_2$ die wirkliche Expansionslinie auf den Druck an der engsten Stelle, welche sich von der adiabatischen Linie $A_1 A_2'$ durch die stete Zunahme der Entropie (d. h. Umwandlung kinetischer Energie in Wärme)

[1]) Früher Chefkonstrukteur der de Laval-Gesellschaft in Stockholm.

unterscheidet. Die nun folgende Verdichtung führt nach A_3 und der wirkliche Vorgang unterscheidet sich von der adiabatischen Kompression $A_2 A_3'$ wieder durch eine Zunahme der Entropie. A_3 ist der Schnittpunkt der Verdichtungslinie mit der Linie $\lambda_1 =$ konst., und ergibt den Endzustand nach Druck und Temperatur. Die gesamte Reibungsarbeit wird durch die Fläche $A_1 B_1 B_3 A_3 A_2 A_1$ dargestellt, und es hängt von ihrer Größe ab, um wieviel der Enddruck p_3 tiefer ist als p_1. Auch hier bildet aber keineswegs der Gesamtbetrag einen wirklichen Verlust; dieser ist vielmehr lediglich dem Produkte aus der Entropiezunahme $B_1 B_3$ und der absoluten Temperatur der tiefsten Wärmequelle, sei diese $C_1 B_1$, d. h. dem Inhalte der Fläche $B_1 B_3 C_3 C_1$ gleich.

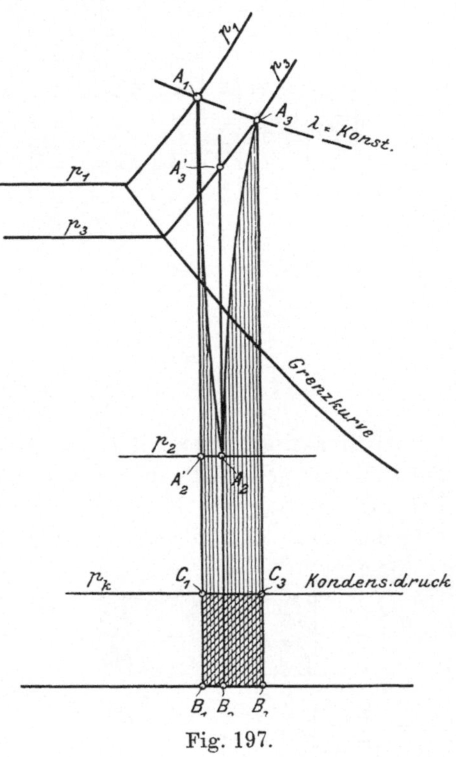

Fig. 197.

Nach früherem ist es nun wahrscheinlich, daß, wenn die Endgeschwindigkeit der Expansion bei p_3 die Schallgeschwindigkeit überschreitet, ein Dampfstoß auftritt, und die Verluste rasch zunehmen. Hierdurch wird der Verwandlung von Geschwindigkeit in Druck eine praktische Grenze gezogen. Es ist nun vollständig gleichgültig, durch welche Mittel dem Dampfe im Zustande A_2 die von ihm innegehabte Geschwindigkeit erteilt worden ist. Es kann diese die Abflußgeschwindigkeit aus dem Laufrade einer Turbine sein; wird der Dampf in eine Düse eingeführt, so erfolgt dieselbe Verdichtung wie in unserem Versuch, und dies ist der Weg, den Lindmark beschritten hat.

Er beobachtete einen Teil dieser Vorgänge an Hand eigener Versuche, wie man in seinem deutschen Patente Nr. 142964 vom 23. Februar 1902, welches indes erst den 8. August 1903 ausgegeben wurde, nachlesen kann. Zur Aufdeckung des gefährlichen Dampfstoßes ist Lindmark nicht gelangt, doch erkannte er die Zunahme des Druckverlustes mit zunehmender Expansion und beabsichtigt nicht, unter das kritische Druckverhältnis (d. h. rd. 0,58) zu gehen. Die Form, in welcher Lindmark seine Idee zu verwirklichen trachtet, ist durch die Fig. 198 und 199 veranschaulicht. Die erstere dieser vielstufigen Turbinen (Fig. 198) arbeitet gewissermaßen mit

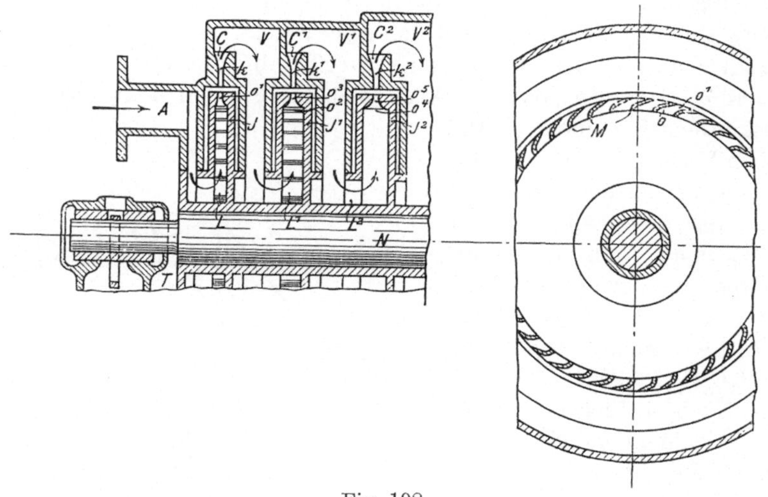

Fig. 198.

totaler Reaktion, indem der Dampf in das hohle Laufrad eintritt und das ganze Druckgefälle in Geschwindigkeit umsetzt. Ein besonderes Leitrad ist bei der Kleinheit der radialen Geschwindigkeit nicht erforderlich. Bei verhältnismäßig kleiner Umlaufsgeschwindigkeit bleibt noch eine bedeutende Auslaßgeschwindigkeit übrig, und diese wird, wie oben geschildert, durch den erweiterten Ringkanal, der wie bei hydraulischen Turbinen „Diffusor" heißen muß, in Druckenergie rückverwandelt. Durch eine Umführung gelangt der Dampf in das Innere des zweiten Laufrades u. s. f.

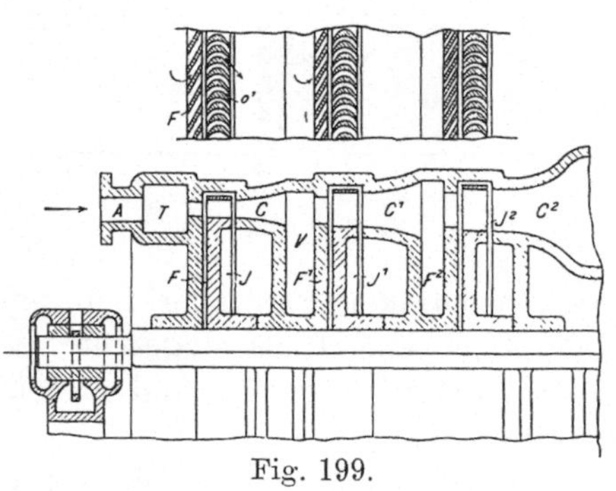

Fig. 199.

Fig. 199 stellt die Anwendung des Prinzipes auf eine Aktionsturbine mit durchweg axialer Strömungsrichtung dar. In beiden Fällen ist volle Beaufschlagung unerläßlich, um Wirbelung beim Eintritt in den Diffusor zu vermeiden. Der Erfinder erhofft mehr von der Reaktionsturbine aus folgenden Gründen: Die Reaktionsschaufel kann ungemein kurz gemacht werden. Bei nicht zu großen Druckunterschieden wird auch der Diffusorkanal kurz. Große

Fig. 200.

(3—400 m betragende) Dampfgeschwindigkeiten kommen nur auf diesen kurzen Wegen, deren Länge für eine Stufe wohl auf wenige Zentimeter beschränkt werden kann, vor. In allen übrigen Teilen kann mit sehr kleiner Geschwindigkeit gearbeitet werden, die eigentliche Dampfreibung wird also sehr gering ausfallen. Auch die Radreibung kann nicht groß werden, da keine unbeschäftigten Schaufeln vorhanden sind und dem Dampfe nur glatte Umdrehungsflächen dargeboten werden. — Als Nachteil des Systemes muß der Zwang zur vollen Beaufschlagung angesehen werden, welche selbst bei großen

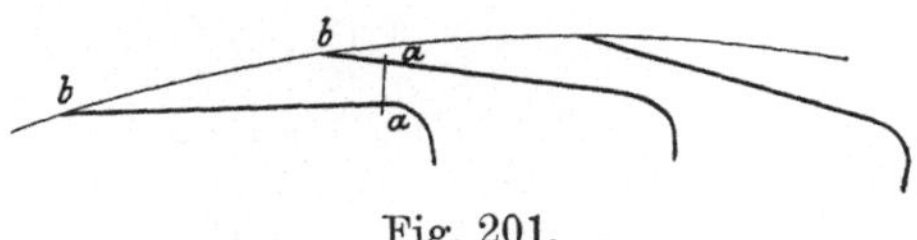

Fig. 201.

Kräften zu sehr engen Kanalweiten führt. Störend könnte die Undichtheit an den Abschlußstellen des Rades wirken, da der Unterschied zwischen dem Druck im Spalte und vor dem Laufrad größer ist, wie bei der gewöhnlichen Turbine. Doch kann nur die Erfahrung das endgültige Urteil hierüber sprechen.

In Fig. 200 ist die erste 300pferdige Probeausführung abgebildet, die aus 21 Rädern besteht und mit zwischen 500 und 800 mm gelegenen Durchmessern und 3000 Umdrehungen pro min. arbeitet. Die größte Strömungsgeschwindigkeit beträgt nach Mitteilungen des Erfinders 250 bis 350 m. Fig. 201 zeigt ein Profil der Schaufeln. — Die Ausführung entspricht reiner Reaktion nach dem Schema der Fig. 198. Man darf auf die Versuchsergebnisse der höchst eigenartigen Arbeitsweise gespannt sein.

65. Turbine von Gelpke-Kugel.

Die in Fig. 202 dargestellte Turbine arbeitet mit schwacher Reaktion und radialer Beaufschlagung. Der Dampfweg bildet, wie ersichtlich, eine sich auf- und abschlängelnde Linie. In Fig. 203 stellt A die absichtlich mit geringer Krümmung hergestellte Leitschaufel dar; B ist die eigentliche arbeitende Laufschaufel, die den Dampf mit einem gegen den Radumfang gerechnet mäßig spitzen Winkel in den Überströmkanal austreten läßt. Im auswärts führenden Kanal C befinden sich weitere Laufschaufeln, die indessen mit reiner Aktion (d. h. angenähert konstantem Drucke) arbeiten sollen, also den Dampf nur ablenken. Kanal D, der nun den Dampf aufnimmt, ist bloß mit wenigen radial stehenden Führungsschaufeln versehen. Durch Aneinanderreihung ähnlicher Systeme wird die in

Fig. 202 dargestellte 25stufige Turbine aufgebaut. Der Überdruck auf die vordere Bodenfläche und auf die freien Ringflächen der Trommeln wird zu einem Teile durch die abgestuften Gegendruckkolben (am rechten Wellenende), welchen man Frischdampf zuführt, aufgenommen; der Hauptteil soll auf ein Öldruckspurlager übertragen werden. — Die Schaufeln werden aus gezogenen Profilen geschnitten und vermöge passender Ansätze von zwei durchlochten Seitenringen I festgehalten. In zusammengesetztem Zustande werden sie mitsamt den Tragringen L, K auf die Lauftrommel, bezw. in das Gehäuse, gepreßt.

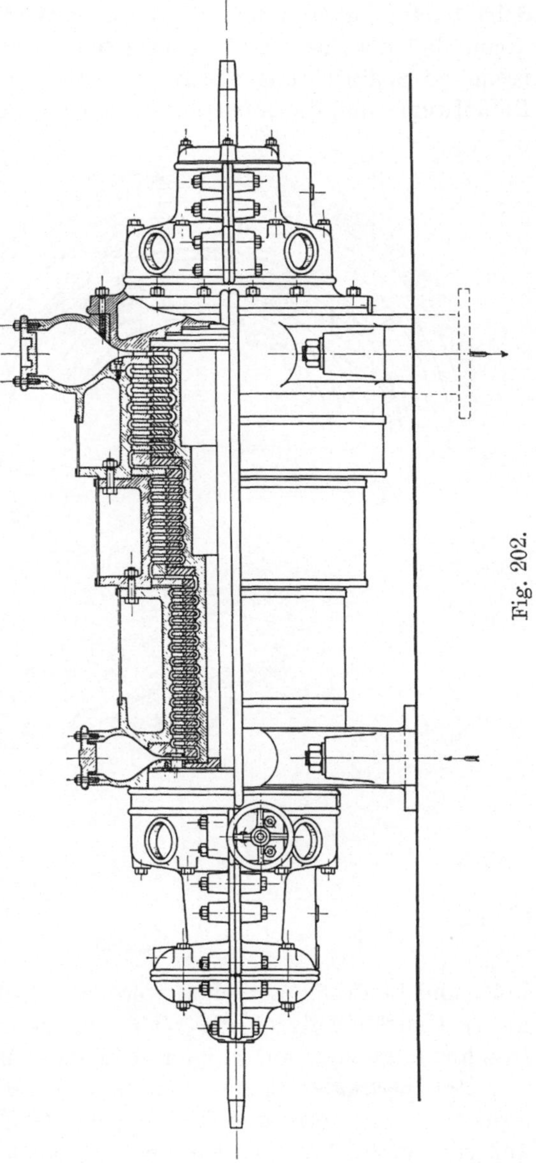

Fig. 202.

Die Regulierung erfolgt durch Verdrehen der Leitschaufeln E am ersten Rade in der durch Fig. 203 veranschaulichten Weise, die sehr an bei Francis-Turbinen übliche Konstruktionen erinnert. H ist der bewegliche Ring, der vermöge Bolzen G und Zugstange F die Leitschaufeln E mitnimmt. Die hohe Dampfgeschwindigkeit, die während einer Drosselung beim Austritt aus diesen Leitschaufeln vorhanden ist, wird indessen im Laufrade nicht ausgenützt, denn die „Kontinuität“ zwingt den Dampf in der Laufschaufel eine genau so große Geschwindigkeit anzunehmen, als wenn wir die übliche Drosselung angewendet hätten.

Die Konstrukteure führen als Vorteile ihres Systemes an, daß die Schaufellänge überall dem theoretischen Werte genau angepaßt werden kann, daß der Spaltverlust gering sein werde, da die Strömung senkrecht zur Spaltrichtung stattfindet. Als Nachteil muß die Länge des Dampfweges und die Anwesenheit einer weiteren Krümmung in jedem

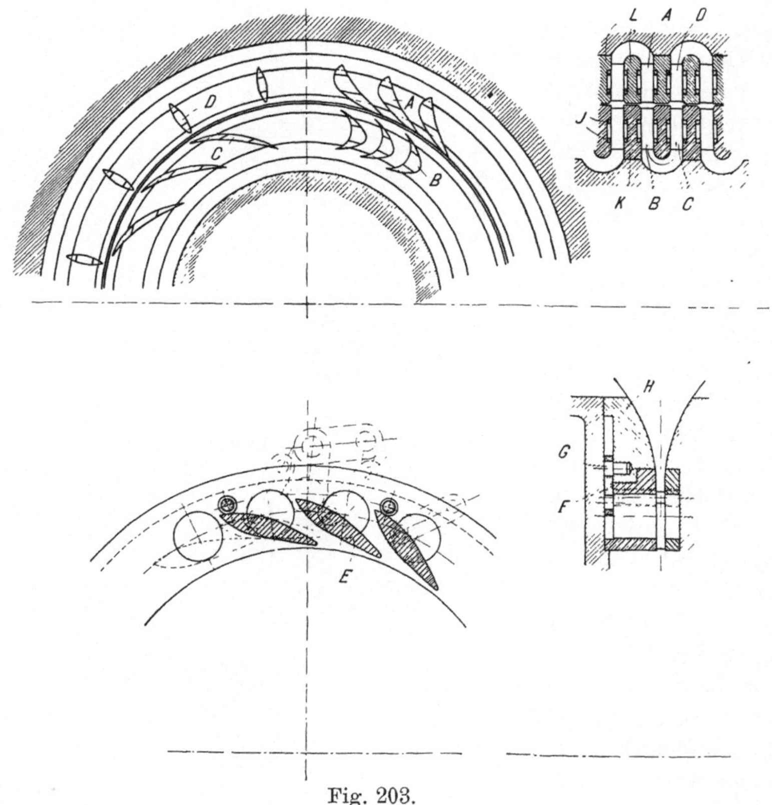

Fig. 203.

Leit- und Laufrad angesehen werden. Doch hofft man die Wirkung dieser Umstände durch die Wahl kleiner (20 bis 40 m betragender) Geschwindigkeiten auf ein unschädliches Maß zu reduzieren.

Bei vertikaler Bauart könnte die bei anderen Systemen konstruktiv sehr unbequeme Teilung der Gehäuse vermieden und die äußerlich glatte Trommel von oben in das Gehäuse eingelegt werden, was einen schätzbaren Vorzug bedeutet. Eine Turbine von 140 PS Leistung bei 4500 Umdrehungen pro Min. ist ausgeführt und kommt demnächst zur Erprobung.

66. Geschichtlicher Rückblick.

Über die an Überraschungen reiche Vorgeschichte der Dampfturbine sind wir durch das Buch: „Roues et turbines à vapeur“

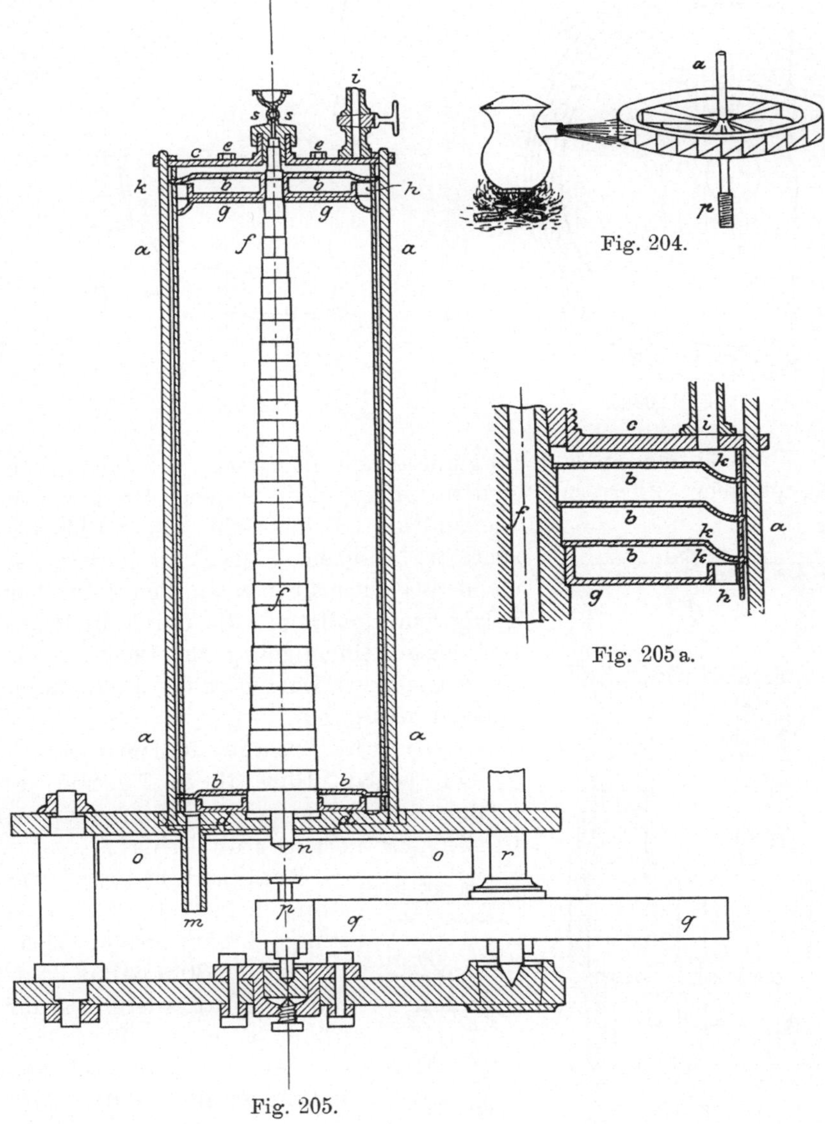

Fig. 204.

Fig. 205 a.

Fig. 205.

von K. Sosnowski, Paris 1897, gut unterrichtet. Das Buch bildet im wesentlichen eine Zusammenstellung älterer Patente auf Grund des Studiums Pariser Archive; wir entnehmen ihm mit Genehmigung des Verfassers nachstehende Beispiele.

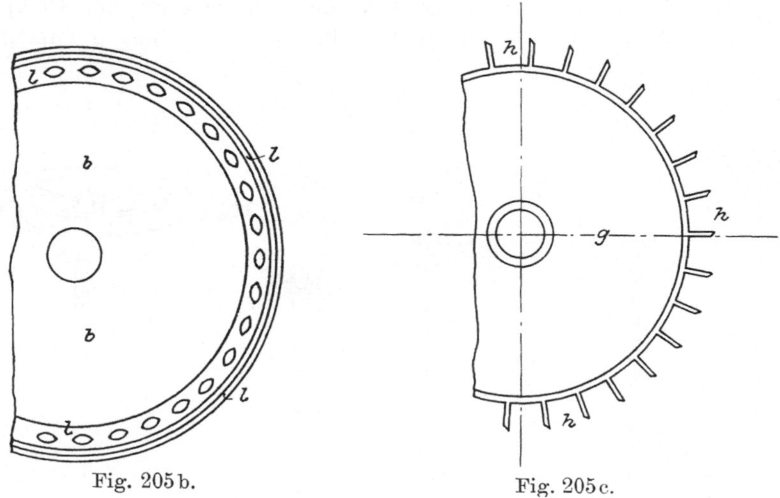

Fig. 205b.

Fig. 205c.

Als älteste Spur der Dampfturbine darf man die schon von ägyptischen Priestern benützte „Eolypyle“, welche Heron von Alexandrien um das Jahr 120 v. Chr. beschreibt, ansehen. Die Vorrichtung bestand aus einer über einem Feuer drehbar gelagerten Hohlkugel, die durch die Reaktion des aus einem gebogenen Röhrchen ins Freie tretenden Dampfstrahles in Rotation versetzt wird.

Giovanni Branca, italienischer Architekt, schlägt 1629 die in Fig. 205 abgebildete Maschine zur Ausführung vor, ist also der Vorläufer de Lavals.

Real und Pichon konstruieren 1827 die erste vielstufige Aktionsturbine (siehe Fig. 205 bis 205c). Das Laufrad g besitzt allerdings nur primitive ebene Schaufeln, das Leitrad b ist mit schiefen Bohrungen an Stelle der Düsen versehen. Die vergrößerte Skizze (Fig. 205a) zeigt, wie durch die Leitscheiben b einzelne Abteilungen gebildet werden, in welchen sich die Räder g bewegen.

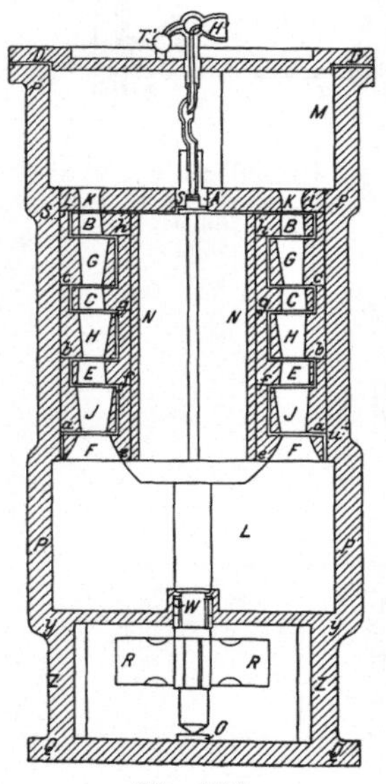

Fig. 206.

Fig. 206a.

Fig. 205 bildet eine Zusammenstellung, in der freilich nur die mit Absätzen versehene Spinde sichtbar ist, deren Abzählung ergibt, daß wir es mit einer 31stufigen Turbine zu tun haben.

Nachdem schon 1791 James Sadler eine nach Art des Segnerschen Rades gebaute Reaktionsturbine beschrieben hat, wird auch dieses Prinzip vielfach verwertet. Im Jahre 1853 legt Tournaire der französischen Akademie eine ungemein klare Beschreibung der vielstufigen Reaktionsturbine vor (Fig. 206, 206a). Er betont darin, daß die Wirkung im wesentlichen auf der Verschiedenheit der Pressungen zwischen Ein-

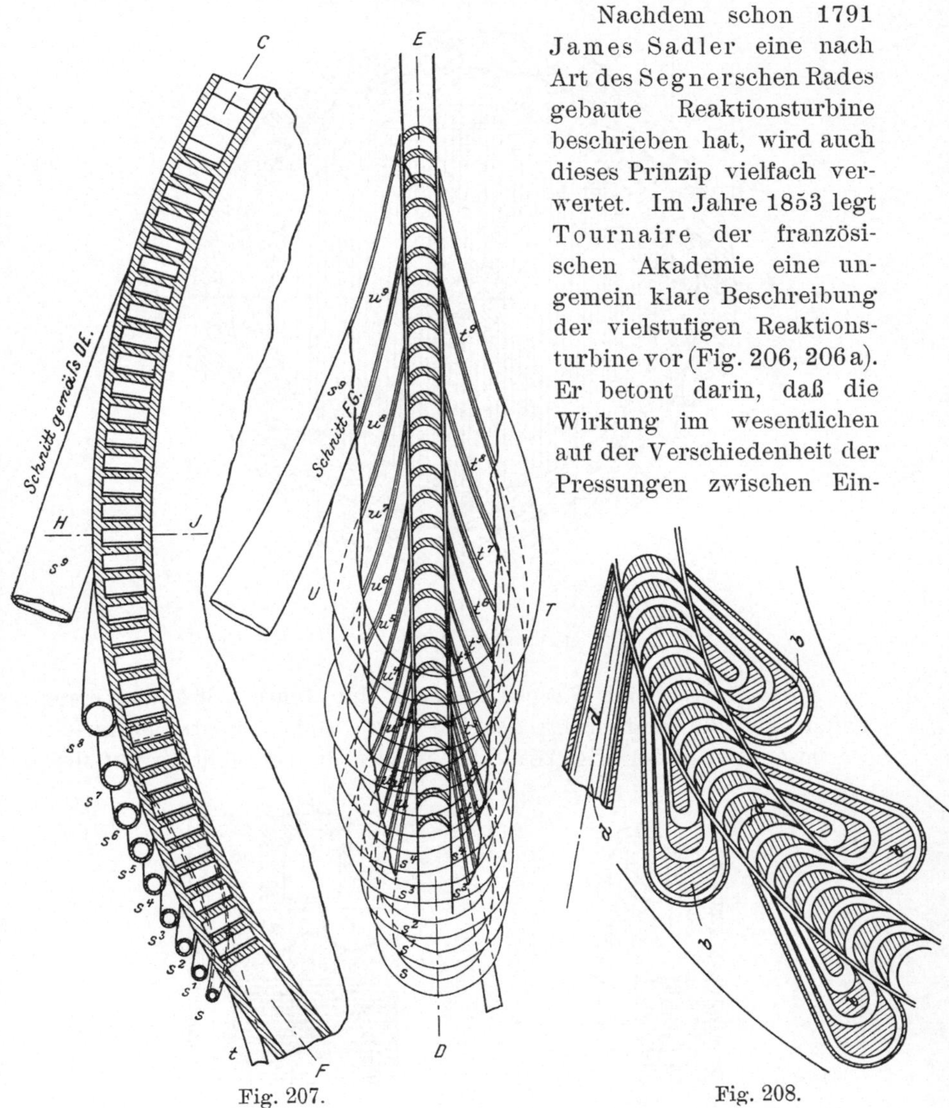

Fig. 207.

Fig. 208.

und Austritt der Schaufeln bestehe, durch welche die relative Geschwindigkeit vergrößert wird. Der Querschnitt der Schaufel beim Eintritt müsse größer sein wie der beim Austritt. Er erkennt, daß die sonst notwendige sehr hohe Umfangsgeschwindigkeit durch Anwendung vielstufiger Expansion herabgesetzt werden kann.

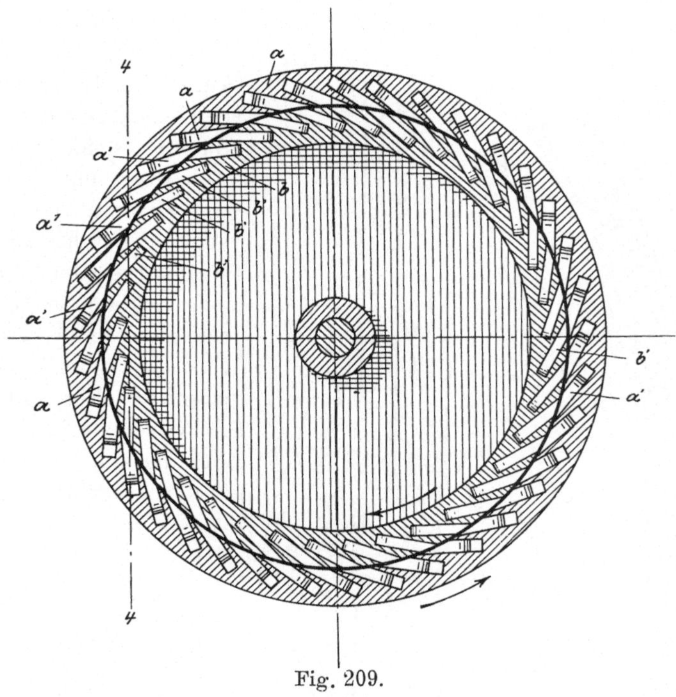

Fig. 209.

Perrigault und Farcot nehmen im Jahre 1864 das erste Patent auf die Umführung des Dampfes, freilich in der praktisch wertlosen Form der Fig. 207. Nicht viel anders steht es mit den

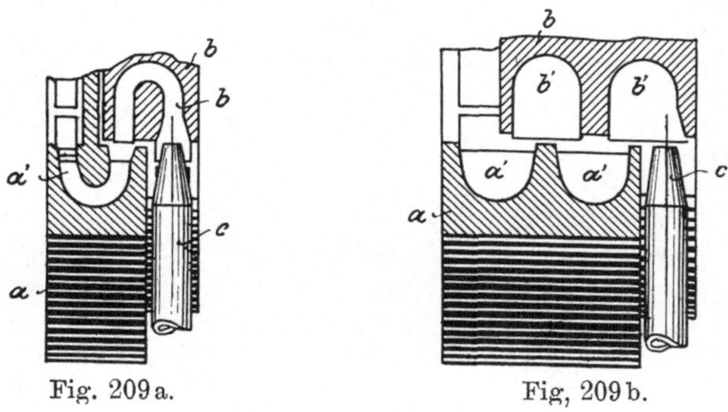

Fig. 209 a. Fig, 209 b.

Vorschlägen von Ferranti, Fig. 208. Um den Dampf wiederholt durch das Rad zu treiben, muß auch der Druck von Stufe zu Stufe abnehmen. Hierbei findet aber ein bedeutender Spaltverlust statt, der die Ökonomie herabsetzt.

Die Turbine von Hanssen, 1870, ist der Schaufelung nach wieder ein vielstufiger Reaktionsmotor mit axialer Beaufschlagung. Cutler kommt 1879 mit einer relativ gut konstruierten radialen vielstufigen Turbine.

De Laval macht im Jahre 1883 die erste Anwendung einer Dampfturbine bei seinen Milchzentrifugen. 1884 konstruiert Ch. A. Parsons die vielstufige Reaktionsturbine mit axialer Beaufschlagung, welche als historisches denkwürdiges Objekt im Kensington-Museum in London aufbewahrt wird. 1890 folgt die radiale Beaufschlagung, die heute indes wieder verlassen ist.

Die Patente von Altham, 1892, weisen eine der Stumpfschen ähnliche Schaufelung auf (Fig. 209), und machen sogar von Umkehrschaufeln (Fig. 209 und 209b) Gebrauch.

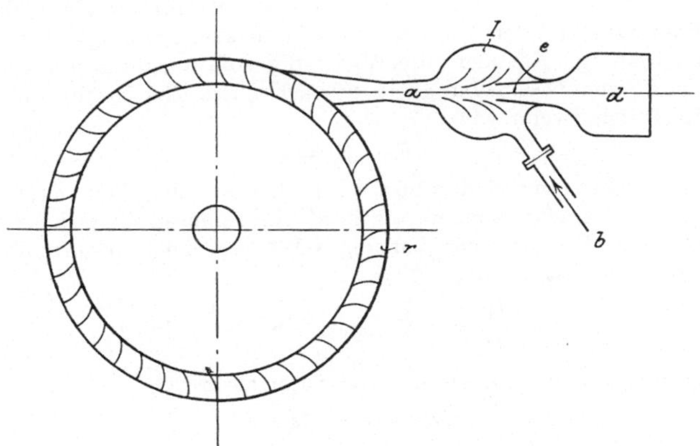

Fig. 210.

Die Mehrzahl der älteren Patente beruht auf vollständiger Unkenntnis der Gesetze der Dampfströmung. Eine Idee insbesondere war es, die trotz ihrer Hinfälligkeit die Erfinder immer wieder anzog: die Geschwindigkeit des Dampfes durch Beimischung von Flüssigkeiten oder Gasen bezw. Dämpfen herabzusetzen. Ein besonders belehrender Versuch dieser Art wurde von Escher, Wyss & Cie. durchgeführt, indem man Quecksilber in den expandierenden Dampfstrahl einspritzte. Der Versuch scheiterte, abgesehen von anderem, schon daran, daß sich das fein verstäubte Quecksilber mit dem Kondensate bis zur Unzertrennlichkeit innig mischte. In Fig. 210 ist der Vorschlag von Piguet (1894) abgebildet, bei welchem in einer Art von Injektor die Beimengung der fremden Stoffe vor sich gehen soll. Der Erfinder übersah, daß die Mischung gewissermaßen nach den Gesetzen des unelastischen Stoßes vor sich geht und daß man mithin, wenn die Geschwindigkeit erheblich herabgesetzt werden soll, Verluste an lebendiger Kraft in den Kauf nehmen muß, die $^1/_2$ bis $^3/_4$ der verfügbaren Arbeit erreichen.[1])

[1]) Da auf diese unbrauchbare Idee bis in die neueste Zeit Patente genommen werden, ist es berechtigt, auf den Gegenstand mit etwas mehr Strenge einzugehen. Die Beimischung von Flüssigkeiten muß neben dem Stoßverlust auch eine schlechte Wirkung in der Schaufel ergeben, da die einzelnen Tropfen des „Staubregens" bei der scharfen Bahnkrümmung aus der Dampfmasse ausscheiden werden. Es genügt also, die Mischung zweier gleichartigen Dämpfe zu betrachten, welche wir gemäß Fig. 211 bei A durch die innere Düse F mit dem Querschnitt F_1 und die äußere mit dem Querschnitt F_2 in den zylindrischen Mischraum eingeführt denken.

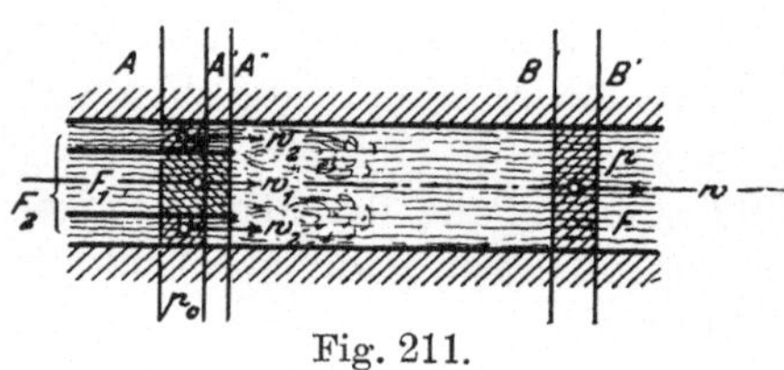

Fig. 211.

Im Beharrungszustand seien w_1, w_2 die Eintrittsgeschwindigkeiten, p_0 die gemeinsame Pressung. Nachdem die Wirbelung sich ausgeglichen, sei bei B ein Druck p und eine Geschwindigkeit w vorhanden. Es macht die Rechnung sehr übersichtlich, wenn wir

$$F = F_1 + F_2$$

voraussetzen. Querschnitt A rückt nach Verlauf der Zeit dt, soweit das Außenrohr in Betracht kommt, nach A', im inneren Rohr nach A'', Querschnitt B nach B'. Auf ein beliebiges Element dm wirke in der Achsenrichtung die Kraft dt, so daß

$$dm \cdot \frac{dw}{dt} = dP \quad \text{oder} \quad dm \cdot dw = dP \cdot dt$$

die Bewegungsgleichung darstellt. Die Summation

$$\Sigma\, dm \cdot dw = dt\, \Sigma\, dP \quad . \quad . \quad . \quad . \quad . \quad . \quad . \quad . \quad (1)$$

über alle Elemente der zwischen AB eingeschlossenen Dampfmasse drückt den „Satz vom Antrieb" aus und ergibt für

$$\Sigma\, dP = (F_1 + F_2)\, p_0 - Fp = F(p_0 - p),$$

während $\Sigma\, dm \cdot dw$ die Zunahme der Bewegungsgröße im Zeitelement dt ist. Die zwischen A' bez. A'' und B gelegenen Massenteile haben zu Beginn und zu Ende des Vorganges gleiche Geschwindigkeiten hingegen tritt im Raume zwischen BB' die Bewegungsgröße dMw auf, und zwischen AA' im Innenrohr verschwindet $dM_1 w_1$; zwischen AA'' im Außenrohr ebenso $dM_2 w_2$. Wenn G_1, G_2 und $G = G_1 + G_2$ die pro Zeiteinheit durchfließenden Gewichte bedeuten, so ist $dM = G\, dt/g$; $dM_1 = G_1\, dt/g$; $dM_2 = G_2\, dt/g$, und wir erhalten

$$\Sigma\, dm \cdot dw = \frac{dt}{g}\left[Gw - (G_1 w_1 + G_2 w_2)\right]$$

und Gl. 1 lautet $\quad Gw - (G_1 w_1 + G_2 w_2) = Fg\,(p_0 - p) \quad . \quad . \quad . \quad . \quad . \quad . \quad . \quad (2)$

Anderseits liefert der Energiesatz die Beziehung

$$G_1\left[\lambda_1 + A\frac{w_1^2}{2g}\right] + G_2\left[\lambda_2 + A\frac{w_2^2}{2g}\right] = G\left[\lambda + A\frac{w^2}{2g}\right] \quad . \quad . \quad . \quad (3)$$

und die „Kontinuität":

$$Gv = Fw \quad . \quad . \quad . \quad . \quad . \quad . \quad . \quad . \quad . \quad . \quad . \quad (4)$$

67. Neuere Vorschläge.

Turbine von Fullagar.[1])

Fullagar ersetzt die Entlastungskolben Parsons' durch einige ebenfalls mit Labyrinthdichtung versehene Scheiben am Nieder-

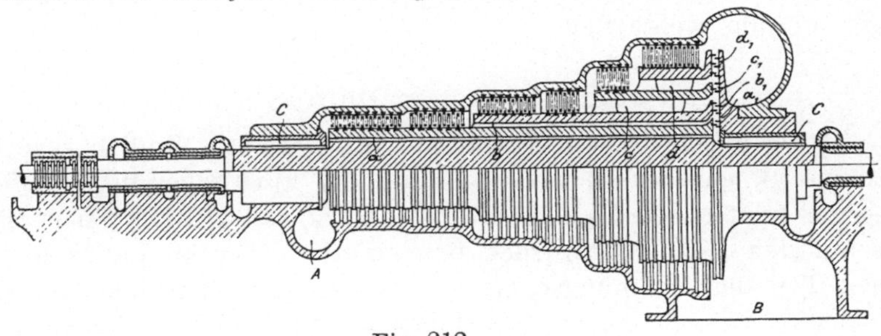

Fig. 212.

druckende der Turbine, welch letztere im übrigen mit der Parsonsschen Ausführung in allen Punkten identisch ist (Fig. 212). Der Druck des bei A eintretenden Frischdampfes auf die Stirnfläche der ersten Trommel wird ausgeglichen, indem der Frischdampf durch Kanal a zu einem durch die Labyrinthringe a_1 gedichteten Raum am rechten Ende der Turbine Zutritt erhält. Dasselbe ist der Fall für die zweite Trommel durch Kanal b und Labyrinthringe b_1, für die weiteren durch c, c_1 und d, d_1. Ist die Abdichtung an einer Stelle ungenügend, so kann der Dampf noch in den nächsten Turbinenabteilungen nützliche Arbeit leisten. — Diese Konstruktion würde die Länge der Turbine bedeutend kürzen, hat

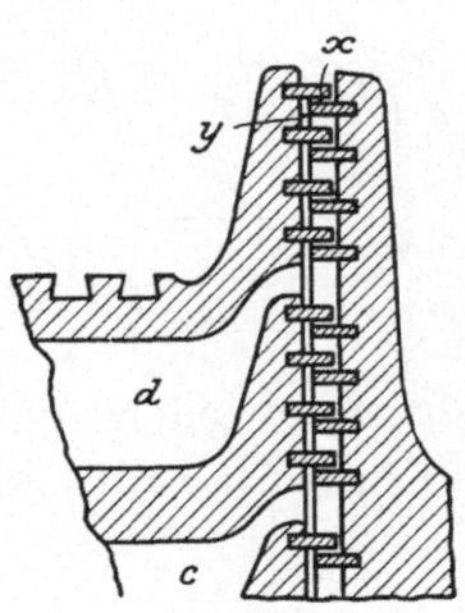

Fig. 212a.

Aus Gl. 2, 3, 4 kann man die Unbekannten p, v, w des Zustandes in B bestimmen, und überzeugt sich, daß im allgemeinen p größer ist als p_0. Man muß also den Dampf in einer die Fortsetzung bildenden konischen Düse auf den Anfangsdruck oder die Anfangstemperatur expandieren lassen, um den Vergleich der kinetischen Energie vor und nach der Mischung durchzuführen. Die Rechnung bestätigt die oben gemachten Angaben über den Energieverlust, welche auch schon durch die Bemerkung einleuchtend werden, daß Gl. 2, sofern wir die rechte Seite $= 0$ setzen, das Gesetz des unelastischen Stoßes ausdrückt.

In der 1. Auflage dieses Buches wurde die Strömung als krummlinig aufgefaßt, indes mit der wesentlichen Voraussetzung $F = F_1 + F_2$, doch ist es einfacher und strenger, den Mischraum zylindrisch vorauszusetzen wie hier.

[1]) Schweiz. Pat. No. 24039, April 1901. Da Fullagar andere Patente in Gemeinschaft mit Parsons genommen hat, dürfen wir diese Turbine wohl als der Parsonsschen Interessensphäre angehörend ansehen.

indessen den Nachteil, daß die Dichtung in den zylindrischen Mantelflächen bei x (Fig. 212a) stattfindet, mithin die ursprüngliche Höheneinstellung der Welle auf das genaueste gewahrt bleiben muß. Man könnte allerdings auch bei y dichten (d. h. hier einen sehr kleinen Spielraum einstellen) nur müßte man dann das Kammlager auf die rechte Seite setzen.

Verfahren von Dolder.[1])

Dolder schlägt ein Verfahren vor, welches ähnlich wie bei Lindmark auf der Rückverwandlung der kinetischen in potentielle Energie beruht. Der hochüberhitzte Druck soll z. B. in einer Düse bis auf den Kondensatordruck expandieren, aber im Laufrade nur einen Teil der Strömungsenergie abgeben. Die Turbine soll also einerseits langsam laufen, andererseits große Austrittswinkel erhalten. Dem austretenden Dampf wird unter tunlichster Wahrung seiner kinetischen Energie in einem Kühlkörper eine gewisse Wärmemenge entzogen. Hierauf soll er sich in einer Düse durch die eigene lebendige Kraft auf den Anfangsdruck verdichten. In der (nicht maßstäblichen) Fig. 213 ist die Entropiedarstellung des Vorganges bei Voraussetzung reibungsloser Bewegung wiedergegeben. $A_1 A_2$ ist die adiabatische Expansion; beim Kondensatordruck p_2 muß die Wärmemenge

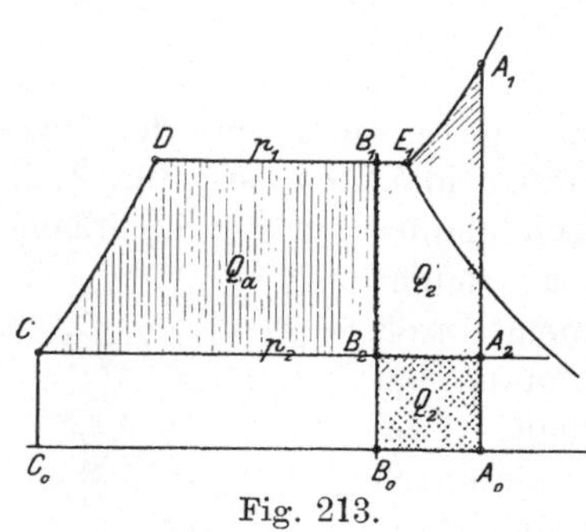

Fig. 213.

$$A_2 A_0 B_0 B_2 = Q_2$$

entzogen werden, so daß im Zustand B_2 die dem Dampfe innewohnende lebendige Kraft hinreicht, ihn auf p_1 zu verdichten. Zu diesem Behufe ist nach früherem notwendig, daß diese lebendige Kraft in Wärmemaß der Fläche

$$CDB_1 B_2 = Q_a$$

gleich sei. Die ursprüngliche kinetische Energie vor dem Rade ist dem Inhalte der Fläche $CDB_1 A_1 A_2 C$ gleich, und es folgt, daß der Prozeß die Fläche

$$B_1 A_1 A_2 B_2 B_1 = Q_i$$

in indizierte Arbeit umgewandelt hat.

Dieser theoretisch interessanten Idee, welche eine Luftpumpe entbehrlich machen und wenn man B_1 nach E_1 rückt, einen guten

[1]) Schweiz. Bauzeitung, Januar 1904.

Wirkungsgrad versprechen würde, stellt sich als Hindernis entgegen, daß die Strömung in Wahrheit mit Widerständen verbunden ist, welche lebendige Kraft aufzehren, so daß man B_2 nach links verschieben, d. h. mehr Wärme, als oben angenommen, entziehen muß. Hierdurch wird der Wirkungsgrad schon rein theoretisch bedeutend herabgezogen. Wichtiger ist, daß es nach unseren Versuchen fraglich erscheint, ob, sei es in der konvergenten, sei es in der divergenten Düse, so bedeutende Verdichtungen, wie sie hier gefordert werden, überhaupt erzielbar sind. Der entscheidende Einwand ist schließlich der, daß sich der Dampf bei der Wärmeentziehung immer nur örtlich an den Kühlflächen niederschlagen wird, und diese kondensierten Teile ihre Geschwindigkeit nahezu ganz einbüßen. Der zurückbleibende (zu wenig nasse) Dampf ist indessen auch bei reibungsfreier Bewegung nicht imstande sich von B_2 auf B_1 zu verdichten, da hierzu vielmehr die ganze dem Zustande B_2 entsprechende Dampfnässe in mikroskopisch feiner Verteilung mit gleicher Geschwindigkeit im Dampfe mitströmen müßte. Auch wenn wir uns in das Gebiet reiner Überhitzung begeben, d. h. B_2 auf die Grenzkurve verlegen, wo der Wirkungsgrad noch höher würde, wird sich an den Kühlflächen unweigerlich Kondensat niederschlagen. Aus diesen Gründen halte ich das Verfahren praktisch für ganz aussichtslos.

Gegenlaufturbine von C. A. Parsons.

Im englischen Patent Nr. 6142 vom Jahre 1902 beschreibt Parsons eine Aktionsturbine, bei welcher die Düsen am Umfange eines hohlen Rades angeordnet sind und eine gleich große, aber entgegengesetzt gerichtete Umfangsgeschwindigkeit erhalten, wie das Laufrad selbst. Die Wirkung ist die, als wenn die Düsen ruhten und das Laufrad mit der doppelten absoluten Geschwindigkeit rotieren würde, da die Relativbewegung in den Schaufeln bei axialer Beaufschlagung nur von der relativen Geschwindigkeit der Düse und des Laufrades abhängt. Man muß freilich noch den Arbeitsaufwand der zur Beschleunigung der Dampfteile auf die Umfangsgeschwindigkeit notwendig ist, abziehen und erhält eine ganz wenig kleinere Ausflußgeschwindigkeit als bei ruhender Düse. Der Vorteil der Anordnung besteht also in der Herabsetzung der Umdrehungszahl auf die Hälfte (bei gleichbleibendem Durchmesser), ist aber durch die Komplikation einer Wellenteilung, doppelter Ausführung der Dynamos, doppelter Stopfbüchse gegen den vollen Druck bei der Dampfzuführung in die hohle Welle erkauft.

Nach Meldungen englischer Fachblätter (Engineering 1903) wären englische Fabriken im Begriffe die vielstufige Turbine selbst mit Gegenlauf zu versehen, indem man das Gehäuse entgegengesetzt rotieren ließe. Die Schwierigkeit der Abdichtung und der Kraftübertragung läßt diese Idee als ein gänzlich verfehltes Wagnis erscheinen.

Brady hat den Gegenlauf bei mehrstufigen Radialturbinen eingeführt, was ebenfalls aussichtslos ist, schon mit Rücksicht auf die vorgeschlagene verfehlte Schaufelkonstruktion.

Hier ist auch ein englisches Patent der Siemens-Schuckert-Werke zu erwähnen, welche für gegenläufige Turbinen der oben beschriebenen Art parallel geschaltete Wechselstrommaschinen vorschlagen, bei welchen der bekannte Kraftaustausch der parallel arbeitenden Alternatoren automatisch für die Einhaltung gleicher Umlaufzahlen sorgt.

Das Parallelschalten von Parsonsschen Turbinen-Alternatoren.

Nach dem englischen Patent Nr. 19031 vom Jahre 1902 will Parsons die für seine Turbine charakteristische intermittierende Dampfeinströmung bei allen Motoren einer parallel geschalteten Gruppe synchron machen. Man könnte hieraus schließen, daß sich bei unsynchroner Einströmung Schwierigkeiten ergeben haben; doch berichten andere Beobachter (z. B. das Elektrizitätswerk Frankfurt), daß die Dampfturbine sich sogar mit einer beliebigen Kolbenmaschine anstandslos parallel schalten läßt.

Turbine von Nadrowski.

Nadrowski benützt nach dem deutschen Patent Nr. 137586 zur Regelung des Einlaufes einer Radialturbine den in Fig. 214 sichtbaren Rotationskörper, der axial verschoben wird, und ein so konstruiertes Profil besitzt, daß hierbei das Verhältnis des Querschnittes F_m an der engsten Stelle zum Endquerschnitt F_2 konstant bleibt. Der sich erweiternde ringförmige Raum würde mithin als „Düse“ den Dampf stets auf denselben Enddruck expandieren lassen, und man gewänne eine „Quantitäts“-Regulierung.

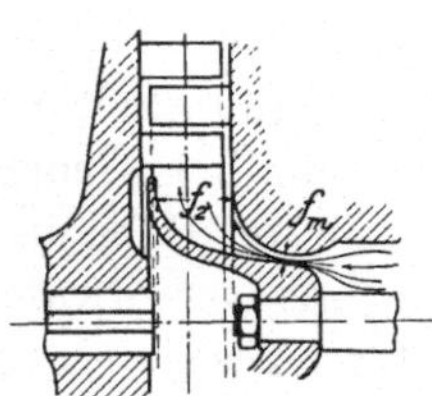

Fig. 214.

Leider ist bei einer praktisch ausführbaren Größe dieser Ringdüse, wenn man den Spalt nicht auf Bruchteile eines Millimeters reduzieren will, eine genügend hohe Umfangsgeschwindigkeit nicht zu erreichen.

Auf die Unmenge gänzlich verfehlter Konstruktionen, die vor allem in der Patentliteratur auftauchen, kann hier nicht eingegangen werden, obwohl die Aufdeckung mancher Fehler dem Anfänger unter Umständen nutzlose Erfinderarbeit sparen könnte. Alles in allem ist es nicht zu gewagt vorauszusagen, daß auf dem Gebiete des Dampfturbinenbaues ein großer umgestaltender Gedanke kaum mehr zu erwarten sein wird.

68. Die Dampfturbine als Schiffsmotor.

Die Hauptvorteile, welche die Dampfturbine in ihrer Verwendung als Schiffsmotor darbietet, sind abgesehen von den auch für Landanlagen geltenden Gesichtspunkten: Abwesenheit der Vibration und Raumersparnis. Die Gewichtsersparnis wird je nach der Art des Turbinensystems ebenfalls eine mehr oder weniger erhebliche. Den Vorteilen stehen indes auch Nachteile gegenüber; in erster Linie die Unmöglichkeit, einfach umzusteuern, welche uns zwingt, eine besondere Rücklaufturbine anzuordnen, die beim Vorwärtsgang leer mitrotiert. Man läßt sie dann im Vakuum laufen, um geringe Reibungsverluste zu verursachen. Wenn bei dieser Turbine die Ökonomie auch Nebensache ist, so sollte sie doch mit den vorhandenen Kesseln die volle Kraft zum Rücklauf entwickeln können; selbstverständlich wird man diese Forderung nur für Notfälle (Gefahr des Zusammenstoßes) stellen, für diese ist sie aber um so gebieterischer. Als zweiter wesentlicher Nachteil ist anzuführen die hohe Umlaufzahl, welche bei der Schiffsschraube durch übergroße Umfangsgeschwindigkeit die Bildung von Hohlräumen, die sogen. Kavitation, demzufolge Wirbelungen begünstigt. Wertvolle Versuche verdankt man hierüber Parsons, dessen Turbine bis jetzt fast allein im Schiffbau mit Erfolg Verwendung gefunden hat. Parsons trennt die Turbine in mehrere auf besondere Schrauben treibende Teile, und schaltet sie „in Reihe" oder „parallel". Die Frage, ob eine, zwei oder drei kleinere Schrauben auf eine Welle zu setzen sind, und überhaupt die Bestimmung der günstigsten Schraubendimensionen gehört dem Schiffbau an. Wir beschränken uns auf folgende, den Turbinenkonstrukteur interessierende Bemerkungen. — Die Versuche von Parsons haben dazu geführt, die Umlaufzahl im allgemeinen stark herabzusetzen, und zwar auf etwa 500 bis 1000 pro Min. Es liegt auf der Hand, daß die Umfangsgeschwindigkeit der Turbine bei so niedrigen Umlaufzahlen auch entsprechend vermindert werden muß, da sonst die Trommeln zu groß, die Schaufeln zu kurz ausfallen würden. Man wird dann zweckmäßigerweise auch die Dampfgeschwindigkeit klein machen und erhält als weitere Folge aus doppeltem Grunde eine namhafte Vergrößerung der Stufenzahl. Wäre die Dampfreibung (unter sonst gleichen Umständen) nur vom Quadrate der Geschwindigkeit und der Weglänge abhängig, so würde trotz längerer Dampfwege die Ökonomie nicht abnehmen. Nach Mitteilungen von Parsons in englischen Fachschriften scheint indessen der Verbrauch pro eff. PS über 7 kg/St. zu betragen, und würde darauf hinweisen, daß die Zersplitterung der Strahlen durch die Schaufelstirnflächen einen Hauptteil des Widerstandes ausmacht.

Besondere Schwierigkeiten bereitet die für Kriegsschiffe wichtige Fahrt mit verringerter Geschwindigkeit, da hierbei auch die Umlaufzahl der Schraube von selbst sinkt, mithin der Dampfverbrauch steigt. Grauert bringt in der Marine-Rundschau 1904 S. 44 quantitative Angaben hierüber, die in Fig. 215 wiedergegeben sind. Bei 4500 PS Leistung nimmt der Dampfverbrauch dieser Parsons-Schiffsturbine beim Übergange von 580 Umdr. auf 380 Umdr. um 31 vH zu. Bei 1500 PS beträgt der Unterschied bloß rd. 21 vH, allein der Dampfverbrauch ist an sich größer. Schätzen wir die stündliche Dampfmenge auf 7,2 kg/PS bei 4500 PS 580 Umdr., so wäre sie nach Fig. 215 9,4 kg/PS bei 4500 PS 380 Umdr.; ferner 19,4 kg/PS bei 1500 PS 580 Umdr. und 23,3 kg/PS bei 1500 PS 380 Umdr.

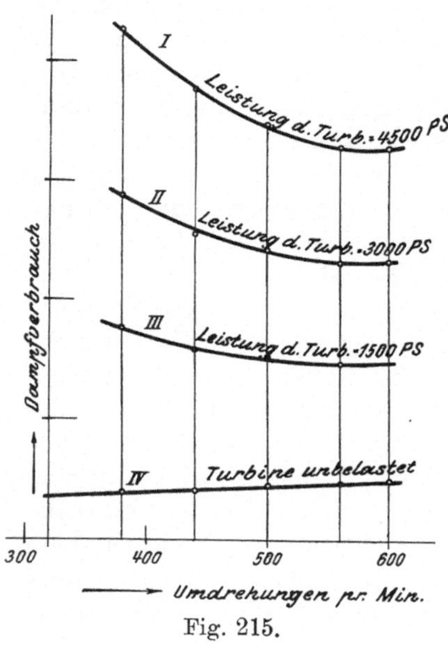

Fig. 215.

Es ist nun von großer Bedeutung, daß man Mittel besitzt, diese Zunahme des Dampfverbrauches, welche übrigens bei der Kolbenmaschine ebenfalls auftritt, teilweise zu beheben. Als Beispiel für die Richtung, in welcher sich der Erfindungsgeist bewegt, sei das Engl. Patent Nr. 8378 vom Jahre 1901, von R. Schulz angeführt (Fig. 216). Der Grundgedanke der Erfindung besteht darin, daß man die Turbine in mehrere Teile trennt, oder was dasselbe ist, aus mehreren Einzelturbinen zusammengesetzt denkt, welche einzeln oder in Gruppen, und zwar mannigfaltig in Reihe oder parallel geschaltet arbeiten können. Ist die Umlaufzahl, also die Umfangsgeschwindigkeit klein, so schaltet man die Turbine hintereinander, um eine große Stufenzahl, somit gute Dampfausnützung zu erhalten; soll die höchste Leistung erreicht werden, so benützt man die Einzelkörper parallel und erhält befriedigende Ausnützung, weil die Umfangsgeschwindigkeit ebenfalls hoch ist. Das Schulzsche

Patent bringt vier Turbinensätze (I bis IV) in Vorschlag, welchen der Dampf durch die Leitung L und die Ventile A, B, C, D zugeführt werden kann. Leitungen L' besorgen das Überströmen von einer Turbine zur anderen, L'' führt zum Kondensator. Die Strömung findet in I, II, III von links nach rechts, in IV umgekehrt statt. Der Propellerschub wird durch den Überschuß des Dampfdruckes auf die Stirnfläche der großen Turbine Nr. IV aufgehoben. Die Reversionsturbine befindet sich am linken Ende und wird durch das eigens bezeichnete Rohr mit Dampf versehen.

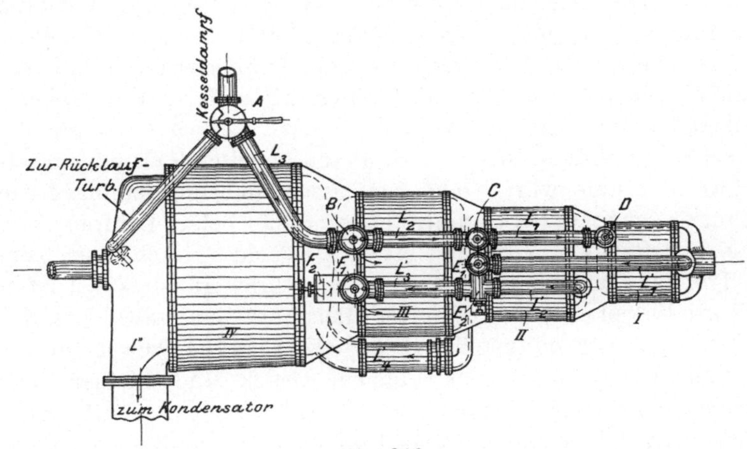

Fig. 216.

Schulz sieht folgende Antriebskombinationen vor:

1. Kleinste Leistung, kleinste Umlaufzahl: Hintereinanderschaltung aller Turbinen. Der Dampf tritt bei D ein, strömt durch L_1' zu Turbine II, durch L_2' am Ventil E_1 vorbei zu Turbine III, durch L_4' zu Turbine IV, von da zum Kondensator.
2. Nächstgrößere Leistung, größere Umlaufzahl: Turbinenkörper I wird durch Ventile D und E_1 abgesperrt, der Dampf tritt bei C zur Turbine II, durchströmt diese und der Reihe nach III und IV.
3. Nächstgrößere Leistung: Turbine I und II abgesperrt, III und IV hintereinander geschaltet.
4. Nächstgrößere Leistung: Turbine III und IV hintereinander wie vorhin; zur Vergrößerung der Leistung wird Turbine I mit III parallel geschaltet, d. h. Frischdampf tritt durch B in Turbine III und zugleich durch D in Turbine I ein, und wird von letzterer durch L_1', L_3' und Ventil F_2 direkt zu Turbine IV geleitet. E_1 und F_1 müssen geeignet konstruierte Ventile sein,

um die Absperrung der ganzen Turbine II und des früher benützten Einlaufes der Turbine III durchführen zu können.
5. Für die größten Leistungen wird Turbine II und schließlich I und II, beide parallel mit III geschaltet, IV als Niederdruckkörper benützt.

Daß sich diese große Zahl von Kombinationen in der Praxis als Überfluß herausstellen wird, ist kaum zweifelhaft, allein das Ziel selbst ist durchaus erstrebenswert.

Jedenfalls wird der Entwurf einer Schiffsturbine dieser Art für beste Dampfausnützung unter den besprochenen vielfältigen Bedingungen und mit einem resultierenden Achsendruck, der stets dem Propellerschub gleich ist, eine äußerst interessante konstruktive Aufgabe bilden. Daß die Schaufelwinkel nicht allen Gangarten gleichmäßig gut angepaßt werden können, liegt auf der Hand. — Die schöne Rundung der auf S. 81 mitgeteilten Leistungsparabeln der Laval-Turbine würde schließen lassen, daß der bei ungeeigneter Umfangsgeschwindigkeit auftretende Stoß beim Laufrad-Eintritt keine bedeutenden Verluste im Gefolge hat. Nach den Kurven der Parsons-Turbine (Fig. 215) nimmt die günstigste Umfangsgeschwindigkeit bei verringerter Leistung nur unbedeutend ab. Die von Schulz mitgeteilten Versuche Fig. 194 weisen hingegen bei kleiner Leistung, sehr kleinem Druck und kleiner Dampfgeschwindigkeit eine Einkerbung der Leistungskurve auf, was auf erhöhte Verluste wegen zu großer Umfangsgeschwindigkeit hindeutet. Man muß mithin einerseits durch sogen. Progressivfahrten die zu einer bestimmten Leistung gehörende Umlaufzahl, anderseits die Leistungsparabeln des betreffenden Turbinensystemes ermittelt haben, um beurteilen zu können, welchem mittleren Werte der Geschwindigkeit der Vorzug stoßfreien Eintrittes zu gewähren ist, dem dann die Schaufelwinkel angepaßt werden müßten.

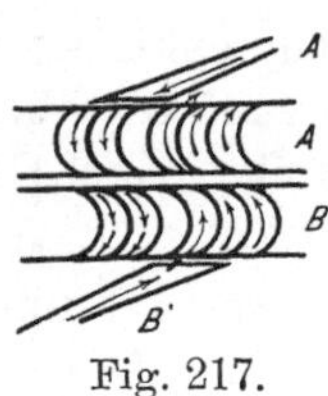

Fig. 217.

Eigenartig ist der Vorschlag von Stumpf, eine gegenläufige Doppelturbine von beiden Seiten zu beaufschlagen (Fig. 217), um die Leistung der beiden Räder gleich groß zu machen. Die Kraft des ersten Rades soll durch eine volle, diejenige des zweiten durch eine hohle Welle auf eine Schraube übertragen werden. Die Düsen A' und B' müßten in solchen Abständen aufeinander folgen, daß der Dampf nach rechts und links frei entweichen könnte. Nachteilig ist, daß wenn wir zwei kongruente Räder benützen, der Eintritt in das jeweilig zweite Rad mit Stoß verbunden ist. Konstruieren wir aber die Schaufeln für das eine Düsensystem richtig, so sind sie für das andere um so ungünstiger. Nach Riedlers früher zitiertem

Vortrag sollen die beiden gegenläufigen Räder als Axialturbinen ausgeführt werden mit je einem besonderen der Umsteuerung dienenden Schaufelkranz. Hierbei muß aber die Leistung des zweiten Rades bedeutend kleiner werden als die des ersten. Auch berichtet Grauert, daß die Anordnung mit der hohlen Welle von der deutschen Marine erwogen, aber wegen der konstruktiven Schwierigkeiten fallen gelassen wurde. Die gegensätzliche Rotation der Schrauben hätte demgegenüber, wie Riedler mit Recht anführt, den Vorteil, daß die dem Wasser durch die erste Schraube erteilte Drehbewegung durch die zweite aufgehoben würde, also ein besserer Gesamtwirkungsgrad der Propeller erreichbar wäre.

69. Dampfturbine und Kolbendampfmaschine.

Ein Vergleich der beiden Motorarten muß nach der Richtung der betriebstechnischen und der wirtschaftlichen Gesichtspunkte durchgeführt werden. In ersterer Beziehung blicken die Turbinen von de Laval und Parsons auf eine Reihe von Betriebsjahren, während deren sie sich im allgemeinen bewährt haben, zurück. Die Parsons-Turbine insbesondere hat in den letzten Jahren außerordentliche Verbreitung gewonnen, und es wird berichtet, daß sich bereits über eine halbe Million Pferdestärken teils im Betrieb, teils in der Ausführung befinden. Darunter gibt es eine größere Zahl von 3—5000 pferdigen, ja sogar eine 10000 pferdige Einheit. Der Argwohn, den der Mann des praktischen Betriebes einer Neuerung entgegenbringt, scheint mithin zu schwinden, und die Möglichkeit, Bedenken durch aus der Nähe kontrollierbaren Betrieb zu beheben, ist in wachsendem Maße vorhanden.

Als solche Bedenken, die naturgemäß entstehen mußten und teilweise noch vorherrschen, sind zu nennen: die großen Umlaufzahlen mit ihren nie ganz vermeidbaren Erschütterungen und der Gefahr des Heißlaufens, heikle höchst genaue Einstellungen gewisser Teile, schwierige der Abnutzung unterworfene Abdichtungen, hohe Materialbeanspruchung; Erfordernis einer ungemein sorgfältigen und sachkundigen Überwachung. Man war im Ungewissen über die Dauer der bei der Inbetriebsetzung nachgewiesenen hohen Ökonomie, da eben Lagerabnutzung, Schaufelverschleiß, unrichtige Einstellung eine Zunahme der Undichtheit und Verschlechterung des Gütegrades bewirken können.

Schon heute hat die Erfahrung diese Befürchtungen zum Teil als unbegründet erwiesen, und die Vorzüge der Dampfturbine treten allmählich in helleres Licht. Sie sind derart in die Augen springend, daß man sie nicht erst ausführlich zu erörtern braucht, und es sei nur kurz hingewiesen auf die geringe Zahl der bewegten Teile, geringes Gewicht, geringen Raumbedarf, leichte Demontierung und Reparaturfähigkeit, Abwesenheit innerer Schmierung, vorzügliche Regulierung, Fortfall von Verspannungen durch unsymmetrische Erwärmung, Eignung für höchste Überhitzung, rasche Inbetriebsetzung, gleichförmigen Gang, gutes Parallelschalten u. a.

Um die Wirtschaftlichkeit der beiden Motoren zu vergleichen, empfiehlt sich eine Umrechnung der oben mitgeteilten Verbrauchzahlen auf die PS_i-Stunde einer mit der Turbine gleichwertigen Kolbenmaschine. Für die Parsons-Turbine erhalten wir nach den Versuchen von Stoney, Schröter, Westinghouse und des Elektrizitätswerkes Frankfurt folgende Zusammenstellung:

Zahlentafel 1.

Leistung . . . . KW	24,7	52,7	108,5	123	119	226	507	1190	1998	2995
Überhitzung . . °C.	—	—	—	30	46,7	32,2	36,7	10,2	23,2	126,6
Angenomm. Wirkungsgrad der Dynamo . .	0,85	0,87	0,87	0,87	0,87	0,92	0,92	0,92	0,93	0,93
Angenomm. Wirkungsgrad der gleichwertigen Kolbenmaschine .	0,85	0,87	0,87	0,87	0,87	0,92	0,92	0,94	0,94	0,94
Dampfverbrauch der Turbine pro KW-st kg	13,06	12,7	12,16	11,57	11,02	9,98	9,57	8,81	8,67	6,70
Dampfverbrauch der gleichwertig. Kolbenmaschine pro PS_i-st kg	6,96	7,07	6,77	6,44	6,12	6,21	5,95	5,60	5,57	4,31

Was die Aktionsturbinen anbelangt, so verweisen wir auf die in den Abschnitten 56 bis 61 gemachten Angaben.

Die mitgeteilten Zahlen berechtigen uns zu dem Ausspruche, daß die Dampfturbine die mit mäßiger Überhitzung arbeitende zweistufige Verbundmaschine in der Dampfökonomie überholt hat. Alle Anzeichen sprechen dafür, daß auch hochgradige Überhitzung dieses Verhältnis nicht ändern wird.[1])

Etwas anders steht es mit der dreistufigen Kolbenmaschine. Diese weist bei kleinen Leistungen bis zu 1000 KW einen um soviel geringeren Dampfverbrauch auf, so daß ihre Betriebsökonomie auch mit

[1]) In neuester Zeit hat gemäß der Zeitschrift des Vereins deutscher Ingenieure 1903, S. 725, Prof. Schröter an einer 250pferdigen Verbundmaschine von Van den Kerkhove bei gesättigtem Dampf einen Verbrauch von 5,28 kg pro PS_i-st. bei Überhitzung auf 304,6° C. einen solchen von 4,31 kg, oder bezw. einen Wärmeaufwand von 3490 und 3108 WE pro PS_i-st festgestellt. Für diese Maschine gilt mithin obige Aussage nicht, und es muß abgewartet werden, inwieweit diese bis jetzt noch nie beobachteten niedrigen Verbrauchszahlen sich im Dauerbetriebe bewähren und auch von anderen Dampfmaschinenarten erreicht werden können.

Inbetrachtnahme des Ölverbrauches, Raumbedarfes u. a. der Dampfturbine überlegen sein dürfte. Bei ganz großen Leistungen hingegen scheinen sich die Verhältnisse zu verschieben. Das von Brown, Boveri & Cie. in Frankfurt erzielte beste Resultat entspricht bei rd. 3000 KW oder nach unseren Annahmen rd. 4660 PS indizierter Leistung der gleichwertigen Kolbenmaschine, ohne Luftpumpenantrieb 4,31 kg/PS_i-st, mit 1,5 vH Zuschlag für die Luftpumpe 4,37 kg/PS_i-st, oder (Speisewasser von 0^0 voraussetzend) rd. 3160 WE/PS_i-st. Demgegenüber haben die dreistufigen Dampfmaschinen der Berliner Elektrizitätswerke[1]), bei 12,3 Atm. Kesseldruck, 314^0 Überhitzungstemperatur und 2550 PS_i einen Verbrauch von 4,05 kg oder rd. 2930 WE pro PS_i-st aufgewiesen. Bei kaum mehr als der Hälfte der Leistung ist mithin die Triple-Dampfmaschine im Dampfverbrauch wohl noch um rd. 8 vH im Vorteil.

Nun kommt aber zunächst der Unterschied im Ölverbrauch zur Geltung, über welchen wir zwar keine genauen Ermittelungen besitzen, der indessen mit merklichen, vielleicht zwischen 5—10 vH liegenden Beträgen zu Gunsten der Dampfturbine zu buchen ist. Wenn man den Unterschied in der Wartung, und bei horizontalen Maschinen im Raumbedarf und den Fundierungskosten in Betracht zieht, so wird die größere Ökonomie auf Seite der Dampfturbine liegen.

In sehr zahlreichen Betrieben arbeitet indessen die Kraftmaschine nicht dauernd mit voller Belastung, und so ist die wichtige Frage zu beantworten, wie der Dampfverbrauch der Kolbenmaschine und der Dampfturbine sich bei Überlastung, bezw. unter der Normalleistung ändert. Der Vergleich wird am übersichtlichsten, wenn wir nicht die absoluten Beträge, sondern die prozentischen Änderungen zusammenstellen. Da der Begriff der Normalleistung nicht eindeutig festgelegt ist, wurde in der unten gegebenen graphischen Darstellung (Fig. 218) der günstigste Dampfverbrauch (pro KW-St) und diejenige Leistung, bei welcher er auftritt, als Einheit gewählt. Als Abszisse dient das Verhältnis der wirklichen Leistung zu der soeben definierten „Normalleistung", als Ordinate ist jeweils aufgetragen die Zunahme des Dampfverbrauches pro KW-St gegen den Kleinstwert, in Prozenten des letzteren. Der Vergleich ist in dieser Form aus dem Grunde nicht ganz einwandfrei, als noch keine allgemein gültigen Vereinbarungen bestehen über den Betrag der Überlastung, den man von einem Dampfmotor fordern darf; hingegen dürfte er für die Dampfturbine das richtige Maß darstellen, denn diese wird durch die

[1]) Zeitschr. d. Ver. deutsch. Ing. 1902, S. 187.

Rücksicht auf die Ökonomie gezwungen werden, so zu arbeiten, daß die Normalleistung bei vollem Admissionsdruck vor dem ersten Leitrad erreicht wird. Die Mehrarbeit muß durch Benutzung der Überlastungsventile irgend einer Art geliefert werden. Glücklicherweise liegen Versuche über eine Westinghouse-Parsens-Turbine, die

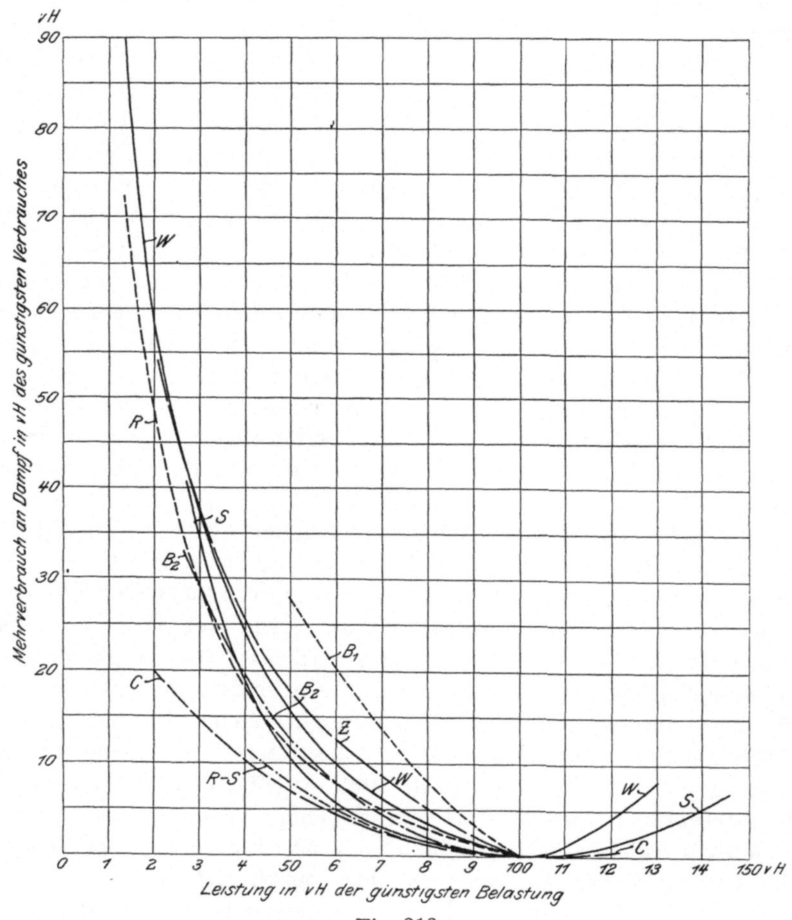

Fig. 218.

mit Überlastungsventil arbeitet, vor. Auch die British Thomson-Houston-Gesellschaft teilt a. a. O. Ergebnisse von Versuchen mit, bei welchen die Turbine über die Grenze günstigsten Dampfverbrauches hinaus beansprucht wurde.

Die mehrstufige Aktionsturbine mit nur wenig Rädern wird bei Überlastung zweckmäßigerweise Frischdampf dem ersten Rade selbst durch Öffnen zusätzlicher Düsen oder Leitschaufeln zuführen. Da der zum zweiten Rad führende Leitapparat seinen Querschnitt beibehält, entsteht ein Stau in der ersten Kammer, mithin ein ungünstigeres Arbeiten als bei der Normalleistung, welcher alle Geschwindigkeiten und Schaufelwinkel angepaßt sind. Trotzdem wird der Gewinn ein größerer als wenn man den Dampf einer niederen Stufe zuführen würde.

Zur Erläuterung der Fig. 218 sei folgendes bemerkt:

Kurve *C* bezieht sich auf eine Curtis-Turbine von 500 KW Nennleistung, nach dem Engineering 1904, I, S. 182.

" *R-S* auf die Riedler-Stumpf-Turbine in Moabit, nach der S. 193 angegebenen Quelle.

" *S* stellt den normalen Verlauf des Dampfverbrauches einer dreistufigen Kolbenmaschine dar, nach Mitteilungen von Gebr. Sulzer-Winterthur.

" *R* gilt für die Rateau-Turbine, nach den Versuchen S. 232.

" *Z* für die Zölly-Turbine, nach den Versuchen S. 208.

" *W* stellt den Verbrauch einer Westinghouse-Turbine von 1250 KW Nennleistung dar, nach The Power 1904, S. 130.

" B_1 bezieht sich auf eine Brown-Boveri-Parsonsturbine von 400 KW Leistung älterer Ausführung, nach der Zeitschr. d. Ver. deutsch. Ing. 1904, S. 120.

" B_2 desgl., aber an einer neueren größeren Ausführung, nach Mitteilungen der Firma.

Die Figur gestattet festzustellen, daß die beiden erstgenannten für das wohl maßgebende Intervall zwischen 100 und 70 vH der normalen Leistung mit der Dampfmaschine identisch sind, und sie bei kleineren Leistungen übertreffen. Die übrigen arbeiten mit Ausnahme ganz kleiner Leistungen ungünstiger. Die Überlast ist bei Westinghouse erheblich ungünstiger wie die der Kolbenmaschine, bei Curtis wieder erheblich günstiger. Die Überlegenheit der Kolbenmaschine ist also, auch was den Charakter der Dampfverbrauchskurve bei verschiedenen Leistungen anbetrifft, in Frage gestellt.

Die Wahl zwischen Turbine und Kolbenmaschine dürfte mithin im wesentlichen durch das Maß von Vertrauen, welches der Besteller in die Betriebssicherheit der beiden Motorenarten setzt, entschieden werden.

V.

Einige Sonderprobleme der Dampfturbinen-Theorie und -Konstruktion.

70. Druckverteilung im Querschnitte eines expandierenden Gas- oder Dampfstrahles.

Es wurde bereits im Abschnitt 16 darauf hingewiesen, daß das Rechnen mit einem konstanten Wert des Druckes, der Dichte und der Geschwindigkeit in einem Querschnitte nur eine erste Näherung bilde. In schärferen Krümmungen wird der Unterschied sogar bedeutend ausfallen können, und es hat praktische Wichtigkeit, quantitative Angaben hierüber zu erhalten. Unter gewissen vereinfachenden Annahmen gelingt es nun in der Tat, Integrale der allgemeinen hydrodynamischen Bewegungsgleichungen für elastische Flüssigkeiten anzugeben, wie hier mitgeteilt werden soll.

Es werde eine reibungslose Strömung einer elastischen Flüssigkeit mit zu einer festen Ebene parallelen Strombahnen vorausgesetzt. Wenn x, y die in dieser Ebene gerechneten rechtwinkligen Koordinaten, u, v die zu x bezw. y parallelen Geschwindigkeitskomponenten, p den Druck, μ die Masse pro Volumeneinheit bedeuten, so lauten bekanntlich die Eulerschen Bewegungsgleichungen, falls wir von Massenkräften absehen

$$\left.\begin{aligned} \mu\frac{du}{dt} &= -\frac{\partial p}{\partial x} \\ \mu\frac{dv}{dt} &= -\frac{\partial p}{\partial y} \end{aligned}\right\} \quad \dots\dots\dots \quad (1)$$

Die Kontinuitätsgleichung für den Beharrungszustand, d. h. die stationäre Strömung, erhält die Form

$$\frac{\partial \mu u}{\partial x} + \frac{\partial \mu v}{\partial y} = 0 \quad \dots\dots\dots \quad (2)$$

Multipliziert man Gl. 1 mit $u\,dt$ bezw. $v\,dt$, so ergibt sich nach Addition und unbestimmter Integration ebenfalls für die stationäre Strömung

$$\frac{1}{2}(u^2+v^2)+\int\frac{dp}{\mu}=\text{konst.} \quad \ldots \ldots \quad (3)$$

Hierin ist u^2+v^2 die resultierende Geschwindigkeit. Die Strömung erfolge ohne „Rotation" der Flüssigkeitsteilchen, es bestehe also das sogen. Geschwindigkeitspotential, d. h. eine Funktion $\varphi(xy)$, der Eigenschaft, daß

$$u=\frac{\partial\varphi}{\partial x}, \quad v=\frac{\partial\varphi}{\partial y} \quad \ldots \ldots \quad (4)$$

Der Zusammenhang zwischen Druck und spezifischer Masse sei durch Gleichung

$$p=\alpha^2\mu \quad \ldots \ldots \quad (5)$$

gegeben, oder wenn v' das spezifische Volumen (in der bisherigen Bedeutung) bezeichnet, mit $\mu=\frac{\gamma}{g}=\frac{1}{v'g}$, auch

$$pv'=\frac{\alpha^2}{g} \quad \ldots \ldots \quad (5\text{a})$$

Es wird also bei Gasen die Zustandsänderung der Einfachheit halber isothermisch vorausgesetzt, weil jede andere Annahme auf unüberwindliche Schwierigkeiten führen würde. Bei Dämpfen kommt die Adiabate dem angenommenen Gesetz beträchtlich nahe. Die Auflösung

$$\alpha=\sqrt{gpv'} \quad \ldots \ldots \quad (5\text{b})$$

zeigt, daß α die Schallgeschwindigkeit der isothermischen Zustandsänderung ist. Die Gleichungen 2 bis 5 gestatten nun u, v, p, μ zu eliminieren und φ zu bestimmen. Zu diesem Behufe setzen wir zunächst p aus Gl. 5 in Gl. 3 und erhalten

$$\frac{1}{2}\left[\left(\frac{\partial\varphi}{\partial x}\right)^2+\left(\frac{\partial\varphi}{\partial y}\right)^2\right]+\int\alpha^2\frac{d\mu}{\mu}=\frac{1}{2}\left[\left(\frac{\partial\varphi}{\partial x}\right)^2+\left(\frac{\partial\varphi}{\partial y}\right)^2\right]+\alpha^2\lg n\,\mu$$
$$=\text{konst.} \quad \ldots \ldots \quad (3\text{a})$$

Gleichung 2 lautet aber

$$\mu\frac{\partial u}{\partial x}+\mu\frac{\partial v}{\partial y}+u\frac{\partial\mu}{\partial x}+v\frac{\partial\mu}{\partial y}=0,$$

oder wenn wir mit μ dividieren und

$$\frac{u}{\mu}\frac{\partial\mu}{\partial x}=u\frac{\partial\lg n\,\mu}{\partial x}$$

setzen:

$$\frac{\partial^2\varphi}{\partial x^2}+\frac{\partial^2\varphi}{\partial y^2}+\frac{\partial\varphi}{\partial x}\frac{\partial\lg n\,\mu}{\partial x}+\frac{\partial\varphi}{\partial y}\frac{\partial\lg n\,\mu}{\partial y}=0 \quad . \quad . \quad (2\,a)$$

Nun lösen wir Gl. 3a nach $\lg n\,\mu$ auf, und setzen die partiellen Ableitungen nach x und y in Gl. 2a ein. Dies ergibt

$$\frac{\partial^2\varphi}{\partial x^2}+\frac{\partial^2\varphi}{\partial y^2}-\frac{1}{\alpha^2}\left[\left(\frac{\partial\varphi}{\partial x}\right)^2\frac{\partial^2\varphi}{\partial x^2}+2\frac{\partial\varphi}{\partial x}\frac{\partial\varphi}{\partial y}\frac{\partial^2\varphi}{\partial x\partial y}+\left(\frac{\partial\varphi}{\partial y}\right)^2\frac{\partial^2\varphi}{\partial y^2}\right]=0 \quad (6)$$

Die auf die Dimension Bezug habende Größe α^2 kann, wie man sich leicht überzeugt, weggebracht werden, indem man

$$\varphi=\alpha\psi \quad . \quad . \quad . \quad . \quad . \quad . \quad . \quad . \quad (6\,a)$$

setzt. Wenn dann die Ableitungen nach x und y durch die Fußzeichen 1 und 2 kenntlich gemacht werden, lautet die Differentialgleichung

$$\psi_{11}+\psi_{22}-[\psi_1{}^2\psi_{11}+2\psi_1\psi_2\psi_{12}+\psi_2{}^2\psi_{22}]=0 \quad . \quad . \quad (6\,b)$$

Herr Prof. A. Hirsch in Zürich hat sich in dankenswerter Weise der Mühe unterzogen, Methoden für die Integration dieser recht verwickelten Gleichung ausfindig zu machen, und gelangt u. a. zu folgenden Ergebnissen.

Es sei n eine beliebige positive ganze Zahl >1, p und q seien zwei voneinander unabhängige Parameter, als deren Funktionen x, y, sowie die Lösung ψ gemeinschaftlich dargestellt werden sollen. Mit den Bezeichnungen

$$N=\frac{n(n-1)}{2}$$

$$N_k=\frac{N(N-1)(N-2)\ldots(N-k+1)}{1\cdot2\cdot3\ldots k}$$

$$t=p^2+q^2$$

bilde man die Funktion Nten Grades

$$F(t)=\sum_{k=0}^{N}(-1)^k N_k\frac{n!}{(n+k)!}\frac{t^k}{2^k}$$

und ihre Ableitung $\qquad \dfrac{dF(t)}{dt}=F'(t).$

Es seien ferner die Funktionen P_n und Q_n erklärt durch die Gleich.

$$(p+qi)^n=P_n+iQ_n,$$

worin i die imaginäre Einheit bedeutet, so stellt sich die Lösung der Gl. 6b wie folgt dar:

$$x=n[aP_{n-2}+bQ_{n-2}]F(t)+2p[aP_n+bQ_n]F'(t)$$
$$y=n[-aQ_{n-1}+bP_{n-1}]F(t)+2q[aP_n+bQ_n]F'(t)$$
$$\psi=[aP_n+bQ_n][(n-1)F(t)+2tF'(t)],$$

worin a, b willkürliche Konstanten bedeuten. Auch die Funktion der zu ψ orthogonalen Trajektorien $\Omega = \text{konst.}$, d. h. der Stromlinien unseres Problemes kann allgemein dargestellt werden, und ist

$$\Omega = [-aQ_n + bP_n][-n(n-1)F(t) + 2tF'(t)]\, e^{\frac{-t}{2}}.$$

Bezeichnet man vorliegende Lösungen wegen ihrer Zusammengehörigkeit zur Zahl n genauer mit $x_n y_n \psi_n$, so lassen sich zwei zu m und n gehörige Lösungen in der Art superponieren, daß

$$x = x_m + x_n$$
$$y = y_m + y_n$$
$$\psi = \psi_m + \psi_n$$

und entsprechend für beliebig viele Lösungen.

Die einfachste Form erhalten wir für $n = 2$ und $b = 0$, und diese läßt sich auf einem Wege gewinnen, welchen auch der Verfasser ursprünglich versucht hatte, wie folgt:

Wir setzen probeweise

$$\psi = U + V \quad . \quad . \quad . \quad . \quad . \quad . \quad . \quad (7)$$

worin U eine Funktion bloß von x, V eine solche bloß von y bedeutet. Die Ableitungen von U nach x, von V nach y bezeichnen wir durch Akzente, und erhalten

$$\psi_1 = U', \quad \psi_2 = V', \quad \psi_{11} = U'', \quad \psi_{12} = 0, \quad \psi_{22} = V'',$$

und nach Einsetzen in Gl. 6b

$$U''(U'^2 - 1) + V''(V'^2 - 1) = 0,$$

welche Beziehung für alle Werte von x und y nur bestehen kann, wenn beide Ausdrücke konstant und entgegengesetzt gleich sind, d. h.

$$U''(U'^2 - 1) = a, \quad V''(V'^2 - 1) = -a \quad . \quad . \quad . \quad (8)$$

Die Integration[1]) kann bewerkstelligt werden, indem man z. B. die erste Gleichung mit $2U'$ multipliziert, und wie folgt schreibt

$$(U'^2 - 1)\frac{d}{dx}(U'^2) = 2aU' \quad . \quad . \quad . \quad . \quad . \quad (9)$$

oder
$$(U'^2 - 1)\frac{d}{dx}(U'^2 - 1) = 2a\frac{dU}{dx},$$

woraus durch sofortige Integration

$$\frac{1}{2}(U'^2 - 1)^2 = 2aU \quad . \quad . \quad . \quad . \quad . \quad (10)$$

---

[1]) Die Korrektur eines Versehens, welches mir hier ursprünglich unterlaufen war, verdanke ich ebenfalls Herrn Prof. Hirsch.

Die Konstante kann weggelassen werden, da auch ψ nur bis eine Konstante genau angegeben zu werden braucht.

Bezeichnen wir nun U' mit ξ, so kann Gl. 9 auch in der Form

$$(\xi^2 - 1)\, d\xi = a\, dx$$

geschrieben und integriert werden:

$$\left(\frac{\xi^3}{3} - \xi\right) = a x \quad \ldots \ldots \quad (10\text{a})$$

Es geben nun Gl. 10 und 10a eine Parameterdarstellung von U als Funktion von x, und zwar

$$\left.\begin{aligned} x &= \frac{1}{3a}(\xi^2 - 3)\,\xi \\ U &= \frac{1}{4a}(\xi^2 - 1)^2 \end{aligned}\right\} \quad \ldots \ldots \quad (11)$$

wobei eine Auflösung der oberen Gleichung nach ξ und Einsetzen in den Ausdruck von U zwar möglich, aber nicht empfehlenswert wäre. In gleicher Weise ergibt sich (durch Vertauschung von $+a$ mit $-a$), wenn $V' = \eta$

$$\left.\begin{aligned} y &= -\frac{1}{3a}(\eta^2 - 3)\,\eta \\ V &= -\frac{1}{4a}(\eta^2 - 1)^2 \end{aligned}\right\} \quad \ldots \ldots \quad (12)$$

und hiermit auch

$$\varphi = \alpha\psi = \alpha(U + V) \quad \ldots \ldots \quad (13)$$

Die nächste Aufgabe bildet das Auffinden der Stromlinien, als der orthogonalen Trajektorien zu den Kurven konstanter Potentiale. Die Tangente des Neigungswinkels an einer Linie konstanten Potentiales $\varphi(xy) = $ konst., wird bekanntlich

$$\operatorname{tg}\tau = -\frac{\dfrac{\partial\varphi}{\partial x}}{\dfrac{\partial\varphi}{\partial y}}.$$

Die im gleichen Punkte an die Strömungslinie gelegte Tangente habe einen Neigungswinkel τ', für welchen

$$\operatorname{tg}\tau' = \frac{dy_1}{dx_1}$$

wobei $x_1\, y_1$ die Koordinaten der Stromlinie sind, und die Rechtwinkligkeit fordert

$$\operatorname{tg}\tau \cdot \operatorname{tg}\tau' = -1 \quad \ldots \ldots \quad (14)$$

Wir haben es nun mit mittelbaren Funktionen zu tun, und es werde der Kürze halber vorübergehend gesetzt

$$\left.\begin{aligned} x &= f(\xi), & y &= g(\eta) \\ U &= F(\xi), & V &= G(\eta) \end{aligned}\right\} \quad . \quad . \quad . \quad . \quad . \quad (11\,\mathrm{a})$$

Zunächst haben wir

$$\operatorname{tg} \tau = -\frac{\dfrac{\partial U}{\partial x}}{\dfrac{\partial V}{\partial y}}$$

und

$$\frac{\partial U}{\partial x} = \frac{\partial U}{\partial \xi}\frac{\partial \xi}{\partial x} = \frac{\dfrac{d U}{d \xi}}{\dfrac{d x}{d \xi}} = \frac{F'}{f'}, \text{ ebenso } \frac{\partial V}{\partial y} = \frac{G'}{g'}.$$

Da $\operatorname{tg} \tau$ hierdurch in ξ und η ausgedrückt wird, empfiehlt es sich auch für $\operatorname{tg} \tau'$, also auch für die Stromkurve dieselben Variablen zu wählen. Wir nehmen somit an, daß auch für letztere x_1, y_1 vermöge der Formeln 11, 12 durch $\xi \eta$ zu ersetzen sind, und haben dann zu schreiben

$$d y_1 = \frac{\partial f}{\partial \xi} d \xi = f' d \xi, \quad d y_1 = g' d \eta.$$

Dies alles in Gl. 14 eingesetzt, ergibt

$$\frac{f'^2}{F'} d \xi - \frac{g'^2}{G'} d \eta = 0 \quad . \quad . \quad . \quad . \quad . \quad (14\,\mathrm{b})$$

Die Integration dieser Gleichung ist nach dem Einsetzen der Funktionswerte aus Gl. 11 ohne weiteres möglich und liefert nun die Gleichung der Stromlinienschar in der Form

$$\xi^2 + \eta^2 - 2 \lg n\, \xi \eta = \text{konst.} \quad . \quad . \quad . \quad . \quad (15)$$

Die Geschwindigkeit in einem durch ξ und η bestimmten Punkte der Stromlinie erhält man durch Differentiation von φ als mittelbarer Funktion von x, y

$$\left.\begin{aligned} u &= \frac{\partial \varphi}{\partial x} = \frac{\partial \varphi}{\partial \xi}\frac{\partial \xi}{\partial x} = \frac{\dfrac{\partial \varphi}{\partial \xi}}{\dfrac{\partial x}{\partial \xi}} = \alpha \xi \\ v &= \frac{\partial \varphi}{\partial y} = \frac{\partial \varphi}{\partial \eta}\frac{\partial \eta}{\partial y} = \frac{\dfrac{\partial \varphi}{\partial \eta}}{\dfrac{\partial y}{\partial \eta}} = -\alpha \eta \end{aligned}\right\} \quad . \quad . \quad . \quad (16)$$

Hiermit erhält man die resultierende Geschwindigkeit und den Druck gemäß Gl. 3a.

Die so gewonnene partikulare Lösung der allgemeinen Differentialgleichung für φ erweist sich jedoch wegen der mittelbaren Darstellung in den Veränderlichen ξ und η als wenig handlich. Man gelangt aber zu höchst einfachen Formeln, wenn man sich auf kleine Werte von ξ, η beschränkt. Wenn z. B. 0,1 als obere Grenze festgesetzt wird, so ist die Summe der beiden ersten Glieder in Gl. 15 stets kleiner als 0,02; das dritte Glied hingegen ist stets größer als 9,20. Wir begehen mithin einen belanglosen Fehler, wenn wir innerhalb der angegebenen Grenzen $\xi^2 + \eta^2$ neben dem Logarithmus vernachlässigen, wodurch Gl. 15 in

$$-2 \lg n \, \xi\eta = \text{konst.}$$

oder

$$\xi\eta = \text{konst.} \quad \ldots \ldots \quad (15\text{a})$$

übergeht. Mit gleichem Rechte kann nun auch ξ^2 und η^2 in Gl. 11, 12 neben 3 weggelassen werden, so daß sich vereinfacht

$$x = -\frac{\xi}{a} \qquad y = +\frac{\eta}{a} \quad \ldots \ldots \quad (17)$$

ergibt, welche Werte in Gl. 15a eingesetzt die Gleichung der Stromlinien in den Koordinaten x, y auszudrücken gestatten. Es wird

$$xy = \text{konst.} \quad \ldots \ldots \quad (17\text{a})$$

d. h. die Stromlinien sind gleichseitige Hyperbeln. In dieser Vereinfachung ist ferner

$$U = \frac{1}{4a}(1 - a^2x^2)^2, \qquad V = -\frac{1}{4a}(1 - a^2y^2)^2 \quad . \quad (18)$$

und das Geschwindigkeitspotential

$$\varphi = \frac{a}{4a}\left[(1 - a^2x^2)^2 - (1 - a^2y^2)^2\right] \ldots \quad (19)$$

oder angenähert, da ax, ay von derselben Ordnung klein sind wie ξ, η

$$\varphi = \frac{1}{2}\alpha a (y^2 - x^2) \quad \ldots \ldots \quad (19\text{a})$$

Die Geschwindigkeiten sind nun

$$u = \frac{\partial \varphi}{\partial x} = -\alpha a x, \quad v = \frac{\partial \varphi}{\partial y} = \alpha a y \quad \ldots \quad (20)$$

Die Pressung in irgend einem Punkte bestimmen wir aus Gl. 3a, welche mit $p = \alpha^2 \mu$ die Form

$$\frac{1}{2}(u^2 + v^2) + \alpha^2 \lg n \frac{p}{\alpha^2} = \text{konst.}$$

annimmt. Vereinigen wir $-\alpha^2 \lg n \alpha^2$ mit der Konstanten und bezeichnen wir mit p_0 den Druck im Koordinatenanfang, in welchem $u = 0$, $v = 0$ ist, so erhalten wir

$$\lg n \frac{p}{p_0} = -\frac{1}{2\alpha^2}(u^2 + v^2) = -\frac{1}{2}\alpha^2(x^2 + y^2) \quad . \quad (21)$$

oder wenn $r^2 = x^2 + y^2$

$$p = p_0 e^{-\frac{1}{2}\alpha^2 r^2} \quad . \; . \; . \; . \; . \; . \quad (21\text{a})$$

d. h. Druck und Geschwindigkeit hängen nur vom Abstande des betreffenden Strompunktes vom Koordinatenanfang ab.

Durch die eingeführte Vernachlässigung ist man freilich zum Schluß zu einem Geschwindigkeitspotential gelangt, welches einer Bewegung ohne Kompression, d. h. der Annahme $\mu =$ konst. entspricht. Indessen gilt die Darstellung als erste Annäherung auch bei nicht stark variablem μ, wie man sich durch ein Zahlenbeispiel an der strengen Gleichung 15 überzeugt. Es werde die Konstante dieser Gleichung $= 6{,}52$ gewählt; zusammengehörende, d. h. auf einer Stromlinie liegende Werte von ξ, η, $3ax$, $3ay$ aus den Formeln 15, 11, 12 gerechnet, finden sich in folgender Tabelle vereinigt.

$\xi =$	1	0,7	0,4	0,3	0,2
$\eta =$	0,0635	0,0702	0,1046	0,1350	0,2
$3ax =$	-2	$-1{,}757$	$-1{,}136$	$-0{,}873$	$-0{,}592$
$3ay =$	0,1896	0,2102	0,3125	0,4025	0,592

Sollte hingegen $xy =$ konst. sein, so würden die Werte von $3ay$ beispielsweise in gleicher Reihenfolge wie oben

0,1752 0,1994 0,3083 0,4015 0,592

sein müssen. Die Abweichung ist mithin für eine zeichnerische Darstellung der Strömung vernachlässigbar. Da die Stromlinien in bezug auf eine unter 45^0 geneigte, durch den Anfangspunkt gehende Gerade symmetrisch sind, ist durch obige Werte auch der zweite Ast der Kurve bestimmt. Über die Grenze $\xi = 1$ bezw. $\eta = 1$ hinaus ergeben unsere Formeln keine Fortsetzung der Stromlinien, und es muß zunächst dahingestellt bleiben, ob die Strömung darüber hinaus wirbelfrei bleiben kann oder nicht.[1])

Um ein konkretes Beispiel zu behandeln, werde überhitzter Wasserdampf von 440^0 abs. Temperatur mit der angenähert gültigen Zustandsgleichung

$$pv = 47\,T$$

---

[1]) Für unsere Aufgabe ist dies ohne Belang, da wir uns den Zustand an der Strahlmündung künstlich hergestellt denken können.

vorausgesetzt. Wir erhalten $a = \sqrt{gpv} = 450$ m/sk. Die willkürliche Konstante α sei $= 10$, und als Begrenzung des Dampfstromes nehmen wir die Gleichung

$$xy = 4$$

an für cm als Längeneinheit. Fig. 219 stellt die Strombegrenzung (hier also einen Kanal mit rechteckigem Profil), die Stromlinien, die Linien $\varphi =$ konst., d. h. die Stromquerschnitte, endlich die Linien gleicher Geschwindigkeit bezw. gleichen Druckes dar.

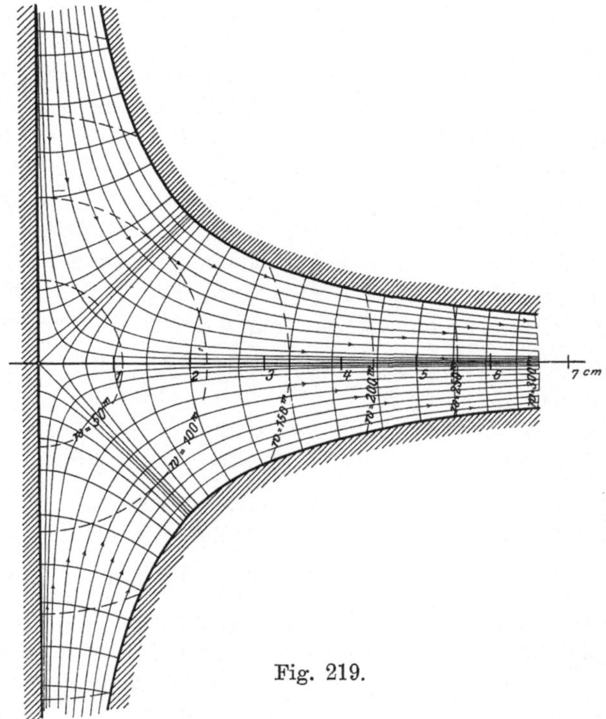

Fig. 219.

Die eingeschriebenen Zahlen geben die Größe der Geschwindigkeit in m/sk an. Unsere Formeln ergeben eine Strömung gegen den Koordinatenanfang hin; da wir indessen das Vorzeichen von φ ohne weiteres ändern können und wieder eine Lösung der Aufgabe erhalten, ist die Stromrichtung hier der Anschaulichkeit halber entgegengesetzt eingetragen, und durch ihr Spiegelbild so ergänzt worden, daß wir die Figur als Bild der Einmündung in eine Düse auffassen können.

Als Hauptergebnis dieser Untersuchung kann der Nachweis angesehen werden, daß sich die Pressungen und Geschwindigkeiten der Dampfstrahlen, sobald man in Gebiete geringerer Krümmung der Strombahnen gelangt, sehr rasch ausgleichen, auch wenn die Geschwindigkeit schon Hunderte von Metern erreicht.

Es sei nämlich p_r die Pressung am Rande für den Punkt x, y, und p_m die Pressung in der Strahlmitte für die gleiche Abszisse x. Formel 21 gibt an

$$\lg n \frac{p_m}{p_0} = -\frac{1}{2} a^2 x^2; \quad \lg n \frac{p_r}{p_0} = -\frac{1}{2} a^2 (x^2 + y^2)$$

oder

$$\lg n \frac{p_m}{p_r} = \frac{1}{2} a^2 y^2.$$

Setzen wir $p_m = p_r + \Delta p$, wo Δp voraussichtlich eine kleine Größe ist, so können wir den Logarithmus entwickeln und erhalten

$$\frac{\Delta p}{p_r} = \frac{1}{2} a^2 y^2 \quad \ldots \ldots \ldots \quad (22)$$

Es wird für unser Beispiel bei $x = 6$ cm, $y = {}^4/_6$ cm $= 0{,}0066$ m, und

$$\frac{\Delta p}{p_r} = 0{,}0022.$$

War also der Druck in der Strahlmitte 5 Atm., so wird der Druck am Strahlrande nur um etwa 0,01 Atm. kleiner. Man wird mithin, wenn nicht außerordentlich verfeinerte Meßapparate angewendet werden, auch in einer kegelförmig erweiterten Düse vergeblich nach Pressungsunterschieden in der Mitte und am Strahlrande suchen. Dies um so weniger, als die Einmündung in eine Düse nicht wie hier durch eine Ebene gehindert wird, mithin die Dampfteilchen in der Mitte auch lange nicht so scharf gekrümmte Bahnen einzuschlagen gezwungen werden.

70a. Druckverteilung in einer Turbinenschaufel.

Schneiden wir durch zwei Stromlinien das in Fig. 220 dargestellte Stück des Dampfstromes heraus, so entsteht ein Kanal, der mit einer Turbinenschaufel viel Ähnlichkeit besitzt. Die entwickelten Formeln können ohne weiteres benutzt werden, und geben ein anschauliches Bild der Druckverteilung. Die unter 45^0 geneigte, durch den Koordinatenanfang gehende Grade schneidet die Strömungsrichtung senkrecht; r_1 sei, in dieser Linie gemessen der innere, r_2 der äußere Abstand. Bei geringer Schaufeltiefe dürfen wir im Differential von p nach Gl. 21a Abschn. 70

$$dp = -p_0 e^{-\frac{a^2 r^2}{2}} \frac{a^2}{2} d(r^2) = -\frac{a^2}{2} p\, d(r^2)$$

den Druck p mit einem konstanten Mittelwert p_m einführen, und erhalten

$$p_2 - p_1 = -\frac{a^2}{2} p_m (r_2^2 - r_1^2) \quad . \quad . \quad . \quad . \quad (23)$$

als angenäherten Wert des Druckunterschiedes an der inneren und äußeren Schaufelbegrenzung.

Dieselbe Formel kann auch unmittelbar entwickelt werden, wenn wir beachten, daß in der unter 45° geneigten Graden keine tangentiale Beschleunigung vorhanden ist. Ein durch zwei Stromflächen und zwei unendlich nahe Normalebenen derselben herausgeschnittenes Element muß mithin im Gleichgewichte sein unter der Einwirkung der Pressungen und der Trägheitskraft $dm\frac{w^2}{\varrho}$, wo ϱ den Krümmungsradius der Bahn bedeutet. Dies führt, wenn wir Gl. 8 in Abschnitt 31 benützen, mit

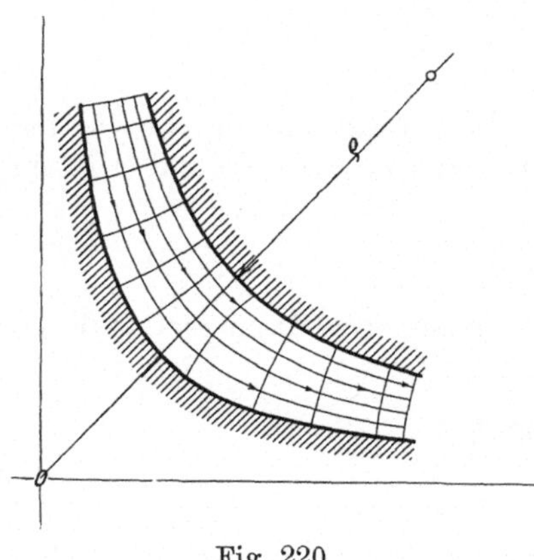

Fig. 220.

$$\sigma_r = \sigma_t = -p, \quad \text{ferner} \quad y = \text{konst.}; \quad x^2 \omega^2 = w^2$$

auf die Beziehung

$$-\varrho \frac{dp}{dx} + \mu w^2 = 0$$

oder

$$\frac{dp}{dr} = -\frac{\mu w^2}{\varrho} \quad . \quad . \quad . \quad . \quad . \quad . \quad . \quad (24)$$

Für die gleichseitige Hyperbel findet man aber $\varrho = r$ und Gl. 20 liefert

$$w^2 = u^2 + v^2 = \alpha^2 a^2 r^2 \quad . \quad . \quad . \quad . \quad . \quad (25)$$

schließlich ist

$$p = \alpha^2 \mu \quad . \quad . \quad . \quad . \quad . \quad . \quad . \quad . \quad (26)$$

und aus Gl. 24 bis 26 kann entweder Gl. 21a oder Gl. 23 hergeleitet werden.

Für eine wirkliche Turbinenschaufel, z. B. eine Laval-Turbine, liegen nun die Verhältnisse, wie S. 79 erläutert worden ist, wesentlich anders, indem in obiger Herleitung weder der Umstand, daß der Strahl der Schaufel geradlinig mit überall gleichem Druck zufließt, noch die ungemein großen Reibungswiderstände berücksichtigt werden konten. Die Strömung in der Schaufel ist ein ungemein verwickelter Vorgang, um so mehr, als zur Reibung die Zersplitterung durch die Schaufelkanten hinzutritt, und es muß dem Versuche überlassen werden, die Schaufelformen günstigster Dampfwirkung aufzusuchen.

71. Biegung einer horizontalen ungleich dicken Scheibe unter dem Einflusse ihres Eigengewichtes.

Die Verwendung horizontaler Turbinenräder, welche beispielsweise bei der Curtis-Turbine angeblich Größen bis zu 5 m im Durchmesser erreichen, muß dem Konstrukteur die Frage nach der Verbiegung des Rades durch sein Eigengewicht nahelegen, da dieselbe sehr wohl die Größenordnung der Spaltbreite zwischen den einzelnen Leit- und Laufrädern erlangen kann. Diese Durchbiegung läßt sich nun verhältnismäßig einfach wie folgt berechnen.

Es sei eine ungleich dicke Scheibe gleicher Form wie das Rad in Fig. 102 in wagerechter Aufstellung ruhend vorausgesetzt. Die in der Figur mit y bezeichnete Dicke der Scheibe im Abstande x heiße hier h. Die nach abwärts positiv gezählte Durchbiegung sei z im Abstande x. Ein äußerer Rand sei nicht vorhanden, die Nabe relativ klein im Durchmesser, also auch x_1 eine kleine Größe im Verhältnis zu x_2. Das Profil der Scheibe entspreche der Gleichung

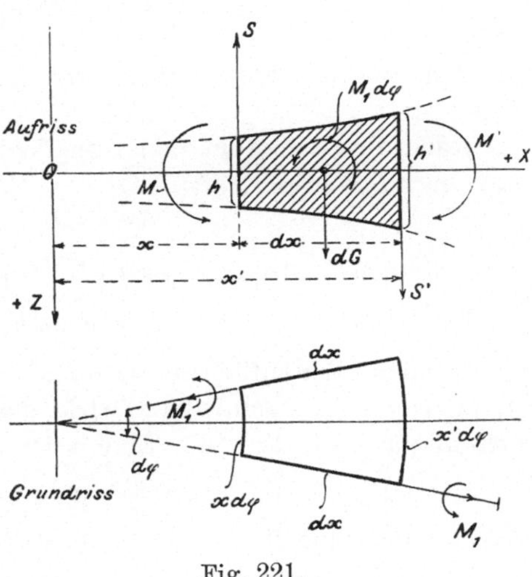

Fig. 221.

$$hx^{a} = c \quad \text{oder} \quad h = cx^{-a} \quad . \quad . \quad . \quad . \quad . \quad (1)$$

und sei a, d. h. auch die Neigung der Tangente an die Profillinie gegen die Mittelebene des Rades so klein, daß man in den Gleichgewichtsbedingungen der Spannungen an einem Scheibenelement den Kosinus des Neigungswinkels $= 1$ setzen dürfe. Bei Abwesenheit von Randkräften werden in irgend einem zur Mittelebene der Scheibe senkrechten Schnitte nur Biegungs- und Schubspannungen vorhanden sein. Erstere dürfen wir, wie bei der ebenen Scheibe, dem Abstande des fraglichen Flächenelementes von der Mittelebene proportional setzen, und sei

σ_x der Absolutwert der Biegungsspannung in der äußersten Faser eines zum Halbmesser senkrecht stehenden Schnittes,

σ_y dasselbe in einem Meridianschnitt.

Das Biegungsmoment M, welches auf die Stirnfläche $x d\varphi h$ des in Fig. 221 dargestellten Scheibenelementes im Sinne der Pfeile ausgeübt wird, hat den Wert: Widerstandsmoment $\times$ Biegungsspannung der äußersten Faser, d. h.

$$M = \frac{1}{6}(x d\varphi) h^2 \sigma_x \quad . \quad . \quad . \quad . \quad . \quad . \quad . \quad (2)$$

Dasjenige auf die gegenüberliegende Stirnfläche

$$M' = \frac{1}{6}(x' d\varphi) h'^2 \sigma_x'.$$

Das Moment in den Seitenflächen dxh

$$M_1 = \frac{1}{6} dx h^2 \sigma_y \quad . \quad . \quad . \quad . \quad . \quad . \quad . \quad . \quad (3)$$

mit dem durch seine „Achse“ im Grundriß der Fig. 221 angedeuteten Sinn.

Außerdem wirkt in den Stirnflächen je eine Schubkraft, und zwar in $x d\varphi$h die Kraft

$$S = x d\varphi h \tau_m \quad . \quad . \quad . \quad . \quad . \quad . \quad . \quad . \quad (4)$$

wo τ_m den Mittelwert der Schubspannung bedeutet.[1])

Ebenso ist $\qquad S' = x' d\varphi h' \tau_m'.$

In den Seitenflächen ist die Schubkraft aus Gründen der Symmetrie $= 0$. Schließlich wirkt im Schwerpunkt des Elementes vertikal nach abwärts die Eigenschwere

$$dG = x d\varphi dx h \gamma \quad . \quad . \quad . \quad . \quad . \quad . \quad . \quad . \quad (5)$$

sofern γ das spezifische Gewicht bedeutet.

Die angeführten Kräfte müssen miteinander im Gleichgewichte stehen, es muß also in erster Linie die Summe der Momente beispielsweise für die zur XOZ-Ebene senkrecht stehende Schwerpunktsachse verschwinden. Die Zusammensetzung der Momente M_1 ergibt ein um diese Achse drehendes Moment $M_1 d\varphi$, dessen Sinn im Aufrisse der Fig. 221 eingetragen ist, und die erste Gleichgewichtsbedingung lautet mithin

---

[1]) Diese Betrachtungsweise entspricht im Wesen genau dem bisher von allen Autoren, z. B. Grashof, eingeschlagenen Wege, ist aber viel einfacher als die Methode des letzteren. Der Grad der Annäherung an die strenge Lösung dürfte ebenso groß sein, wie derjenige der gewöhnlichen Biegungslehre an die Theorie von de St. Vénaut.

$$M' - M - M_1 d\varphi + S dx = 0 \quad . \quad . \quad . \quad . \quad (6)$$

oder nach dem Einsetzen der Einzelwerte, da $M' - M = \frac{dM}{dx} dx$ ist,

$$\frac{d(xh^2\sigma_x)}{dx} - h^2\sigma_y + 6xh\tau_m = 0 \quad . \quad . \quad . \quad . \quad . \quad (7)$$

Die zweite Gleichgewichtsbedingung beziehen wir nicht auf ein Element, sondern auf die ganze von einem vertikalen Zylinder mit dem Radius x begrenzte Scheibe selbst. Das Gesamtgewicht derselben ist

$$G_x = \int_{x_1}^{x} 2\pi x dx h\gamma \quad . \quad . \quad . \quad . \quad . \quad . \quad . \quad (8)$$

Die in der Mitte vertikal nach oben wirkende Stützkraft P gleich dem Gewicht der ganzen Scheibe, mithin

$$P = \int_{x_1}^{x_2} 2\pi x dx h\gamma \quad . \quad . \quad . \quad . \quad . \quad . \quad . \quad (9)$$

Lotrecht nach abwärts haben wir endlich die gesamte Schubkraft $2\pi x h\tau_m$. Das Gleichgewicht fordert

$$G_x + 2\pi x h\tau_m = P \quad . \quad . \quad . \quad . \quad . \quad . \quad (10)$$

Hieraus berechnen wir

$$xh\tau_m = \frac{1}{2\pi}[P - G_x] = \left[\int_{x_1}^{x_2} x dx h\gamma - \int_{x_1}^{x} x dx h\gamma\right]$$

oder auch

$$xh\tau_m = \int_0^{x_2} x dx h\gamma - \int_0^{x} x dx h\gamma = \frac{P_0}{2\pi} - \frac{\gamma h x^2}{2-\alpha} \quad . \quad . \quad (11)$$

wenn wir mit

$$P_0 = \int_0^{x_2} 2\pi x dx h\gamma = \frac{2\pi\gamma h_2 x_2{}^2}{2-\alpha} \quad . \quad . \quad . \quad . \quad (12)$$

das „ideelle“ Gewicht der bis an die Achse ausgedehnt gedachten Scheibe bezeichnen, wobei indessen $\alpha < 2$ vorausgesetzt wird, und die Scheibe gleicher Dicke $\alpha = 0$, wie sich später zeigt, ausgeschlossen werden muß. Durch Einsetzen von $xh\tau_m$ aus Gl. **11** in Gl. 7 wird die Schubspannung eliminiert, und man erhält

$$\frac{d(xh^2\sigma_x)}{dx} - h^2\sigma_y = -\frac{6P_0}{2\pi} + \frac{6\gamma h x^2}{2-\alpha} \quad . \quad . \quad . \quad (13)$$

Nun ist die Ausdehnung eines Scheibenelementes auf der Zugseite bei der in Fig. 222 dargestellten Verbiegung im Abstande $\frac{h}{2}$ in radialer Richtung

$$\varepsilon_x = \frac{\left(\varrho + \frac{h}{2}\right) d\delta - \varrho\, d\delta}{\varrho\, d\delta} = \frac{h}{2\varrho} \quad \ldots \ldots \quad (14)$$

und nach der Richtung von y, d. h. im Umfange gemessen

$$\varepsilon_y = \frac{2\pi\left(x + \frac{h}{2}\sin\delta\right) - 2\pi x}{2\pi x} = \frac{h}{2\pi}\sin\delta \quad \ldots \quad (14\text{a})$$

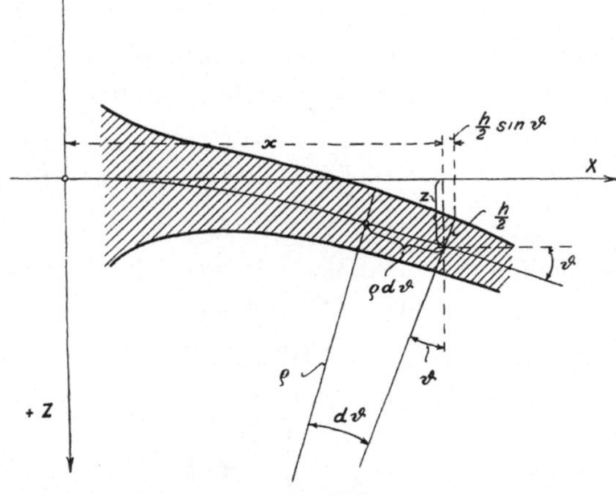

Fig. 222.

oder mit der zulässigen Näherung

$$\frac{1}{\varrho} = \frac{d^2 z}{d x^2} = z''; \quad \sin\delta = \infty \operatorname{tg}\delta = \frac{dz}{dx} = z',$$

$$\varepsilon_x = \frac{h}{2} z'', \quad \varepsilon_x = \frac{h z'}{2\pi} \quad \ldots \ldots \quad (14\text{b})$$

Hieraus ergibt sich, wie im Abschnitt 39

$$\left.\begin{aligned} \sigma_x &= \frac{E}{1-\nu^2}\left(z'' + \nu\frac{z'}{x}\right)\frac{h}{2} \\ \sigma_y &= \frac{E}{1-\nu^2}\left(\nu z'' + \frac{z'}{x}\right)\frac{h}{2} \end{aligned}\right\} \quad \ldots \ldots \quad (15)$$

und die Differentialgleichung 13 lautet

$$\frac{d}{dx}\left[h^3 (x z'' + \nu z')\right] - h^3\left(\nu z'' + \frac{z'}{x}\right) = \frac{12\,(1-\nu^2)\,\gamma h x^2}{E(2-\alpha)} - \frac{6\,(1-\nu^2)\,P_0}{\pi E}$$

(16)

oder mit Rücksicht auf Gl. 1

$$z''' + (1 - 3\alpha)\frac{z''}{x} - (1 + 3\alpha\nu)\frac{z'}{x^2} = a_1 x^{n_1} - a_2 x^{n_2} \quad . . \quad (17)$$

mit den Bezeichnungen

$$\left.\begin{array}{ll} n_1 = 2\alpha + 1 & n_2 = 3\alpha - 1 \\ a_1 = \dfrac{12(1 - \nu^2)\gamma}{(2 - \alpha)Ec^2} & a_2 = \dfrac{6(1 - \nu^2)P_0}{\pi E c^3} \end{array}\right\} \quad . . \quad (18)$$

Zum Zwecke der Auflösung setzen wir

$$z = u + b_1 x^{k_1}$$

und bezeichnen die rechte Seite von Gl. 17 mit $f(x)$; es entsteht dann

$$f(u) + b_1 [k_1(k_1 - 1)(k_1 - 2) + (1 - 3\alpha)k_1(k_1 - 1) - (1 + 3\alpha\nu)k_1] x^{k_1 - 3} \\ = a_1 x^{n_1} - a_2 x^{n_2}.$$

Man bringt x^{n_1} zum Verschwinden, wenn man

$$k_1 = n_1 + 3$$

setzt, und b_1 aus der Gleichung

$$(n_1 + 3)[(n_1 + 2)(n_1 + 2 - 3\alpha) - (1 + 3\alpha\nu)] b_1 = a_1 \quad (19)$$

bestimmt. Ebenso wird durch die Substitution

$$u = v + b_2 x^{n_2 + 3}$$

das zweite Glied rechts beseitigt, wobei b_2 aus Gleichung

$$(n_2 + 3)[(n_2 + 2)(n_2 + 2 - 3\alpha) - (1 + 3\alpha\nu)] b_2 = -a_2 \quad (19\text{a})$$

zu rechnen ist. Die verbleibende Gleichung

$$f(v) = 0 \quad . . . . \quad (17\text{a})$$

wird durch den Ansatz $v = b_0 x^\lambda$ integriert, wobei λ der Gleichung

$$\lambda^3 - (2 + 3\alpha)\lambda^2 + 3\alpha(1 - \nu)\lambda = 0$$

genügen muß. Die drei Wurzeln sind

$$\left.\begin{array}{l}\lambda \\ \lambda'\end{array}\right\} = \left(1 + \frac{3\alpha}{2}\right) \pm \sqrt{\left(1 + \frac{3\alpha}{2}\right)^2 - 3\alpha(1 - \nu)}; \quad \lambda'' = 0 \quad (20)$$

somit das vollständige Integral von Gl. 17

$$z = b_0 x^\lambda + b_0' x^{\lambda'} + b_0'' x^0 + b_1 x^{n_1 + 3} + b_2 x^{n_2 + 3}.$$

Für $x = 0$ fordern wir $z = 0$ und dies gibt $b_0'' = 0$; ebenso soll aber für $x = 0$, $z' = 0$ sein, was nur möglich ist, wenn $b_0' = 0$. Es ist nämlich $(\lambda' - 1)$ stets negativ reell, wie man leicht einsehen kann, und wir erhielten, falls b_0' nicht $= 0$ wäre, bei $x = 0$ unendlich große Werte von z'.

Die der Aufgabe entsprechende Lösung ist mithin

$$z = b_0 x^\lambda + b_1 x^{n_1+3} + b_2 x^{n_2+3} \quad . \quad . \quad . \quad . \quad (21)$$

Die noch willkürliche Konstante b_0 bestimmen wir durch die Randbedingung, daß für $x = x_2 = r$ die Biegungsspannung σ_x verschwinden, d. h.

$$\left(z'' + \nu \frac{z'}{x}\right)_{x=r} = 0 \quad . \quad . \quad . \quad . \quad . \quad (21\text{a})$$

sein müsse. Das Verschwinden der Schubspannungen ist schon dadurch erfüllt, daß P_0 = dem „ideellen" Radgewichte gemacht wurde. Die Ausführung der Rechnung ergibt

$$b_0 = -\frac{1}{\lambda(\lambda - 1 + \nu)}\left[(n_1 + 3)(n_1 + 2 + \nu)\, b_1 r^{n_1+3-\lambda} + (n_2 + 3)(n_2 + 2 + \nu)\, b_2 r^{n_2+3-\lambda}\right] \quad . \quad . \quad . \quad . \quad . \quad (22)$$

wodurch die Aufgabe vollkommen gelöst wird. Die Spannungen selbst finden wir durch Substitution der Ableitungen von Gl. 21 in Gl. 15.

Die Formeln sind zwar umständlich, erheischen indes wenigstens kein mühsames Probieren. Wenn der Raddurchmesser mehrere Meter erreicht, so zählt die Durchbiegung schon nach Millimetern, und die Rechnung sollte nicht unterlassen werden.

Zur Übersicht sei die Reihenfolge des Rechnungsganges hier nochmals zusammengestellt. Durch den Entwurf des Rades ist Gl. 1 gegeben. Wir rechnen aus Gl. 12 P_0, aus Gl. 18 n_1, n_2, a_1, a_2, aus Gl. 19 und 19a b_1, b_2, aus Gl. 20 λ, aus Gl. 22 b_0 und erhalten in Gl. 21 die Durchbiegung.

Für die Scheibe von unveränderlicher Dicke ist die Integration getrennt auszuführen, und ergibt mit $\alpha = 0$, $h = \text{konst.} = h_0$,

$$z = \frac{a_1 x^4}{32} - \frac{a_2 x^2}{4}(\lg n\, x - 1) + \frac{a_3 x^2}{4} \quad . \quad . \quad . \quad (23)$$

mit den Abkürzungen

$$a_1 = \frac{6(1 - \nu^2)\gamma}{E h_0^2}, \qquad a_2 = \frac{6(1 - \nu^2) P_0}{\pi E h_0^3} \quad . \quad . \quad (24)$$

welche Formeln schon Grashof entwickelt hat.

Zur Bestimmung von a_3 dient wieder Bedingung 21a und man erhält

$$a_3 = -\frac{3 + \nu}{4(1 + \nu)} a_1 r^2 + \left[\lg n\, r + \frac{1 - \nu}{2(1 + \nu)}\right] a^2 \quad . \quad (25)$$

und schließlich die Durchbiegung am Rande

$$(z)_{x=r} = \frac{3(1 - \nu)(7 + 3\nu)}{16} \frac{\gamma r^4}{E h_0^2} = 1{,}037 \frac{\gamma r^4}{E h_0^2} \quad . \quad (26)$$

Durch Zahlenbeispiele kann man nachweisen, daß die Verdickung der Scheibe gegen die Welle hin, gemäß Gl. 1, welche durch die Fliehkraftbeanspruchung an sich geboten ist, auch die Einsenkung durch das Eigengewicht ganz erheblich verringert. Die Wirkung eines verstärkten Randes läßt sich rechnerisch auch verfolgen, doch würde uns die Wiedergabe der Rechnung zu weit führen.

71a. Geraderichten der wagerecht rotierenden Scheibe durch die Eigenfliehkräfte.

Bei Scheiben von bedeutenden Abmessungen könnte die Gefahr auftreten, daß die Scheibe durch die Eigenfliehkräfte mehr oder weniger gerade gestreckt würde, mithin unter Umständen wieder

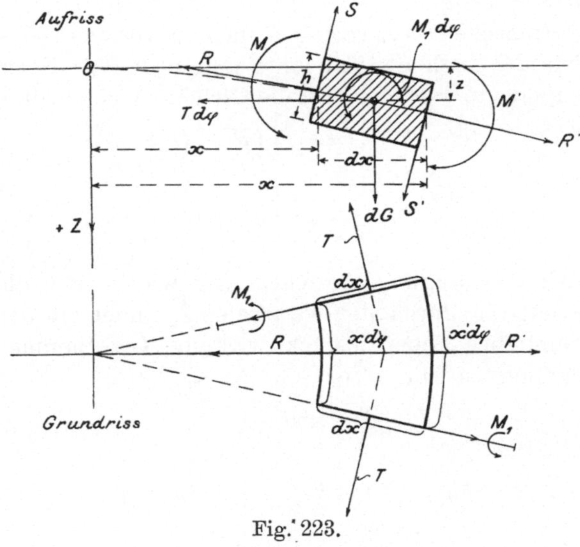

Fig. 223.

nach oben hin streifen könnte. Den Betrag dieses Geraderichtens kann man wenigstens für eine Scheibe konstanter Dicke näherungsweise wie folgt bestimmen.

Es sei in Fig. 223 ein Scheibenelement gleicher Form wie vorhin in Aufriß und Grundriß dargestellt. Zu den durch das Eigengewicht bedingten Kräften dG, S, S', M, M', M_1 tritt nun wegen der Fliehkraft $dF = \mu(x d\varphi h dx)\omega^2 x$, wo μ die spezifische Masse bedeutet, die auf die Stirnfläche $x d\varphi h$ wirkende radiale Kraft $R = x d\varphi h \sigma_r$ mit ihrer Gegenkraft $R' = x' d\varphi h \sigma_r'$ und auf die Seitenflächen dxh die tangentiale Kraft $T = dxh\sigma_t$ hinzu und es bedeutet $\sigma_r \sigma_t$, die über den Querschnitt gleichmäßig verteilte radiale bezw. tangentiale Zugspannung, während $\sigma_x \sigma_y$ im gleichen Sinne wie vorhin benutzt werden. Die Momente M_1 ergeben wie vorhin $M_1 d\varphi$, welches in die Figur eingetragen ist. Die Kräfte T kann man ebenfalls zu einer Resultierenden $Td\varphi$, welche radial einwärts wirkt, vereinigen. Das Gleichgewicht dieses Kräftesystemes erheischt wieder das Verschwinden der Momente um irgend eine Achse und das Verschwinden der Kraftkomponentensumme nach irgend einer Richtung. Erstere Bedingung auf die zu XOZ senkrechte Schwerpunktachse bezogen, gibt, wie vorhin

$$\frac{d(x\sigma_x)}{dx} - \sigma_y + \frac{6x}{h}\tau_m = 0 \quad . \quad . \quad . \quad . \quad (27)$$

Wir bilden ferner die Komponentensumme in der Richtung der Tangente an die elastische Linie des Meridianschnittes. Die Neigung dieser Tangente ist so klein, daß man Bogen, Sinus und Tangente vertauschen $= dz : dx = z'$ und den Kosinus $= 1$ setzen darf. Zerlegen wir dG nach der Tangente und nach der Normale, so ist erstere Komponente $= dGz'$, und die Gleichgewichtsbedingung lautet

$$R' - R - Td\varphi + dF + dGz' = 0 \quad . \quad . \quad . \quad (28)$$

oder

$$\frac{d(x\sigma_r)}{dx} - \sigma_t + \mu\omega^2 x^2 + \gamma x\frac{dz}{dx} = 0 \quad . \quad . \quad . \quad (29)$$

Die dritte Bedingung beziehen wir wieder auf die Vertikalkräfte, die auf ein durch den vertikalen Zylinder mit dem Radius x herausgeschnittenes Scheibenstück wirken. Die Summe der vertikalen Komponenten von R ist

$$2\pi x h \sigma_r z',$$

und wir erhalten

$$2\pi x h \sigma_r z' + 2\pi x h \tau_m + \gamma\pi x^2 h - P_0 = 0,$$

woraus

$$x h \tau_m = \frac{P_0}{2\pi} - \frac{\gamma h x^2}{2} - x h \sigma_r z'$$

in Gl. 27 eingeführt

$$\frac{d(x\sigma_x)}{dx} - \sigma_y - \frac{6x\sigma_r}{h}z' - \frac{3\gamma}{h}x^2 + \frac{3P_0}{\pi h^2} = 0 \quad . \quad . \quad (30)$$

ergibt. In Gl. 29 und 30 würde man für $\sigma_x \sigma_y \sigma_r \sigma_t$ die Ausdrücke 15, Abschn. 71 bezw. 12, Abschn. 39 einzusetzen, und die Unbekannten z und ξ als Funktion von x zu bestimmen haben. Die Schwierigkeit dieser Rechnung werden wir durch die Annahme umgehen, daß die Spannungen $\sigma_r \sigma_t$ in erster Annäherung denselben Wert besitzen, als wenn die Schwerkraft abwesend wäre. Es gilt dann für ξ Gl. 38, Artikel 39

$$\xi = a x^3 + b_1 x + \frac{b_2}{x} \text{ mit } a = -\frac{(1-\nu^2)\mu\omega^2}{8E},$$

wobei für die volle Scheibe $b_2 = 0$ ist, damit bei $x = 0$ auch $\xi = 0$ sei. Am Rande des Rades ist $\sigma_r = 0$, d. h. nach Gl. 12, Art. 39

$$\left(\nu \frac{\xi}{x} + \frac{d\xi}{dx}\right)_{x=r} = 0$$

und hieraus folgt

$$b_1 = -\frac{(3+\nu)\, a r^2}{1+\nu}$$

und schließlich

$$\sigma_r = a'(r^2 - x^2) \text{ mit } a' = \frac{(3+\nu)\,\mu\omega^2}{8} \quad . \; . \quad (31)$$

welchen Wert wir in Gl. 30 zugleich mit Gl. 15 einführen und so mit der weiteren Abkürzung

$$a'' = \frac{6(1-r^2)}{Eh^3} \quad . \; . \; . \; . \; . \; . \quad (32)$$

die Differentialgleichung

$$x z''' + z'' - \frac{z'}{x} + a''\left[\frac{P_0}{\pi} - 2a'h(r^2 - x^2)\,x z' - h\gamma x^2\right] = 0 \quad . \quad (33)$$

erhalten. Die Integration könnte durch Reihenansatz ohne Schwierigkeit bewerkstelligt werden, bedingt aber umständliche Rechnungen, wenn man ein Zahlenergebnis zu erhalten wünscht. Es wird deshalb ein Näherungsverfahren eingeschlagen, indem man für die Ableitung z' im Klammerausdruck eine einfache Funktion von x einführt. Da z vom Mittelpunkte ab stetig zunimmt, wird als einfachste Form

$$z = a_0 x^2 \quad . \; . \; . \; . \; . \; . \; . \quad (34)$$

vorauszusetzen sein, mit zunächst unbekanntem aber konstantem a_0, wobei indes zu bemerken ist, daß in Wirklichkeit z rascher zunimmt wie das Quadrat von x. Es wird mithin der Einfluß der Fliehkraft, der nur im Gliede $2a'h(r^2 - x^2)\,x z'$ zum Ausdruck kommt, etwas überschätzt.

Setzen wir demgemäß

$$z' = 2a_0 x$$

in Gl. 33 ein, und benutzen wir die Bezeichnungen

$$A_0 = \frac{a'' P_0}{\pi}, \; A_1 = a'' h (\gamma + 4 a_0 a' r^2), \; A_2 = 4 h a_0 a' a'' \quad (35)$$

so nimmt dieselbe die Form

$$z''' + \frac{z''}{x} - \frac{z'}{x^2} = -\frac{A_0}{x} + A_1 x - A_2 x^3 \quad . \; . \quad (36)$$

an, wobei die linke Seite auch als

$$z''' + \frac{d}{dx}\left(\frac{z'}{x}\right)$$

geschrieben, integriert das Ergebnis

$$z'' + \frac{z'}{x} = - A_0 \operatorname{lgn} x + \frac{1}{2} A_1 x^2 - \frac{1}{4} A_2 x^4 + A_3$$

liefert. Die linke Seite ist $= \frac{1}{x}\frac{d}{dx}(xz')$, man kann mithin nach Multiplikation mit x abermals integrieren und erhält schließlich

$$z = - A_0 \frac{x^2}{4} (\operatorname{lgn} x - 1) + \frac{1}{32} A_1 x^4 - \frac{1}{144} A_2 x^6 + \frac{1}{4} A_3 x^2 \qquad (37)$$

Die hinzutretenden zwei letzten Integrationskonstanten sind $= 0$, da für $x = 0$, sowohl $z = 0$ als auch $z' = 0$ sein muß. Das noch willkürliche A_3 folgt aus der Bedingung, daß für $x = x_2 = r$ die Biegungsspannung, d. h.

$$\left(z'' + \nu \frac{z'}{x}\right)_{x=r} = 0$$

sein müsse. Dies liefert

$$A_3 = \frac{1}{1+\nu}\left\{A_0 \left[(1+\nu) \operatorname{lgn} x + \frac{1-\nu}{2}\right] - \frac{1}{4} A_1 (3+\nu) r^2 + \frac{1}{12} A_2 (5+\nu) r^4\right\} \quad . \; . \; . \; . \; . \; . \; . \; . \; . \; . \; . \; . \quad (38)$$

und es ergibt sich schließlich die Durchbiegung am Rande für $x = r$, wenn die Werte der Konstanten A_0 bis A_3 eingesetzt werden

$$(z)_{x=r} = \frac{3}{16}(1-\nu)(7+3\nu)\frac{\gamma r^4}{E h^2} - \frac{1}{96}(3+\nu)(1-\nu)(17+5\nu)\frac{\mu \omega^2}{E h^2} a_0 r^6 \qquad (39)$$

Wäre $\omega = 0$, so erhielten wir

$$z_0 = \frac{3}{16}(1-\nu)(7+3\nu)\frac{\gamma r^4}{E h^2} \quad . \; . \; . \; . \quad (40)$$

in Übereinstimmung mit Gl. 26 des vorigen Abschnittes.

Setzen wir nun

$$\beta = \frac{1}{96}(3+\nu)(1-\nu)(17+5\nu)\frac{\mu \omega^2 r^4}{E h^2} \quad . \; . \quad (41)$$

so schreibt sich die effektive Einsenkung

$$z_r = z_0 - \beta a_0 r^2 \quad . \; . \; . \; . \; . \; . \; . \quad (42)$$

Die noch unbekannte Größe a_0 muß aber, um der Annahme Gl. 34 zu genügen, so berechnet werden, daß

$$z_r = a_0 r^2$$

sei. Wir erhalten mithin

$$z_r = z_0 - \beta z_r$$

und hieraus endgültig

$$z_r = \frac{z_0}{1+\beta} \quad . \quad . \quad . \quad . \quad . \quad . \quad . \quad . \quad (43)$$

Die Fliehkraft übt, wie man leicht nachweisen kann, auf die Durchbiegung einen großen Einfluß aus. So wird beispielsweise z_r die Hälfte von z_0, wenn $\beta = 1$, und dies erheischt bei einer Scheibe von 4 m Durchmesser, 3 cm Dicke (wenn $\mu = 7{,}8 \cdot 10^{-6}$, $E = 2 \cdot 10^6$, $\nu = 0{,}3$), eine Winkelgeschwindigkeit $\omega = 56{,}9$, also eine Umdrehungszahl $n = 543$ pro Min. Würden wir aber die Umdrehungszahl auf das Dreifache, d. h. auf 1630 steigern können, so würde $\beta = 9$, d. h. die Durchbiegung nur ein Zehntel derjenigen, die in der Ruhelage auftritt.

Die Anwesenheit eines verdickten Randes und die ungleichmäßige Dicke der Scheibe, dürfte das Verhältnis der beidartigen Durchbiegungen um so weniger beeinflussen, je höher die Geschwindigkeit ist. Man könnte übrigens die Einsenkung mittels der angewendeten Näherungsmethode auch für diese Fälle rechnen, doch berechtigt das obige einfache Beispiel schon zu dem Ausspruche, daß bei den im Turbinenbau üblichen hohen Umlaufzahlen die aus dem Eigengewichte folgende Durchbiegung der horizontalrotierenden Scheiben im Betriebe durch die Fliehkraft nahezu ganz aufgehoben werden dürfte. Im allgemeinen müßte mithin das Spiel zwischen den Leit- und Laufrädern mindestens dem Betrag dieser Durchbiegung gleich gemacht werden. Man könnte aber auch die Meridianlinie des Rades als flachen nach aufwärts konkaven Bogen gemäß Gl. 21 ausführen, so daß die Eigenschwere die Mittelfläche zu einer horizontalen Ebene verbiegen würde, und die Fliehkräfte nur noch wagerechte Dehnungen hervorrufen könnten. Freilich würden hiermit etwas hohe Anforderungen an die Werkstätte gestellt; die Rücksicht auf die mögliche Vibration des Rades wird uns veranlassen, das Spiel nicht zu knapp anzusetzen.

71b. Beanspruchung der Scheibenräder bei ungleichmäßiger Erwärmung.

In neuester Zeit hat man beobachtet, daß bei einstufigen Turbinen wegen der Wärmestrahlung des Düsenringes der Rand des Scheibenrades wesentlich höhere (bis um 100^0 verschiedene) Temperaturen annehmen kann, als der Scheibenkörper, der an das kältere Gehäuse Wärme ausstrahlt. Deshalb tauchen Radkonstruktionen auf, bei welchen z. B. der Kranz durch radiale Sägenschnitte in zahlreiche unabhängige Segmente getrennt wird, damit er sich frei ausdehnen könne. Auch im Material liegende innere Spannungen würden sich alsdann ausgleichen können. Noch weit gefährlichere Beanspruchungen sind bei Betriebsunfällen denkbar; so könnte bei unsachgemäßer Bedienung (während des Abstellens) das Einspritzwasser in das Turbinengehäuse dringen und den Radkranz abkühlen, während die Scheibe warm bliebe.

Die Untersuchung wird bedeutend vereinfacht durch die Bemerkung, daß die Spannungen, welche von der ungleichen Erwärmung herrühren, nach dem Prinzip der „Superposition" mit den Fliehkraftspannungen vereinigt werden dürfen, d. h. daß man dieselben berechnen kann als wenn das Rad ruhen würde.

Ein besonders durchsichtiger Fall entsteht, wenn wir eine Scheibe mit konstanter Dicke h untersuchen, deren Kranz mit dem Querschnitte f plötzlich um t^0 C. gegenüber der gleichmäßigen Anfangstemperatur abgekühlt werde. Indem sich der Kranz zusammenzuziehen bestrebt, übt er auf die Scheibe einen radialen Druck aus und wird selbst gespannt, genau wie ein Schrumpfring und seine Unterlage. Nehmen wir der Einfachheit halber an, die Scheibe sei voll (ohne Bohrung, oder die Nabe so stark, daß sich die Scheibe wie eine volle verhält), so überzeugen wir uns durch Spezialisierung der Formeln 38 in Abschn. 39, oder durch unmittelbare Überlegung, daß die (Druck-) Spannung σ nach allen Richtungen in der Scheibe gleich groß ist, und daß die lineare Zusammendrückung demzufolge

$$\xi = \frac{1-\nu}{E} \sigma x \quad . \quad . \quad . \quad . \quad . \quad . \quad . \quad (1)$$

wird. Indem wir nun in Fig. 103 den Unterschied zwischen x_2 und x_3 vernachlässigen und beide $= r$ setzen, erhalten wir am Scheibenrande

$$\xi_r = \frac{1-\nu}{E} \sigma r \quad . \quad . \quad . \quad . \quad . \quad . \quad . \quad (2).$$

Der Ringradius, dessen Größe ursprünglich r gewesen ist, würde durch die Abkühlung um t^0 C. eine Verkleinerung um

$$\triangle r = r \varepsilon t \quad . \quad . \quad . \quad . \quad . \quad . \quad . \quad . \quad (3)$$

erfahren, wenn ε den Wärmeausdehnungskoeffizienten bedeutet. Allein die Scheibe drückt ihn mit dem auf die Breite h wirkenden Drucke σ radial auseinander, wodurch eine Aufweitung um

$$\xi_r' = \frac{h\sigma r^2}{Ef} \quad \ldots \ldots \ldots \quad (4)$$

hervorgebracht wird, und es muß die Gleichheit $\xi r + \xi r' = \triangle r$, oder nach Einsetzung der Werte 2, 3, 4,

$$\frac{1-\nu}{E}\sigma r + \frac{h\sigma r^2}{Ef} = r\varepsilon t$$

bestehen, woraus sich

$$\sigma = \frac{E\varepsilon t}{(1-\nu) + \frac{hr}{f}} \quad \ldots \ldots \quad (5)$$

berechnet. Die Spannung σ_1 im Ring erhalten wir näherungsweise aus der Belastung durch σ auf die Innenseite desselben durch die sogenannte Kesselformel

$$\sigma_1 = \frac{rh\sigma}{f} = \frac{E\varepsilon t}{(1-\nu)\frac{f}{rh} + 1} \quad \ldots \ldots \quad (6)$$

Formel 5 und 6 haben die Eigentümlichkeit, daß die Spannungen nur vom Temperaturunterschied t und dem Produkte rh, nicht aber einzeln von der Größe des Radius abhängen. Eine doppelt so große, aber doppelt so dünne Scheibe erfährt mithin bei gleichstarkem und gleicherhitztem Kranz die gleiche Beanspruchung.

Es bietet keine Schwierigkeit, auch eine stetige Verteilung der Temperatur, wenn ein passend einfaches Verteilungsgesetz angenommen wird, in Rechnung zu ziehen. Die Grundformeln 8 und 9 des 39. Abschn. bleiben bestehen, doch bedeutet ε_r und ε_t nur die nach Abrechnung der Wärmeausdehnung sich ergebende elastische spezifische Dehnung, die man wie folgt berechnet. Es sei t der in allen Punkten des Kreises vom Radius x konstante Temperaturüberschuß über die Anfangstemperatur, eine Abhängige des x. Der Radius nach erfolgter Anspannung und Erwärmung sei $x + \xi$. Ein Ring mit dem Radius x würde durch die Wärme allein um

$$\xi' = \varepsilon x t$$

ausgedehnt worden sein. Nur der Überschuß $\xi'' = \xi - \xi'$ bildet eine elastische Deformation; mithin ist die tangentiale Ausdehnung

$$\varepsilon_t = \frac{\xi''}{x} = \frac{\xi}{x} - \varepsilon t \quad \ldots \ldots \ldots \quad (7)$$

Gleicherweise ist die Verschiebung des Punktes, der im Abstande dx vom Erstbetrachteten liegt, $\xi^* = \xi + d\xi/dx \cdot dx$, und die gesamte Ausdehnung des Elementes dx ist $d\xi/dx \cdot dx$. Die Wärme allein ergibt den Anteil $\varepsilon t dx$, als elastische Dehnung in radialer Richtung haben wir also anzusehen

$$\varepsilon_r = \frac{\frac{d\xi}{dx}dx - \varepsilon t dx}{dx} = \frac{d\xi}{dx} - \varepsilon t \quad \ldots \ldots \quad (8)$$

Der Ausdruck der Spannungen, Gl. 12, Abschn. 39, lautet mithin

$$\left.\begin{aligned}\sigma_r &= \frac{E}{1-\nu^2}\left[\nu\left(\frac{\xi}{x}-\varepsilon t\right)+\frac{d\xi}{dx}-\varepsilon t\right]\\ \sigma_t &= \frac{E}{1-\nu^2}\left[\left(\frac{\xi}{x}-\varepsilon t\right)+\nu\left(\frac{d\varepsilon}{dx}-\varepsilon t\right)\right]\end{aligned}\right\}\quad\ldots\ldots \quad (9)$$

und Hauptgleichung 13 wird:

$$\frac{d^2\xi}{dx^2}+\left(\frac{dlny}{dx}+\frac{1}{x}\right)\frac{d\xi}{dx}+\left(\frac{\nu}{x}\frac{dlny}{dx}-\frac{1}{x^2}\right)\xi$$
$$-(1+\nu)\,\varepsilon\frac{dt}{dx}-(1+\nu)\,\varepsilon t\frac{dlny}{dx}+Ax=0\ .\ .\ .\quad (10)$$

Die Gleichung ist leicht integrabel, wenn wir wieder $y=cx^\alpha$ setzen, und für die Temperatur das Gesetz

$$t=Bx^n\ .\ .\ .\ .\ .\ .\ .\ .\ .\ .\ .\quad (11)$$

oder eine Summe von Potenzgliedern aufstellen. Man findet

$$\xi=ax^3+bx^{n+1}+b_1x^{\psi_1}+b_2x^{\psi_2}\quad .\ .\ .\ .\ .\quad (12)$$

wobei a, ψ_1, ψ_2 durch Gl. 18 und 20, Abschn. 39 definiert sind, während

$$b=\frac{(1+\nu)\,\varepsilon\,(\alpha+n)\,B}{n\,(n+1)+(1+\alpha)\,(n+1)+(\alpha\nu-1)}\quad .\ .\ .\ .\quad (13)$$

bedeutet. Zur Bestimmung von b_1, b_2 dienen die Randbedingungen, wie in Abschn. 39, indessen mit Inbetrachtnahme der Temperaturunterschiede. An Gl. 10 kann man die Behauptung leicht bewahrheiten, daß die Lösungen für die ruhende, aber erwärmte Scheibe, und für die rotierende Scheibe aber mit $t=0$ superponiert werden dürfen. Es liegt dies daran, daß sowohl die Differentialgleichung wie auch die Randbedingungen in ξ und seinen Ableitungen linear sind.

72. Kritische Geschwindigkeit einer stetig und gleichmäßig belasteten Welle mit veränderlichem Durchmesser.

In der allgemeinen Gl. 4, Abschnitt 49, ist in diesem Falle unter m_1 zu verstehen die Summe der auf die Längeneinheit entfallenden Masse der Räder m_1' und der Eigenmasse der Welle $\mu\pi r^2$, und die genannte Gleichung schreibt sich mit Einsetzung von $J=\frac{\pi}{4}r^4$:

$$\frac{\pi}{4}r^4E\frac{d^4y}{dx^4}=(m_1'+\mu\pi r^2)\,\omega^2\,(y+e)\quad .\ .\ .\quad (1)$$

worin nun r der Voraussetzung gemäß veränderlich sein soll. Um die Rechnung nicht über Gebühr zu erschweren, werde eine beidseitig frei aufliegende, gegen die Mitte verdickte Welle angenommen, deren Radius nach dem Gesetze

$$r^4=r_0^{\,4}\left(1-\beta^2\frac{x^2}{l^2}\right)\ .\ .\ .\ .\ .\ .\quad (2)$$

gegen die Wellenenden abnimmt. Der Koordinatenanfang liegt wieder in der Mitte der Lagerentfernung. Außerdem werde angenommen, daß sich entweder m_1' so ändert, daß die Summe $m_1' + \mu\pi r^2$ einen überall konstanten Wert besitzt, oder es werde $\mu\pi r^2$ mit einem mittleren Betrag in Rechnung gesetzt, so daß die Summe m_1 von Querschnitt zu Querschnitt unverändert bleibt. Führt man die neue Veränderliche

$$z = \beta \frac{x}{l}$$

ein, so erscheint Gl. 1 in der Form

$$\frac{\pi}{4}(1 - z^2)\, E \frac{\beta^4}{l^4} \frac{d^4 y}{dz^4} = m_1 \omega^2 (y + e)$$

oder mit der Bezeichnung

$$\alpha = \frac{4 m_1 \omega^2 l^4}{\pi E r_0^{\,4} \beta^4} \quad . \; . \; . \; . \; . \; . \; . \; . \quad (3)$$

und unter Voraussetzung eines gleichbleibenden e:

$$(1 - z^2) \frac{d^4 y}{dz^4} = \alpha (y + e) \quad . \; . \; . \; . \; . \quad (4)$$

Die Grenzwerte von z, welche $x = 0$ und $x = l$ entsprechen, sind 0 und β, und in diesem Zwischenraum wird die vorliegende Gleichung, wie die Differentialrechnung lehrt, durch eine konvergente Reihe von der Form

$$y = a_0 + a_2 z^2 + a_4 z^4 + a_6 z^6 + \ldots \quad . \; . \; . \; . \quad (5)$$

integriert. Die ungeraden Potenzen fallen wegen der Symmetrie weg. Führt man die Reihe in die Differentialgleichung ein, so erweisen sich a_0, a_2 als zunächst willkürlich, während die übrigen Werte durch

$$\left.\begin{aligned} a_4 &= \frac{\alpha (a_0 + e)}{1 \cdot 2 \cdot 3 \cdot 4} \\ a_6 &= \frac{\alpha (a_0 + e)}{3 \cdot 4 \cdot 5 \cdot 6} + \frac{\alpha a_2}{3 \cdot 4 \cdot 5 \cdot 6} \\ a_8 &= \frac{\alpha}{5 \cdot 6 \cdot 7 \cdot 8} \left[\left(1 + \frac{\alpha}{1 \cdot 2 \cdot 3 \cdot 4}\right)(a_0 + e) + a_2 \right] \\ &\ldots\ldots\ldots\ldots \end{aligned}\right\} \quad . \quad (6)$$

dargestellt werden. Da jeder Koeffizient in $(a_0 + e)$ und a_2 linear ist, so schreibt sich y in der Form

$$y = (a_0 + e) R_0 + a_2 R_2,$$

wo R_0 und R_2 Potenzreihen von z sind. Die Konstanten a_0, a_2 bestimmen sich nun aus der Bedingung, daß für $x = l$, d. h. $z = \beta$, sowohl y als auch das biegende Moment, d. h. $\frac{d^2 y}{dz^2}$, verschwinden muß. Bezeichnen wir die zweiten Ableitungen der Reihen R_0, R_2 nach z mit R_0'', R_2'' und den Wert dieser Ausdrücke für $z=\beta$ durch Anhängen des Buchstabens β, so entstehen die Bedingungsgleichungen

$$a_0 (R_0)_\beta + a_2 (R_2)_\beta = -e (R_0)_\beta$$
$$a_0 (R_0'')_\beta + a_2 (R_2'')_\beta = -e (R_0'')_\beta \,.$$

Aus diesen lassen sich a_0, a_2 im allgemeinen als bestimmte endliche Werte berechnen. Nur in dem Falle, daß die Determinante

$$D = \begin{vmatrix} (R_0)_\beta & (R_2)_\beta \\ (R_0'')_\beta & (R_2'')_\beta \end{vmatrix} = (R_0)_\beta (R_2'')_\beta - (R_0'')_\beta (R_2)_\beta \,. \quad . \quad (7)$$

verschwindet, wird a_0, a_2, mithin auch die Durchbiegung y, unendlich groß. Die kritische Geschwindigkeit läßt sich mithin aus der Gleichung

$$D = 0 \quad . \quad . \quad . \quad . \quad . \quad . \quad . \quad . \quad (8)$$

ermitteln. Zu diesem Zwecke ist es notwendig, die Werte der $a_4 a_6 \ldots$ in die Reihen R einzuführen und Gl. 8 nach der in α vorkommenden Größe ω^2 aufzulösen. Dieses Verfahren ist trotz der im ganzen nicht schlechten Konvergenz der Reihen sehr umständlich, und es soll deshalb ein angenäherter Wert von ω_k hergeleitet werden, indem man in den Reihen R alle Glieder mit einer höheren Potenz als z^6 bezw. β^6 unterdrückt. Diese Rechnung führt auf die Gleichung

$$1 - \frac{1}{6}\alpha\beta^4 - \frac{1}{45}\alpha\beta^6 = 0 \quad . \quad . \quad . \quad . \quad . \quad . \quad (9)$$

oder nach Einsetzen des Wertes von α schließlich auf die kritische Geschwindigkeit

$$\omega_k = \sqrt{\frac{3\pi}{2}\,\frac{r_0^4\varepsilon}{m_1 l^4}\,\frac{1}{1+\frac{2}{15}\beta^2}} = 3{,}464\sqrt{\frac{J_0 E}{M l^3}\,\frac{1}{1+\frac{2}{15}\beta^2}} \quad (10)$$

worin $J_0 = \frac{\pi}{4} r_0^4$ das Flächenträgheitsmoment des mittleren Wellenquerschnittes und M die Gesamtmasse der Scheiben und der Welle bedeutet. Wenn ferner r_1 der Radius der Welle im Lager ist, so folgt aus Gl. 2

$$\beta^2 = 1 - \frac{r_1^4}{r_0^4} \quad . \quad . \quad . \quad . \quad . \quad . \quad . \quad . \quad (11)$$

Die kritische Geschwindigkeit zeigt sich mithin gegenüber der für die glatte Welle gültigen nur wenig verändert.

Eine besonders einfache und doch strenge Lösung gestattet der Sonderfall, in welchem die Belastung proportional ist dem

Quadrate des Wellenhalbmessers und dieser selbst proportional der Durchbiegung, d. h. für den Ansatz

$$JE\frac{d^4y}{dx^4}=\frac{\pi}{4}r^4E\frac{d^4y}{dx^4}=m_1'r^2\omega^2y,$$

oder

$$\frac{d^4y}{dx^4}=\frac{4m_1'\omega^2}{\pi Ea} \quad \ldots \ldots \ldots (12)$$

mit

$$r^2=ay \quad \ldots \ldots \ldots (13)$$

Von einer Exzentrizität (e) werde hier abgesehen und die kritische Geschwindigkeit wieder aus der Bedingung bestimmt, daß sich die Welle unter dem Einflusse der Fliehkräfte und der elastischen Gegenkraft im indifferenten Gleichgewichte befindet. Die allgemeine Integration von Gl. 12 ergibt für die beidseitig aufliegende Welle von der Länge $2l$

$$ay=r^2=\frac{m_1'\omega^2l^4}{6\pi E}\left[\left(\frac{x}{l}\right)^4-6\left(\frac{x}{l}\right)^2+5\right] \quad \ldots (14)$$

Wenn wir nun den Radius r, z. B. in der Wellenmitte bei $x=0$, vorschreiben, d. h. $r=r_0$ setzen, so muß die Winkelgeschwindigkeit einen bestimmten, den „kritischen" Wert annehmen, damit Gl. 14 bestehen könne. Wir haben also

$$r_0^2=\frac{5}{6\pi}\frac{m_1'\omega_k^2l^4}{E} \quad \ldots \ldots \ldots (15)$$

und

$$\omega_k=r_0\sqrt{\frac{6\pi E}{5m_1'l^4}} \quad \ldots \ldots \ldots (16)$$

73. Mitschwingen des Fundamentes; Ungefährlichkeit der „Resonanz".

Die von Vibration nie ganz freie Welle überträgt auf das Fundament der Turbine eine periodisch wechselnde Kraft, durch welche ersteres in Mitschwingung versetzt werden muß. Das Fundament dürfen wir uns als eine starre Masse vorstellen, die auf einer elastischen Unterlage aufruht, und es liegt die Befürchtung nahe, daß unter Umständen die Umdrehungszahl der Turbine mit der natürlichen Schwingungszahl des Fundamentes übereinstimmen, und daß die bei andern Schwingungsvorgängen so gefährliche „Resonanz" auftreten könnte. Es hat nun ein praktisches Interesse, festzustellen, daß diese Resonanz für die Turbine ungefährlich ist, und keineswegs zu außergewöhnlich gesteigerter Erschütterung führen kann, und zwar aus dem Grunde, weil die Turbinenwelle kein starrer Körper, sondern selbst elastisch nachgiebig ist. Hingegen gewinnt das Mitschwingen Bedeutung durch den Umstand, daß die kritische Geschwindigkeit der Welle verkleinert oder vergrößert wird.

Am einfachsten überzeugt man sich von der Richtigkeit obiger Behauptung am „elastischen Doppelpendel“, z. B. an der in Fig. 224 dargestellten Verbindung der Masse m durch eine Feder mit der Masse m', die ihrerseits durch eine Feder mit einem festen Punkte verbunden ist.[1])

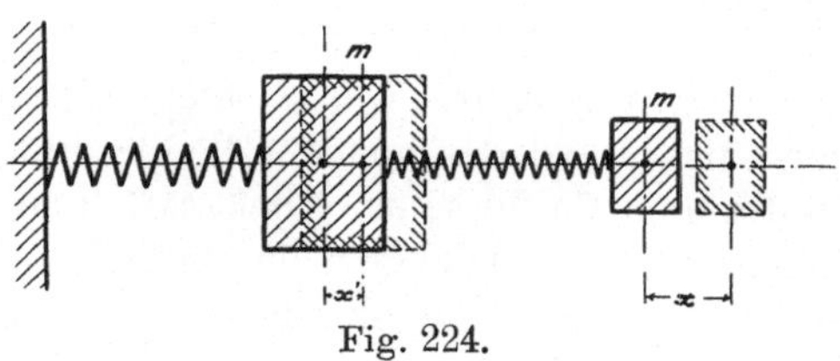

Fig. 224.

[1]) Die Masse m versinnbildlicht die Welle mit ihrer Federung, m' desgl. das Fundament mit seiner Nachgiebigkeit. Lassen wir auf m die periodische Kraft

$$P = a \cos \omega t$$

einwirken, durch welche eine Schwingung in der Horizontalen eingeleitet wird. Die Auslenkung von m und m' aus der Lage, wo die Federn spannungslos sind, sei x und x', dann wirken in den Federn die Kräfte X und X', die man der Verlängerung proportional, d. h.

$$X = \alpha (x - x')$$
$$X' = \alpha' x'$$

setzen kann. Die Bewegungsgleichungen der Massen sind

$$m \frac{d^2 x}{d t^2} = - X + P$$
$$m' \frac{d^2 x'}{d t^2} = - X' + X.$$

Setzen wir voraus, daß eine, wenn auch sehr kleine, der Geschwindigkeit proportionale Reibung als sogen. „Dämpfung“ mitwirkt, so bleibt nach hinlänglich langer Zeit nur die mit P synchrone Schwingung übrig, d. h. die Lösung der beiden Gleichungen wird durch den Ansatz $x = A \cos \omega t$, $x' = A' \cos \omega t$ wiedergegeben, worin

$$A = \frac{\beta' a}{\alpha^2 - \beta \beta'}; \quad A' = - \frac{\alpha a}{\alpha^2 - \beta \beta'}$$
$$\text{mit} \quad \beta = m \omega^2 - \alpha; \quad \beta' = m' \omega^2 - (\alpha + \alpha').$$

Kritische Oszillationszahlen, d. h. unendlich große Werte von A und A' ergeben sich mithin, wenn

$$\alpha^2 - \beta \beta' = 0 \quad . \quad . \quad . \quad . \quad . \quad . \quad . \quad . \quad . \quad . \quad (1)$$

Würde m allein schwingen, bei festgelegtem m', so hätte man die kritische Zahl aus der Gleichung

$$m \omega^2 - \alpha = 0 \quad . \quad . \quad . \quad . \quad . \quad . \quad . \quad . \quad . \quad . \quad (2)$$

zu bestimmen. Würde die Kraft P an der Masse m' in Abwesenheit von m angreifen, so hätte man in gleicher Art

Für die Turbinenwelle kann man sich der Einfachheit halber das Fundament nur vertikal nachgiebig denken, und die Auslenkung eines Wellenpunktes durch die Koordinaten x in der Wellenrichtung, y wagerecht, z senkrecht bestimmt denken. Wenn man wieder die Bezeichnungen des Art. 49 benutzt, die Exzentrizitäten e aber $=0$ setzt, so wird die Bewegung der Welle durch die Gleichungen

$$JE\frac{\partial^4 y}{\partial x^4} = -m_1\frac{\partial^2 y}{\partial t^2}$$

$$JE\frac{\partial^4 z}{\partial x^4} = -m_1\frac{\partial^2 z}{\partial t^2}$$

dargestellt, wo auf der rechten Seite die d'Alembertschen Trägheitskräfte als „Belastung“ der Welle erscheinen. Die Drehung je eines durch zwei zur Achse senkrechte Ebenen ausgeschnittenen Elementes um die Schwerpunktsachse erfolgt mit konstanter Winkelgeschwindigkeit, da wir Gleichgewicht der Drehmomente voraussetzen wollen. Die beiden Gleichungen genügen mithin; aus ihnen sind y und z für eine beiderseitig frei aufliegende Welle von der Länge $2l$ so zu bestimmen, daß für $x=l$, $y=0$, während $z=\zeta$ werden muß, unter ζ die momentane Auslenkung der periodischen Schwingung des Fundamentes verstanden, welche durch die auf die Masse m' des Fundamentes wirkende Scherkraft der Welle in

---

$$m'\omega^2 - \alpha' = 0 \quad . \; . \; . \; . \; . \; . \; . \; . \; . \; . \quad (3)$$

zu setzen. Weder die eine noch die andere Bedingung bewirkt indessen, daß Gl. 1 erfüllt wäre.

Es gibt mithin für das elastische Doppelpendel kritische Schwingungszahlen, allein diese stimmen nicht überein mit denjenigen, die für die einzelnen Pendel an sich Gültigkeit haben.

Die Masse m' bleibt einflußlos, falls, sei es der elastische Widerstand, d. h. α', sei es m' selbst unendlieh groß wird. Nähern sich die Verhältnisse dieser Grenze, so wird sich ω_k^2 wenig vom Werte α/m, der aus Gl 2 folgt, unterscheiden. Man kann diesen Wert näherungsweise in den Ausdruck von β' in Gl. 1 einsetzen und erhält

$$\alpha^2 - (m\,\omega_k^2 - \alpha)\left(m'\frac{\alpha}{m} - \alpha - \alpha'\right) = 0$$

alsdann das korrigierte

$$\omega_k^2 = \frac{\alpha}{m}\left[1 + \frac{1}{\dfrac{m'}{m} - \dfrac{\alpha'}{\alpha} - 1}\right]$$

woraus hervorgeht, daß die kritische Schwingungszahl durch das Mitschwingen des „Fundamentes“ (m') vergrößert wird, falls die Masse desselben groß ist gegen m, hingegen die elastische Rückwirkung (α') klein gegen diejenige der „Welle“ (α), weil das neben der Einheit stehende Glied positiv wird. Die kritische Schwingungszahl wird verkleinert, falls die entgegengesetzten Verhältnisse eintreten.

ihrem Endquerschnitt und die elastische Rückwirkung $=\alpha\zeta$ der Unterlage unterhalten wird. Hierfür ist die entsprechende Bewegungsgleichung aufzustellen, und außerdem zu beachten, daß bei $x=l$ das biegende Moment für das freie Auflager verschwindet. Für den einfachsten Fall einer symmetrischen Verbiegung der Welle und einer Sinusschwingung des Fundamentes erhält man die Lösung

$$y=\left[a'\left(e^{kx}+e^{\ kx}\right)+b'\cos kx\right]\sin\omega t$$
$$z=\left[a\left(e^{kx}+e^{-kx}\right)+b\cos kx\right]\sin(\omega t+\varepsilon),$$

wo ε eine von den Anfangsbedingungen abhängige Größe ist. Für die Konstanten ergeben sich, da die Exzentrizität $=0$ gesetzt wurde, endliche Werte nur bei den kritischen Umlaufzahlen, und zwar einerseits für die vertikale Schwingung, falls

$$\operatorname{tghyp}(kl)-\operatorname{tg}(kl)=2\beta \quad \ldots\ldots \quad (1)$$

worin

$$k^4=\frac{m_1\omega^2}{JE}; \quad \beta=\frac{m'\omega^2-\alpha}{JEk^3}$$

ist, anderseits für die horizontalen Auslenkungen, falls

$$\cos kl=0 \quad \ldots\ldots\ldots \quad (2)$$

Es gibt im hier vorausgesetzten Falle des einseitig nachgiebigen Fundamentes zwei Reihen von kritischen Umlaufzahlen, eine für die vertikalen, die andere für die wagerechten Ausbiegungen der Welle. Der Synchronismus der Rotation mit der Eigenschwingung des Fundamentes, d. h. $m'\omega^2-\alpha=0$, liefert an sich keine kritische Umlaufzahl.

Setzt man das Fundament allseitig gleichmäßig nachgiebig voraus, so bleibt, wie man sich überzeugen kann, Bedingung 1 bestehen, und es ergibt sich weiterhin die interessante Tatsache, daß bei Resonanz die Welle so rotiert, als wäre sie, von der Schwere abgesehen (also z. B. bei vertikaler Aufstellung), vollkommen frei.

74. Bedingungen für die Stabilität des Gleichgewichtes über der kritischen Geschwindigkeit.

Wir betrachten zunächst eine einzelne Scheibe unter Ausschluß jeder Seitenschwankung. Es bedeute in Fig. 225 S den Scheibenschwerpunkt, W den Durchstoßpunkt der durchgebogenen Welle mit der Scheibe, O die Projektion der geometrischen Drehachse. Von der Anwesenheit anderer Schwungmassen auf der Welle wird abgesehen. Im Falle des relativen Gleichgewichtes liegt S auf der Verbindungslinie OW in einem Abstande ϱ_0, welcher sich aus der Gleichsetzung der Fliehkraft $m\varrho_0\omega_0^2$ und der elastischen Gegenkraft $\alpha(e+\varrho_0)$ wie früher zu

$$\varrho_0 = \frac{\alpha e}{m\omega_0^2 - \alpha} \quad \text{. . . . . . . (1)}$$

ergibt. Der Winkel φ wird, solange Gleichgewicht besteht, mit gleichförmiger Geschwindigkeit ω_0 beschrieben und werde mit φ_0 bezeichnet, so daß $\varphi_0 = \omega_0 t$ ist, wenn t die Zeit bedeutet. Die auf die Scheibe wirkenden übrigen Kräfte sollen sich das Gleichgewicht halten; insbesondere kann man sich vorstellen, daß die treibende Dampfkraft ein reines Moment ergibt, welches durch eine entsprechende Torsion der Welle ausgeglichen und auf die zunächst massenlos gedachte Arbeitsmaschine übertragen wird. Um zu prüfen, ob das dynamische Gleichgewicht stabil ist, muß man die Parameter, durch welche die Bewegung im Beharrungszustande dargestellt wurde, d. h. ϱ_0, φ_0 und den Winkel von OS und SW (welcher ursprünglich $=0$ war) um unendlich kleine Funktionen der Zeit vergrößern und die Bewegungsgleichungen aufstellen. Fig. 225 stellt eine Lage des so veränderten Bewegungszustandes dar, in welcher

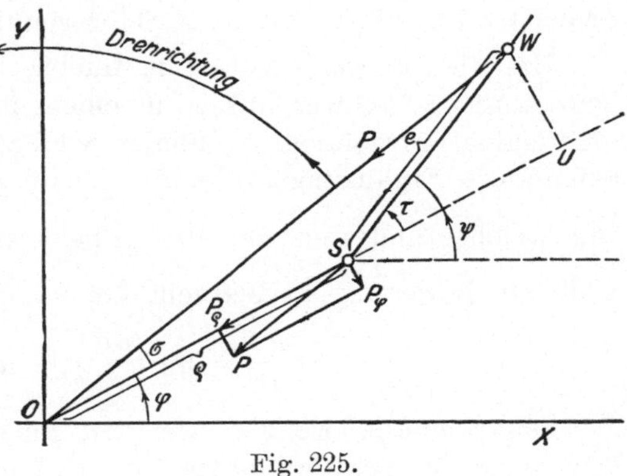

Fig. 225.

$$\begin{aligned} \varrho &= \varrho_0 + z \\ \varphi &= \varphi_0 + \varepsilon \\ \psi &= \varphi + \tau \end{aligned} \quad \text{. . . . . . . (2)}$$

und z, ε, τ unendlich kleine Größen bedeuten.

Für die Bewegungsgleichungen werden ϱ, φ, ψ als Veränderliche betrachtet,[1]) und man muß zuerst die Bewegung des Schwerpunktes für sich, dann die Bewegung der Scheibe um den Schwerpunkt untersuchen. Die erstere erfolgt so, als ob die Scheibenmasse im Schwerpunkte vereinigt wäre und alle Kräfte an diesem an-

[1]) Aus dieser durch die Natur der Aufgabe bedingten Wahl der Veränderlichen folgt, daß man zweckmäßigerweise auf die sogen. allgemeinen Lagrangeschen Differentialgleichungen zurückgreifen sollte, welche in der Tat mühelos die weiter unten elementar entwickelten Formeln ergeben.

griffen. Die elastische Kraft P, Fig. 225, ist $= \alpha \overline{WO}$; da aber WO als Strecke die Resultierende aus $\overline{WU}$ und $\overline{UO}$, wobei $\overline{WU} \perp \overline{UO}$ ist, so kann diese Kraft als Resultierende der Kräfte $P_\varphi = \alpha \overline{WU}$ und $P_\varrho = \alpha \overline{OU}$ mit den entsprechenden Richtungen aufgefaßt werden. Bei der Kleinheit von τ und σ ist dann

$$P_\varphi = \alpha e \tau$$

und

$$P_\varrho = \alpha(\varrho + e) \quad \ldots \ldots \ldots (3)$$

welche Kräfte in Fig. 225 an den Schwerpunkt übertragen worden sind.

Um die Änderung von ϱ zu finden, betrachten wir die relative Bewegung des Schwerpunktes in einem mit dem Radiusvektor mitrotierenden (gewichtlosen) radialen Schlitze. Wir müssen zu diesem Behufe die Ergänzungskräfte der relativen Bewegung hinzufügen, von welchen indessen nur die „Fliehkraft" $m\varrho\left(\frac{d\varphi}{dt}\right)^2$ für die bezeichnete Bewegung in Betracht kommt, und wir erhalten

$$m\frac{d^2\varrho}{dt^2} = m\varrho\left(\frac{d\varphi}{dt}\right)^2 - \alpha(e + \varrho) \quad \ldots \ldots (4)$$

Des weiteren wenden wir den Flächensatz auf die absolute Bewegung des Schwerpunktes um O herum an (d. h. wir sprechen aus, daß die Ableitung des „Impulsmomentes" nach der Zeit dem Momente der äußeren Kräfte gleich sei) und erhalten

$$\frac{d}{dt}\left(m\varrho^2\frac{d\varphi}{dt}\right) = -P_\varphi \varrho = -\alpha e \tau \varrho \quad \ldots (5)$$

Für die Bewegung um den Schwerpunkt ist das Kraftmoment $= \alpha \overline{WO} e \sin(\tau - \sigma)$ oder nach leichter Umformung $= \alpha e \tau \varrho$; wenn also Θ das Massenträgheitsmoment der Scheibe für S bedeutet, so wird

$$\Theta\frac{d^2\psi}{dt^2} = \alpha e \tau \varrho \quad \ldots \ldots \ldots (6)$$

In die Gleichungen 4, 5, 6 muß man die Werte 2 einsetzen, nach z, ε, τ entwickeln und alle höheren Potenzen als die erste streichen. Wenn man dann noch die kritische Geschwindigkeit

$$\omega_k^2 = \frac{\alpha}{m}$$

einsetzt und die Bezeichnung

$$\delta = 1 - \frac{\omega_k^2}{\omega_0^2} \quad \ldots \ldots \ldots (7)$$

einführt, so daß ϱ_0 sich in der Form

$$\varrho_0 = \frac{1-\delta}{\delta} e \quad \ldots \ldots \ldots (8)$$

darstellt, so erhält man für z, ε, τ die linearen Gleichungen

$$\left.\begin{array}{l} \dfrac{d^2 z}{dt^2} = \delta \omega_0{}^2 z + 2 \varrho_0 \omega_0 \dfrac{d\varepsilon}{dt} \\ 2\omega_0 \dfrac{dz}{dt} + \varrho_0 \dfrac{d^2 \varepsilon}{dt^2} = -(1-\delta)\,\omega_0{}^2 e\tau \\ \dfrac{d^2 \varepsilon}{dt^2} + \dfrac{d^2 \tau}{dt^2} = \dfrac{(1-\delta)^2}{\delta}\,\omega_0{}^2 \dfrac{me^2}{\Theta}\,\tau \end{array}\right\} \quad . \; . \; (9)$$

Die Lösung erfolgt durch den bekannten Ansatz

$$z = a e_0{}^{\lambda t} \qquad \varepsilon = b e_0{}^{\lambda t} \qquad \tau = c e_0{}^{\lambda t},$$

worin (zum Unterschiede von e) e_0 die Basis der natürlichen Logarithmen bedeutet. Die Einsetzung ergibt für λ nach Kürzung mit λ^2 die biquadratische Gleichung

$$\lambda^4 + 2 B \omega_0{}^2 \lambda^2 + C \omega_0{}^4 = 0 \quad . \; . \; . \; . \; (10)$$

worin

$$\left.\begin{array}{l} B = 2 - \delta - \dfrac{1}{2}\dfrac{(1-\delta)^2}{\delta}\,\nu^2 \\ C = \delta^2 - \dfrac{(4-\delta)(1-\delta)^2}{\delta}\,\nu^2 \end{array}\right\} \begin{array}{l} \nu^2 = \dfrac{me^2}{\Theta} = \dfrac{e^2}{q^2} \\ q = \text{Trägheitsradius} \end{array} \quad . \; . \; (11)$$

bedeuten. Das Gleichgewicht ist stabil, falls die Größen z, ε, τ für die ganze Dauer der Bewegung klein bleiben; es darf mithin λ, wenn reell, nicht positiv werden, wenn komplex, muß der reelle Teil negativ sein. Dies erheischt,[1]) daß

$$B > 0 \qquad C > 0 \qquad B^2 - C > \quad . \; . \; . \; . \; (12)$$

sei. Für kleine Werte von δ darf man die Bedingungen näherungsweise ersetzen durch die eine, daß

$$\delta^3 > 4 \frac{e^2}{q^2} \quad . \; . \; . \; . \; . \; . \; . \; . \; (13)$$

Ist das Verhältnis des Trägheitsradius zur Exzentrizität e sehr groß, so wird ν^2 einen sehr kleinen Wert haben, und die **Stabilität wird schon bei ganz kleiner Überschreitung der kritischen Geschwindigkeit vorhanden sein.** Dies ist der praktisch ausnahmslos eintretende Fall. Ist aber das Trägheitsmoment verschwindend klein, $\Theta = 0$, so ist das Gleichgewicht überhaupt unstabil, es sei denn, daß gleichzeitig $e = 0$ wird. Die Größe des Trägheitsmomentes ist mithin von ausschlaggebender Bedeutung und muß bei Veranstaltung von Versuchen in Betracht gezogen werden.[2])

---

[1]) Siehe Routh, Dynamik, II, § 289.

[2]) Sanford A. Moss. hat in einer der „Cornell-University" in Ithaca vorgelegten Doktorarbeit (gedruckt im Mai 1903) nach der Veröffentlichung

Auch die Stabilität der gleichmäßig belasteten Welle kann auf dieselbe Weise untersucht werden. Man kann z. B., um die Rechnung zu vereinfachen, annehmen, daß sich die Exzentrizität nach einer Sinusfunktion ändert, so daß

$$e = e_m \sin kx$$

ist und der Koordinatenanfang in dem einen Ende der Welle liegt, wobei $k = \frac{\pi}{l}$ und l die Wellenlänge ist. Die Schwerpunkte aller Scheiben mögen in einer Ebene liegen; die Masse m_1 pro Längeneinheit sei unveränderlich. Es ist notwendig, auf die Wellendurchbiegung nicht nur in der Ebene der Schwerpunkte, sondern auch senkrecht dazu Rücksicht zu nehmen. Die Lösung der allgemeinen Bewegungsgleichungen gelingt für den Fall, daß man eine solche Schwingung um die Gleichgewichtlage in Betracht zieht, bei welcher die Welle nur Biegungen, aber keine Verdrehung erfährt, und für die Annahme, daß das auf die Längeneinheit bezogene Trägheitsmoment Θ_1 der Scheiben dem Gesetze $\Theta_1 = \Theta_m \sin^2 kx$ gehorcht. Wenn wie vorhin

$$\delta = 1 - \left(\frac{\omega_k}{\omega_0}\right)^2 \text{ und } \nu = \frac{m_1 e^2}{\Theta_m}$$

gesetzt wird, so gelten, in diesen Größen ausgedrückt, genau dieselben Stabilitätsbedingungen wie für die einfache Scheibe von der Masse m_1 und dem Trägheitsmoment Θ_m. Die Rechnung ist indessen zu umständlich, um hier wiedergegeben zu werden.

75. Gyroskopische Wirkung der Schiffsturbine.

Die rotierenden Turbinenmassen bilden einen Kreisel, welchem während des Stampfens des Schiffes oder bei scharfen Wendungen eine erzwungene Bewegung auferlegt wird, wodurch Reaktionskräfte in den Lagern wachgerufen werden, deren Größe der Sicherheit halber nachzuprüfen empfehlenswert ist.

Ein rein vertikales Auf- und Abschwingen beansprucht die Turbinenwelle bloß durch die Trägheitskräfte, welche man als Produkt aus der Masse der Räder und der maximalen Beschleunigung leicht ermittelt. Die Größe der bei dieser Schwingung erreichten Geschwindigkeit ist gänzlich einflußlos. Ganz anders bei einer drehenden Schwingung, wie sie durch das Stampfen gegeben ist. In der höchsten und tiefsten Stellung wird die Welle auch hier

---

obiger Untersuchung durch die Annahme e = unendlich klein, die Rechnung vereinfachen zu können geglaubt. Die Endformeln, zu welchen Sanford gelangt, sind indessen mit Rechenfehlern behaftet.

durch die Trägheitskräfte in einer Vertikalebene gebogen; wegen der veränderlichen Neigung des Schiffskörpers treten aber noch die dem Kreisel eigentümlichen Querbiegungen in einer Horizontalebene hinzu. Wir beschäftigen uns nur mit den letzteren, und denken uns die Turbinenmasse in Fig. 226 durch eine um die X-Achse rotierende Scheibe S dargestellt. Die zur Zeit $t = o$ horizontale Achse sei nach Verlauf der Zeit dt um den Winkel $d\varphi$ geneigt, welcher durch Drehung um die Y-Achse mit der Winkelgeschwindigkeit ε beschrieben wird. Die Rotation um die eigentliche Turbinenwelle erfolge mit der konstanten Winkelgeschwindigkeit ω. Es ist nun wichtig, einzusehen, daß das auftretende biegende Moment in der Tat um die Z-Achse dreht. Zu diesem Behufe beachte man, daß die nach X gerichtete Geschwindigkeitskomponente eines in der Gegend des Scheitels bei B gelegenen Punktes sich ungemein wenig ändert, daher auf diesen Punkt nur ganz kleine Beschleunigungskräfte in horizontaler Richtung zu wirken haben. Der bei A gelegene Massenpunkt wird hingegen durch die veränderte Neigung der Radscheibe aus seiner Bewegungsrichtung gewaltsam herausgelenkt und beschreibt eine gegen die positiven X konvexe Bahn. Hier ist nun eine Beschleunigungskraft im Sinne der negativen X notwendig, deren Summe mit den Kraftkomponenten der Gegenseite ein um die Z-Achse drehendes Moment mit dem in die Figur eingezeichneten Sinn ergibt, welches von außen, d. h. durch Vermittelung der Lagerdrücke auf die Welle übertragen werden muß.

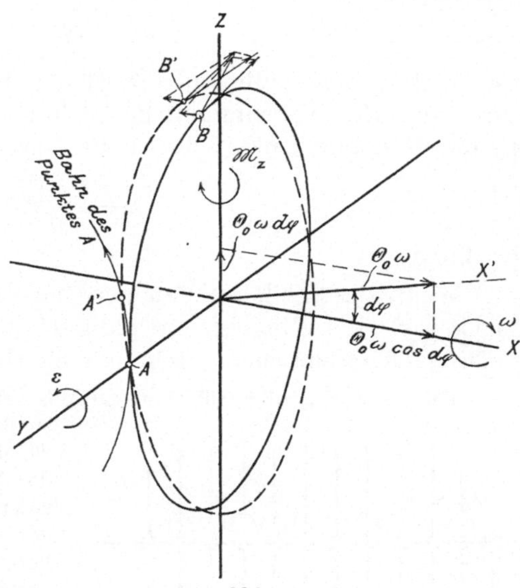

Fig. 226.

Zur numerischen Berechnung dient der Lehrsatz der Mechanik, daß die Zunahme des Momentes der Bewegungsgrößen (des „Impulsmomentes“) pro Zeiteinheit (d. h. die Ableitung des Impulsmomentes nach der Zeit) dem um die betr. Achse drehenden äußeren Kraftmomente gleich ist. Zur Zeit $t = o$ ist das Impulsmoment für die Z-Achse $= o$, für die X-Achse $= \Theta_0 \omega$, wo Θ_0 das Massenträgheitsmoment für diese Achse bedeutet. Nach Verlauf der Zeit dt ist das Impulsmoment für die unter $d\varphi$ geneigte X'-Achse noch immer $\Theta_0 \omega$; wir zerlegen dasselbe in die Komponenten $\Theta_0 \omega \cos d\varphi$ und $\Theta_0 \omega \sin d\varphi$. Letztere bildet die Zunahme des Impulsmomentes für Z während der Zeit dt; die Ableitung ist mithin

$$\frac{\Theta_0 \omega \sin d\varphi - \text{Null}}{dt} = \Theta_0 \omega \frac{d\varphi}{dt}$$

und wir erhalten mit $\varepsilon = d\varphi : dt$ das Kreiselmoment

$$\mathfrak{M}_z = \Theta_0 \omega \varepsilon \quad \ldots \ldots \ldots \quad (1)$$

Die Winkelgeschwindigkeit ε wird aus der Zeitdauer T einer ganzen (Hin- und Her-)Schwingung des Schiffskörpers und der Amplitude φ_0 des Neigungswinkels durch die Formel

$$\varepsilon = \frac{2\pi\varphi_0}{T} \quad \ldots \ldots \ldots \quad (2)$$

bestimmt.

Wenn das Schiff im Manöver eine scharfe Schwenkung ausführt, so ist ε als die Winkelgeschwindigkeit um die Z-Achse aufzufassen, und das Kreiselmoment dreht um die Y-Achse.

Bei einer vielstufigen Turbine mit dicht stehenden Einzelrädern, Fig. 227, entsteht durch die Gesamtheit der $\mathfrak{M}_z$ eine merkwürdige Beanspruchung der Welle. Die Einzelmomente $\mathfrak{M}_{1z}$ rufen in den Lagern zwei gleich große entgegengesetzt gerichtete Kräfte hervor, deren Moment der Summe der $\mathfrak{M}_z$ gleich ist. Mit der Entfernung von der Lagerstelle nimmt die Summe der $\mathfrak{M}_z$ ebenso gleichmäßig zu, wie das Moment des Lagerdruckes, so daß die Welle, wenn sie auch noch so lang wäre, im wesentlichen nur auf Abscherung durch P beansprucht ist.

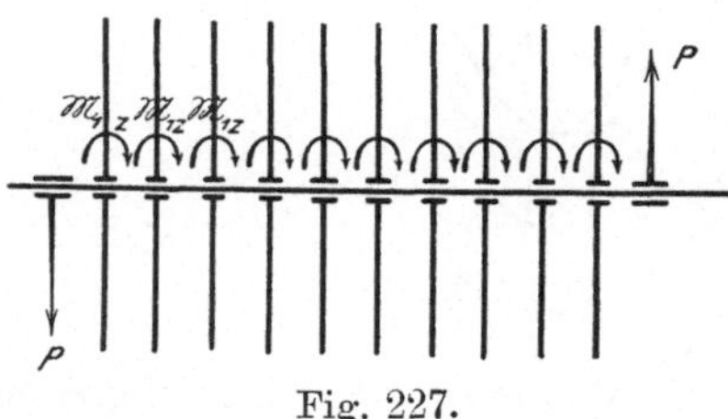

Fig. 227.

76. Kritische Geschwindigkeit zweiter Art, hervorgebracht durch die Biegung der glatten Welle unter ihrem Eigengewicht.

Eine über den Stützen $A_1 B_1$, Fig. 228, wagerecht frei aufliegende Welle wird sich in der Ruhelage unter dem Einflusse ihres Eigengewichtes durchbiegen. Versetzen wir die Welle in sehr langsame Drehung, so bleibt diese Form ungeändert, indem die gedrückte obere Faser $A_2 B_2$ Zeit hat, den Biegespannungen zu folgen und sich so zu dehnen, daß sie nach einer halben Umdrehung die

Länge $A_1 B_1$ angenommen hat. Wird aber die Rotationsgeschwindigkeit größer, so tritt die Massenträgheit ins Spiel und zwar, wie eine Überlegung zeigt, mit dem Erfolge, daß die Durchbiegung zunächst bis zu einer kritischen Geschwindigkeit zunimmt, dann wieder abnimmt. Die Faser $A_2 B_2$ beginnt in der Höchstlage sich

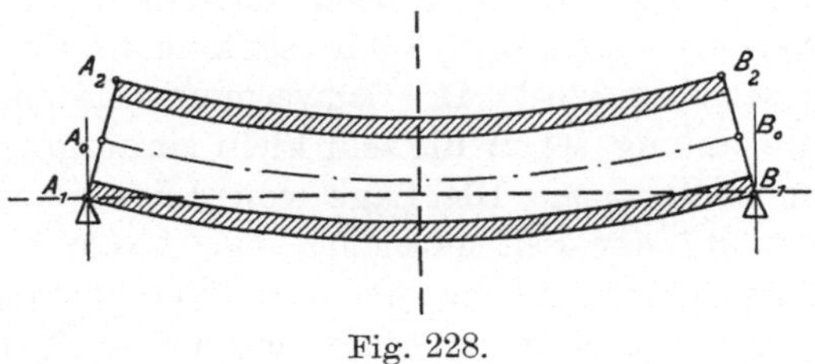

Fig. 228.

auszudehnen, und es wird ein Teil der in ihr aufgehäuften Spannungsenergie zur Beschleunigung ihrer Massenteilchen in horizontaler Richtung aufgewendet. In der Mittelstellung $A_0 B_0$ besitzen diese Teilchen das Maximum der zur vertikalen Mittelebene des Stabes symmetrisch verteilten Geschwindigkeit, mithin auch das Maximum

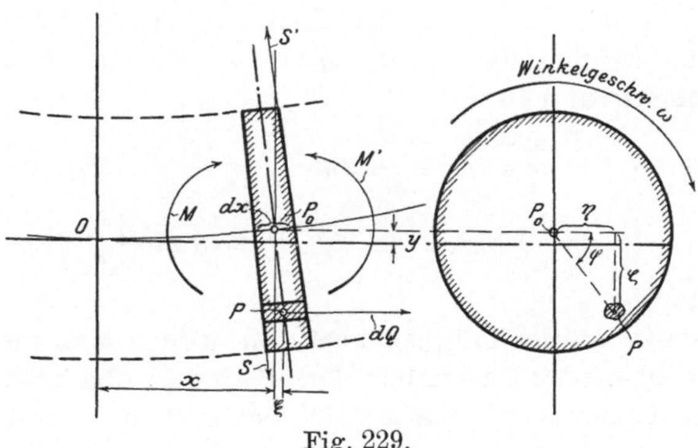

Fig. 229.

der lebendigen Kraft, welche während des folgenden Viertels der Umdrehung auf ein stärkeres Anspannen der Faser hinwirkt, als die reine Biegungsbeanspruchung an sich erfordern würde. Erreicht aber die Umdrehungsdauer den Betrag, welcher der einfachen Longitudinalschwingung der Faser entspricht, so tritt die sogenannte „Resonanz" ein, d. h. die Impulse verstärken sich während jeder Periode, man hat die kritische Tourenzahl erreicht. Die Longitudinalschwingung einer Faser ist nun bloß bedingt durch die Länge und das Material der Welle, und so folgt a priori, daß diese kritische Umlaufszahl unabhängig ist vom Durchmesser der Welle. Wenn wir über diese Geschwindigkeit hinausgehen, so wird die

Faser zu einer so raschen Schwingung gezwungen, daß sie nun „keine Zeit" hat, sich genügend auszudehnen, und die Welle sich demgemäß mehr und mehr gerade richtet.

Die Größe der kritischen Umlaufszahl wird durch folgende in Kürze wiedergegebene Rechnung gefunden. Es sei in Fig. 229 dm ein Massenelement im Punkte P einer unendlich dünnen Scheibe, die durch zwei zur elastischen Linie senkrechte Ebenen aus der Welle herausgeschnitten wird. Der Schwerpunktsabstand der Scheibe vom Koordinatenanfang sei x; die sehr klein vorausgesetzte Ordinate der elastischen Linie $= y$. Die Lage von dm sei bestimmt durch die Koordinaten $\eta\zeta$ der Seitenansicht, sein Abstand von der zur Wellenachse senkrechten Ebene im Koordinatenanfang ist $x + \xi$. Da die Neigung der elastischen Linie im Punkte P_0 durch $dy : dx$ gegeben ist, so erhält man

$$\xi = \zeta \frac{dx}{dy} \quad . \quad . \quad . \quad . \quad . \quad . \quad . \quad . \quad (1)$$

Zählen wir den Rotationswinkel von der Horizontalen aus, so wird

$$\zeta = \varrho \sin \varphi = \varrho \sin \omega t \quad . \quad . \quad . \quad . \quad . \quad (2)$$

und ξ variiert auch wie $\sin \omega t$. Es kommt uns nun auf die Trägheitskräfte in der Richtung der X-Achse an, welche durch das Produkt aus dm und der negativen horizontalen Beschleunigung des Massenteilchens, d. h. durch

$$dQ = -dm \frac{d^2(x+\xi)}{dt^2} = -dm \frac{d^2\xi}{dt^2} = + dm\omega^2 \varrho \sin \omega t \cdot \frac{dy}{dx}$$

$$= dm\omega^2 \frac{dy}{dx} \zeta \quad . \quad . \quad (3)$$

gegeben sind.

Bringen wir die Trägheitskraft an jedem Massenelement an, so muß zwischen der Gesamtheit derselben und den äußeren Kräften Gleichgewicht bestehen. Auf die betrachtete unendlich dünne Scheibe wirken als äußere Kräfte die Schubkräfte S' und S, die biegenden Momente M und M' und die Schwerkraft $\gamma_1 dx$ (mit γ_1 das Gewicht der Längeneinheit bezeichnend). Von den Trägheitskräften halten sich die zur Achse senkrechten Komponenten an sich das Gleichgewicht (sie spannen die Welle radial) und die horizontalen ergeben das Moment

$$d\mathfrak{M} = \int dQ\zeta = \int dm\omega^2 \frac{dy}{dx} \zeta^2 = \omega^2 \mu J \frac{dy}{dx} \cdot dx \quad . \quad . \quad (4)$$

worin μ die spezifische Masse $= \frac{\gamma}{g}$

J das Flächenträgheitsmoment

des Stabes bedeutet.

Das Gleichgewicht erfordert, daß

$$M' - M + S'\frac{dx}{2} + S\frac{dx}{2} + d\mathfrak{M} = 0 \quad . \quad . \quad . \quad (5)$$

$$S' - S - \gamma_1 dx = 0 \quad . \quad . \quad . \quad . \quad . \quad . \quad . \quad . \quad (6)$$

sei, oder was dasselbe ist

$$\frac{dM}{dx} + \frac{d\mathfrak{M}}{dx} + S = 0; \quad \frac{dS}{dx} = \gamma_1 \quad . \quad . \quad . \quad . \quad (7)$$

Differenzieren wir die erste der obigen Gleichungen nach x, entfernen $dS:dx$, und benutzen die stets gültige Biegungsgleichung

$$M = JE\frac{d^2y}{dx^2} \quad . \quad . \quad . \quad . \quad . \quad . \quad . \quad . \quad . \quad (8)$$

so erhalten wir

$$\frac{d^4y}{dx^4} + \frac{\mu\omega^2}{E}\frac{d^2y}{dx^2} + \frac{\gamma_1}{JE} = 0 \quad . \quad . \quad . \quad . \quad . \quad (9)$$

als die Differentialgleichung des Problemes.

Die Auflösung lautet mit den Bezeichnungen

$$\lambda = \omega\sqrt{\frac{\mu}{E}}; \qquad C = \frac{\gamma_1}{\mu\omega^2 J} \quad . \quad . \quad . \quad . \quad (10)$$

$$y = -\frac{Cx^2}{2} + C_1 x + C_2 - \frac{A}{\lambda^2}\cos\lambda x - \frac{B}{\lambda^2}\sin\lambda x \quad (11)$$

Hierin sind A, B, C_1, C_2 willkürliche Konstanten, die aus den Grenzbedingungen bestimmt werden.

$$\left.\begin{array}{l} \text{Für } x = 0 \text{ ist } y = 0 \text{ und } dy/dx = 0 \\ \quad x = l \text{ ist } M = 0, \text{ d. h. } d^2y/dx^2 = 0 \end{array}\right\} \quad . \quad . \quad (12)$$

und y muß eine symmetrische Funktion von x sein. Hieraus folgt $B = 0$, $C_1 = 0$

$$\left.\begin{array}{l} C_2 = \dfrac{A}{\lambda^2} \\[2ex] A = \dfrac{C}{\cos kl} \end{array}\right\} \quad . \quad . \quad . \quad . \quad . \quad . \quad (13)$$

somit

$$y = \frac{C}{\lambda^2 \cos(\lambda l)}(1 - \cos\lambda x) - \frac{C}{2}x^2 \quad . \quad . \quad . \quad (14)$$

Unendlich große Werte von y, d. h. kritische Geschwindigkeiten treten auf, wenn $\cos(\lambda l) = 0$, d. h.

$$\lambda l = \frac{\pi}{2}; \quad 3\frac{\pi}{2}; \quad 5\frac{\pi}{2}; \quad . \quad . \quad . \quad .$$

Der kleinste Wert der kritischen Geschwindigkeit ist

$$\omega_k = \frac{\pi}{2l}\sqrt{\frac{E}{\mu}} \quad \dots\dots \quad (5)$$

wie vorausgesagt unabhängig vom Wellendurchmesser, und glücklicherweise so hoch, daß er nur bei sehr langen Wellen Bedeutung gewinnen könnte.

Man kann im übrigen leicht nachweisen, daß die Dauer der freien Longitudinalschwingung eines Stabes von der Länge $2l$ übereinstimmt mit der Dauer einer Umdrehung bei der Geschwindigkeit ω_k.[1])

Bedeutend tiefer rückt diese kritische Geschwindigkeit bei einer durch dichtgestellte Scheiben belasteten Welle, indem die Scheiben den Trägheitswiderstand der Welle gegenüber Schwingungen um eine zur Drehachse senkrechte Gerade sehr stark vergrößern. Gl. 4 wird hier lauten:

$$d\mathfrak{M} = \omega^2 \mu dx (J + J') \frac{dy}{dx} \quad \dots\dots \quad (6)$$

worin $\mu J'$ das auf die Längeneinheit der Welle bezogene Massen-Trägheitsmoment der Scheiben für eine zur Welle senkrechte Achse bedeutet. Gleicherweise ist an Stelle von γ_1 zu setzen $\gamma_1 + \gamma_1'$, wobei man unter γ_1' das Gewicht der Scheiben pro Längeneinheit der Achse zu verstehen hat. Die Methode der Integration ändert sich nicht und ergibt für die frei aufliegende Welle von der Länge $2l$ die kritische Geschwindigkeit

$$w_k = \frac{\pi}{2\,l}\sqrt{\frac{E}{\mu\left(1 + \frac{J'}{J}\right)}} \quad \dots\dots \quad (7)$$

Die Wirkung der Scheiben ist mithin die gleiche, als wäre die spezifische Masse des Wellenmaterials im Verhältnisse $(J + J') : J$ vergrößert worden.

---

[1]) Es ist nämlich die Differentialgleichung der Longitudinalschwingung eines geraden prismatischen Stabes

$$\mu \frac{\partial^2 \xi}{\partial t^2} = E \frac{\partial^2 \xi}{\partial x^2},$$

worin ξ die Verlängerung des Stabes bedeutet. Setzt man $\xi = a \cos \omega t$, wo a nur von x abhängt, so ergibt sich für den Stab von der Länge $2l$ mit festgehaltener Mitte und spannungslosen Endflächen

$$\xi = \alpha \sin \lambda x \cos \omega t$$

$$\text{und} \quad \lambda l = \omega l \sqrt{\frac{\mu}{E}} = \frac{\pi}{2} \quad \text{wie oben.}$$

Auch diese Geschwindigkeit liegt im allgemeinen sehr hoch über der kritischen Geschwindigkeit erster Art. Es folgt mithin, daß die kritische Umlaufzahl zweiter Art für praktische Ausführungen außer Betracht fallen kann, daß also der Konstrukteur in ihrem Vorhandensein keinen Grund für das unter Umständen unbefriedigende Verhalten seiner Wellen zu suchen braucht.

77. Wärmeübergang durch das Gehäuse und die Welle der vielstufigen Turbinen.

Das Gehäuse und die Welle bezw. die Trommeln einer vielstufigen Turbine bilden eine gut leitende Verbindung zwischen dem Admissions- und dem Kondensatorraume oder einem Zwischenbehälter. Der Wärmeübergang, der infolge des Temperaturgefälles stattfindet, bildet einen Verlust, über dessen Größenordnung unterrichtet zu sein für den Konstrukteur von Wert sein wird.

Wir legen eine Turbine Parsonsscher Bauart der Behandlung zugrunde, und machen die Annahme, daß die Temperatur der Wandung an jeder Stelle identisch ist mit der Temperatur des dort vorbeiströmenden Dampfes. Diese Annahme dürfte bei gesättigtem Dampfe nahezu zutreffen, denn der Übergangskoeffizient zwischen solchem Dampf und Eisen ist an sich ein großer; hier wo die Strömungsgeschwindigkeit Hunderte von Metern beträgt, darf man den Temperatursprung um so mehr vernachlässigen, als die übergehende Wärme nur klein ist. Wir denken uns also Gehäuse und Trommel in einen geradlinigen Stab von gegebenem veränderlichen Querschnitt gestreckt (Fig. 230), dessen Oberflächentemperatur τ eine aus der bekannten Druckverteilung zu berechnende Funktion des Abstandes x ist

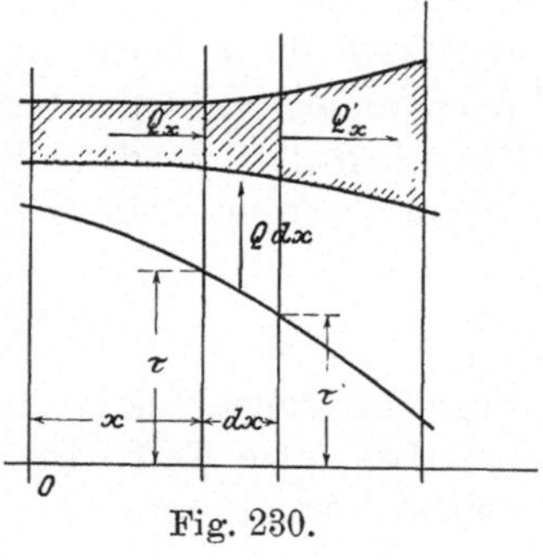

Fig. 230.

$$\tau = \varphi(x) \quad . \quad . \quad . \quad . \quad . \quad . \quad . \quad . \quad (1)$$

Die Temperatur τ' im Abstande $x + dx$ bestimmt das (algebraisch zu nehmende) örtliche Temperaturgefälle

$$\frac{\tau' - \tau}{dx} = \frac{d\tau}{dx}$$

und die Wärmemenge, die durch den Querschnitt F im Abstande x in der Zeiteinheit hindurchgeht, ist

$$Q_x = -\lambda F \frac{d\tau}{dx} \quad \ldots\ldots\quad (2)$$

wo λ die spezifische Wärmeleitungsfähigkeit bezeichnet. Durch den Querschnitt F' im Abstande $x + dx$ geht dann die Wärme

$$Q_x' = -\lambda F' \frac{d\tau'}{dx} \quad \ldots\ldots\quad (3)$$

hindurch. Der Unterschied $Q_x' - Q_x$ wird durch die Oberfläche vom Dampf geliefert, und sei mit Qdx bezeichnet, wobei Q die pro Längeneinheit des Gehäuses und pro Zeiteinheit vom Dampfe abgegebene Wärme bedeutet. Die durch Strahlung nach außen tretende Wärme darf in erster Annäherung für sich unabhängig gerechnet werden. Man hat mithin

$$Qdx = Q_x' - Q_x = -\lambda\left[F'\frac{d\tau'}{dx} - F\frac{d\tau}{dx}\right],$$

welcher Ausdruck auch in der Form

$$Q = -\lambda \frac{d}{dx}\left[F\frac{d\tau}{dx}\right] \quad \ldots\ldots\quad (4)$$

geschrieben werden kann. Der Differentialquotient kann graphisch sehr leicht ermittelt werden, und setzt uns in Stand, den Wärmeaustausch zwischen Wandung und Dampf an jeder Stelle des Gehäuses anzugeben. Im allgemeinen ist Q überall positiv, d. h. es wird dem Dampfe im ganzen Verlaufe der Strömung Wärme entzogen. Besonders einfach kann die gesamte pro Zeiteinheit von der Wandung aufgenommene Wärme Q_0 berechnet werden. Es ist nämlich

$$Q_0 = \int Qdx + (Q_x)_{x=0}$$

über die ganze Länge des „Stabes" integriert.

Der erste Teil wird während der Strömung aufgenommen, der zweite kommt durch Leitung aus der Dampfkammer. Wir erhalten

$$Q_0 = -\lambda\left[F_2\left(\frac{d\tau}{dx}\right)_{x=l} - F_1\left(\frac{d\tau}{dx}\right)_{x=0}\right] + (Q_x)_{x=0} \quad \ldots\ldots\quad (5)$$

wenn wir mit F_1 den Ausgangs-, mit F_2 den Endquerschnitt des darstellenden „Stabes" bezeichnen.

Setzt man aber den Wert (2) ein, so folgt einfach

$$Q_0 = -\lambda F_2\left(\frac{d\tau}{dx}\right)_{x=l} \quad \ldots\ldots\quad (5a)$$

welchen Ausdruck man ohne jede Rechnung hätte hinschreiben können.

Der Druck p nimmt häufig linear mit x ab. In diesem Falle wird man in der Formel die Ableitung des Druckes nach der Koordinate x einführen durch die Beziehung

$$\frac{d\tau}{dx} = \frac{d\tau}{dp}\frac{dp}{dx} \quad \text{und} \quad \frac{dp}{dx} = \frac{p_2 - p_1}{l}$$

setzen, was zum Ausdrucke

$$Q_0 = \lambda \frac{p_1 - p_2}{l} F_2 \left(\frac{d\tau}{dx}\right)_{x=l} \quad \ldots \ldots \quad (5\text{b})$$

führt, wobei p in Atm. eingesetzt werden kann, wenn es auch in $d\tau : dp$ so verstanden wird.

Die Ableitungen bestimmt man angenähert aus den Dampftabellen. Beispielsweise ist für $p_2 = 0{,}1$ kg/qcm, $\tau = 45{,}58$, für $p_2' = 0{,}2$; $\tau' = 59{,}76$, somit $d\tau : dp = \Delta\tau : \Delta p = 141{,}8$. Es sei nun $l = 2$ m und $\lambda = 50$ WE/qm-st, außerdem $p_1 = 10$ Atm. und $F_2 = 0{,}25$ qm, was schon einer großen Turbine entspricht. Formel 5b liefert

$$Q_0 = 50\,\frac{10 - 0{,}1}{2}\,0{,}25 \cdot 141 \cdot 8 = \text{rd. } 8800 \text{ WE/st.}$$

Bei guter Einhüllung wird der durch Strahlung und Leitung an die Umgebung abgegebene Betrag von gleicher Größenordnung sein. Da das Beispiel sich auf eine Turbine mit über 1000 PS Leistung bezieht, darf man bei Vollbelastung die Wärmeableitung als eine geringfügige Korrektur ansehen. Im Leerlauf würde der angegebene Betrag schon eine größere Rolle spielen, allein der Wärmeverlust wird hier wegen allseitig herabgesetzter Temperaturen bedeutend niedriger ausfallen.

Für den Fall der Verwendung überhitzten Dampfes müßte die Rechnung genauer, d. h. mit Inbetrachtnahme des Oberflächen-Übergangskoeffizienten durchgeführt werden, was indessen auf eine unhandliche Differentialgleichung zweiter Ordnung führt.

78. Die Differentialgleichung für die Druckverteilung in der vielstufigen axialen Überdruckturbine.

Während der Entwurf einer neuen Turbine, sobald man die Grundbegriffe beherrscht, wenig Mühe verursacht,[1] ist umgekehrt die Voraussage, wie sich dieselbe Turbine bei einer wesentlich verschiedenen Belastung verhalten werde, eine kaum zuverlässig zu

[1] Dieser Satz wurde von der Kritik fälschlich dahin aufgefaßt, als ob Verfasser die bedeutenden Schwierigkeiten verkannt hätte, welche der konstruktive Entwurf einer in allen Teilen betriebssicher sein sollenden Turbine darbietet. Aus dem Zusammenhange geht aber hervor, daß es sich nur um Festlegung der die Leistung, d. h. die Dampfarbeit betreffenden Größenabmessungen handelt. Im übrigen kommt es auch für den praktischen Erfolg, wie die Erfahrung wiederholt dargetan hat, mehr auf höchste Sorgfalt der Ausführung, als auf geheimnisvolle „Kniffe" an, und selbstverständlich dürfen keine Verstöße gegen altbewährte Regeln des Maschinenbaues gemacht werden.

lösende Aufgabe. Im letzteren Falle sind eben die Umfangsgeschwindigkeit, die Winkel und die Querschnitte gegeben, aus welchen die absolute Größe und die Verteilung der Drücke zu suchen sind. Es gelingt indessen auf rechnerischem Wege in bestimmten vereinfachten Fällen, eine gewisse Einsicht in die Vorgänge zu erhalten, welche vielleicht der Mitteilung wert ist.

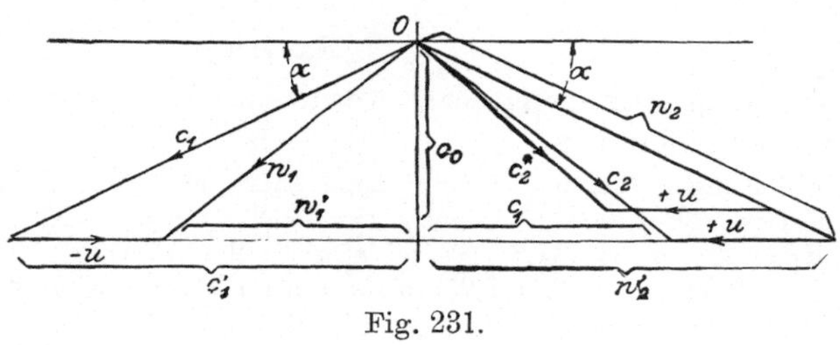

Fig. 231.

In Fig. 231 sei der Geschwindigkeitsplan irgend eines Rades dargestellt. $c_2{}^*$ sei die Geschwindigkeit, mit welcher der Dampf das vorhergehende Laufrad verläßt. Die Grundgleichungen für das Leit- und das Laufrad schreiben wir gemäß Formel 3c Abschn. 14a in der Form

$$\frac{c_1{}^2 - c_2{}^{*2}}{2g} = -\int_p^{p'} v\,dp - R_1,$$

$$\frac{w_2{}^2 - w_1{}^2}{2g} = -\int_{p'}^{p''} v\,dp - R_2.$$

Die Addition ergibt

$$\frac{c_1{}^2 - c_2{}^{*2}}{2g} + \frac{w_2{}^2 - w_1{}^2}{2g} = -\int_p^{p''} v\,dp - R \quad . \quad . \quad . \quad (1)$$

Um den Reibungsverlusten R Rechnung zu tragen, multiplizieren wir das Integral mit einem Faktor ε, welcher kleiner als 1 ist und für alle Turbinenräder als gleich angesehen wird. Man bestimmt ε so, daß die Summe der Reibungsarbeit der ganzen Turbine richtig wiedergegeben wird, d. h. man setzt etwa $\varepsilon = 0{,}75$ bis 0,60. Die angenommene Unveränderlichkeit dieser Größe beeinflußt dann nur die Verteilung der Widerstände. Beim Übergange von eiuem Belastungsfall zu einem andern wird ε freilich wegen veränderter Geschwindigkeiten und nicht stoßfreien Dampfeintrittes streng genommen auch seinen Wert ändern.

Auf der linken Seite ersetzen wir vorläufig c_2^* durch die etwas größere Austrittsgeschwindigkeit aus dem betrachteten Laufrade, d. h. c_2 und schreiben:

$$c_1^2 = c_1'^2 + c_0^2; \quad c_2^2 = c_2'^2 + c_0^2; \quad w_1^2 = w_1'^2 + c_0^2; \quad w_2^2 = w_2'^2 + c_0^2,$$

lösen alsdann die Differenz der Quadrate auf und erhalten für die linke Seite

$$\frac{1}{2g}[(c_1' + c_2')(c_1' - c_2') + (w_2' + w_1')(w_2' - w_1')],$$

welcher Ausdruck wegen der Gleichheit der Winkel α und α_2, weil $w_2 = c_1$, $w_1 = c_2$ ist, die Form

$$\frac{u}{g}(2\,c_1 \cos \alpha - u)$$

erhält. Da hier wegen des oben erfolgten Einsetzens des zu großen c_2 ein zu kleiner Wert vorliegt, multiplizieren wir mit einem Faktor $\delta > 1$, der auch als konstanter Mittelwert eingeführt wird, übrigens von 1 wenig verschieden sein wird. Das Integral auf der rechten Seite kann bei dem geringen Druckunterschiede $p - p''$ nach dem Mittelwertsatz auf die Form

$$-\int_p^{p''} v\,dp = -v\,(p'' - p)$$

vereinfacht werden. Tragen wir die Anfangsdrücke zu jedem Turbinenrade wie in Abschn. 29 als Ordinaten in den Abständen Δx auf, und verbinden wir die erhaltenen Punkte durch eine stetige Linie, so ist näherungsweise $\frac{p'' - p}{\Delta x}$ durch den Differentialquotienten $\frac{d\,p}{d\,x}$ ersetzbar. Es wird mithin

$$-\int_p^{p''} v\,dp = -v\,\frac{p'' - p}{\Delta x}\,\Delta x = -v\,\frac{dp}{dx}\,\Delta x \quad . \quad . \quad (2)$$

Wir führen nun als Unabhängige die Größe

$$z = \frac{x}{\Delta x} \quad . \quad . \quad . \quad . \quad . \quad . \quad . \quad . \quad . \quad (3)$$

ein, welche, wie ersichtlich, sofern wir solche Abszissenlängen x wählen, daß z ganzzahlig wird, die Zahl der jeweils durchlaufenen Turbinen darstellt. Es wird nun

$$\frac{dp}{dx}\,\Delta x = \frac{dp}{dz}\,\frac{dz}{dx}\,\Delta x = \frac{dp}{dz}.$$

Die Hauptgleichung (1) lautet somit:

$$-\varepsilon v \frac{dp}{dz} = \delta \frac{u}{g} (2\, c_1 \cos \alpha - u) \quad . \quad . \quad (4)$$

und bildet die Differentialgleichung[1]) unseres Problemes. Um eine

[1]) Man kann diese Gleichung auch zur Lösung der interessanten Aufgabe verwenden, eine Turbine mit konstantem Durchströmungsquerschnitt für alle Räder zu entwerfen.

Aus

$$(p + \beta)\, v = K$$

und

$$G v = f_1 c_1,$$

folgt

$$p + \beta = \frac{K}{v} = \frac{K G}{f_1 c_1} \quad . \quad . \quad . \quad . \quad . \quad . \quad . \quad . \quad . \quad . \quad . \quad (1)$$

Wir führen vorübergehend die neue Veränderliche

$$y = \frac{1}{c_1}$$

ein und erhalten unter Voraussetzung, daß $f_1 =$ konst.,

$$-\frac{dy}{dz} = \frac{\delta u^2}{\varepsilon K g} \left(\frac{2 \cos \alpha}{u} - y \right) \quad . \quad . \quad . \quad . \quad . \quad . \quad . \quad (2)$$

woraus sich, wenn auch $u =$ konst. gedacht wird,

$$\ln \left(\frac{\dfrac{2 \cos \alpha}{u} - y}{\dfrac{2 \cos \alpha}{u} - y_a} \right) = \frac{\delta u^2}{K g \varepsilon} z \quad . \quad . \quad . \quad . \quad . \quad . \quad . \quad . \quad (3)$$

ergibt, und y_a den Anfangswert von y bezeichnet.

Die Auflösung ergibt

$$y = \frac{2 \cos \alpha}{u} - \left(\frac{2 \cos \alpha}{u} - y_a \right) e^{\frac{\delta u^2}{K g \varepsilon} z} \quad . \quad . \quad . \quad . \quad . \quad . \quad . \quad (4)$$

Da im allgemeinen bis zu 10, ja 20 Stufen der Exponent erheblich kleiner als 1 zu sein pflegt, so können wir entwickeln und höhere Potenzen vernachlässigen. Wenn wir mit c_{1a} die erste und mit c_{1z} eine Zwischengeschwindigkeit c_1 bezeichnen, so entsteht die vereinfachte Formel

$$c_{1z} = \frac{c_{1a}}{1 - \dfrac{\delta u (2 \cos \alpha\, c_{1a} - u)}{\varepsilon K g} z} \quad . \quad . \quad . \quad . \quad . \quad . \quad . \quad . \quad (5)$$

Man kann die Turbine auch in Gruppen von z_1, z_2 . . . u. s. w. Rädern teilen mit je konstantem Querschnitt, und erhält für jede Gruppe die Endgeschwindigkeit c_{1e}, aus dem ersten willkürlichen Werte c_{1a} berechnet. Die Zwischenwerte müßten sich nach hyperbolischem Gesetze ändern. Da die Formel indes nur eine Annäherung darstellt, so müßte zum Schluß doch nach dem allgemeinen Verfahren eine Kontrolle durchgeführt werden.

Der Turbinenkonstrukteur, dem genauere Beobachtungswerte von ausgeführten Turbinen zu Gebote stehen, kann hierbei die Übereinstimmung mit der Wirklichkeit noch weiter treiben, indem er aus dem ersten Entwurf die Werte der Drücke und der spezifischen Volumen für den Ein- und Austritt einzelner aufeinander folgender Gruppen entnimmt, die Kontinuitätsgleichungen

Integration möglich zu machen, müssen wir die Zustandsgleichung des Dampfes in der vereinfachten Form

$$(p + \beta) v = K \quad . \quad . \quad . \quad . \quad . \quad . \quad . \quad (5)$$

voraussetzen, welche sich für unsere Zwecke genügend genau der Wirklichkeit anpassen läßt. Wir beseitigen c_1 durch die Kontinuitätsgleichung

$$G v = f c_1 \quad . \quad . \quad . \quad . \quad . \quad . \quad . \quad . \quad (6)$$

und erhalten

$$\frac{d}{dz}\left(\frac{p+\beta}{G}\right) - \frac{\delta u^2}{\varepsilon K g}\left(\frac{p+\beta}{G}\right) + \frac{2\,\delta \cos\alpha}{\varepsilon g}\,\frac{u}{f} = 0 \quad . \quad . \quad (7)$$

Hierin sind

$$\frac{\delta u^2}{\varepsilon K g} = \varphi(z)$$

$$\frac{2\,\delta\cos\alpha}{\varepsilon g}\,\frac{u}{f} = \psi(z)$$

gegebene (etwa durch Zeichnung dargestellte) Funktionen von z, und das allgemeine Integral von (7) ist stets ermittelbar.

Setzen wir

$$\Phi(z) = e^{\int_0^z \varphi(z)\,dz}$$

$$\Psi(z) = \Phi(z) \int_0^z \frac{\psi(z)}{\Phi(z)}\,dz,$$

welche Ausdrücke gegebenenfalls graphisch zu ermitteln wären, so ist

$$\frac{p+\beta}{G} = C\,\Phi(z) - \Psi(z)$$

$$G = \frac{f_{1a} c_{1a}}{v_{1a}} = \frac{f'_{1a} w_{1a}}{v_{1a}} = \frac{f'_{2a} w_{2a}}{v_{2a}} = \frac{f_{1b} c_{1b}}{v_{1b}} = \ldots .$$

aufstellt (in welchen zusammengehörende Querschnitte und Geschwindigkeiten gleich bezeichnet sind) und hieraus die genaueren Werte c_{1a}, w_{1a}, w_{2a}, c_{2a}, c_{1b}, w_{1b} .... berechnet. Mit diesen Werten ergeben

$$h_b = \frac{c_{1b}^2 - c_{2a}^2}{2g} + \frac{w_{2b}^2 - w_{1b}^2}{2g}$$

$$h_c = \frac{c_{1c}^2 - c_{2b}^2}{2g} + \frac{w_{2c}^2 - w_{1c}^2}{2g}$$

. . . .

die genaueren Beträge der einzelnen „Gefällhöhen", mit welchen man den Mittelwert h_m berichtigt und die genauere Stufenzahl z_0 berechnet. Auch der etwas größere Abfall beim Übergang vom letzten Rade einer Gruppe zum ersten Rade der nächst größeren muß beachtet werden. Schließlich kann bei der Parsonsschen Ausführung die durch die Entlastungskolben abströmende Dampfmenge in geeigneter Verkleinerung von G an der betreffenden Stelle berücksichtigt werden.

mit C als willkürlicher Konstante. Das im allgemeinen erlaubte Einführen der bestimmten Integration ergibt einfache Werte an den Grenzen.

Für $z=0$ soll $p=p_1$ sein, d. h.

$$\frac{p_1+\beta}{G}=C\,\Phi(0)-\Psi(0).$$

Da aber $\Phi(0)=1$, $\Psi(0)=0$, so erhalten wir

$$C=\frac{p_1+\beta}{G}$$

und

$$\frac{p+\beta}{G}=\frac{p_1+\beta}{G}\,\Phi(z)-\Psi(z) \quad . \quad . \quad . \quad (8)$$

Für $z=z_0$, der Gesamtzahl der Turbinen, ist $p=p_2$; es ergibt mithin Gl. 8

$$G=\frac{(p_1+\beta)\,\Phi(z_0)-(p_2+\beta)}{\Psi(z_0)} \quad . \quad . \quad . \quad . \quad (9)$$

Da $\Phi(z_0)$ stets >1 und β meist eine kleine Größe ist, so kann man näherungsweise

$$\left.\begin{aligned} G&=p_1\frac{\Phi(z_0)}{\Psi(z_0)} \\ \text{und}\qquad p&=p_1\left[\Phi(z)-\frac{\Phi(z_0)}{\Psi(z_0)}\Psi(z)\right] \end{aligned}\right\} \quad . \quad . \quad . \quad . \quad (10)$$

schreiben, aus welchen Formeln der Satz hervorgeht:

Das sekundlich durchströmende Dampfgewicht und der Druck an irgend einer Stelle der Turbine sind näherungsweise (für nicht zu weite Grenzen) dem Anfangsdrucke im ersten Leitrade proportional. Das eintretende sekundliche Dampfvolumen ist $Gv_1=$ konst. $p_1 v_1$, mithin innerhalb gewisser Grenzen auch nicht stark veränderlich, woraus folgt, daß die Dampfgeschwindigkeit in den ersten Turbinen bei kleinen Belastungsänderungen angenähert konstant bleibt. Die letzte Austrittgeschwindigkeit, und mit ihr der Auslaßverlust, nimmt hingegen mit der Dampfmenge gleichmäßig ab.

Der Einfluß einer Veränderung von u ist nicht so übersichtlich. Arbeiten wir ursprünglich mit der Geschwindigkeit u (Fig. 111), und gehen wir zu dem größeren u' über, so muß c_1 abnehmen, da bei gleichbleibendem c_1 die Gefällhöhe

$$h=\frac{c_1^{\,2}-c_2^{\,2}}{2g}+\frac{w_2^{\,2}-w_1^{\,2}}{2g}$$

zu groß würde, und der Vakuumdruck p_2 sich weit früher als nach dem letzten Laufrade einstellen müßte. Demgemäß müßte auch G abnehmen. Hierbei würde wegen der im Durchschnitte kleineren Strömungsgeschwindigkeit die Dampfreibung abnehmen, der Wirkungsgrad zunehmen. Über die Grenze hinaus, bei welcher c_2 axial gerichtet ist, wird auch G wieder zunehmen.

Ebenso müssen bei abnehmender Umfangsgeschwindigkeit c_1 und G zunehmen, indes nicht, wie es den Anschein hätte, ohne Grenzen, da bei solcher Folgerung der Druckunterschied, welcher zur Erzeugung der ersten Eintrittsgeschwindigkeit c_1 notwendig ist, übersehen würde. Bei ganz kleinen Umfangsgeschwindigkeiten zehrt aber dieser Eintrittsabfall einen bedeutenden Teil des Druckes auf, so daß im Verein mit der Wirkung der vermehrten Widerstände die Steigerung von G nicht bedeutend zu sein braucht.

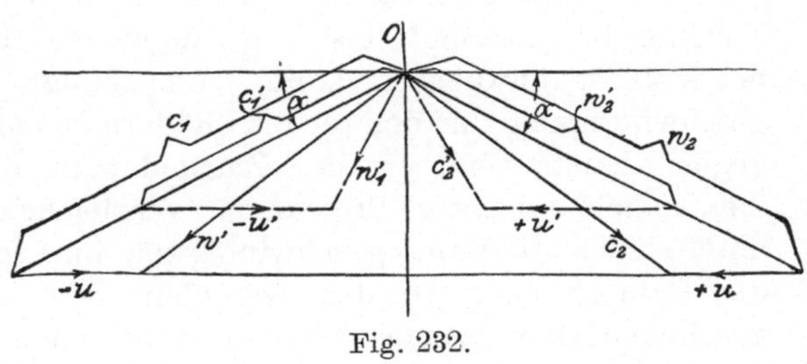

Fig. 232.

79. Leerlauf und Grenzgeschwindigkeit der vielstufigen Turbine.

Als Leerlauf bezeichnen wir den Betriebszustand der vollkommen entlasteten, aber der Herrschaft ihres Regulators unterworfenen, d. h. mit angenähert normaler Umlaufzahl rotierenden Turbine, wobei vor dem Regulierventil voller Kesseldruck vorausgesetzt wird. Der Dampfverbrauch des Leerlaufes hat eine hervorragende Wichtigkeit, da die Erfahrung gezeigt hat, daß der stündliche Gesamtverbrauch mit der effektiven Leistung fast genau linear zunimmt. Durch die Angabe des Bedarfes bei Volllast und im Leerlauf ist mithin auch die Ökonomie aller Zwischenbelastungen festgelegt.

Der Speisewasserverbrauch der Parsons-Turbine stellt sich im Leerlauf auf 10 bis 20 vH des normalen, wie aus folgender Tabelle, in der die oben besprochenen Versuche Stoneys zusammengestellt sind, hervorgeht.

Zahlentafel 3.

Dampfverbrauch der Parsons-Turbine im Leerlauf.

Leistung	KW	52,7	108	232	529	1190
zugehöriger Dampfverbrauch	kg/st	671	1320	2304	5454	10485
Verbrauch im Leerlauf .	kg/st	145	136	431	670	1183
Verbrauch im Leerlauf .	vH	21,6	10,3	18,7	12,3	11,3

Wenn man von der Wärmestrahlung des Gehäuses absieht, so wird der Dampf durch die starke Drosselung des Regulierventiles in der „Kammer“ erheblich überhitzt, und so stellt sich heraus, daß das Produkt aus dem spezifischen Volumen und der stündlichen Dampfmenge, d. h. das stündliche Gesamtvolumen vor der Turbine im Leerlauf bis zum doppelten Betrag des Volumens bei Volllast anwachsen kann. Demzufolge wird die Strömungsgeschwindigkeit in den ersten Rädern ebenfalls zunehmen. Hingegen nimmt, wenn wir den Zustand beim Kondensatordruck oder ihm nahekommender Pressungen vergleichen, das Dampfvolumen mithin auch die Dampfgeschwindigkeit im Leerlauf stark ab. Wäre die Dampfreibung in den Schaufeln dem Quadrate der Dampfgeschwindigkeit proportional, so müßte nach ungefährer Schätzung ihr Gesamtbetrag im Leerlauf ebenfalls wesentlich kleiner sein wie bei Vollbelastung, wenn wir in allen Rädern stoßfreien Eintritt voraussetzen könnten. Sie wird weiterhin auch dadurch verkleinert, daß der Dampf stärker überhitzt ist, und in der Turbine länger überhitzt bleibt, wie bei voller Leistung.

Diesen Umständen steht aber gegenüber, daß wegen Kleinheit der Dampfgeschwindigkeit der Eintritt sowohl in die Lauf- wie in die Leitschaufel für die größere Hälfte aller Stufen mit Stoß erfolgt, und daß die Dampfgeschwindigkeit von Rad zu Rad abnehmen muß, anstatt wie sonst zuzunehmen. Der hierbei stattfindende Vorgang ist ungemein verwickelt, und erfordert eine etwas ausführlichere Erörterung. Die Schaufeln sind meist so eng gestellt, daß wenigstens gegen den Auslauf hin der Strahl den Kanal ganz ausfüllen muß. Dort ist die Dampfgeschwindigkeit aus der Dampfmenge und dem ziemlich gut zu ermittelnden Wärmezustand leicht zu berechnen. Die Ausflußgeschwindigkeit c_1 aus dem Leitrad gibt dann mit $-u$ die relative Eintrittsgeschwindigkeit w_1 im Laufrad, welche für die Niederdruckräder ungefähr die in Fig. 236 dargestellte Richtung besitzen wird, indes mit steilerem Eintritt. Die hierbei auftretende Wirbelung ist ein Teil des Gesamtverlustes; dann aber dürften durch die Erweiterung, welche auf die Einschnürung in der Laufschaufel folgt, Dampfstöße verursacht werden. Erst hierbei findet eine mit Verlusten verbundene Verdichtung des Dampfes und die notwendige Verkleinerung seiner Strömungsgeschwindigkeit statt. Die Verluste können so anwachsen, daß die letzten Räder keine Arbeit leisten oder sogar bremsend wirken.[1])

---

[1]) Man hat wiederholt in der Darstellung des Dampfverbrauches als Funktion der Leistung durch die Verlängerung der Dampfverbrauchslinie den Schnittpunkt O_1 (Fig. 233) ermittelt, und $O\,O_1$ als Leerlaufarbeit angesehen, was aber unrichtig ist. Es herrsche vor und hinter einer Turbine Konden-

Wird die vollbelastete Turbine plötzlich entlastet und versagt der Regulator, so „brennt“ die Maschine, wie man sagt,

satordruck. Wird die Turbine durch einen Motor in Drehung versetzt, so kann nach den auf S. 167 im 3. Absatz mitgeteilten Beobachtungen eine, wenn auch geringe, Saugwirkung eintreten. Allein die Turbine wird theoretisch die Arbeit Null leisten, solange kein Dampf gefördert wird. Öffnen wir das Dampfventil so wenig, daß nur eine ungemein kleine Dampfmenge eintreten kann, so wird auch die absolute Geschwindigkeit beim Austritte aus einer Leitschaufel d. h. c_1 und die relative Austrittsgeschwindigkeit w_2 sehr klein. Die absolute Austrittsgeschwindigkeit c_1 ist aber als Resultierende aus w_2 und u nahezu so groß wie u selbst. Einerseits finden also im Rade Wirbelungsverluste statt, anderseits wird beim Durchgange die absolute Geschwindigkeit des Dampfes erhöht, es findet mithin durchweg Arbeitsübertragung an den Dampf statt. Erst wenn die Dampfmenge einen bestimmten Betrag erreicht hat, wird zuerst in den Hochdruckrädern Arbeit geleistet und ein Überschuß erzielt, welcher schließlich die Leerlaufwiderstände überwindet. Der Punkt O_1 entspricht also nicht der indizierten Nullleistung, diese ist dort vielmehr schon negativ.

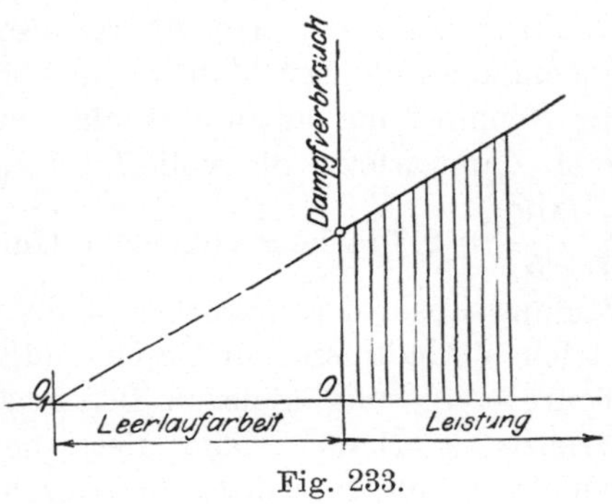

Fig. 233.

Wie der Dampfverbrauch in der Nähe der Nullleistung variiert, ließe sich für eine Turbine herleiten, bei welcher auch im Leerlauf alle Räder an der Arbeitsabgabe beteiligt wären. Um nämlich der Annahme gemäß eine nur verschwindend kleine indizierte Leistung auf die Turbine

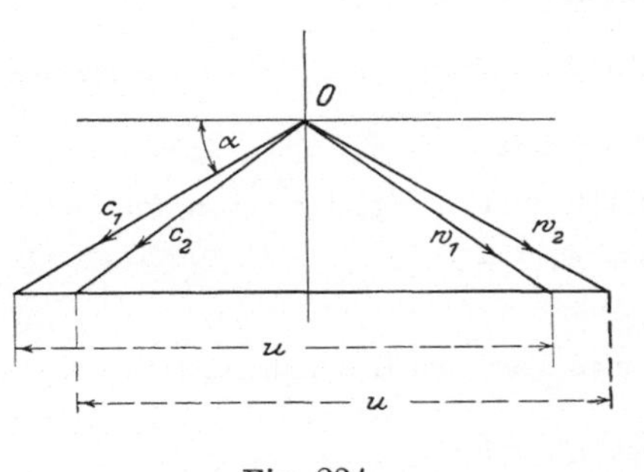

Fig. 234.

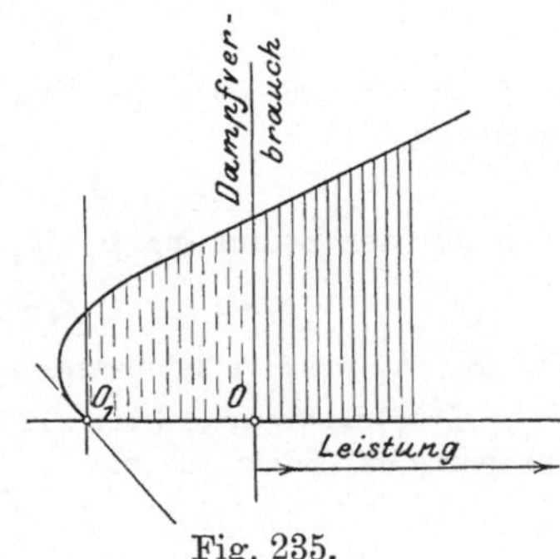

Fig. 235.

zu übertragen, müßte ein Geschwindigkeitsdiagramm wie Fig. 234 mit fast zusammenfallenden Geschwindigkeiten c_1, c_2 und w_1, w_2 vorhanden sein. In unserer Grundgleichung

$$-v\frac{dp}{dz}=\frac{\delta\mu}{\varepsilon g}(2c_1\cos\alpha-u) \quad . \quad . \quad . \quad . \quad . \quad . \quad . \quad . \quad (1)$$

durch und erreicht eine gewisse Grenzgeschwindigkeit. Die Dampfleistung wird anfänglich zunehmen, weil der Wirkungsgrad ebenfalls so lange wächst, bis die Umfangsgeschwindigkeit den Wert erreicht hat, bei welchem axialer Austritt aus den Laufrädern stattfindet. Gleichzeitig nimmt die Reibungsarbeit der Trommeln und Labyrinthkolben gegen den Dampf und die Lagerreibung zu, wodurch die sonst erreichbare Geschwindigkeit begrenzt wird. Angenommen, die erwähnte Dampfreibung allein mache normal 5 vH der Nennleistung aus und wachse mit der dritten Potenz der Umlaufzahl, dann würde die volle Leistung der Turbine bei einer auf das $\sqrt[3]{\frac{100}{5}} = 2{,}7$-fache gesteigerten Umlaufzahl abgebremst. Die Lagerreibung absorbiert natürlich auch mehr Arbeit, jedoch nur im einfachen Verhältnisse zur Geschwindigkeit, und kommt bei 3—4facher Tourensteigerung nicht in Betracht. Nehmen wir, um eine andere Grenze zu erhalten, an, diese besondere Reibungsarbeit sei vernachlässigbar, so würde das Geschwindigkeitsdiagramm wieder die ungefähre Form der Fig. 234 darbieten, d. h. w_1 und w_2 wären nahezu gleich groß und gleich gerichtet; ebenso c_1 und c_2. Der Dampfeintritt in die Lauf- (und die Leitschaufel) erfolgt mit der in

---

dürfte man dann v als eine Konstante einführen, da die Änderung desselben wegen der kleinen Druckdifferenzen klein bliebe. Die Gl. 1 stellt alsdann, was an sich Interesse haben dürfte, auch das Verhalten der mit inkompressibler Flüssigkeit betriebenen Vielstuferturbine dar.

Mit $Gv = fc_1$ erhalten wir

$$\frac{dp}{dz} = -G\varphi'(z) + \psi'(z)$$

und φ', ψ' sind stets positive Funktionen. Durch unmittelbare Integration ergibt sich

$$p = -G\varphi(z) + \psi(z) + C,$$

und aus der Bedingung $p = p_1$ für $z = 0$ und $p = p_2$ für $z = z_0$ folgt

$$p_2 - p_1 = -K_1 G + K_2 \quad \ldots \ldots \ldots \quad (2)$$

wo K_1, K_2 positive Konstanten sind.

Die übertragene Leistung kann man aber dem Druckunterschiede $p_1 - p_2$ proportional setzen, so daß

$$N_i = K_3 G (p_1 - p_2)$$

ist. Setzen wir $(p_1 - p_2)$ aus Gl. (2) ein, so erhalten wir

$$-\frac{N_i}{K_3 G} = -K_1 G + K_2$$

$$\text{oder} \quad N_i = K_1 K_3 G^2 - K_2 K_3 G,$$

d. h. im Punkte $N_i = 0$ verschwindet G nicht, wird vielmehr durch eine Parabel mit im Anfangspunkt schräger Tangente dargestellt, Fig. 235.

Fig. 236 dargestellten außerordentlich starken Ablenkung, so daß die Wirbelungswiderstände fast das ganze Gefälle aufzehren und nur eine geringfügige Arbeit auf das Rad übertragen wird. Ohne entsprechende Versuche läßt sich freilich das neue c_1 schwer schätzen; nehmen wir es gleich groß wie im Normalbetrieb an, so würde die

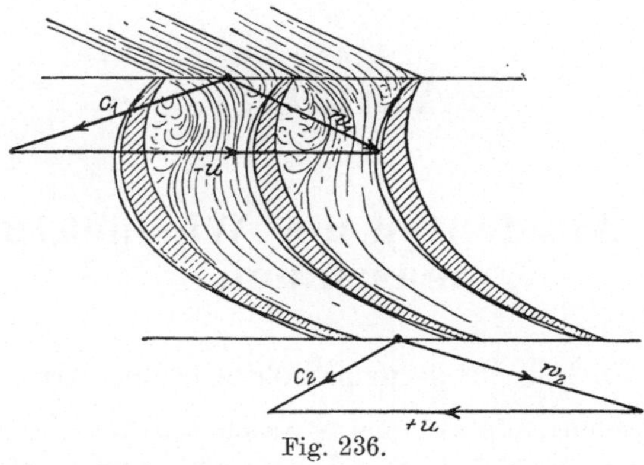

Fig. 236.

Umfangsgeschwindigkeit Werte bis zum 5- und 6fachen der normalen annehmen können. Da die Inanspruchnahme der rotierenden Teile im quadratischen Verhältnis der Umlaufzahl zunimmt, so bestehen nur geringe Aussichten (auch wenn man den ersten Fall in Rücksicht zieht), die vielstufige Turbine so zu bauen, daß sie ein „Durchbrennen" ohne ernstliche Gefährdung ertragen könnte.

Anhang.

Die Aussichten der Wärmekraftmaschinen.

80. Das Perpetuum mobile erster Art.

Eine Maschine, die aus nichts Arbeit schafft oder mehr Arbeit liefert als ihr in irgend einer (z. B. latenten) Form zugeführt wurde, ist unmöglich. Die Unmöglichkeit dieses sogenannten Perpetuum mobile (und zwar der „ersten Art" zum Unterschiede von dem weiter unten zu besprechenden der „zweiten Art") wurde von der Wissenschaft vor mehr als einem Jahrhundert vorausgeahnt, erhielt aber ihre endgültige Begründung erst durch das von Meyer, Joule und Helmholtz aufgestellte Prinzip von der Erhaltung der Energie. Dies Prinzip bildet heute die unerschütterte Grundlage der gesamten Naturwissenschaft, also auch des Maschinenbaues.

81. Das Perpetuum mobile zweiter Art und der zweite Hauptsatz der Thermodynamik.

So oft Wärme als solche verschwindet, muß im Sinne des Energieprinzipes eine ihr äquivalente Energiemenge anderer Form, z. B. mechanische Arbeit, auftreten. Allein diese Umwandlung ist nicht unbeschränkt und nicht nach Willkür durchzuführen. Sie ist vielmehr in erster Linie an das Vorhandensein eines Temperaturgefälles und Wärmeabgabe an das tiefere Temperaturniveau gebunden. Der Wärmeinhalt des Meeres, der Atmosphäre, des ganzen Erdballs, stellt einen ungeheuren Vorrat an Energie dar, und zahlreiche Erfinder haben sich mit dem Problem beschäftigt, diese Wärme, die dem Menschen kostenlos zur Verfügung steht, ohne Zuhilfenahme eines tieferen Temperaturniveaus, dessen Beschaffung eben praktisch unmöglich ist, in Arbeit umzuwandeln. Eine Maschine, die die

Umwandlung der Wärme in Arbeit unter Abkühlung eines gegebenen Wärmebehälters ohne jede anderweitige Änderung der Umgebung zu vollbringen vermöchte, wird nach Ostwald Perpetuum mobile zweiter Art genannt.

Wenn auch die bezeichneten Wärmevorräte streng genommen nicht unendlich groß sind, so wird doch durch die stets auftretende Reibung und sonstige Verlustquellen immer wieder mechanische Arbeit in Wärme zurückverwandelt und die von Ostwald gewählte Bezeichnung erscheint berechtigt.

Der zweite Hauptsatz der Thermodynamik sagt nun aus, daß auch das Perpetuum mobile zweiter Art, und zwar selbst bei Verwendung idealer, d. h. reibungsfreier, wärmeundurchlässiger Maschinen,[1]) unmöglich ist.

Die Begründung des Satzes ist nur eine mittelbare, d. h. die aus demselben gezogenen Folgerungen sind bis jetzt durch die Wirklichkeit ausnahmslos bestätigt worden. Es ist aber rein logisch nicht ausgeschlossen, daß eine neue Entdeckung die Allgemeinheit des Satzes aufhebt, und so kommt ihm streng genommen nur der Charakter einer Hypothese zu. Die völlig falsche Auffassung von der Art, wie ein Naturgesetz „bewiesen" werden müsse, verleitet viele Erfinder an Ideen festzuhalten, die in offenem Widerspruch mit dem zweiten Hauptsatze stehen, indem sie gerne ihre jeweiligen Erfindungen als die Ausnahmen ansehen, welche seine Gültigkeit zu erschüttern berufen sind. Solchen Anschauungen gegenüber muß betont werden, daß auch das Energieprinzip nur induktiv erwiesen ist, d. h. daß wir nur so viel behaupten können, es habe sich bisher in allen beobachteten Fällen als gültig erwiesen. Der zweite Hauptsatz wurde ursprünglich von Clausius in etwas anderer Form nur für reine Wärmeumwandlung aufgestellt. Später haben aus demselben Gibbs, Helmholtz, van't Hoff und andere Schlußfolgerungen auf die Erscheinungen des chemischen Gleichgewichtes, des galvanischen Stromes, die Theorie der Lösungen gezogen, und glänzende wissenschaftliche Erfolge errungen, welche in unzähligen Fällen durch die Wirklichkeit bestätigt worden sind. So stellt sich der zweite Hauptsatz nunmehr als ein die Gesamtheit der Naturerscheinungen beherrschendes Prinzip dar, dem, naturwissenschaftlich gesprochen, derselbe Grad von Gewißheit zukommt, wie dem Satze von der Erhaltung der Energie.

Es gibt ja zu jeder Zeit Gebiete, die wegen ihrer Neuheit noch nicht hinreichend durchforscht werden konnten. So gegenwärtig die Strahlungsvorgänge, von welchen vielfach behauptet wurde, daß sie sogar dem Prinzipe

---

[1]) Der Zusatz, daß auch ideale Maschinen den angestrebten Zweck nicht ermöglichen könnten, ist, wie man weiter unten sehen wird, notwendig.

der Erhaltung der Energie nicht gehorchen. Bei diesen und nur bei diesen allerneuesten Entdeckungen konnte wegen Zeitmangel und der Schwierigkeit der Untersuchung der zweite Wärmesatz noch nicht verifiziert werden. Trotzdem zweifeln einsichtige Forscher nicht daran, daß er sich auch hier bewahrheiten werde. Auf dem ganzen übrigen Gebiete der Naturforschung ist derselbe aber bereits durch ungezählte Folgerungen bewahrheitet worden; deshalb darf die dringliche Mahnung an die Erfinder gerichtet werden, keine Mittel an die Durchführung von Ideen zu wagen, die mit dem zweiten Wärmesatz im Widerspruche stehen.

Doch muß anderseits betont werden, daß die Umwandlung der Wärme der Umgebung in mechanische Arbeit nicht an sich unmöglich ist, daß sie jedoch, was ungemein wichtig ist, nur als Begleiterscheinung einer anderen, und zwar in der Regel dem Betrage nach weit größeren Energieumwandlung auftritt. Es gibt galvanische Ketten, die mehr elektrische Energie liefern, als der „Wärmetönung" der sich chemisch bindenden Stoffmengen entspricht, wobei der Überschuß der Wärme der Umgebung entnommen wird. Solange wir über einen Vorrat für solche galvanische Ketten geeigneter Stoffe verfügen, wird also die Wärme der Umgebung „unentgeltlich" in Arbeit mitverwandelt. Sollten dieselben aber auf künstlichem Wege aus anderen Urstoffen chemisch erzeugt werden, dann müßten wir soviel mechanische Arbeit nebenher in Wärme verwandeln, daß der frühere Gewinn mehr als aufgehoben würde. Diese Prozesse sind aber auch an sich praktisch um so mehr bedeutungslos, als der Betrag der umgewandelten Wärme pro Gewichtseinheit der verbrauchten Stoffe meist ein ungemein kleiner zu sein pflegt.

Auch rein thermische Prozesse existieren, bei welchen die Wärme der Umgebung in Arbeit umgewandelt wird. Das einfachste und selbstverständliche Beispiel bietet ein komprimiertes Gas, welches bei atmosphärischer Temperatur isothermisch expandiert. Hierbei wird ein der geleisteten Arbeit genau äquivalentes Wärmequantum in Arbeit verwandelt. Falls wir also einen Vorrat an komprimierten Gasen in der Natur vorfinden, wird solche Arbeitserzeugung möglich. Sobald das Gas künstlich komprimiert werden muß, hört jede Ökonomie des Prozesses auf. Über weitere chemisch-thermische Prozesse ähnlicher Art wird unten berichtet und nachgewiesen, daß dieselben praktisch ebenfalls durchaus keine Bedeutung haben.

Zum Schlusse wiederholen wir, daß das Perpetuum mobile zweiter Art in der Umwandlung der Wärme einer einzigen Wärmequelle, also ohne Vorhandensein eines Temperaturgefälles und mit Ausschluß irgend welcher anderweitigen Änderung, bestehen würde und nur in diesem Sinne als Unmöglichkeit anzusehen ist.

82. Der Carnotsche Kreisprozeß.

Führen wir mit einem Körper beliebiger Art, welcher, um die Betrachtung allgemein zu gestalten, auch als ein Gemenge von chemisch aufeinander einwirkenden Stoffen vorausgesetzt werden darf, einen Prozeß aus, welcher aus einer adiabatischen Verdichtung von der Temperatur t_2 auf die Temperatur t_1, einer isothermischen Ausdehnung bei der Temperatur t_1 unter Zufuhr der Wärmemenge Q_1, aus einer adiabatischen Ausdehnung auf die Temperatur t_2, schließlich einer isothermischen Verdichtung bei der Temperatur t_2 unter Entziehung der Wärme Q_2 bis zum Erreichen des Anfangszustandes besteht und Carnotscher Prozeß genannt wird. Die Zustandsänderungen sollen umkehrbar erfolgen, d. h. die gleichmäßige Temperatur der Wärmebehälter, welche Q_1 liefern und Q_2 aufnehmen, darf nur um ein unendlich Kleines von der ebenfalls gleichmäßigen Temperatur des arbeitenden Körpers abweichen; die lebendige Kraft des Körpers, d. h. die Geschwindigkeit, mit der der Prozeß vor sich geht, muß vernachlässigbar klein sein. Schließlich wird vorausgesetzt, daß die „Maschine“, in welcher unser Körper arbeitet, reibungsfrei ist. Während eines Umlaufes wird nun eine in Wärmemaß AL betragende äußere Arbeit geleistet, und es muß nach dem Energieprinzip

$$AL = Q_1 - Q_2$$

sein. Ein zweiter Körper möge denselben Prozeß zwischen denselben Temperaturgrenzen in umgekehrter Richtung durchlaufen, sein Gewicht sei so bemessen, daß hierbei die nunmehr zu leistende Arbeit wieder gleich AL sei, während dem kälteren Wärmebehälter in diesem Fall die Wärme Q_2' entzogen und dem wärmeren die Wärme Q_1' mitgeteilt wird. Es gilt wieder

$$AL = Q_1' - Q_2',$$

somit

$$Q_1 - Q_2 = Q_1' - Q_2' \quad \text{oder} \quad Q_1' - Q_1 = Q_2' - Q_2.$$

Da die während des ersten Prozesses gewonnene äußere Arbeit durch den zweiten Prozeß gerade aufgezehrt wurde und beide Körper nach je einem Umlauf sich im Anfangszustande befinden, besteht die Wirkung des ganzen Vorganges darin, daß eine gewisse Wärmemenge aus dem einen Behälter in den andern geschafft worden ist. Wäre $Q_1' > Q_1$, so würde die Differenz $Q_1' - Q_1$ dem kälteren Behälter entnommen und in den wärmeren überführt worden sein. Dieser Überschuß würde in einem dritten „rechtsläufigen“ Prozeß eine Arbeit leisten können, und durch Wiederholung des Vorganges könnte man ununterbrochen Arbeit auf Kosten des kälteren

Behälters allein, ohne daß anderweitige Änderungen aufträten, gewinnen. Dies aber ist ein Perpetuum mobile zweiter Art, also unmöglich. Dasselbe ergibt sich, wenn man $Q_1' < Q_1$ voraussetzt, indem es nur notwendig ist, die Richtung der Prozesse 1 und 2 zu vertauschen, so daß nur die Möglichkeit

$$Q_1 = Q_1', \text{ mithin auch } Q_2 = Q_2'$$

übrig bleibt.[1]) Durch Division folgt

$$\frac{Q_1}{Q_2} = \frac{Q_1'}{Q_2'},$$

d. h. dieses Verhältnis ist von der Natur des verwendeten Körpers unabhängig, wenn nur dieselben Temperaturgrenzen t_1, t_2 eingehalten werden. Da über den Druck, das Volumen, den Aggregatzustand und die chemische Beschaffenheit der Körper nichts vorausgesetzt wurde, kann das genannte Verhältnis nur von den Temperaturen abhängen, d. h. es muß

$$\frac{Q_1}{Q_2} = f(t_1, t_2)$$

wo f eine noch unbekannte, für alle Körperarten gültige Funktion bedeutet. Die Gestalt derselben bestimmen wir mit Poincaré, indem wir Carnotsche Prozesse zwischen den Temperaturen t_0, t_1, t_2 und zwischen denselben Adiabaten, und zwar in folgender Zusammenstellung voraussetzen: 1) zwischen t_1, t_2 mit den Wärmemengen Q_1, Q_2, 2) zwischen t_1, t_0 mit Q_1, Q_0, 3) zwischen t_2, t_0 mit Q_2, Q_0, so daß die drei Gleichungen

$$\frac{Q_1}{Q_2} = f(t_1, t_2), \quad \frac{Q_1}{Q_0} = f(t_1, t_0), \quad \frac{Q_2}{Q_0} = f(t_2, t_0)$$

bestehen müssen.

Bilden wir das Verhältnis Q_1 und Q_2 aus der 2. und 3. Gleichung und setzen wir es dem in der 1. Gleichung gleicht, so folgt

$$\frac{f(t_1, t_0)}{f(t_2, t_0)} = f(t_1, t_2).$$

Diese Identität kann nach Poincaré nur bestehen, falls $f(t_1, t_2)$ die Form

[1]) Man könnte freilich einwenden, daß reibungslose Maschinen nicht existieren und der Beweis nicht streng genug geführt sei, allein einerseits bauen wir nachweisbar Dampfmaschinen, deren Reibungsarbeit, die Luftpumpenarbeit einbegriffen, bloß 5 vH der normalen Leistung ausmacht, anderseits ist die Voraussetzung idealer Maschinen für den Beweis nicht zu umgehen und darum auch deutlich ausgesprochen worden.

$$f(t_1, t_2) = \frac{\varphi(t_1)}{\varphi(t_2)} \quad . \quad . \quad . \quad . \quad . \quad . \quad . \quad (5)$$

besitzt, wo nun Funktion φ noch unbekannt ist. Zu ihrer Bestimmung genügt es, an einem einzigen Körper durch den Versuch das Verhältnis $Q_1 : Q_2$ zu ermitteln. Als solcher Körper eignet sich irgend ein „ideales" Gas, welches die Zustandsgleichung

$$pv = RT$$

besitzt, wo $T = 273 + t$ und R eine Konstante ist, dessen spezifische Wärmen c_p für konstanten Druck und c_v für konstantes Volumen unveränderlich sind und das Verhältnis

$$k = \frac{c_p}{c_v}$$

bilden. Indem man die Abschnitte des Kreisprozesses im einzelnen durchgeht, findet man durch eine leicht zu erledigende Rechnung

$$\frac{Q_1}{Q_2} = \frac{T_1}{T_2} \quad . \quad . \quad . \quad . \quad . \quad . \quad . \quad . \quad (6),$$

wenn mit $T_1 = 273 + t_1$ und $T_2 = 273 + t_2$ die obere und untere „absolute" Temperatur der Carnotschen Isothermen bezeichnet wird. Die Carnotsche Temperaturfunktion $\varphi(t) = \varphi(T - 273)$ reduziert sich mithin allgemein auf die absolute Temperatur selbst,

$$\varphi(t) = T \quad . \quad . \quad . \quad . \quad . \quad . \quad . \quad . \quad . \quad (7),$$

wenn wir den noch willkürlichen konstanten Faktor $= 1$ setzen.

Die in „Nutzarbeit" umgesetzte Wärmemenge ist nun nichts anderes als der Unterschied der Wärmemengen Q_1 und Q_2, d. h.

$$AL = Q_1 - Q_2.$$

Der „Wirkungsgrad" η ist das Verhältnis der nutzbar gewonnenen Energie AL zum Gesamtaufwand an Wärme, d. h. zu Q_1, da Q_2 die Temperatur der Umgebung annahm, mithin wirtschaftlich wertlos geworden ist. Man findet

$$\eta = \frac{AL}{Q_1} = \frac{Q_1 - Q_2}{Q_1}.$$

Da aber gemäß Gl. 5a

$$Q_2 = Q_1 \frac{T_2}{T_1},$$

so folgt

$$\eta = \frac{T_1 - T_2}{T_1} \quad . \quad . \quad . \quad . \quad . \quad . \quad . \quad (8)$$

und wir haben den Satz:

Der thermische Wirkungsgrad eines Carnotprozesses hängt lediglich ab von der Temperatur der Isothermen, zwischen welchen der Prozeß verläuft, und ist unabhängig von der Natur des arbeitenden Körpers. Die Wärmeausnutzung ist um so besser, bei je höherer Temperatur wir die Wärme zuführten und bei je tieferer wir sie entziehen.

83. Kreisprozeß mit Wärme-Zu- und Abfuhr bei beliebigen Temperaturen.

Es sei ein beliebiger Körper einer beliebigen physikalischen oder chemischen Zustandsänderung unterworfen, bei der nur umkehrbare Vorgänge auftreten, und der Verlauf der Druck- und Volumenänderung durch das sogenannte pv-Diagramm, Fig. 237, dargestellt wird. Teilen wir die pv-Ebene durch eine Schar von Adiabaten in unendlich schmale Streifen, und bezeichnen wir die Wärmemengen, welche während der wahren Zustandsänderung zwischen zwei Adiabaten zu- bezw. abgeleitet werden, wie in die Figur eingetragen ist, mit dQ_1, dQ_1', dQ_1'' ... dQ_2, dQ_2', dQ_2'', ...

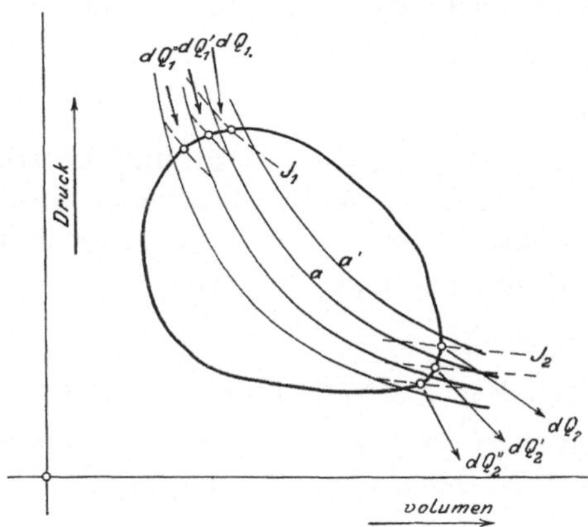

Fig. 237.

Die Wärmen dQ_1, dQ_2 können wir auch als einem Carnotschen Kreisprozeß angehörend denken, der durch einen Hilfskörper zwischen den Adiabaten a, a' und den zu T_1, T_2, d. h. den Temperaturen der wahren Zustandsänderung gehörenden unendlich kurzen Isothermen J_1, J_2 ausgeführt wird. Die auf J_1, J_2 zu- bezw. abzuleitenden Wärmen unterscheiden sich von dQ_1, dQ_2 nur um unendlich kleine höherer Ordnung und es gilt nach Gl. 6:

$$\frac{dQ_1}{dQ_2} = \frac{T_1}{T_2} \quad \ldots \ldots \ldots \quad (9).$$

Die nutzbare Arbeit dL, die dem Elementarprozesse entspricht und durch die schraffierte Elementarfläche des pv-Diagrammes dargestellt wird, ist in Wärmemaß $AdL = dQ_1 - dQ_2$, der thermodynamische Wirkungsgrad, wie oben

$$\eta = \frac{T_1 - T_2}{T_1}.$$

Der vorhin ausgesprochene Satz gilt für jeden Elementarprozeß, und man darf mithin, alles zusammenfassend, den Satz aussprechen:

Die Wärmeausnutzung bei einem beliebig geführten Kreisprozeß mit nur umkehrbaren Änderungen ist um so besser, bei je höheren Temperaturen die Wärme zugeführt, bei je tieferen sie abgeleitet wird.

Dieser Satz, der anscheinend allgemeine und ausnahmslose Gültigkeit besitzt, wird wesentlich eingeschränkt durch die Anwendung eines sogen. Regenerators. Es sei in einem Arbeitsprozesse eine „rechtsläufige", d. h. mit Wärmemitteilung, und im weiteren Verlaufe eine „linksläufige", d. h. mit Wärmeentziehung verbundene Zustandsänderung solcher Art vorhanden, daß Element für Element die Temperaturen und die ausgetauschten Wärmemengen gleich groß sind, während die Drücke verschieden sein können. Es wird nun im allgemeinen möglich sein, durch einen ideal wirkenden Wärmeaustauschapparat (nach dem Gegenstromprinzip) die auf dem linksläufigen Wege abgegebene Wärmemenge theoretisch ohne Verlust dem Arbeitskörper auf der rechtsläufigen Zustandsänderung zuzuführen, wodurch diese Wärme zu einer zirkulierenden gemacht wird und nicht jedesmal frisch angeliefert werden muß. Es ist mithin für den Wirkungsgrad dieses Prozesses im Gegensatze zum verallgemeinerten Carnotschen Lehrsatze gleichgültig, ob die fragliche Wärmemenge bei hohen oder niedrigen Temperaturen zu- und abgeleitet worden ist. Eine praktisch brauchbare Verwendung dieser theoretisch vielversprechenden Idee ist indessen bis heute nicht geglückt.

84. Das Integral von Clausius.

Schreiben wir Gl. 9 in der Form an

$$\frac{dQ_1}{T_1} = \frac{dQ_2}{T_2} \text{ oder } \frac{dQ_1}{T_1} - \frac{dQ_2}{T_2} = 0$$

und verbinden wir sie mit den gleichartig gebildeten

$$\frac{dQ_1'}{T_1'} - \frac{dQ_2'}{T_2'} = 0$$

$$\frac{dQ_1''}{T_1''} - \frac{dQ_2''}{T_2''} = 0 \text{ usw.},$$

so ergibt sich durch Summation

$$\Sigma \frac{dQ_1}{T_1} - \Sigma \frac{dQ_2}{T_2} = 0.$$

Wenn wir aber die zu entziehenden Wärmemengen dQ_2 algebraisch auffassen, d. h. als negative Größen einführen (während hier dQ_2 den Absolutwert bedeutete), so darf man einfach

$$\Sigma \frac{dQ}{T} = 0$$

schreiben, die Summe auf alle Wärmeelemente ausgedehnt. Ersetzen wir die Summe durch das Integralzeichen, so entsteht für einen Kreisprozeß mit bloß umkehrbaren Vorgängen der Satz von Clausius

$$\left(\int\right) \frac{dQ}{T} = 0 \quad \ldots \ldots \quad (10),$$

wobei durch die Klammern die Integration über den geschlossenen Kreisprozeß angedeutet ist.

85. Die Entropie.

Man lasse nun von einem als „normal" definierten Zustand A, Fig. 238, durch umkehrbare Vorgänge 1 kg unseres Stoffes gemäß Kurve C in den Zustand B überführen, auf dem Wege C' kehre er nach A zurück, so daß ein Kreisprozeß entsteht. Das Clausiussche Integral 10 zerlegen wir in die Teilbeträge von A über C nach B, von B über C' nach A, und schreiben

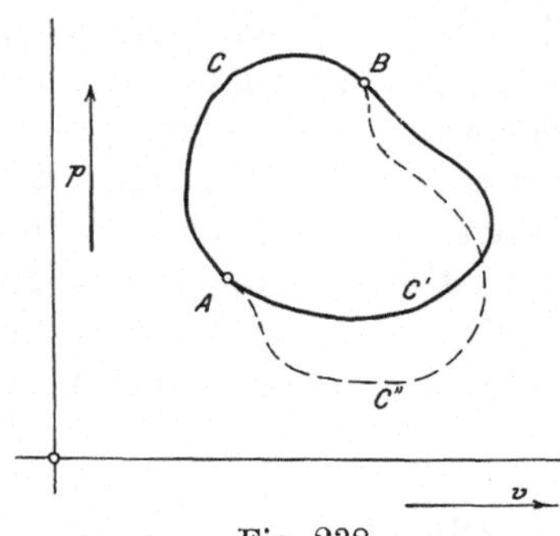

Fig. 238.

$$\int_A^A \frac{dQ}{T} = \int_{A \atop \text{über } C}^B \frac{dQ}{T} + \int_{B \atop \text{über } C'}^A \frac{dQ}{T} = 0 \quad . \; . \; (11)$$

Geht die Änderung von A nach B über C', so kehren alle Elementar-Wärmemengen, die ins Spiel kommen, ihr Vorzeichen um, und es wird

$$\int_{A \atop \text{über } C'}^B \frac{dQ}{T} = - \int_{B \atop \text{über } C'}^A \frac{dQ}{T},$$

somit liefert Gl. 11

$$\int_{A \atop \text{über } C}^B \frac{dQ}{T} = \int_{A \atop \text{über } C'}^B \frac{dQ}{T} \quad \ldots \ldots \quad (12).$$

Das Integral der Elemente $dQ : T$ ist mithin unabhängig von der Art, in welcher wir einen Körper aus dem gegebenen Anfangszustand in einen gegebenen Endzustand überführen, wenn der Weg nur überall umkehrbar war. Man bezeichnet dies Integral als den Zuwachs der Entropie des Körpers zwischen den Zuständen A und B, und schreibt

$$\int_A^B \frac{dQ}{T} = S - S_0 \quad \ldots \ldots \ldots \quad (13).$$

Der Wert der Entropie in A bleibt unbestimmt, es ist mithin auch S nur bis auf eine willkürliche additive Konstante bestimmbar. Bezeichnet man den Zustand in A als „Nullzustand" und setzt man $S_0 = 0$, so wird die Entropie eine zu jedem Zustand des Körpers gehörende bestimmte Zahl, und kann von vornherein ausgerechnet werden, sofern der Zustand durch bloß umkehrbare Änderungen erreichbar ist[1]).

Aus der Definition der Entropie folgt:

$$dS = \frac{dQ}{T} \quad \ldots \ldots \ldots \quad (14)$$

und

$$dQ = TdS \quad \ldots \ldots \ldots \quad (14a),$$

welche wichtige Gleichung besagt, daß die (umkehrbar) zugeführte Wärmemenge dQ erhalten wird als Produkt der absoluten Temperatur und der elementaren Entropiezunahme während der betrachteten unendlich kleinen Zustandsänderung. Dieser Satz gibt uns die Möglichkeit, die zugeführte Wärme graphisch als Flächeninhalt darzustellen, wenn wir z. B. ein Koordinatensystem entwerfen mit S als Abszissen- und T als Ordinatenachse. Da durch die „Zustandsparameter", etwa p und v, auch die Entropie S und die Temperatur bestimmt sind, entspricht jedem Punkte der p, v-Ebene ein Punkt der T, S-Ebene, und man kann eine Zustandskurve (z. B. Expansionslinie) aus der ersten in die zweite übertragen, oder „abbilden". Auf diese Weise entsteht das „Entropiediagramm" Fig. 239.

---

[1]) Es ist wichtig darauf hinzudeuten, daß über die Natur des arbeitenden Körpers keine Voraussetzungen gemacht worden sind, daß also obige Definition der Entropie insbesondere auch für chemisch aufeinander einwirkende Gemenge gilt, wenn nur ihr Zustand durch gewisse Angaben bestimmbar, also ein Zustand des Gleichgewichtes der chemischen Kräfte ist. Das Vorhandensein äußeren Gleichgewichtes ist nicht notwendig, da auch in bewegten Massen ein unendlich kleines Element als im relativen Gleichgewicht gegen seinen Schwerpunkt angesehen werden kann. Bei Gasgemischen kann man auch die Bedingung des Gleichgewichtes der chemischen Kräfte fallen lassen, da hier die Entropie des einen Bestandteiles durch die Anwesenheit des andern nicht beeinflußt wird.

In diesem ist Rechteck $B'B''B_1''B_1' = TdS = dQ$, und die Fläche B_1BCC_1 stellt im Wärmemaß die ganze während der Zustandsänderung von B nach C aufgenommenen Wärme dar. Erfolgte die Änderung im Sinne von C nach B, müßte der Flächeninhalt negativ gerechnet werden, d. h. die Wärme würde nicht zu-, sondern abgeleitet.

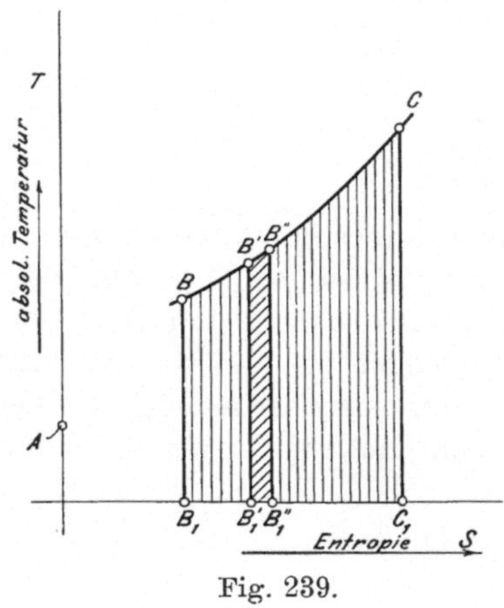

Fig. 239.

Aus Beziehung 12 folgt ferner, daß $dQ:T$ ein vollständiges Differential der beiden für die Bestimmung des Zustandes gewählten „Parameter" z. B. von p, v oder v, T u. s. w. sein, somit die vollständige Integration von S stets möglich sein müsse.

86. Entropietafel für Wasserdampf.

Für Wasserdampf gestaltet sich die Berechnung der Entropie, indem man 0^0 C. und das als unveränderlich angesehene Volumen des flüssigen Wassers zum „Normalzustand" macht, die Entropie auf 1 kg Wassergewicht bezieht, und als umkehrbare Zustandsänderung zunächst adiabatische Kompression des Wassers auf den gewünschten Druck, dann Wärmezufuhr bei konstantem Druck wählt, wie folgt:

a) im flüssigen Zustand gilt, indem man von der unmerklichen Temperaturzunahme und Arbeitsleistung während der Kompression des Wassers absieht, bis zum Erreichen des Siedepunktes beim Drucke p oder der Temperatur T die Gl. $dQ = cdT$, wo c die spezifische Wärme des Wassers unabhängig ist vom Drucke. Mithin der erste Anteil der Entropie

$$s' - s_0 = \int_0^T \frac{cdT}{T} = \tau,$$

während der Verdampfung bei konstantem Drucke, also auch konstanter Temperatur

$$dQ = rdx \text{ und } s_x - s' = \int_0^x \frac{rdx}{T} = \frac{rx}{T}$$

somit im ganzen für gesättigten Dampf vom „Zustande T, x"

$$s_x - s_0 = \tau + x \frac{r}{T}$$

Die Größe τ findet sich (unter der Bezeichnung σ) in der Hütte vorgerechnet.

An der Grenzkurve ist $s'' - s_0 = \tau + \frac{r}{T}$.

Im Überhitzungsgebiete haben wir bei konstantem Drucke p

$$dQ = c_p dT$$

und

$$s - s'' = \int_T^{T'} \frac{c_p dT}{T} = c_p \lg n \left(\frac{T'}{T}\right),$$

wo T' die Überhitzungstemperatur bedeutet und $c_p = 0{,}48$ konstant vorausgesetzt wird.

Diese Werte finden sich für das praktisch wichtige Gebiet der Zustandsänderung auf Tafel I graphisch dargestellt, und sind die Linien $p =$ konst. und $x =$ konst. für eine größere Zahl von Zwischenwerten gerechnet. Die Isotherme, d. h. $T =$ konst., wird naturgemäß durch die Wagerechte wiedergegeben. Für die Adiabate gilt $dQ = 0$ mithin $s =$ konst., d. h. sie ist eine vertikale Gerade. Es sind auch die Linien $v =$ konst. eingezeichnet, so daß zu zwei Bestimmungsstücken z. B. p, v sofort das dritte, d. h. x oder T gefunden werden kann. Schließlich wurden die Linien $\lambda =$ konst. eingezeichnet, durch welche, wie aus dem Früheren hervorgeht, das Rechnen vereinfacht wird.

87. Ungeschlossene Prozesse mit umkehrbaren und nicht umkehrbaren Zustandsänderungen.

Wenn ein Körper umkehrbare Zustandsänderungen ausführt, muß seine Temperatur, wie oben erläutert, stets bis auf unendlich kleine Unterschiede der Temperatur des Wärmebehälters, von welchem er jeweilig Wärme empfängt, gleich sein. Setzen wir auch im Behälter nur umkehrbare Vorgänge voraus, so wird für jedes Element der Zustandsänderung die Entropieänderung $dS = dQ/T$ der Arbeitskörper gleich groß, aber entgegengesetzt wie diejenige des Behälters, da T gleich dQ für beide auch gleich, aber entgegengesetzt ist. Die Entropieänderung beider Körper zusammengenommen ist Null, und zwar auch für endliche Zustandsänderungen. Wir haben somit den Satz:

Bei einem rein umkehrbaren Vorgange bleibt die Entropiesumme aller an dem Vorgang irgendwie beteiligten Körper unverändert.

Treten hingegen nicht umkehrbare Zustandsänderungen auf, so erfährt der Satz folgende von Gibbs und Planck zuerst ausgesprochene Erweiterung:

Die Summe der Entropien aller an irgend einem Vorgange beteiligten Körper ist zu Ende der Zustandsänderung größer wie am Anfang; nur im Grenzfalle einer in allen Teilen umkehrbaren Änderung bleibt die Entropiesumme unverändert.

Der Beweis ist für geschlossene, d. h. Kreisprozesse mit nicht umkehrbaren thermischen Umwandlungen schon von Clausius auf sein Grundprinzip, daß Wärme nicht von selbst von einem kälteren zu einem wärmeren Körper übergehen könne, zurückgeführt worden.

Für ungeschlossene Prozesse beliebiger Art wird der Beweis geleistet, indem man auf die im Art. 82 betrachteten zwei Carnotschen Prozesse zurückgreift. Der rechtsläufige derselben sei mit einer nicht umkehrbaren Zustandsänderung behaftet, der entgegengesetzte aber werde umkehrbar geführt und so, daß die vom ersten geleistete Arbeit gerade aufgezehrt wird. Als nicht umkehrbar definieren wir mit Planck jeden Vorgang, dessen Folgen durch kein uns zu Gebote stehendes Mittel vollständig, d. h. so aufgehoben werden können, daß in keinem andern Körper eine Änderung zurückbliebe. Daß der Vorgang nicht im entgegengesetzten Sinne durchlaufen werden kann, genügt also nicht, es muß überhaupt unmöglich sein, den Anfangszustand ohne anderweitige Änderungen wiederherzustellen. Unter dieser Voraussetzung kann die dem wärmeren Behälter durch unsere Kreisprozesse entnommene Wärme $Q_1 - Q_1'$ nur positiv sein, denn wäre sie Null, so hätten wir zum Schlusse genau denselben Zustand aller beteiligten Körper wie zu Beginn, wir hätten also die nicht umkehrbare Änderung des ersten Prozesses aufgehoben, was der Voraussetzung widerspricht. Wäre aber $Q_1 - Q_1' < 0$, so würde man ohne Arbeitsaufwand die Wärmemenge $Q_1' - Q_1$ aus dem kälteren Behälter in den wärmeren hinaufgeschafft haben, könnte dieselbe von hier in eine geeignete Maschine leiten, und würde ein Perpetuum mobile zweiter Art erhalten, was unmöglich ist. Es bleibt mithin nur

$$Q_1 - Q_1' > 0 \quad \text{und} \quad Q_2 - Q_2' > 0$$

möglich. Wegen der Gleichheit der Arbeiten ist aber $Q_1 - Q_2 = Q_1' - Q_2'$, d. h. es muß $Q_1 = Q_1' + \Delta$; $Q_2 = Q_2' + \Delta$ sein, wo Δ eine positive Größe bedeutet.

Für den umkehrbaren Kreisprozeß war

$$\frac{Q_1'}{T_1} - \frac{Q_2'}{T_2} = 0$$

somit erhalten wir hier, da $T_1 > T_2$ ist

$$\frac{Q_1}{T_1} - \frac{Q_2}{T_2} = \Delta\left(\frac{1}{T_1} - \frac{1}{T_2}\right) < 0.$$

Durch dieselben Überlegungen, die im Art. 5 gemacht worden sind, gelangt man bei einem beliebigen Kreisprozeß zur Formel

$$\left(\int\right)\frac{dQ}{T} < 0$$

wobei aber, wie aus der Ableitung hervorgeht, T die Temperatur der Behälter ist, weil beim nicht umkehrbaren Vorgang die Gleichheit der Temperatur des Körpers und des Behälters nicht Bedingung ist. Es sei nun in der früheren Fig. 238 ein nicht geschlossener Prozeß zwischen den Zuständen A und B mit nicht umkehrbaren Vorgängen im Arbeitskörper, aber nur umkehrbaren Änderungen der Wärmebehälter, der über die Bahn C verläuft, gegeben. Wir machen den Prozeß zu einem geschlossenen durch Anfügen der über C' laufenden und in allen Teilen umkehrbaren Zustandsänderung von B nach A. Das Integral von Clausius gibt

$$\underset{\text{über } C}{\int_A^B}\frac{dQ}{T} + \underset{\text{über } C'}{\int_B^A}\frac{dQ}{T} = \underset{\text{über } C}{\int_A^B}\frac{dQ}{T} - \underset{\text{über } C'}{\int_A^B}\frac{dQ}{T} < 0 \quad . \quad . \quad . \quad . \quad (\alpha)$$

Es sei nun S_A, S_B die Entropie des Arbeitskörpers in A bezw. B; ebenso S_A', S_B' der Anfangs- und Endwert der Entropie der Behälter, welche während der gegebenen Zustandsänderung von A bis B (über C) mit dem Körper in Verbindung standen. Dann ist offenbar

$$S_B - S_A = \underset{\text{über } C'}{\int_A^B}\frac{dQ}{T}\,;\; S_B' - S_A' = -\underset{\text{über } C}{\int_A^B}\frac{dQ}{T} \quad . \quad . \quad . \quad (\beta)$$

wobei das negative Vorzeichen im letzten Gliede angebracht werden mußte, da dQ die dem Körper zugeführte, mithin $-dQ$ die dem Behälter im algebraischen Sinne mitgeteilte Wärmemenge bedeutet. Wir erhalten also durch Einsetzen der Werte (β) in Gl. (α)

$$-(S_B' - S_A') - (S_B - S_A) < 0 \quad \text{oder} \quad (S_B + S_B') - (S_A + S_A') > 0$$

d. h. die Entropiesumme aller an der ungeschlossenen Zustandsänderung von A bis B beteiligten Körper ist am Ende des Vorganges größer wie zu Beginn derselben, was zu beweisen war.[1])

[1]) Im entsprechenden Beweise von Planck findet sich (auf S. 86 der Thermodynamik) eine Unklarheit, welche für die Kenner dieses Werkes hier

88. Die Ökonomie der Wärmekraftmaschinen.

Die Arbeitsleistung der heute bekannten Wärmemotoren beruht in letzter Linie auf der Auslösung von Energie durch chemische Verbindungen (Verbrennung), und ist mithin für die Beurteilung ihrer Ökonomie der Planck sche Satz in seiner allgemeinen Fassung herbeizuziehen. Leider sind die betreffenden physikalischen und chemischen Konstanten unserer Arbeitsstoffe zu wenig bekannt, und wir müssen uns mit einigen wenigen allgemeinen Erwägungen begnügen. Insbesondere kann man über den Arbeitsverlust durch nicht umkehrbare Vorgänge für Prozesse, wie sie bei Gasmotoren üblich sind, folgendes aussagen:

Wir denken uns alle Wärmeentwicklung im gegebenen Arbeitsvorgang durch chemische Prozesse bedingt, und setzen zum Zwecke der Rückführung der Endprodukte auf atmosphärischen Zustand eine Wärmeabfuhr Q_0 an die Umgebung voraus, die bei der Temperatur T_0 erfolgt. Die Nutzarbeit werde zum Heben eines Gewichtes verwendet, dessen Entropie sich nicht ändert. Die Entropie des Arbeitskörpers sei S vor, und S' nach der Umwandlung, die Vermehrung ist also $S' - S$. Die Entropie des unteren Wärmebehälters erfährt eine Zunahme $\frac{Q_0}{T_0}$. Im ganzen hat die Entropie um den Betrag

$$N = S' - S + \frac{Q_0}{T_0} \quad \ldots \ldots \quad (1)$$

zugenommen. Die Gesamtenergie des Arbeitskörpers sei U bezw. U' vor, bezw. nach der Umwandlung. Die Nutzarbeit beträgt dann

$$L = U - U' - Q_0 \quad \ldots \ldots \quad (2),$$

besprochen sei. Es ist dort die Rede davon, welche Folgen es nach sich zieht, wenn man annimmt, daß die Entropie eines Gases verkleinert werden könnte, ohne in andern Körpern Änderungen zurückzulassen. Hier sind entgegen der unvollständigen Darstellung Plancks drei Möglichkeiten ins Auge zu fassen. Es könnte die Temperatur erstens gleich bleiben, dann erhielte man durch isothermische Wärmezufuhr aus der Umgebung und Ausdehnung des Gases bis zur ursprünglichen Entropie ein Perpetuum mobile zweiter Art; es könnte zweitens die Temperatur höher sein, und man erhielte durch adiabatische Expansion auf die frühere Temperatur Arbeit aus nichts; drittens könnte die Temperatur tiefer sein, man müßte Arbeit aufwenden um adiabatisch auf die Anfangstemperatur zu komprimieren, worauf man das Gas arbeitslos auf das Volumen der größeren Entropie sich ausdehnen ließe, und durch periodische Wiederholung Arbeit ohne Ende vernichten würde. Dann ist bei Planck der Übergang zu Vorgängen chemischer Art unklar, weshalb vielleicht manchem der hier gegebene strenge Beweis gelegen kommen mag. Diese Ergänzung macht indessen das Studium des klassischen Planckschen Werkes keineswegs entbehrlich.

wenn das Volumen zu Anfang und zu Ende des Vorganges gleich groß ist. Im andern Falle würde an Stelle von U und U' das sogenannte Potential bei konstantem Drucke, d. h. die Größe $U+pv$, bei Dämpfen also der „Wärmeinhalt" treten. Der Energieunterschied $U-U'$ ist der „Heizwert" des Arbeitskörpers pro Gewichtseinheit, bei konstantem Volumen (im allgemeinen Fall derjenige bei konstantem Druck). Setzen wir Q_0 aus (1) in (2) ein, so folgt:

$$L=U-U'+T_0(S'-S)-NT_0 \quad \ldots \quad (3).$$

Hätten wir nur umkehrbare Vorgänge, so wäre

$$N=0$$

und die Nutzarbeit

$$L_0=U-U'+T_0(S'-S) \quad \ldots\ldots \quad (4)$$

während in Wirklichkeit

$$L=L_0-NT_0 \quad \ldots\ldots\ldots \quad (5)$$

ist, was man in den Satz fassen kann:

Bei nicht umkehrbaren Vorgängen irgend welcher (auch chemischer) Art erleidet die Nutzarbeit des beschriebenen Prozesses eine Verringerung um das Produkt aus der stattgefundenen Zunahme der Entropie der am Prozeß beteiligten Körper und der Temperatur des wärmeableitenden Behälters (d. h. im weitesten Sinne der Umgebung).

Die Energien im Anfangs- und im Endzustand U und U' sind durch die Natur des Arbeitskörpers bedingt, ihr Unterschied ist also, wie wir wiederholen wollen, als gegeben zu betrachten, ebenso die Entropien S und S', mithin auch die maximale Nutzarbeit L_0, und es folgt der wichtige Satz:

Bei gegebenem Anfangszustande des Arbeitskörpers oder Körpersystemes und ebenfalls gegebenem Zustande (d. h. Druck und Temperatur) der Umgebung, also des Endzustandes, erhalten wir für den beschriebenen Prozeß die maximale Nutzarbeit, wenn jede nicht umkehrbare Zustandsänderung vermieden wird. Die Größe dieser Nutzarbeit ist unabhängig von der Art des rein umkehrbaren Prozesses, durch welchen die Umwandlung vollzogen wird.

Aus Gl. 4, welche die Nutzarbeit bei in allen Teilen umkehrbaren Zustandsänderungen ergibt, lassen sich folgende theoretische Möglichkeiten herauslesen:

1. Die Entropie des Arbeitskörpers bleibt unverändert, d. h.

$$S'=S \quad \ldots\ldots\ldots\ldots \quad (6)$$

dann ist

$$L=U-U' \quad \ldots\ldots\ldots \quad (6a)$$

also: die erhältliche Maximalarbeit ist identisch mit dem „Heizwert“.

2. Die Entropie ist im Endzustand kleiner als im Anfangszustand,

$$S' < S \quad . \quad . \quad . \quad . \quad . \quad . \quad . \quad . \quad (7)$$

dann ist

$$L = U - U' - T_0 (S - S') \quad . \quad . \quad . \quad . \quad . \quad (7\,a)$$

oder die erhältliche Maximalarbeit ist kleiner als der Heizwert.

3. Die Entropie ist im Endzustande größer als im Anfangszustand

$$S' > S \quad . \quad . \quad . \quad . \quad . \quad . \quad . \quad . \quad (8)$$

dann ist

$$L = U - U' + T_0 (S' - S) \quad . \quad . \quad . \quad . \quad . \quad (8\,a)$$

die erhältliche Maximalarbeit ist größer als der Heizwert.

Mit $N = 0$ ist die an die Umgebung abzugebende Wärme

$$Q_0 = T_0 (S - S')$$

mithin $= 0$ im ersten, positiv im zweiten Falle. Wäre aber $S' > S$ wie im dritten Falle, so würde Q_0 negativ, d. h. es würde Wärme der Umgebung vom Körper aufgenommen und (mittelbar) in Arbeit umgewandelt.

Es entsteht mithin die ungemein wichtige Frage, ob es Körper und Prozesse gibt, die diese theoretische Möglichkeit zu verwirklichen gestatten. Der gewöhnliche Viertaktprozeß ist hierzu nicht geeignet. Hingegen könnte man scheinbar mit flüssigen Brennstoffen von gewissen hypothetischen Eigenschaften das Ziel erreichen, beispielsweise mittels eines Prozesses folgender Art:

Man würde bei einem beliebigen Verbrennungsmotor die abzuleitende Wärmemenge Q_0 zum Verdampfen des passend gewählten Brennstoffes selbst verwenden, welcher bei der Temperatur T_0 sieden und eine solche Verdampfungswärme leisten müßte, daß die pro Spiel in den Prozeß tretende Menge gerade die Wärme Q_0 oder etwas mehr aufzunehmen vermöchte. Die Verbrennungsgase würden auf atmosphärische Pressung abgekühlt ins Freie entweichen, und es würde der ganze Heizwert des Brennstoffes oder etwas mehr in Arbeit umgewandelt.

Diese theoretische Möglichkeit eines Wirkungsgrades, der $= 1$ oder noch größer wie 1 wäre, hat indessen gar keine praktische Bedeutung, und zwar abgesehen von der Frage, ob Brennstoffe von der erforderlichen hohen Verdampfungswärme beschafft werden können, einfach deshalb, weil ein bei atmosphärischer Temperatur siedender Brennstoff mit seinem Dampfe als gleichwertig, d. h. als „natürliches Gas“ anzusehen ist. Ist H der Heizwert pro kg des flüssigen Stoffes und ist die Verdampfungswärme $= Q_0$, so ist der Heizwert des gasförmigen Stoffes $H' = H + Q_0$ pro kg. In Arbeit umgewandelt wird H, und wenn wir H als Bezugseinheit wählen, so ist der Wirkungsgrad $= 1$. Wenn aber das gleichwertige H' zugrunde gelegt wird, so wird in Arbeit umgesetzt $H' - Q_0$, und der Wirkungsgrad ist kleiner wie 1. Im letzteren Falle können wir den Brennstoff gasförmig zugeführt denken, und der Motor arbeitet wie ein gewöhnlicher Gasmotor. Die Wärme Q_0 muß zum Schluß entzogen werden, allein wir erhalten genau soviel Arbeit wie vorhin. Die scheinbar so günstige Verwertung der Abwärme Q_0 nützt also in Wirklichkeit gar nichts, und diese Bemerkung gilt allgemein, denn die auf dem untersten Temperaturniveau für die Verdampfung zur Verfügung stehende Wärme ist wirtschaftlich wertlos.

Ganz anders stehen die Verhältnisse, wenn der Arbeitskörper den Motor mit Temperaturen verläßt, welche über derjenigen der Umgebung liegen. Diese Abwärme hat nach Maßgabe ihres Temperaturgefälles noch Verwandlungswert, welcher nach Tunlichkeit ausgenützt werden sollte.

89. Praktische Kriterien der Wärmeausnutzung.

Bei der schon hervorgehobenen Unkenntnis der Entropieänderung unserer Brennstoffe ist es dringend notwendig, nach einfacheren Gesichtspunkten zu suchen, die auf unmittelbare Weise ein Urteil über den Grad der Energieausnutzung zu erlangen gestatten.

Für die technisch wichtigen Verbrennungsprozesse ist es nun, wie man nachweisen kann, näherungsweise zulässig, den Vorgang so anzusehen, als würde die frei werdende chemische Energie dem verbrennenden Gemische von außen als Wärme zugeführt. Statt des Auspuffes ins Freie kann man sich weiterhin z. B. beim gewöhnlichen Viertakte die Verbrennungsprodukte im Zylinder zurückbehalten und bei konstantem Volumen auf atmosphärischen Zustand abgekühlt denken, worauf durch weitere Wärmeentziehung bei zurückweichendem Kolben die Auspufflinie, — durch Wärmemitteilung die Sauglinie des Indikatordiagrammes erzeugt würde, und das Spiel des Viertaktes von neuem beginnen kann. Durch diese Betrachtung wird der Verbrennungsmotor gewissermaßen in einen geschlossenen Heißluftmotor verwandelt und man kann auf die nun als bloß thermisch anzusehenden Vorgänge und Energieumsätze desselben die früher entwickelten Sätze anwenden.

Fassen wir das Gesagte zusammen, so werden als Mittel, um höchste Energieausnutzung zu erlangen, für Wärmekraftmaschinen irgend welcher Art folgende leitenden Grundsätze aufgestellt werden können:

1. Herabsetzung der passiven Widerstände wie Reibung, Drosselung u. s. w., Vermeidung von Wärmeverlusten jeder Art.

2. Zuführung der Wärme oder Verlauf der Verbrennung bei möglichst hoher, Ableitung der Wärme bei möglichst tiefer Temperatur, tunlichste Vermeidung nicht umkehrbarer Zustandsänderungen.

3. Verwertung der Abwärme und Anwendung von Regeneratoren, wo die Art des Brennstoffes und des Arbeitsprozesses dies zuläßt, sofern es gelingt, wirksame und wirtschaftliche Regeneratoren zu konstruieren.

Von den bekannten Vorschlägen für Verbesserung der thermischen Arbeitsprozesse verdienen unter diesen Gesichtspunkten die folgenden eine kurze Würdigung.

90. Neuere Vorschläge.

Vermeidung der Wärmezufuhr bei niedriger Temperatur an das Speisewasser, indem man den klassischen Carnotschen Prozeß bei der Dampfmaschine dadurch verwirklicht, daß der Auspuffdampf nur bis zu einem bestimmt großen Wassergehalt kondensiert wird, so zwar, daß eine in einem Kompressor vorzunehmende adiabatische Verdichtung auf den Kesseldruck das Gemisch gerade in flüssiges Wasser von Kesseldampftemperatur verwandelt. Dieser Vorschlag, der von der klassischen Thermodynamik ausging, und dessen Durchführung von Thurston[1]) noch letzthin als wünschbar hingestellt worden ist, hat zunächst viel Verlockendes für sich. Wenn wir z. B. eine mit Sattdampf zwischen 12 und 0,2 kg/qcm arbeitende Dampfmaschine in bezug auf den erzielbaren Gewinn untersuchen, so verspricht die Anbringung des Luftpumpenkompressors eine Wärmeersparnis von rd. 10 vH; bei 0,1 kg/qcm Gegendruck steigt die Ersparnis sogar auf 15 vH. Trotzdem müssen wir alle Hoffnungen auf diesen Prozeß als Utopie bezeichnen, da der erforderliche Kompressor nahezu die Größe des Niederdruckzylinders unserer Dampfmaschine erhalten müßte, und seine Leerlaufarbeit im Verein mit den sonstigen Widerständen den ganzen Gewinn wieder aufzehren würde. Hierzu tritt noch die wesentliche Schwierigkeit, daß bei der Kompression in einer gewöhnlichen Kolbenmaschine Dampf und Wasser sich trennen und in einen nur sehr unvollständigen Temperaturaustausch treten würden.

Der Wärmeregenerator ist in neuester Zeit durch das D. R.-P. No. 129182 von Lewicki, v. Knorring, Nadrowski und Imle[2])

---

[1]) Transactions Am. Soc. Mech. Eng. 1901.

[2]) Zeitschr. d. Ver. deutsch. Ing. 1902, S. 783.

in Vorschlag gebracht worden, um die Abwärme bei Heißdampfturbinen nutzbar zu machen. Das Verfahren besteht darin, den noch stark überhitzten Abdampf einer Turbine in Heizkörper zu leiten, die nach der Patentschrift im Wasser- oder Dampfraume eines Kessels aufgestellt sind und dort Wasser verdampfen oder den Dampf überhitzen sollen. Lewicki jun. hat mitgeteilt,[1]) daß bei seinen Versuchen unter Anwendung eines auf 460 bis 500° C. überhitzten Frischdampfes der Abdampf der Turbine mit 309 bezw. 343° C. entwichen ist. Es liegt auf der Hand, daß eine Rückgewinnung des hier aufgespeicherten Wärmeüberschusses einen Gewinn darstellt. Lewicki findet folgende Werte:

		halbe Beaufschlagung	ganze Beaufschlagung
Dampftemperatur	°C	460	500
Dampfdruck vor der Turbine .	kg/qcm	7,0	7,0
Dampfgegendruck	kg/qcm	1,0	1,0
Dampfverbrauch pro PS_e-st . .	kg	14,1	11,5
Wärmeverbrauch „ „ . .	WE	11270	9390
Temperatur des Abdampfes . .	°C	309	343
durch Regenerierung zu gewinnende Wärmemenge pro PS_e-st .	WE	1415	1340
oder in Teilen der Gesamtwärme	vH	12,5	14,3

Die Ersparnis wird mithin überall, wo analoge Verhältnisse vorliegen, die Anlage der Regenerativheizkörper verzinsen. Es ist jedoch zu betonen, daß die Turbine Lewickis mit zu kleiner Umfangsgeschwindigkeit lief und daß die starke Überhitzung des Abdampfes nicht von den Schaufelstößen herrührt, sondern in der Hauptsache die in Wärme zurückverwandelte Austrittenergie des Dampfes darstellt. Erhöhen wir die Umfangsgeschwindigkeit, so wird die Überhitzung des Abdampfes wohl kleiner, und der Regenerator kann weniger Wärme zurückleiten. Wir gewinnen jedoch im Verhältnis mehr Nutzarbeit, als wir Wärme aufgewendet haben, der Gesamteffekt ist ein besserer; wenn wir also die Wahl haben zwischen schlechtem „hydraulischem" Wirkungsgrad der Dampfturbine und Regenerierung einer großen Wärmemenge einerseits, oder gutem hydraulischem Wirkungsgrad, aber Regenerierung einer kleinen Wärmemenge anderseits, so wird letztere Einrichtung wirtschaftlicher sein.

Ein dritter Vorschlag, den ich als Kreisprozeß mit Dauerüberhitzung bezeichnen möchte, besteht darin, daß man den hoch überhitzten Dampf unter stetiger weiterer Heizung isothermisch ex-

[1]) Zeitschr. d. Ver. deutsch. Ing. 1901, S. 1716.

pandieren ließe, um so des Vorteiles der Wärmezufuhr bei höchster Temperatur teilhaftig zu werden. Denkt man sich den Prozeß mit auf 400° überhitztem Dampf von 12 Atm. Druck so durchgeführt, daß die schließliche adiabatische Expansion bei 0,1 kg/qcm zum gesättigten Zustande zurückführt, so ergibt sich gegenüber der einfachen Überhitzung auf 400° und sofortiger adiabatischer Expansion auf 0,1 kg/qcm ein Gewinn von rd. 12 vH. Die auf der Isotherme zuzuführende Wärmemenge beträgt rd. 30 vH der zum Verdampfen und Überhitzen notwendigen Wärmemenge. Leider würde die praktische Durchführung auch dieses Prozesses, den man bei der vielstufigen Dampfturbine versucht wäre anzuwenden, selbst bei unmittelbarster Verbindung des Motors mit dem Kessel an den Abkühlungs- und Reibungsverlusten der Zu- und Ableitungen scheitern. Auch der Gedanke, die dauernde Überhitzung durch Verbrennen eines Gas- und Luftgemisches, welches nach und nach dem Dampfe beigemengt würde, zu erreichen und so durch die innige Verbindung einer Dampf- und Gasturbine die Wärmeverluste vermeiden zu wollen, erweist sich bei näherer Prüfung als undurchführbar.

Die gleichen Bedenken treffen die im D. R.-P. No. 122950 (v. J. 1899) niedergelegte Idee des bekannten Physikers Pictet, der in ein hocherhitztes, vorher komprimiertes Gemisch von Dampf und Luft Kohlenwasserstoffe einspritzen, zum Verbrennen bringen und die Produkte in einem Kolbenmotor zur Arbeitsleistung veranlassen will. Arbeitet Pictet mit Auspuff, so ist seine Maschine ein Petroleummotor mit Wassereinspritzung; will er aber Kondensation anwenden, so erhält die Luftpumpe so bedeutende Abmessungen, daß die Vorteile der höheren Anfangsüberhitzung, welche die Hauptabsicht des Verfahrens bildet, wieder aufgewogen werden. Es macht sich hier der unangenehme Umstand geltend, daß der Hauptmotor eine um die Arbeit der Luftpumpe und des Kompressors größere Leistung entwickeln, mithin entsprechend größer sein muß. Man hat also einen Aufwand für den Leerlauf der erwähnten Hilfsmaschine und den vergrößerten Leerlauf der Hauptmaschine, der, wie durch eine Rechnung nachweisbar ist, alle Vorteile wieder aufzehrt.

Schließlich haben wir in der Wahl schwersiedender Flüssigkeiten beim gewöhnlichen Dampfmaschinenprozeß ein Mittel, die Wärmezufuhr bei höheren Temperaturen zu erzwingen; es seien hier die Patente von A. Seigle und die Mehrstoff-Dampfmaschine von Schreber erwähnt. Ersterer läßt einen schwerflüchtigen Kohlenwasserstoff, z. B. Solaröl, das bei 350 bis 450° verdampft, in einem Dampfmotor Arbeit leisten, worauf in einem als Dampfkessel gebauten Oberflächenkondensator durch das sich niederschlagende Öl Wasser verdampft und in gewohnter Weise als Triebkraft verwendet würde. Schreber schlägt als erste Stufe Anilin vor, auf Grund der günstigen thermischen Eigenschaften, d. h. des vorteilhaften Verhältnisses der Verdampfungs- und der Flüssigkeitswärme dieses Stoffes. Will man den Vorteil der Wärmezufuhr bei hoher Temperatur ausnutzen, so darf eben das besagte Verhältnis nicht zu klein werden. Schreber betont[1]) ferner die früher übersehene Notwendigkeit, durch Vorwärmer den hohen Wärmeinhalt der Abgase der Feuerung weiterhin zu verwerten, womit freilich auch ein weiteres Element der Betriebskomplikation eingeführt wird.

Dieses Aufsetzen einer oder mehrerer Stufen auf den gewöhnlichen Dampfmaschinenprozeß erscheint ungemein verführerisch und die Verbesserung des Wirkungsgrades erheblicher als durch irgend eines der vorher erwähnten Mittel. Die Mehrstoff-Dampfmaschine verdient zweifelsohne höchste Beachtung und würde es rechtfertigen, größere Mittel zum Zwecke ihrer Erprobung flüssig zu machen. Nur muß man sich ebenfalls auf große Schwierigkeiten gefaßt machen, worunter die nicht volle chemische Beständigkeit der bisher vorgeschlagenen Stoffe zu erwähnen ist, beim Anilin insbesondere auch dessen hochgradige Giftigkeit bei nicht ausgesprochen scharfem Geruche, weshalb auch von chemischen Fachleuten an der industriellen Verwertbarkeit dieses Stoffes gezweifelt wird.

Da somit die Absichten, den Temperatursprung der Höhe nach zu erweitern, teils unausführbar, teils auf den Weg langwieriger Versuche angewiesen sind, wendete sich der Erfindungsgeist der Tiefe zu und ist durch die Abwärmemaschine bekanntlich bestrebt, den letzten Unterschied zwischen Kondensatordampf- und Kühlwasser-Temperatur auszunutzen. Der Prozeß besteht bekanntlich darin, daß man durch Niederschlagen des Wasserdampfes in einem Oberflächenkondensator schwefelige Säure verdampft und in einer Kolbenmaschine Arbeit leisten läßt. Der Dampf der schwefeligen Säure wird nun seinerseits ebenfalls in einem Oberflächenkondensator durch das Kühlwasser kondensiert. Die Daseinsberechtigung dieses Vorschlages beruht in der Erfahrungstatsache, daß die Dampfmaschine in der Regel mit einem Vakuum arbeitet, welches 0,1 kg/qcm, ja häufig 0,2 kg/qcm überschreitet. Allein diesen Drücken entspricht noch eine Temperatur von rd. 45 bezw. 60° C., während die Mitteltemperatur des Einspritzwassers vielfach um 10 bis 20° C. zu liegen

[1]) Dinglers, Polytechnisches Journal Nov. 1902. Seither ausführlich dargestellt, in der ausgezeichneten Studie: Die Theorie der Mehrstoff-Dampfmaschinen, Leipzig 1903.

pflegt. Hier sind mithin theoretisch 35 bis 50° C. Temperaturgefälle zu gewinnen, was sogar bei einer Carnotschen Maschine mit z. B. 180° oberer Temperaturgrenze einen Gewinn von $^{35}/_{135}$ bezw. $^{60}/_{120}$, d. h. 26 bezw. 50 vH, ergeben würde. Wir sind durch die Veröffentlichungen von Josse über die Fortschritte der Abwärmemaschine unterrichtet und wissen, daß auch hier bedeutende praktisch-konstruktive Schwierigkeiten zu überwinden sind.[1])

Es erscheint in der Tat nicht einfach, die Kondensationsvorrichtungen der Dampfmaschine so zu vervollkommnen, daß man mit Verdünnungen, die der Siedetemperatur von 10 bis 15° C. entsprechen, dauernd arbeiten könnte. Gelingt dies, so kann der ganze Temperatursprung in der Dampfmaschine ausgenutzt werden, wobei es freilich unvermeidlich ist, daß wegen der niedrigen Temperatur der Dampfniederschlag im letzten Zylinder etwas wächst. Auch muß die Dampfmaschine die „Spitze" der Expansion preisgeben, die Abwärmemaschine nutzt sie fast ganz aus. Im übrigen stehen der Abwärme noch andere weite Gebiete offen; so wird z. B. ein Gas-Abwärmemotor gegenwärtig gebaut.

Einen eigentümlichen Weg hat der bereits genannte Physiker Pictet eingeschlagen, um den Temperatursprung einer Auspuff-Dampfmaschine nach unten zu erweitern. Er gedenkt komprimierte Luft auf die Temperatur des Dampfes erwärmt und mit diesem gemischt in die Maschine zu leiten. Stände das Mengenverhältnis der Luft zum Dampfe ungefähr wie 2 : 1, so würde der Teildruck des letzteren nach Pictet ungefähr $^1/_3$ des jeweiligen Gesamtdruckes ausmachen. Betrüge dieser 1 kg/qcm, so hätte der Dampf etwa $^1/_3$ kg/qcm Druck, er würde mithin bei freiem Auspuff der Maschine fast ebenso tief expandieren wie sonst bei Anwendung der Kondensation. Hieraus folgert Pictet, daß auch der Dampfverbrauch dieser Auspuffmaschine dem nahe käme, der sich bei Kondensationsbetrieb ergibt. Mag hier auch ein Gewinn herausschauen, so kann doch

---

[1]) Bekanntlich ist eine Abwärmemaschine im Krafthause Markgrafenstraße der Berliner Elektrizitätswerke seit längerem aufgestellt und in regelmäßigem Betrieb. Nach einem mir mitgeteilten Bericht der Betriebsleitung hat die Maschine vom 1. Dez. 1901 bis 31. Mai 1902 im ganzen 1507 Betriebsstunden zurückgelegt und im Mittel eine Nutzleistung von 91 KW geliefert. Eine größere Anzahl Maschinen mit Leistungen bis zu 400 PS sind in der Ausführung begriffen, eine solche von 200 PS Leistung seit Okt. 1902 in dauerndem praktischem Betriebe. Die größte Gefahr liegt im Undichtwerden des Kondensators, wobei die schwefelige Säure durch das Wasser zu Schwefelsäure oxydiert wird und die Schmiedeeisenteile in kürzester Frist (z. B. in einer Nacht) so zu zerstören vermag, daß die Weiterbenützung des Kondensators unmöglich wird. Die Konstruktion der Stopfbüchse scheint hingegen den Anforderungen zu entsprechen.

nicht bezweifelt werden, daß die Anlage einer Wasserrückkühlung und Kondensation bedeutend bessere Ergebnisse liefern muß.[1])

Einen erheblichen Vorsprung haben Gasmotoren mit Kraftgasbetrieb, die als Regel Verbrauchszahlen von 3200 WE pro PS_e-st erzielen und sogar 2800 WE pro PS_e-st erreicht haben, d. h. nahezu 23 vH gesamte thermische Ausnutzung ergeben. In-

[1]) Dem vielleicht bestechenden Äußeren des Pictetschen Vorschlages gegenüber muß, abgesehen von den praktischen Schwierigkeiten, auf zwei grundsätzliche Verluste aufmerksam gemacht werden, die eine mit Mischung verschiedener Dampf- oder Gasarten arbeitende Maschine nie vermeiden kann. Es wird die Mischung von Dampf und Luft, die mit Rücksicht auf das Rosten des Dampfkessels nur vor dem Dampfzylinder (in einem Behälter) zusammentreffen dürfen, entweder vollständig sein oder nicht, beziehentlich in einigen Teilen vollständig, in andern nicht. Da, wo sie es nicht ist, expandiert der Dampf beim Auspuff auf 1 Atm. und nicht auf den Teildruck, verläßt die Maschine als nasser Dampf mit 100° Temperatur und wärmt obendrein die benachbarten Luftteilchen auf die gleiche Höhe an. Da, wo die Mischung vollständig ist, findet aber ein anderer Verlust statt, zufolge der Vermehrung der Entropie der sich mischenden Teile, die ja einer Entwertung des Wärmeinhaltes gleichkommt. Um diesen letzteren Verlust zahlenmäßig zu ermitteln, müßte man den Vorgang der hier stattfindenden Diffusion bei konstantem Druck an Hand der Skizze Fig. 240 einer Untersuchung unterwerfen. Bei A trete der Dampf, bei B die Luft ein, bei C das Gemisch aus. Wendet man auf die zwischen den Schnitten A, B und C enthaltene Gemischmenge das Prinzip der Energie an, so findet man das einfache Gesetz

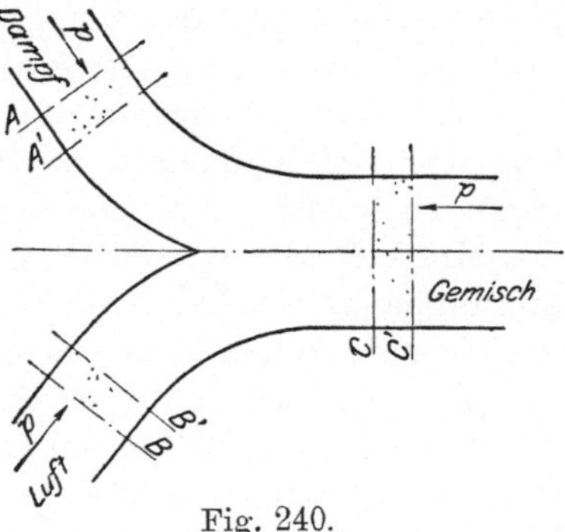

Fig. 240.

$$G_1 \lambda_1 + G_2 \lambda_2 = G_1 \lambda_1' + G_2 \lambda_2',$$

worin λ_1 der Wärmeinhalt des Dampfes, λ_2 der Wärmeinhalt der Luft $= c_p T$ vor der Mischung, λ_1', λ_2' dasselbe nach der Mischung, G_1, G_2 das Dampf- bezw. Luftgewicht bedeuten. Als weitere Beziehung ist die Gleichheit der Volumen der sich gegenseitig durchdringenden Dampf- und Luftmengen herbeizuziehen:

$$G_1 v_1' = G_2 v_2'.$$

Man berechnet nun die Entropie $S = G_1 s_1 + G_2 s_2$ vor und die Entropie $S' = G_1 s_1' + G_2 s_2'$ nach der Mischung. Das Produkt der Entropiezunahme $S' - S$ und der absoluten Temperatur T_0, d. h. $(S' - S) T_0$, gibt den Arbeitsverlust an, der bei Expansion auf die Temperatur T_0 durch die Mischung bedingt ist. So findet sich für $G_1 = 1$, $G_2 = 2$, 10 Atm. abs. Anfangsdruck, gesättigten Dampf, Luft von gleicher Temperatur nach der Diffusion: der Teildruck des Dampfes 4,3 Atm., derjenige der Luft 5,7, die gemeinsame Temperatur 446° abs., die Zunahme der Entropie 0,16 Einheiten, mithin bei Expansion auf 0° C. ein Verlust von $(S' - S) T_0 =$ rd. 44 WE.

dessen ist diese Motorenart heute noch auf nur beschränkt vorkommende Brennstoffe, nämlich Koks und Anthrazit, angewiesen. Zwar hat Deutz bereits Erfolge mit dem Braunkohlenvergaser aufzuweisen, allein die Herstellung von Kraftgas aus gewöhnlicher Schwarzkohle, d. h. unserm Hauptbrennstoff, scheint noch in weiter Ferne zu liegen.

Am weitesten voraus sind in thermischer Beziehung schließlich die Motoren für flüssige Brennstoffe, und zwar diejenigen von Bànki und Diesel.

Letzterer hat nach Messungen von Prof. Lundholm bei einer dreizylindrigen Ausführung mit 120 PS Leistung einen Erdölverbrauch von 0,173 kg für 1 PS-st, mithin eine Wärmeausnutzung von 36,8 vH auf die effektive Leistung bezogen erreicht und nimmt weitaus die führende Stellung unter den Wärmekraftmaschinen ein. Der mechanische Wirkungsgrad wird auf 85 vH geschätzt und man sieht aus diesen Zahlen, daß der Motor seit der ersten Veröffentlichung durch Prof. Schröter ganz bedeutende Fortschritte gemacht hat. Der rein thermische Prozeß dürfte bei der schon erreichten Vollkommenheit der Verbrennung kaum wesentlicher Verbesserung fähig sein, hingegen wurde der mechanische Wirkungsgrad durch Verkleinerung der Hilfsluftpumpe namhaft gehoben, und darf man nach den Erfahrungen an Großdampfmaschinen erwarten, daß derselbe bei noch größeren Einheiten eine weitere Steigerung erfährt.

Ein sehr verfänglicher Vorschlag stammt von Friedenthal,[1]) der die als Brennstoff zu verwendende Flüssigkeit zunächst in einem möglichst vollkommenen Gegenstromkessel verdampft, und zwar bei konstantem Volumen, um die Temperatur auf das erreichbare höchste Maximum (bis über die kritische Temperatur hinaus) zu steigern. Hierauf wird eine Expansion im Zylinder einer Dampfmaschine eingeleitet und bis zum Atmosphärendruck fortgesetzt, wobei Friedenthal zugleich die atmosphärische Temperatur zu erreichen, ja zu unterschreiten hofft. Nehmen wir das erstere an, so soll der dampfförmige Teil des expandierenden Gemisches unter den Kessel geleitet und hier verbrannt, der tropfbar-flüssige Teil nebst notwendigem Ersatz in den Kessel gepumpt werden. Die Verbrennungswärme muß gerade hinreichen, um die pro Spiel notwendige Menge Flüssigkeit zu verdampfen. Ist ein Brennstoff, der dieser Bedingung genügt, gefunden, so wird der ganze Heizwert in Arbeit umgewandelt. Doch steht es mit diesem Ergebnis ähnlich wie mit den Prozessen in Abschnitt 88. Man kann die in Arbeit umgesetzte Menge angeben, wenn wir den Prozeß dadurch schließen, daß wir den dampf-

[1]) Verhandl. d. deutsch. Phys. Ges. 1902, Heft 18.

förmigen Teil unter Entzug einer Wärme Q_0 kondensieren. Sowohl der flüssige als auch dampfförmige Teil haben dann einen gewöhnlichen Kreisprozeß vollzogen, dessen Arbeitsausbeute $= H' - Q_0$ ist, sofern H' den Heizwert des dampfförmigen Aggregatzustandes bedeutet. Diese Differenz ist aber identisch mit dem Heizwerte des flüssigen Brennstoffes, und wir erkennen, daß auch hier der Wirkungsgrad wohl $= 1$ ist, wenn wir die gewonnene Arbeit auf den Heizwert des flüssigen, bei atmosphärischem Zustand siedenden Brennstoffes beziehen, daß aber die Arbeitsausbeute sich gleich bleibt, ob wir mit dem dampfförmigen oder aber mit dem flüssigen Aggregatzustand beginnen. In Wahrheit haben wir einen Dampfmaschinenprozeß mit ungemein hohem Druck vor uns, doch ist es für den Arbeitsgewinn gleichgültig, ob wir den Brennstoff oder irgend ein anderes Fluidum als Arbeitskörper verwenden. Hierdurch verliert der Prozeß jedes Interesse und es mag nur nebenbei bemerkt werden, daß er praktisch undurchführbar ist, und die Annahme, es könne die adiabatische Expansion beim Atmosphärendruck die Temperatur der Umgebung unterschreiten, sich als unmöglich erweist.

Auch die ebenfalls durch Friedenthal angeregte Idee, bekannte Brennstoffe, z. B. Spiritus, mit Wasser zu mengen, um durch ihre Verdampfung die ganze Abwärme aufnehmen zu können, beruht auf einer unzutreffenden Annahme.[1] Man sieht dies am klarsten ein, wenn man das Verfahren auf einen Gasmotor angewendet denkt, wo es ja ebenso zum Ziele führen müßte. Denken wir also eine geeignete Wassermenge durch die Abgase verdampft, so stehen die Sachen indes so, daß man durch die bei Atmosphärendruck im vollkommenen Wärmeaustauscher vorzunehmende Kondensation der pro Spiel austretenden Dampfmenge bereits die pro Spiel eintretende Wassermenge verdampfen könnte. Die den eigentlichen Verbrennungsgasen und dem Überschusse der Dampftemperatur innewohnende Wärmemenge würde nur von Spiel zu Spiel die Temperatur der neuen Ladung erhöhen, ein Beharrungszustand ist also unmöglich. Dasselbe wäre der Fall, wenn man vom Wasser ganz absehen wollte, und durch einen vollkommenen Regenerator die Abwärme einfach auf die frische Ladung übertragen würde.

Ein anderes ist es mit dem schon von Simon angewendeten Verfahren, die Wärme der Abgase zum Verdampfen von Wasser unter solchem Druck zu benützen, daß der gebildete Dampf während der Expansion mit den Verbrennungsgasen gemeinschaftlich Arbeit leisten könnte. Hier ist theoretisch ein Gewinn sicher; ob auch

[1]) Auch Verfasser teilte in der 1. Auflage diese irrtümliche Auffassung und verdankt Prof. Mollier den Hinweis auf ihre Unrichtigkeit.

wirtschaftlich, erscheint zweifelhaft. Zwar meint Güldner,[1]) daß der Grundgedanke einer solchen „Dampfgasmaschine“ nicht kurzer Hand verworfen werden könne; indes ist das Temperaturgefälle der Abgase relativ klein, um so kleiner, je besser der Gasmotor selbst thermisch arbeitet, und wir würden ungemein große Heizflächen benötigen. Es läge nahe, auch die durch die Zylinderwand an das Kühlwasser abgegebene Wärme zur Dampferzeugung zu benutzen, d. h. den Kühlmantel als Dampfkessel auszubilden. Bei dem erforderlichen hohen Dampfdrucke würde indes die Temperatur der Wandung so hoch steigen, daß die zuverlässige Schmierung der Laufflächen gefährdet erscheint.

Wenn also diese letzten Anläufe auch keine oder nur zweifelhafte Aussichten eröffnen, so haben doch schon heute, dank der Mitarbeit von Wissenschaft und Praxis, die mit flüssigem Brennstoff arbeitenden Motoren recht erfreuliche Erfolge erreicht. Demgegenüber ist die Ausnutzung der Kohle, unseres hauptsächlichen Energieträgers, noch eine ungemein mangelhafte, und auch wenn es gelingen sollte, jede Art von Kohle zu vergasen, dürfte sie kaum an die heutige Ausbeute des Diesel-Motors heranreichen wegen des Verlustes, welchen die Vergasung notwendigerweise mit sich bringt. Es entsteht mithin die berechtigte Frage, ob nicht die eingeschlagene Richtung im ganzen falsch sei, und ob wir nicht den Motorenbau überhaupt aufgeben sollten, um uns dem Probleme der unmittelbaren Erzeugung von Elektrizität aus Kohle zuzuwenden. Um über den Stand dieser Frage von berufener Seite Aufklärung zu erhalten, habe ich mich an den bekannten Elektrochemiker R. Lorenz-Zürich gewandt, dem ich folgende im Auszug wiedergegebene Mitteilungen verdanke.

Damit ein Stoff in einem galvanischen Element elektromotorisch wirksam werden könne, muß er im Zustande der sogenannten Ionen in Lösung übergehen. Es ist nun wohl gelungen, Kohlenstoff in Flüssigkeiten aufzulösen, allein es ist fraglich, ob er in der Lösung in Form von Ionen, d. h. elektrisch geladenen Atomen oder Atomgruppen, besteht. Demgemäß sind auch keine oder nur zweifelhafte elektromotorische Kräfte wahrgenommen worden. Dasselbe ist der Fall mit dem Kohlenoxyd-Element, und es darf hier die elektromotorische Wirkung sogar als unwahrscheinlich bezeichnet werden. Es bieten sich außerdem mittelbare Verfahren dar, wie z. B. der von Nernst stammende Vorschlag, die Energie der Kohle durch Verhüttung im Hochofen auf Eisen oder Zink zu übertragen und diese Metalle in galvanischen Elementen aufzuzehren. Es müßten indessen

[1]) Verbrennungsmotoren 1903, S. 31.

Elemente konstruiert werden, in denen die besagten Metalle durch Kohlenstoff reduzierbare Salze bilden. Dies ist der Fall bei den von Lorenz entdeckten „Fällungselementen", deren wissenschaftliche Untersuchung jedoch noch nicht abgeschlossen ist. Schließlich würde man auf mittelbarem Wege die Abnahme der elektromotorischen Kraft mit der Temperatur in den umkehrbaren galvanischen Ketten (Akkumulatoren) derart benutzen können, daß man ein hocherhitztes Element bei kleiner Spannung unter Wärmezufuhr ladet, hierauf abkühlt und unter Wärmeableitung bei großer Spannung entladet. Der Unterschied der zu- und abgeleiteten Wärmemengen würde gemäß dem Carnotschen Satze in elektrische Energie umgewandelt. Indes selbst die mit geschmolzenen Elektrolyten arbeitenden Elemente würden nur im Bereiche von etwa 500 bis 860° C. verwendbar sein, was einen theoretischen Wirkungsgrad von rd. 35 vH bedeutet; dazu aber sind die zum Erwärmen und Abkühlen der Elemente notwendigen Wärmemengen gegenüber der nutzbar verwerteten so groß, daß die unvermeidlichen Verluste den Wirkungsgrad zu stark beeinflussen müßten. Es wäre mithin eine Vereinigung mit andern Elementen notwendig, um sowohl den Sprung bis auf die Temperatur der Umgebung auszunutzen, als auch den Wärmeinhalt der mit etwa 900° C. entweichenden Feuergase des ersten Prozesses aufzunehmen. Schon für den ersten Versuch stehen also höchst verwickelte und umfangreiche Anordnungen in Aussicht.

Wenn ich die sehr bemerkenswerten Mitteilungen des Herrn Lorenz recht auslege, so ist für die unmittelbare Umwandlung noch überhaupt eine Reihe von Vorfragen unerledigt; die mittelbare Umsetzung bedingt aber ausgedehnte und verwickelte Anlagen, ohne, soweit die Frage sich überblicken läßt, für einen wirtschaftlichen Gewinn Gewähr leisten zu können.

Es droht also dem Motorenbau noch keine unmittelbare Gefahr; allein wir sind in der Verteidigung unserer Stellung ganz auf die eigene Kraft angewiesen. Die Augen vieler richten sich auf einen Motor, der den hohen thermischen Effekt der Gasmaschine mit den konstruktiven Vorzügen der Dampfturbine zu vereinigen in der Lage wäre, und aus diesem Grunde zum Schlusse kurz besprochen werden soll. Es ist dies

91. Die Gasturbine.

Der Arbeitsprozeß, der sich für die Gasturbine als naturgemäß von selbst darbietet, ist der folgende: Gas und Luft werden getrennt auf einen mehr oder weniger hohen Druck durch Kompressoren verdichtet, in einer Kammer bei konstanter Pressung verbrannt und unmittelbar der Turbine zugeführt. Das System der

Turbine ist theoretisch gleichgültig; die Expansion wird vorerst bis auf den Atmosphärendruck fortgesetzt. Dieser Prozeß entspricht dem wohlbekannten Zyklus von Brayton, von welchem die Gasmotorentheorie nachweist, daß er bei konstant angenommener spezifischer Wärme genau denselben thermischen Wirkungsgrad besitzt, wie der gewöhnliche Explosionsprozeß, falls bei letzterem der Enddruck der Kompression gleich hoch ist, wie der Verbrennungsdruck bei Brayton. Die ideale Gasturbine würde mithin die gleiche Ökonomie darbieten wie der ideale Viertaktmotor, und die Frage ist nur, wie die Arbeits- und Abkühlungsverluste der beiden bei der praktischen Verwirklichung ausfallen? Die Kompressionsarbeit für Gas und Luft ist hüben und drüben gleich groß, der zu ihrer Verrichtung notwendige Arbeitsaufwand wohl nicht wesentlich verschieden, wenn wir beachten, daß das Gestänge des Turbinenkompressors zwar leichter ist, aber ein Zahnradvorgelege bedingt. Die übrigen Arbeitsverluste des Kolbenmotors dürften aber wesentlich kleiner ausfallen.

Wir müssen nämlich wegen der hohen Temperaturen Turbinen mit einer einzigen Druckstufe, also Düsenturbinen anwenden. Rechnen wir zunächst auf gleich hohe Abkühlungsverluste, so bliebe die gleiche Energie disponibel. Im Gasmotor erscheint dieselbe als die eigentliche indizierte Arbeit, von welcher wir wegen der Widerstände beim Ansaugen und Ausströmen, sowie wegen der passiven Reibung (Leerlauf) der Maschine bei großen Einheiten etwa 20 vH verlieren, 80 vH als effektive Arbeit an der Welle erhalten. In der Dampfturbine müssen wir die Düsen- und die Schaufelreibung, den Auslaßverlust und die Radreibung abziehen, um die effektive Leistung zu erhalten. Die Summe dieser Verluste beträgt bei den bekannten einstufigen Dampfturbinen über 40 vH, die Gasturbine wird kaum mit geringeren Beträgen auskommen. Weitere Fortschritte darf man natürlich nicht ausschließen, und die Gasturbine ist darin im Vorteil, daß ihre Abkühlungsverluste kleiner werden könnten als beim Gasmotor, falls es gelänge, die Verbrennungskammer innerlich so zu isolieren, daß eine Wasserkühlung entbehrlich wäre. Allein nun kommt die kardinale Schwierigkeit, daß ein Betrieb dieser Art sehr hohe Temperaturen am Ende der Expansion ergibt, durch welche die Erhaltung der Radschaufeln in Frage gestellt würde. Mischt man der Verbrennungsluft zerstäubtes Wasser zu, welches verdampft werden muß, so kann die Temperatur tiefer gehalten werden, allein in gleichem Maße sinkt auch der Wert des Wirkungsgrades.[1])

[1]) Siehe die ausführlichen Rechnungen von Lorenc in Zeitschr. d. Ver. deutsch. Ing. 1900, S. 252, welche auch für veränderliche spezifische Wärmen zu ungefähr gleichen Ergebnissen führen.

Die Verwendung der Abwärme zur Verdampfung des Einspritzwassers, um die latente Wärme desselben zu sparen, würde hier helfend eingreifen; alles in allem erscheint es aber fraglich, ob eine Gasturbine der beschriebenen Art mit dem Kolbenmotor in erfolgreichen Wettbewerb treten kann.

Nicht viel anders steht es mit dem ebenfalls schon vorgeschlagenen Arbeitsverfahren, die Turbine mit einem gewöhnlichen Viertaktmotor derart zu verbinden, daß die Explosionsgase, während der Expansionsperiode auf die Turbine geleitet, gleichzeitig hier und im Zylinder Arbeit leisten würden. Man könnte allerdings die Expansion bis auf den Atmosphärendruck fortsetzen, und so scheinbar mühelos das erreichen, was der Verbundgasmotor wegen zu starker Abkühlung der Arbeitsgase früher vergeblich angestrebt hat. Dem theoretischen Gewinn steht aber einmal die schlechtere Ausnutzung der Expansionsarbeit in der Turbine gegenüber, dann die erhöhten Verluste in der Düse, die mit stark schwankendem Druckverhältnis arbeiten müßte. Außerdem ist der intermittierende Betrieb in mancher Beziehung ungünstig, während die Schwierigkeiten mit der Temperatur ebenso bestehen bleiben wie bei der Gleichdruckturbine.

Einen Fortschritt in der thermischen Ausnutzung der Wärme wird also die Gasturbine nicht bringen können; trotzdem wird ihr viel Beachtung geschenkt wegen der Aussichten, die sie für die Verwendung der bisher auf die Dampftechnik angewiesenen Brennstoffe bietet. Die Teere und asphaltartigen Substanzen, die bei der Vergasung der bituminösen Kohle auftreten und den Betrieb im Gasmotor unmöglich machen, könnten bei der Dampfturbine in einem geschlossenen, unter Druck stehenden Generator ohne weiteres verbrannt und dadurch unschädlich gemacht werden. So wie sich die Dampfturbine, ohne in der Dampfökonomie eine wirkliche Verbesserung zu bringen, durch ihre konstruktive Einfachheit den Eintritt in die Industrie zu erzwingen verstanden hat, so würden die Aussichten einer dem Gasmotor nachstehenden, aber konstruktiv einfacheren Gasturbine, wenn sie nur die Dampfmotoren in der Ökonomie übertrifft, vorzügliche sein. Die konstruktiven Schwierigkeiten, die der Großgasmotor zu überwinden hat, die aus den gewaltigen Kolbendrücken und der Wärmeausdehnung der komplizierten Zylinderköpfe (zahlreiche Brüche!) entspringen, sind allgemein bekannt. Eine betriebssichere Gasturbine würde in dieser Beziehung einen Fortschritt bedeuten. Es ist bekannt, daß Versuche im Gange sind, den Kolbenkompressor durch einen rotierenden zu ersetzen, wie z. B. in dem Parsonsschen Patente, der seine Turbine mit umgekehrter Strömungs- und Umdrehungsrichtung zu diesem Zwecke verwenden will. Allerdings sind die ersten Anfänge nicht viel verheißend, da Parsons bei bloß 1,4 Atm. Überdruck nur auf etwa 60 vH Wirkungsgrad gekommen zu sein behauptet. Unsere Versuche zeigen auch übereinstimmend, daß die Verdichtung strömender Dämpfe oder Gase mit größeren Widerständen verbunden ist, als die Expansion. Die konstruktive Einfachheit einer solchen Anordnung wäre indes unübertrefflich. Aber nur wenn der mechanische Wirkungsgrad des Kompressors ganz ausgezeichnete Werte erlangt und wenn die Ausnützung der Strömungsenergie in der Turbine selbst bedeutend höher gestiegen ist, oder wenn Stoffe von hinreichender Festigkeit über die Rotgluthitze hinaus gefunden werden, wird die Gasturbine den industriellen Wettbewerb aufnehmen können.

Das Interesse, das der Motor einflößt, rechtfertigt die nachfolgende kurze rechnerische Erörterung.

92. Zur Berechnung der Gleichdruck-Gasturbine.

Die Berechnung der Gasturbine auf graphisch-analytischem Wege gestaltet sich ungemein einfach an Hand der Fig. 241, indem wir uns gestatten die spezifischen Wärmen der Gase für den Entwurf der Adiabaten als konstant anzusehen, während bei konstantem Druck ihre Veränderlichkeit in Rechnung gestellt werden kann. Wir saugen 1 kg des zur Verbrennung geeigneten Gas-Luftgemisches an und komprimieren dasselbe, sei es gemäß der Adiabate AB, sei es in einem idealen Kompressor gemäß der Isotherme AB_1. Der Inhalt der Fläche $ABB'A'$ bezw. $AB_1B'A'$ ist die indizierte Kompressorarbeit und werde in mkg gerechnet mit L_k bezw. L_k' bezeichnet. Für diese nur als Beispiel des einzuschlagenden Weges anzusehende Rechnung machen wir ferner die Voraussetzung, daß sich während des Überganges in die Verbrennungskammer das Gemisch bei adiabatischer Kompression bis auf die Anfangstemperatur T_1 abkühlt. Wir denken uns die Verbrennungswärme wie eine von außen hinzutretende Wärme Q_1 behandelt, und weisen darauf hin, daß nach der „Hütte“, bei Gegenwart der theoretischen Luftmenge, die pro Kubikmeter des Ge-

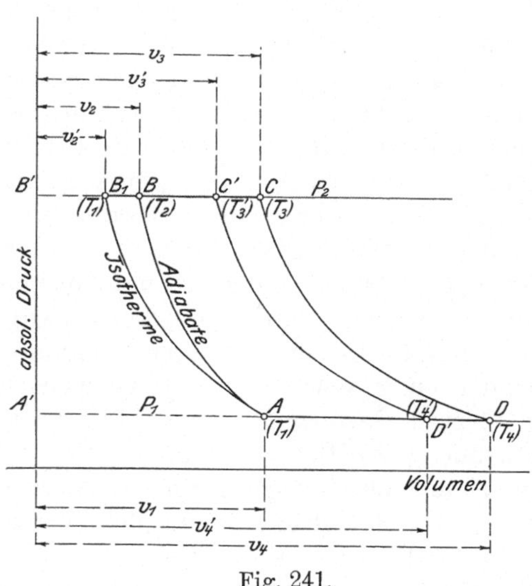

Fig. 241.

misches entwickelte Wärmemenge für die verschiedenen Gasarten wenig voneinander abweicht, so z. B. bei Dowsongas etwa 600, bei Leuchtgas etwa 800 WE. beträgt; entsprechend weniger bei Luftüberschuß. Von diesem Gemisch-Heizwert H WE. pro cbm gehe der Betrag ζH durch Abkühlung verloren, und übrig bleibt

$$H' = (1 - \zeta) H$$

so daß

$$Q_1 = H' v_1 \quad \ldots \ldots \ldots \ldots (1)$$

wird unter v_1 das Volumen in cbm beim Drucke von 1 kg/qcm verstanden ($= A'A$), da auch H' sich hierauf bezieht. Die Endtemperatur T_3 finden wir aus der Beziehung

$$Q_1 = \overline{c_p}\,(T_3 - T_1) \quad \ldots \ldots \ldots \ldots (2)$$

unter $\overline{c_p}$ wird der Mittelwert der spezifischen Wärme für das Temperaturintervall T_1 bis T_3 verstanden. Das zugehörige Volumen $B'C = v_3$ finden wir aus

$$v_3 = v_2' \frac{T_3}{T_1}.$$

Die adiabatische Expansion CD liefert die Arbeitsfläche $A'B'CD$, aus welcher durch

$$\frac{c^2}{2g} = \int_{p_1}^{p_2} v\,dp = \text{Fläche } A'B'CD \quad \ldots \ldots \ldots (3)$$

die theoretische Ausströmgeschwindigkeit c am Düsenaustritt bestimmt wird. Nun kann durch Verzeichnen des Geschwindigkeitsplanes und Veranschlagung der Radreibung, wie bei der einstufigen Dampfturbine erläutert worden ist, der Wirkungsgrad η_w und die Leistung, die an die Welle abgegeben wird $= L_w$ bestimmt werden. Bezeichnen wir Fläche $A'B'CD$ mit L_0, so ist

$$L_w = L_0\,\eta_w \quad \ldots \ldots \ldots \ldots (4)$$

Von dieser Arbeit ist indessen die Leistung, die zum Antrieb des Kompressors notwendig ist, d. h. $L_k : \eta_k$, wenn η_k den mechanischen Wirkungsgrad des Kompressors bezeichnet, abzuziehen. Die effektive Leistung L_e ist mithin

$$L_e = \eta_w L_0 - \frac{1}{\eta_k} L_k \quad \ldots \ldots \ldots (5)$$

Der Verbrauch an Wärme ist Q_1 in W. E. oder $Q_1 : A$ in mkg, mithin der gesamte Wirkungsgrad der „trocken" arbeitenden Turbine

$$\eta_0 = \frac{A L_e}{Q_1} \quad \ldots \ldots \ldots \ldots (6)$$

Nun spritzen wir in den Verbrennungsraum pro kg des Gasgemisches y kg Wasser herein, welches verdampft und auf die Temperatur T_3' überhitzt wird, zu deren Berechnung die Gleichung

$$\overline{c_p}\,(T_3 - T_3') = y\,[q_3 - q_0 + r_3 + c'\,(t_3' - \tau_3)] \quad \ldots \ldots (7)$$

dient. In dieser bezeichnet q_3 die zum Partialdrucke p_3 des Dampfes gehörende Flüssigkeitswärme, r_3 die äußere Verdampfungswärme, τ_3 die Sättigungstemperatur, $c' = 0{,}48$ die spezifische Wärme, q_0 die anfängliche Flüssigkeitswärme. Man findet aus der Zustandsgleichung angenähert

$$p_3 = p_2 \frac{47\,y}{29{,}3 + 47\,y} \quad \ldots \ldots \ldots (8)$$

wenn man für die Verbrennungsgase die Konstante der Luft einsetzt. Das Volumen des Gesamtgemisches nimmt auf den Betrag

$$v_3' = \frac{T_3'}{T_3} v_3 \quad \ldots \ldots \ldots \ldots \quad (9)$$

ab. Der Exponent der Adiabate $C'D'$ ist bei konstanter spezifischer Wärme leicht zu rechnen und ergibt sich zu

$$k' = \frac{c_{1p} + y\, c_{2p}}{c_{1v} + y\, c_{2v}} \quad \ldots \ldots \ldots \ldots \quad (10)$$

worin Index 1 sich auf das Gemisch, 2 auf den Dampf bezieht. Mit diesem Werte kann angenähert die Temperatur T_4' berechnet werden, welche in der Turbinenkammer herrscht und für die Erhaltung der Schaufeln maßgebend ist. Die Arbeitsfläche

$$L_0' = A'B'C'D' \quad \ldots \ldots \ldots \ldots \quad (11)$$

entspricht der Arbeit des Gesamtgewichtes $1 + y$ kg und liefert durch die Formel

$$(1 + y)\frac{c'^2}{2g} = L_0' \quad \ldots \ldots \ldots \ldots \quad (12)$$

die neue (theoretische) Ausflußgeschwindigkeit c'. Die an die Welle abgegebene Leistung des Turbinenrades ist

$$L_w' = \eta_w' L_0' \quad \ldots \ldots \ldots \ldots \quad (13)$$

und die neue effektive Leistung

$$L_e' = \eta_w' L_0' - \frac{1}{\eta_k} L_k \quad \ldots \ldots \ldots \ldots \quad (14)$$

Schließlich der Gesamtwirkungsgrad

$$\eta_0' = \frac{A L_e'}{Q_1} \quad \ldots \ldots \ldots \ldots \quad (15)$$

Rechnen mit dem Wärmeinhalt.

Der Wärmeinhalt eines Gases für konstanten Druck ist gemäß der allgemeinen Formel 1a Abschn. 14 pro kg Gas

$$J = u + Apv = \overline{c_v}\, T + ART = (\overline{c_v} + AR)\, T = \overline{c_p}\, T \qquad (16)$$

wobei $\overline{c_p}$ der Mittelwert der spezifischen Wärme zwischen der absoluten Nulltemperatur und T ist. Mit dieser Größe lassen sich die einzelnen Phasen des Gasturbinenprozesses ungemein bequem verfolgen.

Wir denken uns die Temperaturen an allen Stellen berechnet, und bezeichnen den Wärmeinhalt in den Punkten A, B, B_1, C, D durch Anfügen dieser Buchstaben an J mit $J_A\, J_B\, J_{B_1}\, J_C\, J_D$ u. s. w. Alsdann folgt aus der Betrachtung des Kreisprozesses $A'B'BA$ die indizierte Kompressorarbeit bei adiabatischer Kompression, auf die wir uns beschränken, in WE.

$$A L_k = J_B - J_A \quad \ldots \ldots \ldots \ldots \quad (17)$$

Wir setzen wieder voraus, daß das komprimierte Gemisch auf T_1 (Punkt B_1) abgekühlt wird. Weil $A B_1$ eine Isotherme ist, haben wir

$$J_{B_1} = J_A \quad \ldots \ldots \ldots \ldots \quad (18)$$

α) **Ohne Wassereinspritzung.**

Die durch die Verbrennung zugeführte Wärme ist

$$Q_1 = J_C - J_{B_1} \quad . \quad . \quad . \quad . \quad . \quad . \quad . \quad . \quad . \quad (19)$$

woraus J_c bestimmt wird. Die disponible Arbeit der Turbine ist

$$A L_0 = J_C - J_D \quad . \quad . \quad . \quad . \quad . \quad . \quad . \quad . \quad . \quad (20)$$

Bezeichnen wir nun die Wärmemenge, die den Verbrennungsprodukten auf dem Wege DA entzogen wird, mit Q_2, d. h. setzen wir

$$Q_2 = J_D - J_A$$

so kann man die disponible Arbeit auch als

$$A L_0 = (J_C - J_{B_1}) - (J_D - J_{B_1})$$

schreiben, oder in der zweiten Klammer, J_{B_1} durch J_A ersetzend, wie auch unmittelbar klar ist

$$A L_0 = Q_1 - Q_2 \quad . \quad . \quad . \quad . \quad . \quad . \quad . \quad . \quad . \quad (20\,\mathrm{a})$$

Die theoretische Ausflußgeschwindigkeit c findet man aus Gleichung

$$A \frac{c^2}{2\,g} = J_C - J_D = \overline{c_p}\,(T_3 - T_4) \quad . \quad . \quad . \quad . \quad . \quad . \quad (21)$$

Die effektive Leistung ist in W. E.

$$A L_e = (Q_1 - Q_2)\,\eta_w - \frac{A L_k}{\eta_k} \quad . \quad . \quad . \quad . \quad . \quad . \quad . \quad (22)$$

Der gesamte Wirkungsgrad (bei adiabatischer Kompression)

$$\eta_0 = \frac{(Q_1 - Q_2)\,\eta_w - A\dfrac{L_k}{\eta_k}}{Q_1} = \frac{Q_1 - Q_2}{Q_1}\,\eta_w - \frac{A L_k}{Q_1}\,\frac{1}{\eta_k} \quad . \quad . \quad . \quad (23)$$

β) **Mit Wassereinspritzung.**

T_3' ist nach Formel 7, T_4' für adiabatische Expansion mit dem Exponenten Gl. 10 zu rechnen. Der Partialdruck p_4 des Dampfes im Punkte D' wird durch Formel

$$p_4 = p_1 \frac{47\,y}{29{,}3 + 47\,y} \quad . \quad . \quad . \quad . \quad . \quad . \quad . \quad . \quad . \quad (24)$$

berechnet, und dient zur Bestimmung der Wärmemenge Q_2, die dem Gemenge entzogen werden muß, um es vom Zustand D' auf den Zustand A abzukühlen. Es ist

$$Q_2 = y\,[0{,}48\,(t_4' - \tau_4) + r_4 + q_4 - q_1] + \overline{c_p}\,(t_4' - t_1) \quad . \quad . \quad . \quad (25)$$

Hierin ist τ_4 die zu p_4 gehörende Sättigungstemperatur, r_4, q_4 die äußere und die Flüssigkeitswärme, q_1 die Flüssigkeitswärme bei der Temperatur t_1 und es wird vorausgesetzt, daß $t_1 < \tau_4 < t_4'$, was meist zutreffen wird. Hierbei ist die geringe bei der Temperatur t_1 dampfförmig verbleibende Wassermenge vernachlässigt.

Wir erhalten nun

$$A L_0 = Q_1 - Q_2 \quad \ldots \ldots \ldots \quad (26)$$

$$A(1+y)\frac{c'^2}{2g} = Q_1 - Q_2 \quad \ldots \ldots \ldots \quad (27)$$

$$A L_e' = \eta_w (Q_1 - Q_2) - \frac{1}{\eta_k} A L_k \quad \ldots \ldots \quad (28)$$

$$\eta_0' = \eta_w \frac{Q_1 - Q_2}{Q_1} - \frac{1}{\eta_k} \frac{A L_k}{Q_1} \quad \ldots \ldots \ldots \quad (29)$$

Mit Hilfe dieser Gleichungen kann man die Änderungen des Wirkungsgrades, wenn der gewählte Kompressionsdruck und die Menge des eingespritzten Wassers sich ändern, verfolgen.

Man wird leicht die Formeln für den Fall aufstellen, daß man das Wasser zum Teil durch die Abgase unter dem Druck p_2 verdampfen läßt und den Dampf in die Verbrennungskammer einführt. Dieses Mittel, wenn auch wenig ausgiebig, ist günstiger als etwa das Verfahren, die Temperatur durch Erhöhung der überschüssigen Luft herabzusetzen, denn die Luft muß vorkomprimiert werden, während wir das Wasser im flüssigen Zustand, also mit verschwindend kleinem Arbeitsaufwand in die Heizkörper hereinpressen.

Der Wirkungsgrad wächst mit dem Kompressionsdrucke bis zu einer gewissen Grenze, um dann wieder abzunehmen, besitzt aber bei den üblichen Annahmen für η_w, η_k unbefriedigend kleine Werte.